大飞机出版工程

总主编　顾诵芬

系统工程管理

System Engineering Management
（Fifth Edition）

[美] 本杰明·S. 布兰查德（Benjamin S. Blanchard）　著
[美] 约翰·E. 布莱勒（John E. Blyer）

张玉金　王占学　黄　博　裘旭冬　等　译

上海交通大学出版社
SHANGHAI JIAO TONG UNIVERSITY PRESS

内容提要

本书围绕复杂产品研制系统工程管理，展开对系统工程管理的介绍。全书共 8 章：第 1 章和第 2 章介绍系统工程和系统工程过程；第 3 章介绍系统设计的需求及相关的设计学科，如软件工程、可靠性和维修性、人机工效、安全性等 12 个设计学科；第 4 章讲述工程设计的方法和工具，包括模拟、仿真、电子样机和软件工具；第 5 章讲述设计评审和评价，包括原则、非正式评审与正式评审、检查单与供应商评估；第 6 章讲述系统工程管理规划，详细讨论系统工程管理规划的策划；第 7 章讲述系统工程实施的组织，讨论典型的项目组织形式；第 8 章讲述系统工程项目评估，如 SECM 和 CMMI 模型，用于评估和反馈。本书还有附录，介绍了功能分析、成本过程和模型、九个系统工程案例、设计评审的检查单、供应商评估的检查单和参考书目。

本书可以作为对系统工程感兴趣的本科生和研究生学习系统工程管理的参考书，也可以作为从事航空航天、电子芯片、生产线等产品研制项目的项目管理和产品系统工程的从业人员和工程师的工作参考书。

图书在版编目（CIP）数据

系统工程管理/（美）本杰明·S. 布兰查德（Benjamin S Blanchard），（美）约翰·E. 布莱勒（John E Blyler）著；张玉金等译. —上海：上海交通大学出版社，2024.5

书名原文：System Engineering Management

ISBN 978-7-313-30134-5

Ⅰ. ①系… Ⅱ. ①本…②约…③张… Ⅲ. ①系统工程—工程管理 Ⅳ. ①N945

中国国家版本馆 CIP 数据核字（2024）第 034432 号

This edition of *System Engineering Management*（5th Edition）by Benjamin S. Blanchard and John E. Blyler is published by John Wiley & Sons, Inc. 111 River Street, Hoboken, NJ 07030，（201）748-6011, fax（201）748-6011. ISBN：978-1-119-04782-7

上海市版权局著作权合同登记号：09-2017-699

系统工程管理
XITONG GONGCHENG GUANLI

著　者：〔美〕本杰明·S. 布兰查德（Benjamin S. BlanChard）　　译　者：张玉金　王占学　黄　博
　　　　〔美〕约翰·E. 布莱勒（John E. Blyler）　　　　　　　　　　　　裘旭冬　等
出版发行：上海交通大学出版社　　　　　　　　　　　　　　　地　　址：上海市番禺路 951 号
邮政编码：200030　　　　　　　　　　　　　　　　　　　　　电　　话：021-64071208
印　　制：上海万卷印刷股份有限公司　　　　　　　　　　　　经　　销：全国新华书店
开　　本：710 mm×1000 mm　1/16　　　　　　　　　　　　印　　张：31.75
字　　数：516 千字
版　　次：2024 年 5 月第 1 版　　　　　　　　　　　　　　　印　　次：2024 年 5 月第 1 次印刷
书　　号：ISBN 978-7-313-30134-5
定　　价：258.00 元

本书编译委员会

译者序

20 世纪，中国在中低端制造业方面取得了很大的成功，甚至建立了全球门类最为完整的工业体系。目前，中国制造业正在努力向航空发动机、芯片等高端制造业的自主研制发起冲刺。中国正在从制造大国，努力转变为制造强国，这就必须走正向研制的道路，从获取客户需求开始，采用系统工程的方法，在需求分析、功能分析、设计综合等系统工程过程的开发路径中完成复杂产品/系统的研制。系统工程能助力复杂产品研制，有效提高产品研制的成功率。同时，为加快实施制造强国战略，加快关键核心技术攻关，加快推动制造业高端化、智能化、绿色化发展，更好地建设以实体经济为支撑的现代化产业体系，推进系统工程方法、人工智能等理论方法和新一代技术在复杂产品研制上的应用将成为必然趋势！

现代系统工程的起源可以追溯至 20 世纪 40 年代初，在美国等国家的电讯工业部门中，为完成巨大规模的复杂工程和科学研究任务，开始运用系统观点和方法处理问题。贝尔电话公司在发展微波通信网络时应用一套系统的方法，并首先提出了"系统工程"这个名词。在第二次世界大战中，英国运用运筹学建立的雷达警报系统、美国实施的曼哈顿计划、申农的信息论、维纳的控制论，都为系统工程的发展提供了一定的理论基础。第二次世界大战以后，为适应社会化大生产和复杂的科学技术体系的需要。逐步把自然科学与社会科学中的某些理论和策略、方法联系起来，应用现代数学和电子计算机等工具解决复杂系统的组织、管理和控制问题，以达到最优设计、最优控制和最优管理的目标。在全球掀起了系统工程实践的热潮，特别是欧美防务部门在空天、导弹、装备等前沿领域率先进行了系统工程探索和积累，期间逐步形成和确立了系统工程的一系列理念和方法。21 世纪，航空航天等领域的复杂系统工程得到了飞跃式发展。基于模型的系统工程（MBSE）的流程、方法和工具已经日趋成熟，在航空航天领域，空客公司、波音公司、洛克希德·马丁公司等在开始探索基于模型的系统工程方法在型号研制上的应用，如空客 A350 WBX 的起落架系统研制，波音 787 的系统研制过程都应用了 MBSE 的方法。

钱学森作为我国系统工程领域的奠基人和早期推动者，对系统工程给出了精辟的定义："如果把极其复杂的研制对象称为系统，系统工程则是组织管理这种系统的规划、研究、设计、制造、试验和使用的科学方法，也是一种对所有系统都具有普遍意义的科学方法"。系统工程方法在钱老的指导下，在我国航天领域得到了成功的实践应用。我国航空制造业也在近十多年全面推广系统工程理念，并在重点型号试点应用和实施包括 MBSE 等系统工程方法，已取得了一定的成效。

尽管系统工程理念、方法已经过了半个多世纪的发展和沉淀，并在全球各个重大项目中得到成功实践，然而，大多数情况我们认为的成功应用，实际上并没有到位。系统工程的成功不仅需要技术上的驱动，更需要管理上的推动。选择适当的技术、利用适当的工具、运用必要的资源加强系统工程过程至关重要。此外，必须建立匹配的组织架构，以便有效执行系统工程过程，并落实到产品研制中。这种方法未来对工程师文化也提出了挑战，需要我们摒弃技术自恋，必须将先进管理理念和方法更大程度地融入产品研制过程，实现高效的技术管理，为了达到经济效能最优需要做出权衡，有的时候甚至需要舍弃掉局部的技术最优方案。

System Engineering Management（*Fifth Edition*）介绍了面向复杂大规模系统研制项目的产品系统工程管理方法。本书的一个非常有价值的地方是，具体讲述了不同性质项目的系统工程管理问题，例如，针对不同性质的项目，如何进行系统工程管理计划策划、系统工程组织架构设计、产品系统供应商选择、正式和非正式的设计评审、系统工程能力评估和提升等，充分说明了系统工程的管理要点。

本书还详细阐释了产品开发过程中功能分析和需求分析的系统工程工作方法。从系统客户需求的确定，到系统功能的确定和向下分解，到子系统和部组件的需求确定，自顶向下围绕产品功能开发出完整的产品需求，并在此基础上完成复杂产品的设计开发。这个体系性的方法，是产品系统工程的核心方法。

在复杂产品系统的开发中，将软件工程、可靠性工程等各种关键设计学科集成到整体系统设计中，通过需求工程完成了各设计学科的综合。同时，在设计的前端，利用 CAE、CAD、CAM、CAS 等计算机方法，实现系统工程目标。

系统工程方法的运用是一门技术，又是一门艺术，同时也是一门实践的科学。中国企业尤其是从事复杂系统工程与高端制造业的企业更应学习如何站在巨人的肩膀上不断成就自我。翻译和实践 *System Engineering Management*（*Fifth Edition*）就是在汲取西方优秀的企业管理的最佳实践经验，为我国航空制造企业提供参考借鉴。在此，要特别感谢支持本书翻译与校订工作，以及在过程中提供资料案例和提出宝贵建议的相关专家、同事，他们是黄博、裘旭冬、邬斌、赵永宣、朱易凡、蒋佳斌、陈阳平、许泽凯。希望这本译著能够进一步促进系统工程管理方法在我国航空制造企业乃至中国企业的管理变革中得到实践，让东方智慧与西方管理理念的深度结合转化为企业治理效能，打造更多世界一流的中国企业，落实党中央要求，"努力把关键核心技术和装备制造业掌握在我们自己手里""加快构建以先进制造为骨干的现代化产业体系"！

原版书序言

当前趋势总体表明，系统的复杂性正在增加，建立新系统的挑战比以往任何时候的都大。随着新技术的不断引入和需求的不断变化，许多系统的生命周期不断延长。与此同时，个别特定的技术周期正在缩短，从交互式需求和系统之系统（SoS）的工程情境角度能看到更多系统内涵。纵观全球，竞争日益加剧，子系统采购和供应商协作程度越来越高。全球可用资源正在减少，目前在用的许多系统（产品）无法满足用户对产品性能、可靠性、运营支持、质量和性价比的需求。

当今时代，开发和制造系统的需求持续变化，需要从系统或产品全生命周期整体看待产品稳健性、可靠性、高质量性、可支持性和效益性要求的响应是否令用户满意。此外，未来系统在设计时须采用开放体系架构，以满足产品快速变型、与新技术快速融合、快速响应系统间交互式的需求。

根据过往经验，大多数问题是一开始没有采用量身打造的系统的方法来实现预期目标所导致的，如有问题的系统从最初就没有自上而下良好地定义其全部需求；在系统开发过程中采用自下而上的方法；花在整体考虑满足客户需要的时间较短；在许多情形下的理念是"先动手设计，有问题再修复"。由于缺乏良好的早期规划，以及完整和条理的需求定义，因此系统设计和开发过程控制在本质上就受到一定程度影响，面向产品全生命周期的全面的考量基本上在事后才去设法解决。这种做法导致全周期成本相当高，尤其体现在系统开发早期的风险过程决策。

综合产品及其关联要素，形成用户关键的需要，如开发和生产使客户真心满意、完美集成、高质量、高可靠、高可支持、高性价比。在竞争激烈、资源受限的环境中，比以往任何时候都重要的是要确保系统的工程原则与概念在新系统设计、或已有系统再设计中，得以正确实施。系统需求必须从一开始就定义明确，在完全综合基础上，从主要设备、软件、操作人员、设施、相关数据与信息、相关生产与分发流程、维护与支持要素（不限于完成特定任务的要素）等所有组成部分的角度去审视系统整体。

计算机建立的模型在系统工程中越来越有用，可靠性越来越高。在自上而下（和自下而上）的集成方法上，须补上中间向外的思维方法，补足从系统到要素的合理的需求分配。系统须从高层次的系统之系统的关联情境中视情况考虑交互的需求。此外，须从系统全生命周期审视，包括概念设计、初步设计、详细设计、生产和/或施工、系统使用、维护与支持、系统报废，以及材料回收和/或处置。在生命周期任何一个阶段做出的决策都可能对其他阶段活动产生重大影响。因此，在深入到每个适用的工程项目的特有情境时，一种完整的系统生命周期方法必须发挥作用。

系统工程概念不是新的或与众不同的。在 20 世纪 50 年代末到 60 年代初（甚至更早）的时代背景下，它一直备受瞩目。系统工程理念、方法已成功应用于若干项目。然而，大多数情况我们可能认为成功应用了它，但实际上并没有到位。系统工程的成功不仅需要技术上的驱动，更需要管理上的推动。选择适当的技术、利用适当的工具、运用必要的资源加强系统工程过程至关重要。此外，必须建立适当的组织环境，以便有效执行系统工程过程，并落实到产品研制中。因此，首先必须理解并信任它，其次必须建立适当的管理和组织机构，使之可以实现。但是，这种方法对未来工程师文化亦提出了挑战。

本书紧扣所述目标进行编制。第 1 章介绍了系统工程的基本原理和概念、系统工程需求及其应用，以及关键术语和定义。第 2 章介绍了系统工程过程。过程始于消费者需求的识别，拓展到更多方面，如系统运行和系统维护支持的需求，技术性能测度（TPM）标识和优先次序，描述功能术语的系统架构和组件元素，以标准输入设计形式将高级别系统需求分配至组件，系统综合、分析和设计优化，系统测试、评估和验证，生产和/或建造，在用户环境中的分发、安装和系统应用，系统维护和维持生命周期的支持，系统报废和材料回收或处置。系统工程强调的关键贯穿始终，包括"硬件-软件"嵌入式系统和日益增长的知识产权影响。深入理解这个过程对整个主题至关重要。第 2 章是后续章节论述的重要基础。

基于前述，我们深入研究系统工程的一些目标。其中一个目标是将各种关键的设计支撑学科集成到整体系统设计中。第3章介绍了其中一些学科，包括软件工程、可靠性和可维护性工程、人机功效和安全工程、制造和生产、后勤保障和可支持性、可处置性、质量、环境和价值/成本工程。第4章讨论了设计方法和工具应用，用于实现系统工程目标。合理应用电子商务（EC）、信息技术（IT）、电子数据交换（EDI）和计算机辅助设计（CAD）方法开展前端分析，在生命周期早期更好地定义系统。第5章讨论了设计过程的检查和权衡，通过正式设计评审、评估、反馈和控制，以及必要时发起更正措施去实现。系统工程的另一个目标是提供与系统需求的初始定义相关的强有力领导角色，确保高效地获得有用结果的设计活动组合，确保满足特定原始需求的测量和评估。

下一步致力于与不同性质项目的系统工程需求相关的管理问题。第6章深入讨论了系统工程管理计划（SEMP）的规划和开发，包括系统工程任务、工作分解结构（WBS）开发、计划任务时间表、成本预测的准备，涵盖了客户、生产商（主承包商）、供应商活动和接口管理，特别需要注意的是关键供应商的识别、选择和签约。第7章讨论了典型项目组织机构实施的系统工程，分析强调了功能、产品线、项目三者和矩阵结构之间的差异，以及组织机构对系统和产品开发的影响；讨论了客户（消费者）、生产商（承包商）和供应商之间的诸多接口、系统工程部门人员配置和管理相关的人力资源要求。在系统工程计划的规划、组织和实施之后，必须考虑正式评估，正确衡量和评估组织在实现总体目标方面的表现。第8章介绍了组织基准和几种模型（如 SECM 和 CMMI）的应用，用于评估和反馈。在未借助评价和反馈的情况下，仅处理规划和组织的问题只能算是系统工程过程的一部分，往往会阻碍未来发展。

六个附录材料，有力地支持正文八个章节所涵盖的各种主题。附录 A 是功能分析的案例研究说明；附录 B 详细描述了执行生命周期成本分析（LCCA）和成本模型与目标函数的步骤；附录 C 包括九个不同类型的设计分析、组织结构，以及硬件和软件权衡的研究示例；附录 D 包括广泛的设计审查清单；附录 E 包含供应商评估清单；附录 F 是参考书目。

总之，本书描述了系统工程的目标、应用和过程步骤，并为实施具有强大系统工程驱动力的实际项目提供了管理视角。可用于本科生和研究生级别的学术课堂，作为系统工程继续教育的培训或研讨材料，也可作为在职工程师的参考指南。每章末尾均有问题和练习，可以突出重点，还提供了支持课堂教学的教师指南。

最后，我要向我的女儿 Lisa B．McCade 表示衷心的感谢和赞赏，感谢她持续帮助我开发、展示和处理全书材料。这对完成我提出的部分内容至关重要。

本杰明·S. 布兰查德

（Benjamin S. Blanchard）

许多年前，当我还是一名工业工程师时，有幸见到本杰明·S．布兰查德，他帮助波特兰州立大学（PSU）开创了为研究生级别开设的系统工程研究。几年后，我欣然接受了他的邀请，将经过时间考验的本书更新到最新版（第五版）。虽然这项工作具有挑战性，但我非常享受这种经历。

要特别感谢赫尔曼·米格洛尔（Herman Migliore）博士，他是波特兰州立大学系统工程项目主任。他的奉献精神和领导能力帮助项目挺过难关，激励着一群教授。

还要感谢系统工程国际委员会（INCOSE）首席信息官、业内资深系统工程师比尔·乔恩（Bill Chown）先生，感谢他在发现和分析现实世界中的系统工程管理挑战方面所给予的帮助，这些发现和分析已纳入本书。

最后，我要感谢我的家人——罗莎（Rosa）、胡安（Juan）和伊莎贝尔（Isabel）——在限定时间完成此书影响了我们家庭正常生活，但他们给予我支持和理解。正所谓，没有人是孤岛，没有一位作者是孤军奋战。

约翰·E. 布莱勒

（John E. Blyler）

目　录

第1章　系统工程导论 ································· 1

1.1　系统的定义 ································· 2

1.2　当前环境：一些挑战 ················· 9

1.3　系统工程的期望 ····················· 14

1.4　相关术语及定义 ····················· 31

1.5　系统工程管理 ························· 43

1.6　小结 ··································· 45

第2章　系统工程的过程 ················· 48

2.1　问题的定义（目前的不足） ········· 49

2.2　系统需求（需求分析） ············· 50

2.3　系统可行性分析 ····················· 52

2.4　系统运营需求 ························· 53

2.5　保障和维护支援概念 ················· 56

2.6　确定技术性能度量并确定优先次序 ····· 62

2.7　功能分析 ····························· 66

2.8　需求分配 ····························· 81

2.9　系统综合、分析和设计优化 ········· 88

2.10　设计集成 ··························· 95

2.11　系统测试与评估 ··················· 98

2.12　生产和/或建造 ··················· 105

2.13　系统运营使用和持续支持 ········· 107

2.14 系统退役和材料回收/处理 109
2.15 小结 110

第 3 章 系统设计需求 114
3.1 制定设计需求和设计标准 116
3.2 制定规范 118
3.3 系统设计活动的整合 123
3.4 选定的设计工程专业 126
3.5 SoS 集成和互操作性需求 192
3.6 小结 193

第 4 章 工程设计的方法与工具 201
4.1 常规设计实践 203
4.2 分析方法 205
4.3 信息技术、互联网和新兴技术 206
4.4 当前的设计技术和工具 208
4.5 计算机辅助设计 213
4.6 计算机辅助制造 219
4.7 计算机辅助支持 221
4.8 小结 222

第 5 章 设计评审和评估 225
5.1 设计审查和评估要求 226
5.2 非正式日常审查和评估 229
5.3 正式设计评审 234
5.4 设计变更和系统修改流程 240
5.5 供应商审查和评价 243
5.6 小结 244

第 6 章　系统工程项目规划 ··· 246

　　6.1　系统工程项目要求 ··· 248

　　6.2　系统工程管理计划 ··· 251

　　6.3　外包需求的确定 ··· 295

　　6.4　设计专业计划的整合 ··· 314

　　6.5　与其他计划活动的接口 ··· 316

　　6.6　管理方法/工具 ··· 320

　　6.7　风险管理计划 ··· 321

　　6.8　全球应用/关系 ··· 326

　　6.9　小结 ··· 327

第 7 章　系统工程中的组织结构 ··· 332

　　7.1　组织结构的发展 ··· 333

　　7.2　客户、生产商和供应商关系 ··· 334

　　7.3　客户组织及其功能 ··· 335

　　7.4　生产商组织和职能（承包商） ······································· 337

　　7.5　定制流程 ··· 353

　　7.6　供应商组织和职能 ··· 360

　　7.7　人力资源需求 ··· 364

　　7.8　小结 ··· 375

第 8 章　系统工程项目评估 ··· 378

　　8.1　评估要求 ··· 379

　　8.2　标杆学习 ··· 380

　　8.3　系统工程组织的评估 ··· 382

　　8.4　项目报告、反馈和控制 ··· 387

　　8.5　小结 ··· 388

附录 A　功能分析（案例研究范例） ··· 390

附录 B　成本过程和模型 ································· 396

附录 C　功能分析（案例研究范例） ················· 429

附录 D　设计审查清单 ································· 472

附录 E　供应商评估清单 ······························· 473

附录 F　精选参考文献 ································· 474

缩略语 ··· 481

索　引 ··· 485

第1章 系统工程导论

　　本书阐述了系统工程，或是系统有序形成的过程，以及系统在整个项目预计生命周期中的有效且高效地运营和保障。它是一种跨学科的方法和手段，有助于后续实现和部署一个成功的系统。

　　一个系统包含一系列的复杂资源（如人力资源、材料、设备软件、硬件、设施、数据、信息和服务等形式）组合，这些资源被集成，以满足特定运营需求。系统开发响应被确认的一些需求，实现一个或一系列特定功能。系统各部件必须直接紧密相关于某一特定或一系列任务场景，并支持它成功实现。

　　系统可分为自然系统、人造系统、物理系统、概念系统、闭环系统、开环系统、静态系统和动态系统等。本书主要关注结构上为物理实体的、动态的开环人造系统。进一步讲，本书的目标是关注系统的整体而非组成系统的各部件。重要的是：系统性能的最终实现不仅取决于不同部件完整且及时的集成，还需建立不同部件之间的合适的相互关系。在研制中应用系统工程理念和方法，有助于实现高于系统部件自身的价值。

　　系统可能在外观形式、适配关系和/或功能上有所不同，可以是一个在特定地理位置执行飞行任务的机队，一个基于云的全球通信网络处理系统，一个高度集成电路芯片、印刷电路板、高级别的模块化电子产品（用于垂直处理互联网及用户移动数据信息）的紧密集成的硬件，一个包含水路和发电装置的供配电系统，由一组医院及移动单元组成的社区卫生保健服务系统，一个在指定时间范围内生产若干件产品的制造设备或生产线，一个提供特定点对点货物运输服务的小型车辆。系统可包含在某些完整的层级中，例如一架某航线系统的飞机，航线系统又隶属于某区域性运输系统，区域性运输系统又是全球交通体系中的一个子系统，等等。本书涉及系统之系统的流行术语，常用于表述在更高层级架构中的高度复杂系统。我们的目标是能恰当全面地定义和描述特定系统的整体边界与横跨连接的接口（及相互关系）。

系统必须有一个目的。其不仅仅包含完成任务本身直接相关的基础元素（构型项、子系统、部段、部件、零件），还包括维持系统工作或停止系统服务的相关使能元素，用于开发、测试、生产、培训、使用、保障和最终报废的流程或产品。换言之，为了使系统完成预期任务，还必须包含运维及保障的完整基础设施。

本章的目标是总体阐述系统这一主题，定义关键概念及系统特征，识别系统产生及后续在用户环境中运行效能评估的需要和基本需求，简要介绍系统工程及其相关的内在管理活动、系统工程过程支持活动。

1.1 系统的定义

为确保良好且无歧义地理解本书，此节对一些概念进行定义。首先明确系统的定义。尽管听起来简单，但经验表明，人们更倾向于使用这个词而非描述各种不同的情况和特征。目前，业界对系统工程应用的原理及概念尚未形成统一意见。因此，为了接下来的顺利讨论，先审视术语的统一基准尤为重要。

1.1.1 系统特征

单词 system 起源于希腊语 systēma，意为"有组织的整体"。《韦氏词典》将系统定义为：有规律的相互作用且相互依赖的事物组成的统一整体。* 早期的美国军方标准（MIL‐STD‐499）将系统定义为：执行和/或保障某功能角色的设备、技巧、技术能力组合体。一个完整的系统应具备所有设备、相关设施、材料、软件、服务和人事相关需要，且在其目标环境内达到可作为独立单元运作的水平。** 更近期的文件 EIA/IS‐632 将系统定义为：一个由人、产品及流程集成，提供满足某一明确期望或目标的组合体。***

---

* 韦氏词典第 10 版（马萨诸塞州斯普林菲尔德：韦氏公司，1988 年）。

** 美军标，MIL‐STD‐499，系统工程管理（美国国防部，1969 年 7 月 17 日）。

*** EIA/IS‐632，工程系统流程，电子工业协会（EIA），华盛顿特区，1994 年 12 月。

在半导体系统世界里，集成芯片成了一个在设计和生产上都很复杂的芯片系统（SoC）。在一块基础芯片上，SoC中的集成电路可能包含数字电路、模拟电路、混合信号及射频功能。甚至在SoC发展的早期，电气和电子工程师协会（IEEE）认为：芯片系统设计和制造的定义发生了重大变化，其设计和制造的科技、技术、工具和方法也发生了显著变化。[*]

软件系统是软件和系统这两个术语的多种多样用法中的一个例子。系统软件操作并控制电子硬件，为应用软件运行提供平台。系统软件可进一步分为固件/驱动器、操作系统和应用软件的类别。

在出现众多系统的不同定义之后，在国际系统工程协会（INCOSE）的领导下，要求协会成员就其定义达成一致。经过几轮迭代，形成如下定义：

系统是由各种元素组合而成的有机体或集合，其目的是实现单一元素无法实现的效果。元素可以包括人力、硬件、软件、设施、制度和文件；即，产生系统级成果需要的所有事物。该成果包括系统级品质、性质、特征、功能、运行状况及性能。系统整体在各独立分部之外带来的附加值，主要由各分部之间的关系所决定，即它们的互联性。[**]

在本质上，系统建立一系列相互作用、协同工作的系统部分，是为了达到既定期望。

尽管上述定义对系统进行了良好总述，但人们需要更深层次、更精确的细节来描述系统工程的原理和概念。为实现该目的，可以根据以下一般特征进一步定义系统：

（1）系统以人力、材料、设备、硬件、软件、设施、数据、资金等形式，对资源进行复杂的整合。为完成不同的功能常需要大量的人力、设备、设施和数据（如航线货物生产线）。因为随意地单独使用这些资源的风险过高，所以需按有效的方式对其进行组合。

（2）系统处于某种形式的层次架构中。一架飞机属于某条航线，航线又是在特定的地理环境中运作的交通运输的整体能力的一部分，区域性运输能力又是世界交通运输的一部分等。由此可见，目标系统受更高层级的系统性能影响

---

[*]　A. M. Rincon，W. R. Lee和M. Slattery，"芯片系统设计的变化历程"，IEEE会议，1999年。
[**]　该定义是在2001年秋天由国际系统工程协会（INCOSE）提出的，美国加利福尼亚州，圣地亚哥（邮编92111）机会路7670号220房间。

极大，这些外部因素需被评估。

（3）系统可被分解为子系统及相关分部，分解程度取决于其复杂性及功能性。将系统划分为更小的系统单元能简化初始需求分配、后续系统分析，以及其功能接口的相关方法。系统由许多不同的分部构成；系统的设计人员和/或分析人员必须彻底理解这些交互分部间的交互关系。因为分部间存在的交互关系，仅单独考虑这些分部则不可能设计出行之有效的系统。当进行系统设计时，必须将系统视为一个整体，再将系统分解成分部。研究分解出系统分部及分部间的交互关系后，再将它们反向集成为整体。

（4）系统必须有一个目标。该目标必须具有功能性，具有以成本效益为宗旨并响应某些既定期望并能实现系统整体的目的。受更高层级系统的影响，子系统目的可能会相互冲突，但系统必须尽可能以最好的方式完成其既定目标。

需要强调的是：系统必须响应已被识别的功能需要。这样，系统元素不仅必须包括与完成给定场景或任务直接相关的部分，还包括当主要元素出现问题时所需的后勤、维修、基础设施等元素。换言之，若要确保成功完成任务，则必须保证所有的保障元素到位、可用，并做好随时响应的准备。*

术语"系统"常被宽泛地应用于诸多方面，如软件系统、半导体系统、片上系统、固件系统、硬件系统、嵌入式电子系统等。事实上，它们在大部分情况下更应被理解为直接保障任务目的的更大系统下的主要子系统。例如软件本身并不构成完整的系统，在没有恰当地与执行硬件、人力和设施等元素集成时，软件不能独立完成任何类型的任务。为了促进良好且全面的交流，应具体地确定和使用这些术语定义。

1.1.2　系统类型

很明显，根据以上一般特征定义系统时，需要在某种程度上进一步分类。根据系统的相似性及差异性，可将它们分为多种不同的系统类型。以下列出的

　　＊　在很多情况下，后勤及维护支持设施并不被重视或作为系统的一个元素，或作为主要的子系统，而是单独考虑并且在"事后"考虑。本书则是将其作为一个主要子系统的背景下考虑，并要求作为整个系统的一部分加以重视。

部分系统分类，为读者们提供一些理解现有各类系统的参考*：

（1）自然和人造系统。自然系统指通过自然过程产生的系统，如河流系统及能量系统。人造系统指由人类开发并具有多种能力的系统。所有的人造系统都嵌套在自然世界中，因此存在大量接口。例如，在河流上建设一个水力发电系统对双方都会产生影响，因此在落实系统的整体建设计划时，必须使用包含自然和人造部分的系统方法。

（2）物理和概念系统。物理系统由真实占据空间的部件组成。相反，概念系统可以是有组织的思想、一组规范和计划、一系列抽象概念等。概念系统常常直接导致物理系统的开发，并且就使用的流程类型而言，两者具有一定的共性。同时，系统可能会有很多接口，我们需要在整个系统架构的更高层级关注这些系统元素及接口。

（3）静态和动态系统。静态系统指具有系统结构但未开展活动的系统（在相对较短的时间区间里），如高速公路桥和仓库。动态系统是将静态结构与活动相结合的系统，如结合生产设施、资产设备、公用设施、传送带、工人、交通运输工具、数据、软件和管理人员等的生产系统。尽管在某些时间点上，所有的系统分部实际上都是静止的，但实现系统目的确实需要在特定的情景中激活系统。在此情景下，系统动态方面的操作应占据主导地位。

（4）闭环及开环系统。闭环系统是相对独立运作，不与环境发生重大交互的系统。环境为闭环系统的运转提供媒介，但对系统的影响非常小，如化学平衡过程和（具有内置反馈及控制环路的）电路。相反开环系统与其外部环境存在交互关系。信息流、能量和/或物质穿过系统边界，系统与其他系统分部，系统所属层级的上下游都存在大量交互关系，如系统/产品的后勤保障功能。

以上这些分类有助于鼓励人们更深刻思考系统定义。无论是鉴别开环与闭环系统，还是区分自然与人造系统，系统类别划分并不简单。然而目标是更好地理解处理系统工程及其过程所需的不同考量。本书主要研究物理、动态运行和多样化开环的人造系统。

---

* 这些分类的基本格式来源于 B. Blanchard 和 W. Fabrycky 的《系统工程及分析》第 5 版，Pearson Prentice Hall，2011 年。这些分类仅代表一部分可能。

本书包含大量不同的功能实体，有交通系统、通信系统、生产系统、信息处理系统、后勤及供应链系统等。在这些例子中，系统都有输入、输出、施加于系统上的外部约束及实现既定目标所需的机制（见图1.1）。系统框架中包括产品和过程。

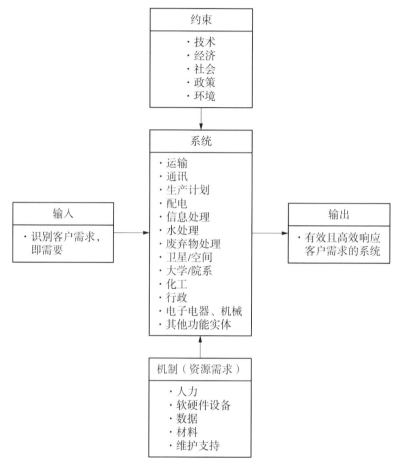

图 1.1 系统框架

系统由不同的元素组成，包括直接用于实现任务目的的元素（如主要设备、嵌入式电子硬件、运行及控制软件、操作人员、设施、数据）和相关维护保障元素（如维护人员、测试设备、维护设施、备件和存货）。尽管基础保障元素常常不被认为是系统本身的一部分，但显然，当系统中没有这部分元素时，将无法完成所需功能。因此，本书中基础保障元素被称为系统全生命周期中的重要元素。图1.2标识了系统的主要元素。

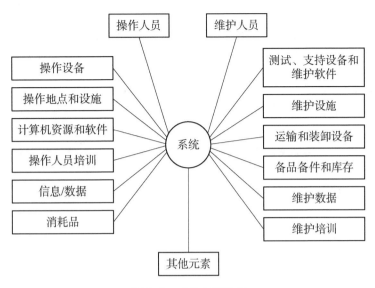

图 1.2　系统主要元素

为加深对系统定义的理解，图 1.3 表达了系统不仅包括与完成任务直接相关的元素，还包括必要和额外的保障元素的含义。

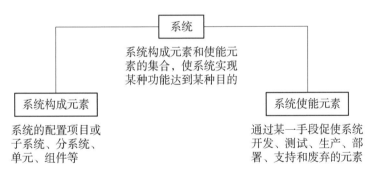

图 1.3　系统、系统构成元素和使能元素

（资料来源：2014 版《国防采购指南》第四章）

1.1.3　系统之系统

系统可能被包含在层级的形式中，如图 1.4 所示，在整体架构中，系统有着不同的层级。例如，飞机系统在航空系统（如民用航线）中，该航空系统属于某区域性运输系统等。通常在处理具有类似特征的大型系统时，我们将其

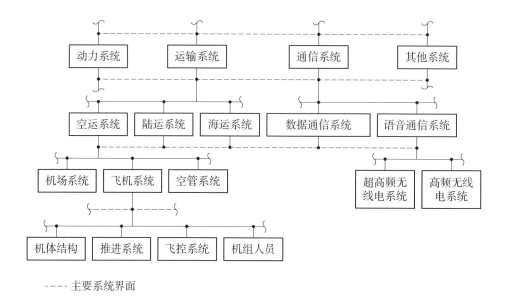

---- 主要系统界面

图1.4 复杂系统（系统之系统）

称为系统之系统。[*]

　　系统之系统定义如下：一个由系列系统组成的组合，形成独立系统无法完成的成果。系统之系统中的每一个系统在高层级任务需求中发挥作用，同时也应能独立运行。为满足每个系统的任务要求，独立系统的生命周期在不同时期可能会发生某种程度的增减。因此，在系统体系取得新进展时，其一些元素可能正在面临废弃。

　　参考图1.4，问题是——我们的运输系统是否包括不同的航空及地面交通工具，或一条包含多种不同飞机的航线，或一架带有机组人员及保障设施的特定飞机？一群人聚在一起研讨某个典型问题，每个人都对系统的划分持不同意见，这种情况并不罕见。一个人眼中的系统可能在其他人眼里只是系统的一个元素（或子系统）。

　　定义系统需求的过程中，大家在涉及诸如特殊功能性目的、建立恰当的层级关系、定义层级中各系统间的边界、鉴别贯穿系统的相互关系之类的问题时，需谨慎对待。在如图1.4所示的系统中，自下而上和自上而下的影响都应纳入考虑范围。飞机系统的决策将自下而上影响到航空系统（如航线），并自

---

[*]《系统工程手册》第3版（INCOSE‐TP‐2003‐002‐03.22），国际系统工程协会，加利福尼亚州，圣地亚哥（邮编92111）机会路7670号，220房间，2011年。

上而下影响飞机机身和推进系统等。例如，飞机系统的基础维护保障设施需与高层级航运系统的维护理念兼容。该理念同时也可能对机身及其组件的设计产生影响。在任何项目里，这些相互作用的影响都非常重要，应设法解决。

1.2 当前环境：一些挑战

了解项目面临的整体环境和困难挑战，是成功实施系统工程原理及概念的先决条件。尽管个人观点会因视角不同而产生分歧，但一些倾向是公认的。如图 1.5 所示，这些倾向之间具有相互关联性，且在决定系统的最终需求和实施系统工程过程时，需将它们作为整体来考虑。

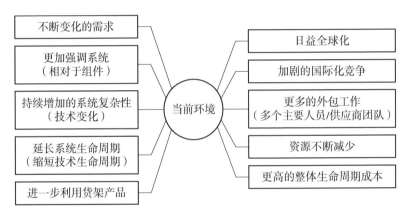

图 1.5 当前环境

（1）持续变更的需求。新建系统常因世界范围内的条件动态变化而频繁变更需求，如任务的要义及优先级、持续更新的科技。因不能准确识别需解决的问题，系统开发者与最终用户之间缺少良好交流，定义新系统真正的需求往往十分困难。

（2）越来越多的系统重点。对于系统整体而言，需要重点关注的角度比独立的系统分部多很多。为保证有效且高效完成系统功能，整个生命周期中系统须被视为一个整体。同时，应在系统整体配置中处理各分部问题。

（3）系统复杂性增加。系统的架构随新科技的引入变得越来越复杂。而且在更高层级的系统体系中，不同系统间相互影响也常常导致复杂性增加。系统需具备快速、高效迭代掉旧的技术设施，但不对系统主要架构产生重大影响的

9

能力。开放式体系架构是一个潜在方案。

（4）更长的系统周期——更短的技术生命周期。许多在用系统的生命周期因为种种原因被延长了，而同时，大部分技术生命周期相对而言更短。因此，系统（牢记开放式体系架构方法）需具有简单且高效吸收新技术的能力（该倾向与上一条密切相关）。

（5）更好地利用货架产品（COTS）及软硬件知识产权（IP）。因为当下的目标是实现更低的初始成本和更短、更高效的采购周期，所以须利用最好的商业惯例、工业化生产过程、商用货架类设备、软硬件 IP。因此，我们非常需要在项目开始就定义好需求，并重点设计整个系统（及其主要子系统），而非系统的各分部。

（6）全球化程度加深。俗话说，世界正在缩小。当今世界，跨国贸易和产业链对不同国家（及生产商）的依赖程度高于以往任何时期。人们趋向于通过高速、完善的沟通方法，快速、高效的包装与运输方式，以及电子商务模式，加快采购及相关流程等。团结合作的系统设计团队是系统开发成功的关键一环。

（7）更激烈的国际竞争。随着全球化程度加深，国际竞争也更加激烈。面对该挑战，不但需要提升沟通和运输方式，而且应更好地利用 COTS 及软硬件 IP，在世界范围内建立有效的合作伙伴关系。

（8）更多的业务外包。现今，外部资源比以往提供了更多的外包业务与COTS（如设备、硬件、软件、流程、IP、服务）。因此，相较于以往的项目，现在的系统中会包含更多的供应商。重点在于尽早收集并确定系统级需求，确立一系列优秀且完善的规则，系统各项活动在开发阶段密切配合、高度集成。

（9）被侵蚀的工业基础。以上提到的各种倾向（全球化程度加深、更多的业务外包和更激烈的国际竞争）随着世界范围内可用资源日益减少，许多产品的制造商也越来越少。在系统的设计中，需仔细挑选和使用至少在系统生命周期内稳定可靠的资源供应。每个主系统都对供应链有这样的需求，该需求具有国际性。

（10）更高的总生命周期成本。经验显示，在役系统总生命周期成本呈上升趋势。尽管系统主要精力都集中在尽可能降低系统采购和收购成本，少量注意力被放在运营和保障成本上。但是在设计系统时，应充分了解与成本问题决策相关的风险并总揽全局。

　　尽管以上系统设计及相关倾向正在随时间演变，对我们日常活动造成直接影响，但我们依然经常性地忽视这些，一如既往地沿用过去做法。不改变的后果是最终对我们开发的系统造成负面影响。从过去的经验看，许多导致系统偏离目标的原因显然是没有应用专业的系统方法。总的来说，问题在于开始没有被准确定义。从响应客户（用户）期望的视角看，关注点都相对短期。在很多情况下，我们使用"先设计，后更改"的方法。系统的设计和开展过程总会因缺少好的早期计划、后续定义和未有序完整地收集需求而困难重重。

　　在需求方面，趋势是通过定义内容非常笼统（模糊）的系统级需求，使其在开始时保持"松散"状态，为进入施工/生产阶段时引入"最新和最强"的技术提供机会。传统上，很多工程师都不希望被迫做出设计保证，定义较低层次需求的基础通常从一开始就非常"流畅"。在设计上有大量发生在最后一刻的更改，而这些后期的变化很多是在没有考虑任何形式的架构布置的情况下被匆忙引入的。此外，一些此类变化在更后期的阶段被解决。无论如何，因早期缺乏良好的架构控制而不得不引入后期更改会付出巨大代价。图1.6比较了早期和后期进行更改的费用。*

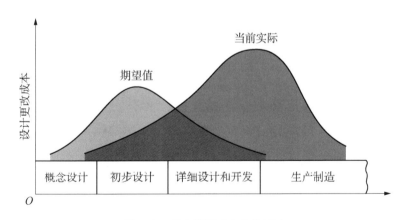

图1.6　成本随更改变化的影响

　　这些以及过去的相关实践对系统总体成本产生了很大影响。事实上，许多系统近年来的成本和有效性之间存在不平衡，如图1.7所示。许多系统越来越复杂，虽然更加重视某些性能因素，但却产生了可靠性和质量下降，与此同时

---

　　* 来源：B. S. Blanchard，D. Verma 和 E. Peterson，《维修性：有效服务和维修管理的钥匙》（纽约 John Wiley & Sons，1995 年）。

系统全周期的整体成本也在增加。因此，有必要在未来系统的开发中适当平衡，任何具体设计决策都会对平衡两侧产生影响，且它们之间交互作用的效果更加显著。

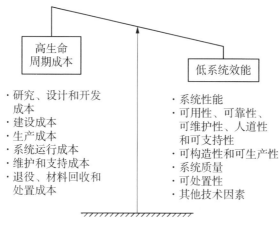

图 1.7　系统成本与有效性因素之间的不平衡

处理经济问题时人们常发现，如图 1.8 所示，总成本缺乏可见性。很多系统的设计和开发成本（以及生产成本）相对显性，但与知识产权持续管理、系统维护及运营保障等相关的成本则某种程度上被隐藏。总体来看，系统设计

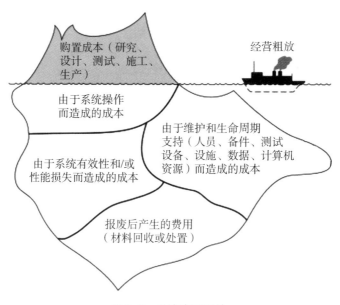

图 1.8　总成本可见性

界已经成功解决短期成本问题，但对长期成本问题效果不佳。经验表明，系统生命周期成本的很大部分与生命周期下游的运营和维护保障活动相关（如在某些情况下，高达总成本的75%）。尽管我们的预算规划和当前的操作都倾向于关注短期成本影响，但如果这些决策没有从系统全生命周期考虑，我们就无法充分评估在决策过程中的相关风险。换言之，可以基于成本某些短期因素做出设计决策，但最终决策之前须解决全生命周期的影响问题。

在考虑因果关系时，可以确定：系统预估生命周期成本主要部分来自预先规划和系统概念设计早期所作的决策。这些决策可能对系统下游成本产生重大影响，涉及运营需求（如假定的用户数量、相关任务的选择、规定的利用率、假设的生命周期）、维护和保障政策（如两级和三级维护、维修水平、内部维修与第三方维修）、手动与自动应用分配、设备包装方案和诊断程序、硬件与软件应用、材料选择、制造工艺选择、使用COTS（或软硬件IP）或采用新设计方法等。

考虑到持续变化的需求、COTS和软硬件IP的更大利用，全球化加深及更多外包等环境因素，审视现有实践并寻求新系统（或完善已有系统）的解决方案变得日益迫切。在设计和开发新系统时，必须高标准严要求，为消费者（用户）提供高质量、高性价比的系统，平衡好图1.7所示的因素。针对系统还需强调的一个重点是：从生命周期视角，在项目开始就建立系统，如图1.9

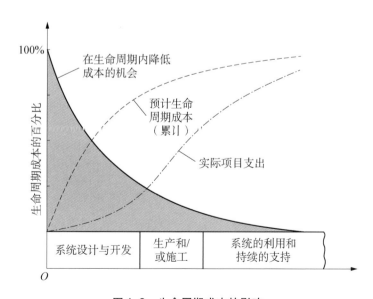

图1.9　生命周期成本的影响

所示。对已使用系统，我们必须系统地审查其需求，之后进行有效评审，实施持续过程改进方法。无论如何，正如本章所强调，当前环境有利于实施本书所探讨的原则和概念。

1.3　系统工程的期望

第1.2节中表达的趋势和关注的重点只是主要待解决问题中的一个示例。我们面临的挑战是：在开发和购置新系统方面，以及在运行和支持已投入使用的系统方面，要更加有效和高效（即在任何有新需要确定和系统新需求建立的时候）。这可通过正确运用系统工程概念、原理和方法来实现。

在探索诸如系统、系统工程、系统分析等主题时，人们会发现已存在多种多样的方法。相关具体术语定义可能因个人背景、经验和该领域从业人员的组织利益而有所不同。因此，探讨一些额外的概念和定义可以使本书材料更加清晰和明确。

1.3.1　系统生命周期

如图1.10所示，系统的生命周期包括系统的整个活动范围，从需求确认开始，一直延伸到系统设计和开发、生产和/或施工、运营维护和保障、系统退役和材料报废。由于每个阶段的活动都将与其他阶段的活动产生相互作用，因此，在处理系统级问题尤其是在评估与决策过程相关的风险时，必须将整个生命周期纳入考虑范围。

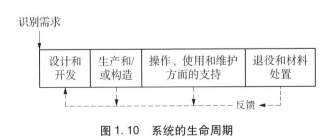

图1.10　系统的生命周期

图1.10描述的生命周期代表了一种较为通用的顺序方法，但具体活动（以及每项活动的持续时间）可能会有所不同，这取决于系统的性质、复杂性

和目的。期望可能变化，老旧、过时经常会发生，活动级别会有所不同，这些变化取决于系统的类型，以及它在活动和事件总体层次结构中的位置。此外，活动的各阶段可能会产生某些重叠，图 1.11 给出了两个示例。

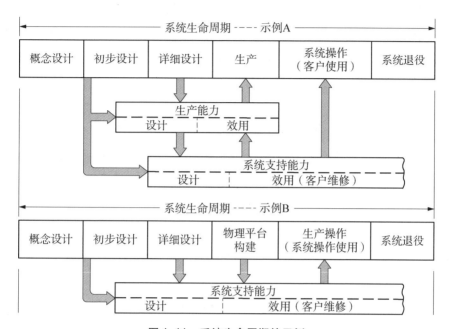

图 1.11　系统生命周期的示例

图 1.11 通过示例 A 中一系列活动，展示了飞机、地面运输车辆或电子设备如何在概念设计、初步设计、详细设计、生产等阶段演进。进一步评估该案例，第一行描述的活动适用于与完成任务直接相关的对象（如一辆汽车）。同时，还需考虑活动中两两密切相关的生命周期。生产能力的设计、构建和运行对系统基本要素的运营有重大影响，应与系统维护和保障活动同时进行。这些活动需在顶层基础元素的概念设计和初步设计期间尽早安排。尽管如图 1.10 所示，这些活动可以通过单向流程呈现，但图 1.11 则是从另一视角强调整体安排、全系统过程的方方面面以及可能的多种交互是非常重要的。

图 1.11 中的示例 B 涵盖了需要构建"独一无二"系统架构的制造厂、化学加工厂或卫星地面跟踪设施相关的主要阶段。再次强调，需单独确定维护和支持能力，以表明其重要度，还须考虑诸多交互影响。

尽管在方法、使用的术语、不同阶段的持续时间等方面可能存在的差异，以生命周期划分系统是合适的。在给定的系统之系统结构中，每个已识别的系统具有不同的生命周期，这使 SoS 更加复杂。然而，在决策过程中必须假定采用全生命周期方法。仅以短期情况为基础，在系统研制早期阶段做出重大决定的案例不胜枚举。在设计和开发新系统时对系统的生产/建构、维护和保障以及/或报废和处置的考虑不够充分。这些活动在系统交付后才考虑，许多情况下，事后代价高昂，如 1.2 节所述。*

1.3.2　系统工程的定义

根据不同背景和经验，系统工程定义有多种。国际系统工程协会（INCOSE）发行的《系统工程》创刊号中描述了几种。**然而，有个贯穿始终的基本主旋律是自顶向下的过程，面向全生命周期，集成功能、活动和组织。

INCOSE 将其定义如下：***

系统工程是一种使系统能成功实现的跨学科的方法和手段。系统工程专注于：在开发周期的早期阶段定义客户需要与所要求的功能，将需求文档化，然后在完整考虑问题的同时进行设计综合和系统确认。系统工程以提供满足用户需要的高质量产品为目的，同时考虑所有客户的业务和技术需要。

美国国防部（DOD）对系统工程的定义如下：

一种将已确定的运营期望和需求转换为可执行的恰当系统板块的方法。该方法应包含自上而下的分析需求、功能分析和分派、设计整合和验证、系统分析和控制的迭代过程。系统工程应渗透到产品的设计、制造、测试、评估以及保障中。系统工程的原则是掌控性能、风险、成本和进度之间的平衡。

维基百科将系统工程定义如下：****

一项跨学科领域的工程，致力于设计和管理复杂系统的生命周期。——系

---

* 如图 1.11 所示，突出强调了三种生命周期：①与系统元素任务相关的生命周期；②生产能力相关；③维护和支持能力相关。还有第四种生命周期同样重要，但未在图中标识出来，即和设计、使用退役及材料回收/报废能力相关的生命周期。我们需要面向可制造性，可支持服务性和可回收及报废开展设计。

** 国际系统工程协会《系统工程》其杂志创刊号，卷 1，第 1 期，1994 年 7—9 月；国际系统工程协会，加州圣地亚哥（邮编 92111）机会路 7670 号 220 房间。

*** 《系统工程手册：系统生命周期流程和活动指南》3.2.2 版（INCOSE－TP－2003－002－03.2.2）（加州圣地亚哥，国际系统工程协会，2011 年）。

**** http：//en. wikipedia. org/wiki/systems_ engineering.

统工程确保将项目或系统中所有可能相关的方面考虑在内，并集成于一个整体。

更具体地说，系统工程过程应：*

（1）通过同时考虑所有生命周期的期望（即开发、制造、测试和评估、部署、运营、保障、培训和报废），将确定的运营期望和需求转化为集成的系统设计方案。

（2）确保所有运营、功能和实体接口的互通性和整体集成性。确保系统的定义和设计能反映出所有系统元素的需求，包括硬件、软件、设施、人员和数据。

（3）识别其特征并管理技术风险。

系统工程的关键活动是需求分析、功能分析/分派、设计整合和验证、系统分析和控制。

作者对系统工程定义的看法与上述定义稍有不同。

系统科学和工程的应用，致力于：①通过定义、整合、分析、设计、测试和评估以及验证的迭代，将运营期望转化为系统性能参数和系统架构；②整合相关技术参数，确保所有实体、功能和程序接口的兼容性，以此优化总体定义和设计；③将可靠性、可维护性、可用性（人的因素）、安全性、可生产性、可保障性、可持续性、可弃性和其他同类因素集成至工程整体，以达到目标成本、进度和技术性能要求。**

基本上，系统工程是一门关注某些重点领域的学问，例如：

（1）将系统视为自上而下的整体。尽管在过去，自下而上的系统工程活动覆盖了许多不同的系统分部，人们对系统整体性及如何将这些系统分部有效整合的认知明显不足。

（2）以生命周期为导向，涉及系统设计和开发、生产和/或施工、分配、运营、持续维护和保障、退役和材料报废的所有阶段。过去开发系统，主要把重点放在系统设计活动，仅用很少（如果有的话）的精力考虑对生产、运营、

17

---

* 美国国防部规章5000.2R《主要国防采购项目强制程序（MDAPS）和主要自动信息系统采购项目》第五章〔5.2页（2002年四月）〕。

** 这是对标准MIL-STD-499中系统工程定义稍做了修改。MIL-STD-499系统工程（华盛顿：美国国防部，1969年7月）。

保障和退役的影响。

（3）为确保设计过程中早期决策的有效性，应全力以赴识别出系统的初始需求，将这些需求转化为设计目标，制定恰当的设计标准并进行分析。过去很少对新系统进行早期"前端"分析。反过来，这样会给生命周期下游的设计工作带来更大的工作量，其中很多工作未能与其他活动衔接好，需在之后进行修改。

（4）在整个系统设计和开发过程中，需跨学科协作（或团队合作），确保以有效的方式实现所有设计目标。这需对许多不同设计学科及学科间相互关联有完整的了解，尤其是针对大型项目。由于系统开发的全球性，还需特别注意供应链结构。

（5）接口管理是突出问题和监测系统设计、集成工作好与坏的关键方法。管理复杂技术系统的设计需要了解许多学科，包括接口问题、资源裕度分配和技术性能测度（TPM）方法。[*]

系统工程固有的开发模式如图1.12所示，为"自上而下"或"自下而上"的"V型"结构。本书的重点为前期需求分析活动，如图1.12中阴影部分。传统方法往往不会在项目开始时就清晰定义需求，致使在最终的集成和测试环节中付出无谓而高昂的代价。

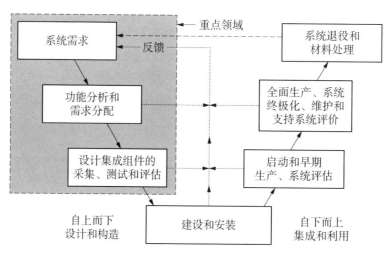

图1.12 自上向下/自下向上的系统开发过程

---

[*] "接口管理"，IEEE仪器和测量杂志，7卷，第1期，2004年3月。

图 1.13 拓展了图 1.10 所示基本生命周期阶段，描述了每个阶段发生的典型活动，确定了从最初需要的标识到开发出完全运行系统的过程中应建立的各种构型基线，包括系统工程过程中固有的迭代步骤。图中呈现的信息，使读者认为系统流程非常复杂，可以将活动定义为工作步骤进行管理来简化流程。每当识别出新需要，设计工程师应通过某些步骤——如概念设计、初步设计等——进行改进。即使其他设计方法所付出的代价（就消耗的资源而言）最小，我们仍要求系统设计活动按系统层级自上而下开展。目标是将这些与各阶段相关的活动视为其本身步骤，识别转阶段基线。将图 1.13 中的活动适配至目标系统，对成功实施系统工程流程至关重要。

系统工程流程本身包括需求分析、功能分析、需求分派、设计优化和权衡、整合、评估等基本步骤（参见图 1.13 中 0.1、0.2、0.3 等活动）。从系统级定义推进至子系统级、详细级，直至系统所有组成部分，这些步骤均为自然迭代，无须按顺序完成，但流程每个步骤需对其他步骤提供恰当交互反馈。尽管各项目需求有所不同，因本文涉及不同项目方向，图 1.13 将为本文后续不同主题提供进一步的参考基线。

在活动 0.2（见图 1.13）中，完成功能分析将根据硬件、软件、人员、设施、数据等方面标识出需要的资源。功能分析从需求角度确定"做什么"，据此权衡并描述"怎样做"以实现所需功能。图 1.14（从功能分析中）说明了硬件、软件和人员需求的识别，与这些资源开发相关的后续生命周期阶段。系统工程的目标之一是通过自上而下的方法来确保这些资源需求的合理性，并确保在设计各个元素的过程中，通过完全集成系统使每个资源需求都得到适当开发。测量和监测这三个生命周期之间逐日交互作用效果至关重要。

图 1.15 从不同角度展示系统工程方法。随着系统生命周期的发展，需确保从系统到组件级需求的完全可追溯性。在为系统建立 TPM 或适用度量标准时，须将它们分配或分派至下一级，确立适当的设计标准，须从上而下地反映和支持这些标准。此外，在设计过程中必须采用适当的方法/工具，以确保实现系统的总体目标。系统工程过程中需要确保这种可追溯性，并集成恰当技术/方法/工具，以有效且高效地推进开发进程。

总而言之，系统工程过程是连续的、迭代的，并含有必要的反馈机制，以确保过程的一致性。图 1.16 说明，必须将反馈能力构建至系统过程，应用于

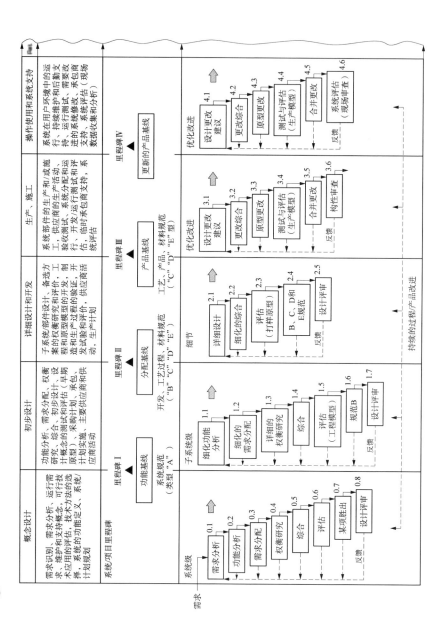

图 1. 13 采集过程中的系统工程设计

[资料来源：B.S 布兰查德股份有限公司，D.《可维护性：有效的可服务性和维护管理的关键》(纽约：JohnWiley & Sons 公司，1995)，本材料经约翰威利父子公司的许可使用]

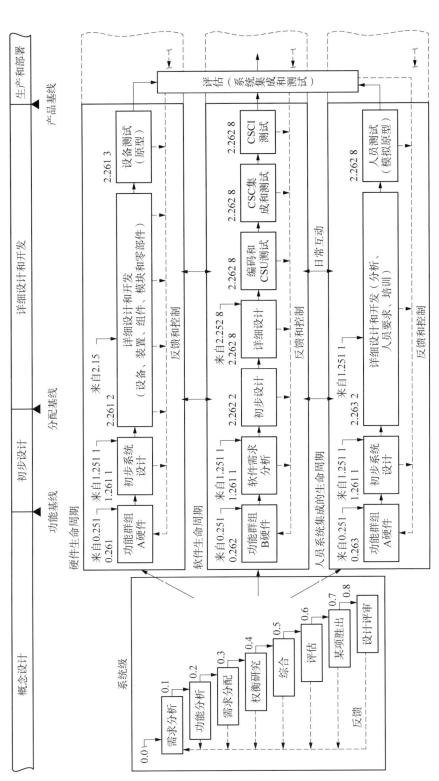

图 1.14 硬件、软件和人员需求的识别，以及生命周期的集成

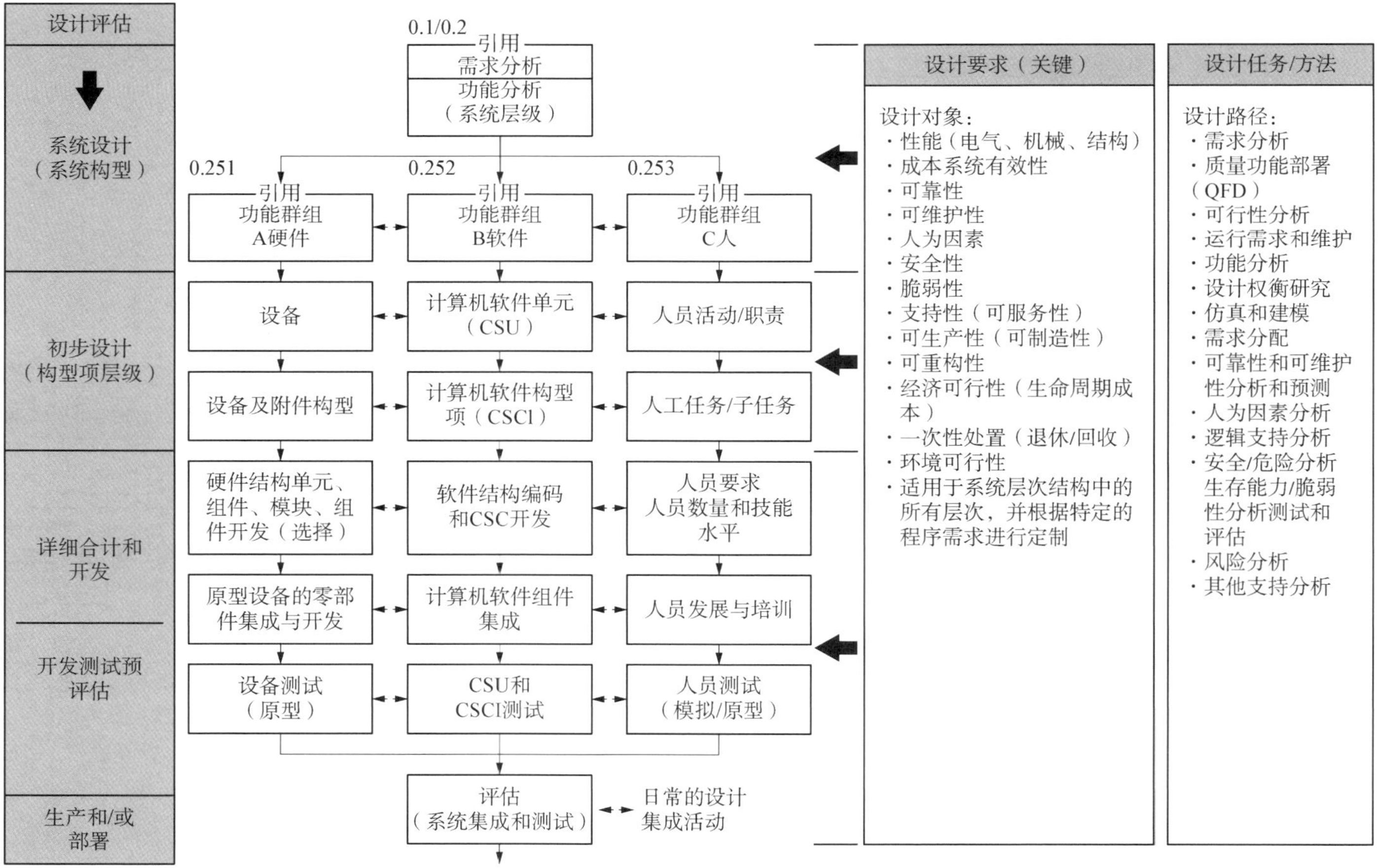

设计任务方法
设计任务路径： ·需求分析 ·质量功能部署 （QFD） ·可行性分析 ·运行需求和维护[产] ·功能分析 ·设计权衡和建模 ·仿真分析 ·需求分析 ·可靠性和可维护[产]预测 ·性分析和因素分析 ·人为因素分析 ·逻辑支持分析 ·安全危险分析 ·生存能力/脆弱 性分析和测试和 评估 ·风险分析 ·其他支持分析

设计要求（关键）
设计对象： ·性能（电气、机械、结构） ·成本系统有效性 ·可靠性 ·可维护性 ·人为因素 ·安全性 ·脆弱性 ·支持性（可服务性） ·可生产性（可制造性） ·可重构性 ·经济可行性（生命周期成 本） ·一次性处置（退休/回收） ·环境可行性 ·适用于系统层次结构中的 所有层次，并根据特定的 程序需求进行定制

自上而下的需求可追溯性

图1.15 自上而下的需求可追溯性

（表格/流程图内容）

设计评估

系统设计（系统构型）
初步设计（构型项层级）
详细合计和开发
开发测试预评估
生产和/或部署

0.1/0.2 需求分析 功能分析（系统层级）

0.251 引用功能群组A硬件
0.252 引用功能群组B软件
0.253 引用功能群组C人

引用功能群组A硬件
设备
硬件结构单元、组件、模块、组件开发（选择）
原型设备的零部件集成与开发
设备测试（原型）

引用功能群组B软件
计算机软件单元（CSU）
计算机软件构型项（CSCI）
软件结构编码和CSC开发
计算机软件组件集成
CSU和CSCI测试
评估（系统集成和测试）

引用功能群组C人
人员活动/职责
人工任务/子任务
人员要求人员数量和技能水平
人员发展与培训
人员测试（模拟/原型）
日常的设计集成活动

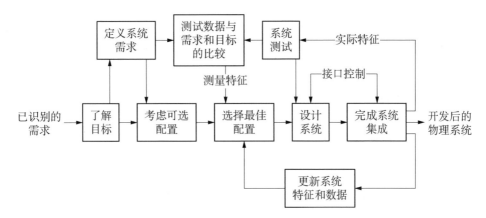

图 1.16　系统工程过程中的反馈图

系统级、子系统级等，如图 1.13 所示。

　　系统工程本身不被视为土木工程、机械工程、可靠性工程或其他设计专业领域的工程学科。实际上，系统工程涉及系统演变过程中所采用的总体设计和开发过程相关的工作，从最初需求确认、生产和/或构造、最终安装供客户使用，其目的是以有效且高效方式满足客户需求。第 2 章将进一步介绍系统工程过程。最后，与系统工程相关的概念和原则不一定新颖或与众不同。附录 F 中文献回顾表明，本书中提到的许多原则早在 20 世纪 50 年代和 60 年代初就已推广。然而，在许多情况下，系统工程流程并未很好地实施（若有的话）。此时此刻，有必要比以往任何时代都应更加强调这些概念。

1.3.3　系统工程的需求

　　实施系统工程的主要目标是通过图 1.13 所示的过程推动完成当前尚未执行的特定功能，该过程源于对问题的初始识别和对新系统需要的后续定义。每识别出一个新系统需求时，我们都须通过一系列步骤制定符合逻辑且行之有效的最终解决方案。希望遵循第 1.3.2 节中描述的常规方法实现这一目标。这并不意味着图 1.13 中的过程本质上是复杂的，其重点在于思维过程（即"思维方式"）。无论是处理大型复杂系统还是相对较小的系统，都应遵循相同的基本过程。换言之，对于任何类型的系统，无论大小，都需实施系统工程（及其相应流程）。反过来应有助于开发一个在运营和保障方面既及时又具有性价比优势的系统。

传统上，设计师会从现有系统组件开始，确定如何改进以响应新的系统需求。添加新组件，修改这些组件，采用基本的"试错法"达到有用的构型。换言之，若只采用了"自下而上"法，将付出高昂代价。在设计系统时应更多遵循如图 1.12 所示的"自上向下/自下而上"法。

1.3.4　系统的架构

通常，系统是由许多相互作用的不同元素组成。尽管每项元素都有独一无二的性能和特点，但必须部署并集成它们的组合体至框架中，以实现所需的功能或任务，即最终的系统架构。该元素框架代表系统体系构架。更具体地说，体系构架可定义为系统基础组织，包含系统的组成部分、组成部分之间的相互关系、组成部分与环境的关系、指导其设计和演变的原则。[*]

体系架构，首先涉及系统结构顶层描述（架构）、操作接口、使用概况预测（任务场景）和系统运行环境；其次，描述了系统不同需求之间的相互作用。反过来又引出功能架构描述，它从功能分析和基于"功能"术语的系统描述演变而来。从以上分析出发，通过需求分配和完成系统任务所需的资源需求的识别，定义系统的物理架构。通过以上过程，设计师能将工作从"做什么"推进至"怎样做"。

如图 1.13 所示，通过需求分析（系统运营需求、维护与保障概念）、功能分析、需求分配、权衡分析和设计综合，在"系统"层级描述系统体系架构。[**]

1.3.5　系统科学

通常，谈及系统工程时，人们常将术语"系统科学"和"系统工程"视作同义词。在本书中，系统科学主要对客观事实进行观察、识别、描述、实验研究和理论解释，研究与自然现象相关的事实、物理规律、相互关系等内容。科学是帮助解释物质世界现象的基本概念和原理。从应用科学上讲，生物学、

[*]《IEEE 软件密集型系统架构描述推荐做法》，IEEE 1471－2000，（纽约，IEEE）2000。
[**] 有两个关于架构，系统架构的参考文献：
（1）E. Rechtin 和 M. Maier《系统架构：创造和构建复杂系统》第 2 版（CRC 出版社，2000 年）。
（2）L. Bellagamba 系统工程及架构：创建正式需求（CRC 出版社，2000 年）。

化学和物理学科包含了许多这样的关系。无论如何，在系统工程中，整个系统的设计和开发过程应将科学原理贯彻始终。[*]

1.3.6　系统分析

系统工程流程中，进行持续分析是固有的工作。从某种纯粹的角度来看，分析是指将整体分解，并检查分解出的部分及其相互关系，作出关于未来行动方针的决定。

更具体地说，在整个系统设计和开发过程中，需要对许多不同的备选方案（或折中方案）进行某种形式的评估。例如，可替换的系统运营场景、维护和保障概念、设备包装方案、诊断程序、手动与自动应用分配等。研究这些替换方案并根据现行标准对每种方案进行评估的过程构成了一项持续的分析工作。

为有效地完成这项活动，工程师（或分析员）使用包括模拟、线性和动态规划、整体规划、优化（约束和无约束）以及队列论等运筹学方法分析技术/工具辅助解决问题。此外，数学模型也被用于帮助推进定量分析。

近来，通过应用大量独立数字模型和相关模型促进系统设计和开发过程，解决了系统设计很多方面的细节问题。这些独立的模型被组合并集成为描述系统特性和相互关系的整体模型。通过使用基于模型的系统工程（MBSE）相关概念，将这些模型应用在图 1.13 所示的整个系统工程过程中。MBSE 强调在整个系统设计和开发过程中使用严格的分析方法。

从本质上讲，系统分析包括对系统各种设计方案进行持续评估的分析过程，并在适当情况下使用电子化数学模型和相关分析工具。第 4 章将进一步介绍分析方法和模型。[**]

1.3.7　一些附加系统模型

在 20 世纪 80 年代早期，当系统的组成向软件密集型发展，业界开发出许

---

[*]　系统科学本身就是一个主要学科，在这里无法（或不可能）全面覆盖地阐述。这有两个很好的参考文献：

（1）G. M. Sandquist，《系统科学导论》（Pearson Prentice Hall，1985 年）。

（2）R. L. Ackoff, S. Gupta 和 J. Minas，《科学方法：研究决策的最优化应用》（John Wiley & Sons，1962 年）。

[**]　系统分析的其他参考文献在本书附录 F 中有提供。开展系统分析的一些实用研究工具参见 B. S. Blanchard 和 W. J. Fabrycky 的《系统工程和分析》第五版中，Pearson Prentice Hall，2011 年。

多用于描绘系统生命周期的模型。瀑布模型是当时最古老、最广泛应用的模型类型。* 如图 1.17 所示，该模型基于自上而下的软件开发方法，包括启动、需求分析、设计、测试等步骤。

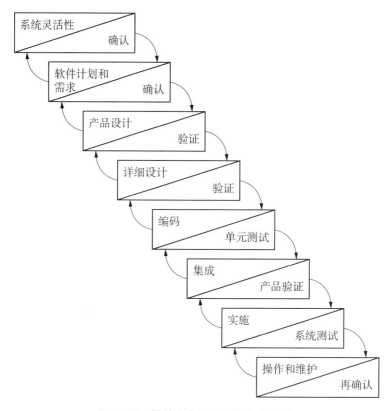

图 1.17 软件生命周期的瀑布式模型

在实施瀑布模型时，通常认为每个步骤均与其他步骤相对独立并依据严格的顺序执行，但执行所获的反馈对后续步骤产生的影响在该系统中并不重要。除此之外，瀑布模型常常不考虑与系统中其他元素的接口（如硬件、人因、设施、数据等）。

近年来，随着敏捷项目管理工程方法的应用，一种基于软件的系统方法被开发出来。该方法包含更多的迭代步骤，其重点在于用持续的反馈、强调个体、过程间的交互作用替代全面文档化、客户协作及酌情快速整合、响应过程

---

* B. W. Boehm，《软件工程经济学》第 36 页（Pearson Prentice Hall 出版社，1981 年）。

中发生的变化。3.4.2 节将详细描述敏捷工程。[*]

20 世纪 80 年代中期出现了一种用于软件密集型系统的通用螺旋模型。[**]在该方法中，分析人员不断检验目标、策略、备选设计方案和验证方法，并通过多轮模型迭代得到所需的系统开发结果。图 1.18 展示了从原模型演变而来的原始通用方法的修订版本。注意，在螺旋模型的使用中，每个迭代周期中快速搭建模型，且该模型注重对风险的分析。这种方法对于开发高风险系统十分实用，因为此类系统的设计常随新的详细需求的出现而变化。

20 世纪 90 年代初出现的 V 模型是一种集成自上而下与自下而上方法的系统开发模型。在图 1.19 中，V 左侧代表用户需求向初步设计和详细设计的演变，右侧表示通过子系统和系统测试对系统组件进行集成和验证。该模型体现了 1.3.2 节中图 1.12 所示的方法。

图 1.20 展示了 V 模型概念的扩展。需要特别注意的是系统和软件子系统之间的接口，特别是在软件系统中。虽然软件在系统的结构中占据重要地位，但它本身却并不是一个"系统"，不能满足其本身的功能需求。软件需求需通过功能分析确定，并通过图 1.13 所示的步骤进行开发。图 1.20 强调了引入软件开发过程的系统工程活动。

为了给系统设计和开发的整体过程提供逻辑方法，过去的几十年人们已经开发、引入了许多种模型。这里提到的仅仅是其中一部分。大多数模型主要针对系统获取过程和/或系统的某些元素（如软件）；因此，它们在某种程度上缺乏完整性。如果应用得当，它们在实现预期目标方面表现出色。然而也应意识到：除非在第 1.2.5 节中所述的更广泛系统工程的范围内，否则它们的应用可能受到限制。[***]

---

* 参考 Adam Beaver 的《敏捷工程》，2014-http：//mccadedesign.com/bsb/。

** 通用螺旋模型由 B. W. Boehm 在《一种软件开发的螺旋模型》一文中提出（R. H. Thayer 和 M. Dorfman 主编的《软件工程管理》，IEEE 计算机协会出版社，1988 年）。图 1.18 是做了修改的模型，来源于 A. P. Sage《系统工程》一书第 53 - 54 页，John Wiley & Sons，1992 年。

*** 其他类型的模型还包括协议模型，Sashimi 模型，迭代式增量开发模型，"手铐"模型，好莱坞模型，演进开发模型等大量模型。有一个包含其中一些模型介绍（概要介绍）的参考文献是 R. S. Scotti 和 S. S. Ctulu Gambhir 的《以客户为中心的系统开发生命周期模型概念框架》，国际系统工程协会第六次研讨会会议论文集第 547 页（加州圣地亚哥，1996 年）。读者也可以参考 V 模型，Tufts 系统工程流程模型。在《洞察力》杂志第 5 卷，第 1 期第 7 至 16 页阐述了普洛曼模型和 INCOSE 模型（国际系统工程协会于 2002 年 4 月发表）。另外，可以通过《系统工程：国际系统工程期刊》季刊（John Wiley & Sons，美国新泽西州霍博肯市）了解更多当前最新的模型信息。

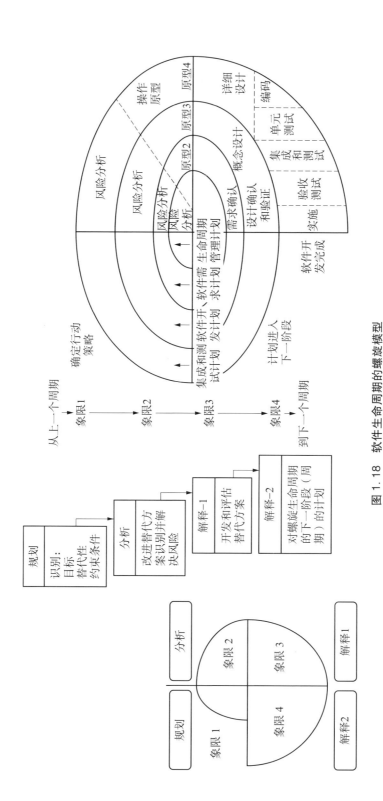

图 1.18　软件生命周期的螺旋模型

[资料来源:A. P. sage,《系统工程》(纽约,John Wiley & Sons 公司,1992 年)本图经允许使用]

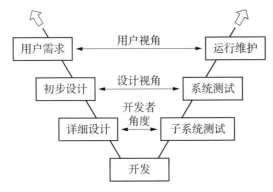

图 1.19 通用的 "V" 开发模型

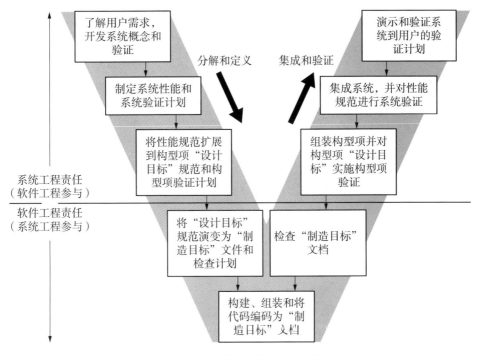

图 1.20 系统与软件工程的边界

〔资料来源：B. G. Doamword，"勇敢新世界：系统建模及软件工程"，国际系统工程协会研讨会论文集（西雅图，华盛顿州：国际系统工程协会，1991），157〕

1.3.8 生命周期中的系统工程（一些应用）

如图 1.13 所示，系统工程过程适用于生命周期的所有阶段。概念设计早期阶段的工作重点是理解消费者（用户）真实需要，对应系统开发的实际需求。这些需求构成了项目起始基线，必须保证其自上而下直至组件级的可追溯性。这种自上而下的方法（结合适当的反馈）在图 1.12 左侧有所体现，对成功实施系统工程项目至关重要。这些早期需求概念的建立对目标系统的最终生命周期成本有很大影响（见图 1.9）。

确定基本需求后，工作的重点转移至综合、分析、设计优化和验证的迭代。在系统设计过程中，必须满足多种不同的设计目标，而这些目标之间可能存在冲突，为良好地平衡系统，需对其进行权衡。系统工程的作用是识别、划分优先级并集成这些目标，促进开发能及时、有效且高效满足所有用户需求的系统架构。如图 1.11 所示，此类基础架构在开发时必须着眼全局，全方位考虑包括生产、维护、支持以及报废/材料回收在内的能力。

在系统工程活动中，必须保证贯穿建设和/或生产阶段的系统设计架构与最初明确的需求一致。接下来，在运营使用和维护支持及系统报废和材料回收阶段需开展测试（及验证）工作并持续迭代。此项评估及准确的反馈对确保满足系统初始需求至关重要，对用户环境中产生的需求变化都准确地反馈至设计过程中（通过重新设计、工程再造等）也不可或缺。换言之，如图 1.13 底部所示，持续的产品/过程改进反馈回路是系统工程实施的关键。

须获取与系统评估相关的经验，该系统在用户环境中运行及维护。为建立基线构型（带适当的度量指标）以建立标杆，并启动对标改进，这需具备良好的综合数据收集、分析和评估能力，为系统提供必要反馈。

了解系统在用户环境下的真实运行情况非常关键，但常因缺乏良好的评估能力而无法获取这些知识经验。因此，我们设计新系统时，总是一遍又一遍犯同样的错误。评估是系统工程不可或缺的部分。硬件及虚拟软件原型将极大地帮助在系统及产品生命周期早期建立用户体验。

最后，当变更发生时（无论是改善活动或产品/过程改进），须从系统级角度评估变更生产的后果，即评估变更对整个系统的影响。须实施构型管理及变更控制原则，以确保最终结果在有效性、寿命周期成本方面达到基本要求（即图 1.7 所示的图谱两侧）。这些变更适用于系统的主要任务相关要素、建设/生产能力、维护与支持设施和/或退役及材料循环回收能力。无论是自上而下型还是自下而上型，都必须在系统上下文环境适当地处理它们之间的交互效应。

系统工程过程适用于生命周期的所有阶段，成功实施依赖于不同组织之间协同和集成的工作方式。虽然系统工程项目最终领导责任由某组织承担，但参与的不同组织须完成好与其相关的任务。换言之，系统工程项目需要集成团队工作方法。

传统的系统工程活动必须针对生命周期中的每个组织、每项任务和每一阶段量身定制。系统工程每个项目的实现都有特殊方面，需要适配本文描述的通用方法。大型组织执行关键任务时需要更可靠、稳健的过程实施，而非小型的初始级功能。许多大型组织已经意识到：需要在组织内部启动"创新孵化"开发详细的系统工程方法。[*]

此外，此系统工程过程适用于所有类型的系统研制，如通信网络、SoC或嵌入式电子系统、商业购物中心、防御系统、信息处理网络、医疗能力系统、交通运输系统、航空空间系统、配电系统、供应链、环境控制系统等。除此之外，它还可应用于图 1.4 所示总体层级结构中的任何级别。

1.4 相关术语及定义

本章对以上章节描述的系统工程基础原则和概念进行相应的拓展。图 1.21 描述了系统开发流程与生命周期活动的细微差别。板块 1～板块 3 是图 1.12 和图 1.13 前三列所强调的系统设计活动，板块 3 和板块 4 包括了架构和生产活动，板块 5～板块 8 反映了系统的运营和支持活动。

图 1.21 是一个正向活动流程，它不仅仅涵盖系统及其元素的设计开发、元素在不同运营点的运输及分配、保持系统持续运营的安装。若最终要实现系统目标，生产和物流相关的活动将必不可少。例如，高效运输能力不足、供应商部件不能及时生产、关键信息缺失等都可能妨碍任务要求的成功实现。因此，在需要的时间和需要的地点提供可用、准确的物流保障非常关键。

与此同时，反馈（逆向）活动流程主要处理系统生命周期中的维护和支持，这在系统发生故障时十分必要。所谓不可靠的系统，即需要时无法运行的系统，显然是无法完成指定任务的。为及时修复系统并将其恢复至可运行状态，需要有效且高效、能响应问题的基础设施。缺少需要的备件、有效的运输

---

[*] 《EDA 技术创新转型》，发表于《芯片设计杂志》，卷 3，2011 年 5 月。

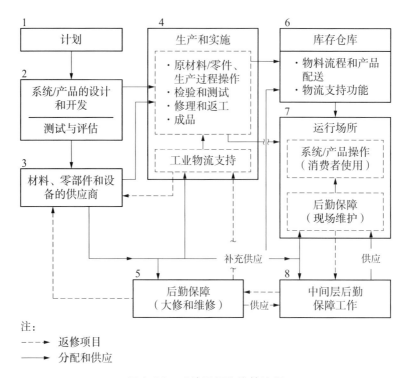

图 1.21　系统运行和维护流程

能力、必要的测试设备、维护软件、恰当的维修设施或正确的数据都有可能导致系统无法执行预期功能。因此，系统需要各种后勤和维修支持功能，这些功能是反向活动流中固有的（见图 1.21 中板块 3～板块 5、板块 7、板块 8 及虚线部分）。

　　这些正向流和反馈流中包含的活动（见图 1.21）独特、可适用于任意系统。尽管这些活动通常发生在生命周期下游的"事后"处理（这个问题之前特别强调过）。过去很少在设计期间强调面向可靠性和可维修性的设计、面向生产性的设计、面向包装的设计、面向运输和携带的设计、面向支撑和服务的设计、面向报废处理和可回收的设计、面向可持续发展和环保的设计。然而，这些因素与性能设计被认为是关键的系统级参数，在图 1.12 所示的系统工程早期阶段给予强调。

　　以上背景信息对术语和定义的深入探讨有助于读者更好地理解第 2 章中系统工程过程实施的相关内容。

1.4.1 并行工程

20世纪80年代中期，"并行工程"一词开始流行，目标是将重点放在系统设计开发主要相关任务及其要素的"并行"上，如：能力建设、基础设施的维护与支持、系统报废及材料回收。图1.11中，不同生命周期被视为直接支持系统工程目标实现的并行基础。

美国国防部的研究中首次定义了并行工程："一种系统地对生产及其相关活动（包括制造及支持）的集成方法。该方法希望开发者从项目开始就将产品生命中从概念到报废的所有元素纳入考虑范围，包括质量、成本、计划及用户需求。"* 就其本身而言，并行工程是系统工程实施过程的一部分。

1.4.2 一些主要的支撑设计学科

在整个生命周期中，尤其是系统设计和开发中，有许多不同的独立学科分支会对最终的系统/产品构型作出贡献。系统工程的目标之一就是通过创建一个从概念、开发、生产至系统运营的结构化过程，集成不同设计学科、整合不同专业人员。以下是对九类关键学科的简要描述：

（1）软件工程。软件工程一开始就在很大程度上影响了现代系统工程。在某些情况下，软件学科的不断发展导致其成为与系统其他元素独立的一个分支（见图1.14及软件生命周期）。软件元素通常构成系统整体架构的主体部分，但它必须及时与系统的硬件、人员、设备、信息/数据和支持等元素正确恰当地集成在一起。此外，请参阅敏捷工程，它构成了基于软件系统开发的应用过程。**

（2）可靠性工程。该设计学科目标是确保系统在全生命周期满足用户对良好性能的期望。可维修性是系统中固有的，是系统整体可用性的主要因素，可通过成功概率、平均故障间隔时间（MTBF）及故障率（λ）来量化。

（3）可维护性工程。该设计学科的目的是确保系统包含必要的内置固有特征，包括必要时的简单、准确、经济的维护和预防措施。可维护性是将系统恢

---

* R. I. Winner, J. P. Pennell, H. E. Bertrand 和 M. M. Slusarczuk，《武器系统采购中并行工程的作用》，报告 R－338（亚利桑那州）亚历山大市：国际分析研究院，1988年。

** 参考 http://mccadedesign.com/bsb/。

复到（或保持在）某些特定的运营状态的可被维护的能力。可维修性的典型量化参数：平均故障间隔时间（MTBF）、维修停机时间（MDT）、平均纠正性维修时间（$\overline{Mct}$）、平均预防性维修时间（$\overline{Mpt}$）、每工作小时维修工时（MLH/OH）、单次维护成本等。可维护性与可靠性是系统固有的，均为系统整体可用性的重要参数。

（4）人因及安全工程。人因工程将人员看作为系统重要元素（见图 1.14人员系统集成周期），负责处理系统设计中的人体测量、感官、生理和心理等要素。安全工程目的是确保系统在生命周期中安全运行并可维护。一些常用于人因及安全性工程评估的参数有：完整无差错运行任务序列数（完成运行、维护及支持任务）、人为误差率、人员安全/风险率、训练次数及概率等。

（5）安保工程。随着恐怖主义蔓延，人们对系统抵御错误及失效（无论是无意或策划的活动）的需求稳步提升。这些对系统造成的伤害可能导致系统对设备设施、人类生命又造成伤害，且可能使得系统发生进一步退化。安保工程的目的是利用环境监测、功能诊断来确保系统在运行和支持目标任务时的安全。时刻掌握系统的状态非常重要。评估安保工程的指标包括无系统安全问题运营小时/天/年、单位时间导致系统损毁的故障数量、责任限制、对环境及社会的威胁等。

（6）生产及制造工程。这些学科的目的：①设计与主要任务相关的系统元素，保障其生产、构造有效且高效地进行；②设计生产、构造能力，确保系统的主要元素能按计划实施（见图 1.11 和生命周期应用）。它们将良好的工业工程、可靠性和可维护性、人因工程和安全特征等融入系统整体的生产/构件过程。生产及制造工程的量化指标包括生产过程的整体可用性、限定期限内的产量、产品单件成本和整体设备效率（OEE）。

（7）后勤保障工程。后勤和系统维护支持基础设施通常被视为独立于系统主体外的事后工作。但是，如果系统要成功完成预期任务，则保障相关的基础设施须到位且及时可用（见图 1.21 中板块 4~8）。如果为系统运行建立了特定的期限，则必须在事前（并贯穿整个过程）提供恰当后勤支持；如果系统在使用期间发生故障，则相应的维护支持设施须可用且响应迅速，以便系统完成目标，依此类推。换言之，该基础设施须视为系统重要组成部分，保障性要求须与可靠性、可维护性、人为因素、安全性和其他相关因素共同"设计"（见

图 1.21 中板块 1~3)。

（8）可处置性工程。这一学科主要涉及系统及其组件寿命到期后，将其回收用作它用或报废处理。对系统处置过程中，不得对环境产生任何负面影响（即不会导致任何残余固体废物、有毒物质、噪声污染和水污染等）。*

（9）环境工程。本书所定义的环境主要指生态环境因素，如空气污染、水污染、噪声污染、辐射和固体废物。环境工程的目的涉及新系统对这些环境因素的影响（即对外部环境产生的负面影响），以及其他外部的类似因素对引入新系统的影响（不利的外部条件影响系统本身）。在系统设计过程中，须一开始就着手处理这些问题。

上述九个分支工程与传统航空航天工程、化学工程、土木工程、电气工程、工业工程、机械工程等一样，是系统设计和开发时需要重点关注的关键领域（如适用）。系统工程的一个关键目标是通过及时、恰当集成所需要的分支领域来创造一个"团队"合作模式。

1.4.3 后勤与供应链管理

1.4.2 节从工程设计角度简单介绍了后勤主题，本书须对后勤总体范围进行介绍。后勤这个术语可用不同的方式来描述，取决于不同应用场景（如商业或国防）、公司和组织、个人背景和经验。在商业行为中，后勤通常被定义为供应链的一部分，包含过程规划、实施和控制货物、服务和相关信息在原产地和消费点之间高效地正、反向流动和存储，以满足客户需求。供应链（SC）是指从不同供应商到最终客户的，与物料和服务的整体流动相关的组织和活动。

多年来，系统工程工作的重点主要集中在供应、材料处理、运输和配送等方面，如图 1.22 所示。然而，在过去几十年中，商业和商业物流领域随着最新电子商务（EC）方法、信息技术（IT）、电子数据交换（EDI）、射频识别（RFID）和全球定位系统（GPS）技术的发展和引入，扩展显著，如图 1.22 所示。

---

* B. S. Blanchard 和 W. J. Fabrycky，《系统工程和分析》第五版（美国新泽西州上鞍河，Pearson Prentice Hall，2011 年）第 16 章 541 – 564 页，就"可制造性和可处置性"提供了更多的信息。

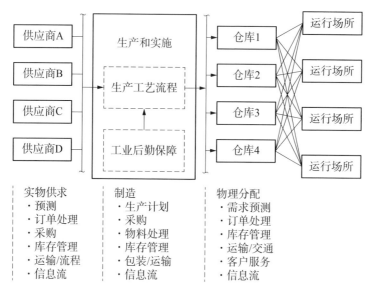

图 1.22　生产过程中的后勤保障活动

此外，外部资源增多、国际竞争愈发激烈和全球化程度加深的趋势导致需要在全世界范围内建立多种联盟以及工业/政府合作伙伴关系。这反过来又导致目前供应链管理（SCM）概念的流行。供应链管理是关于供应链或供应链群的管理，其目标是有效且高效地提供客户所需的服务。它需要高度集成的方法，利用适当的资源（如运输、仓储、库存控制和信息），实施必要业务流程，以确保客户完全满意。供应链管理专业协会（CSCMP）采用了该定义。[*]

无论被如何定义，与供应链管理相关的概念和方向肯定会越来越受重视。如本节所述，SCM 基本上包括图 1.21 中板块 3、板块 4、板块 6 和板块 7 所反映活动的正向流。[**]

1.4.4　集成系统的维护与支持

如图 1.21 所示，还有一个与板块 3~板块 5、板块 7 和板块 8 中活动相关的反向流程，虚线表示将故障（或报废）项目送去进行必要的维护、维修

---

　　[*] 该定义由供应链管理专业协会（CSCMP）提出，美国伊利诺伊州橡树溪镇巴特菲尔德路 2805 号。

　　[**] 应注意本节强调的后勤是商业（业务）领域中的后勤，而非防务领域完整的后勤保障。从历史上看防务系统中使的后勤概念是指综合后勤保障（ILS）中涵盖的更广泛的内涵，不仅包含 1.4.3 节的内容，还包含 1.4.4 节中维护和支持设施。当前，在系统生命周期每个适用阶段采购后勤的术语，包括 SG/SCM 和系统维护支持的准则，概念在美国国防部中甚为普遍。

（或处置）的路径。图 1.23 展示了以维护和支持基础设施为形式的扩展。*

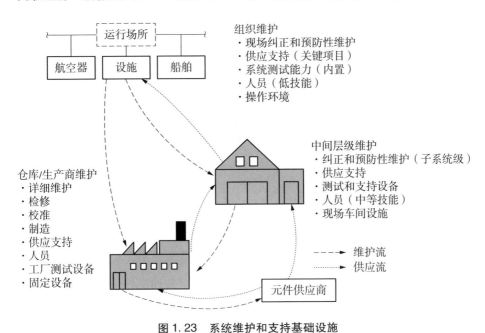

图 1.23　系统维护和支持基础设施

图 1.23 是一个基础的三级维护方法示例（即组织维护、中间级维护和基地/生产商/供应商维护）。根据系统类型、需完成的任务、系统的复杂性和可靠性、地理位置和使用位置、客户需求、总体成本等不同，维护策略可能会不同，它的基础设施可能只包括两级维护。此外，在整个网络中可能有一个或多个第三方维护承包商，这种配置可能会随着系统老化、维护需求的变化而变化。无论如何，以某种形式的维护和支持的基础设施必须到位并随时可用，以确保系统按需持续运行。

从图 1.24 中的网络可看出，支持保障的功能要素包括保障规划、维修人员、补给保障（备件/修理件和相关库存）、测试和保障设备、包装和运输、维修设施、计算机资源、技术数据和相关管理要求。必须得到有效管理的信息能力支持，以恰当整合这些不同要素。

传统上，维护问题在系统生命周期下游，是事后才设法解决的主题。维护和支持基础设施并未被视为系统组成部分，而是作为独立的、相关性不高的实

　＊　系统维护和支持设施（即维护概念和主要的维修方针）会在本书第 2 章 2.5 节进一步讨论。

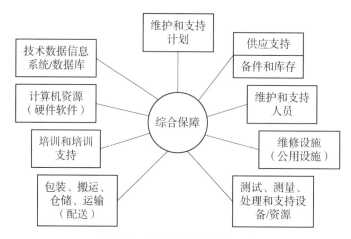

图 1.24 综合保障的功能要素

体。多年来，这种做法代价昂贵，有很多系统其生命周期成本的一大部分是由
于后期维护活动导致的（见图 1.7 和图 1.8）。作为回应，人们已作出努力，
将维护的识别和支持的基础设施纳入系统生命周期的早期规划，并作为系统的
固有要素（见图 1.9）。

在国防领域，美国国防部于 20 世纪 60 年代中期提出了综合后勤保障
（ILS）概念。ILS 是一项管理职能，提供初始规划、资金和控制，以帮助确保
最终用户（或用户）不只获得系统性能需求，而且在整个型号项目生命周期
内，可快速经济地得到支持。根据维基百科，ILS 被定义为一个开发材料和支
持策略的集成、迭代过程，这些策略是：优化功能支持，权衡现有资源，指导
系统工程过程，量化和降低生命周期成本，减少后勤足迹（后勤需求），使系
统更易于支持。ILS 虽然最初是为军事目的开发，但也广泛用于商业产品支持
或客户服务组织。ILS 主要目标是确保适当和及时地整合综合保障要素，如
图 1.24 所示。[*]

最近，为了经济利益，美国国防部一直强调：①在满足国防系统支持需求
方面，更多依赖最好的商业后勤保障和供应链实践；②在系统工程过程的研制
环境中，越来越强调可支持性/可持续性的设计，越来越考虑维护和支持基础
设施的。相对于第一个领域，国防部门在采用供应链管理的许多原则方面已经
有了很大提升，特别是考虑到信息技术（IT）和电子商务（EC）方法的提

---

[*] http://en. wikipedia. org/wiki/Integrated_ logistics-support.

升。在第二个重点领域，采办后勤的概念已流行起来，取信于三个相互关联的部分：①面向支持设计系统；②设计支持系统；③采购支持部件。* 基本上，国防部门的后勤已成为图 1.22 和图 1.23 所述各项活动的综合。

在解决维护的总体问题时，须在系统支持的总体范围内适当结合其他考虑因素。在商业领域，主要面向有代表性的制造工厂的设备维护，全员生产维护的概念已经非常流行，目前正在全球范围内实施。全员生产维护最初是由日本人在 20 世纪 60 年代末 70 年代初提出的一个概念，是一个以系统为导向的、全生命周期的维护方法，其目标是最大限度地提高商业制造工厂的生产率。全员生产维护作用如下：**

（1）提高工厂设备的整体效能和效率。包括维护预防（MP）和可维护性改进（MI），在设计中考虑可靠性和可维护性特征的恰当结合。

（2）基于全生命周期准则（类似于建立预防性维护需求时采用的可靠性为中心的维护方法），为工厂设备建立完整的预防性维护程序。

（3）是在"团队"基础上实施，涉及包括工程、生产运营和维护在内的各部门。

（4）涉及公司每一位员工，从最高层管理人员到车间工人，即使是设备操作人员也有责任维护和保养他们所操作的设备。

（5）是通过"激励管理"（为设备维护和支助建立自主的小团体活动）促进预防性维修。

全员生产维护的引入是由于工厂生产的成本高，以及这些高成本很大一部分归咎于生产线上的设备维护。全员生产维护实施已经变得非常流行，尤其是在过去几十年里，目标是通过最小化工厂维护成本降低生产成本。全员生产维护的实施可以用 OEE 来衡量。

最后，需注意的是，后勤和维护支持基础设施（即 1.4.3 节和 1.4.4 节描述的总体结构）须被视为系统的主要"元素"，并且系统工程过程从一开始，这些元素就必须和其他系统元素正确集成。

---

* MIL-HDBK-502A，产品支持分析，美国国防部 2013 年 3 月（替代 1997 年标准 MIL-HDBK-502，采购后勤）。这个需求支持系统工程流程。

** TPM 的概念起源于日本，由日本工厂维护研究院于 20 世纪 60 年代后期提出，参考本书附录 F 了解更多参考文献（见 S. Nakajima 等）。

1.4.5　数据信息管理

大多数程序的特点：在其各自的生命周期内，与系统设计和开发、运行、持续维护和支持相关的数据和信息量大。这些数据包括规范和计划、工程图纸和相关设计数据、系统测试和评估数据、物流和维护数据、技术数据（系统操作说明书、维护和检修形式、手册和部件清单）、工程变更数据、分包商和供应商数据等。此外，在系统生命周期的不同阶段，每天都有大量信息（电子邮件、互联网通信、推特和各种类型的消息）在不同个体和组织中生成和分发。

挑战在于从一开始就对这些数据进行适当规划、协调，并将其集成到一个统一数据包。数据包不仅包括已完成了什么、为什么这样做的以往基准，而且还反映了系统在任何给定时间点的正确构型。生成过多或过少数据的成本都很高。因此，在需要时及时提供适当数量的数据/信息至关重要，不能太早或太晚。反过来，需要一些协调和集成，覆盖系统级和跨组织条线活动的所有方面（包括客户、主要承包商、分包商和供应商组织）。

数据需求的初步确定源于概念设计中系统级需求的早期开发。通过功能分析和需求分配工作，进一步定义系统，这些数据需求会扩展（见图 1.13）。基于一点，贯穿一个项目始终可能会有许多不同形式存在的需求。因此，将数据/信息集成和管理功能包括在系统工程整体范围内是很重要的。*

1.4.6　构型管理

构型管理（CM）是一种管理方法，包括识别、记录和审核系统元素的功能和物理特征，记录系统元素的构型、控制单元及其文档的更改。目的是完整审计跟踪设计决策和系统变更。CM 又是一种基线管理概念，包括图 1.13 中标识的系统功能基线、分配基线及产品基线。成功满足系统工程需求很大程度上依赖于好的专业基线管理方法。鉴于当前向着演进式设计的发展趋势，以系

---

　　* 目标是在生命周期的任一特定时间点，及时开发刚好合适数量且合适类型的数据，以便能充分描述系统构型。有时候，有一种趋势是直到很晚的时候才准备必要的数据，随后导致无法从一个构型追溯到另一个构型。应注意的是，近来基于模型的系统工程（MBSE）概念和准则的应用已被用于减少所需数据的目标。

统构型中不断引入新技术，采用好的基线管理方法尤为正确。*

1.4.7　全面质量管理

全面质量管理（TQM）被描述为一种完全集成的管理方法，在生命周期的所有阶段和整个系统层次结构的每个层级上处理系统/产品质量问题，它提供了事前质量导向，重点关注系统的设计和开发活动、制造和生产、维护和支持活动，以及相关功能。全面质量管理是将人的能力与工程联系的统一机制。需要强调的是全面的客户满意度、"持续改进"的迭代实践、完全集成的组织方法。作为初始系统设计和开发工作的一部分，必须考虑：①用于制造和生产系统组件的设计过程；②在整个计划的生命周期内提供必要持续维护支撑的基础架构设计。从这方面讲，TQM原则是系统工程过程固有的。

1.4.8　系统总价值和全生命成本

通常用对消费者的总价值来衡量一个系统。为便于讨论，如图1.25所示，有必要考虑技术因素和经济因素的平衡。系统工程领域特别关注生命周期成本（LCC）。LCC包括与系统生命周期相关的所有成本，分为以下几部分：

（1）研究与开发（R&D）成本。该成本包括可行性研究费用，制定运行和维护要求，系统分析，详细设计与开发，工程模型的制造、装配和试验，初始系统测试和评估，以及相关文档。

（2）生产和建设成本。这里包括运营系统（生产模型）制造、装配和测试成本，制造能力的运行、持续维护和支持，设施建设，初始系统支持能力的获取（如测试和支持设备、备件/维修部件、技术文件）。

（3）运营和维护成本。这项成本包括系统运行及系统在其计划生命周期内的持续维修和支援费用（如人力和人员、备件/修理零件和相关存货、测试和支援设备、运输和装卸、设施、软件、更改和技术数据）。

（4）系统报废和淘汰成本。这项最终费用是指系统及其部件寿命过时或磨损并逐步从库存淘汰的费用，回收物品以供进一步使用，以及报废和材料处置所产生的费用。

---

*　重要的问题包括对"变更"合理的管理。参考MIL-HDBK-61A（SE）《构型管理手册》，2001年2月。

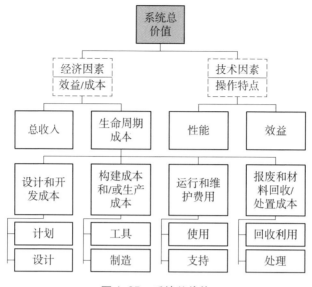

图 1.25　系统总价值

　　根据系统类型和希望实现的成本效益度量的灵敏性，生命周期成本分为许多种。目标是确保总成本可见（见图 1.8）。如果需要正确评估在整个生命周期中的每个主要设计和管理决策的相关风险，这是有必要的。生命周期成本（LCC）是一个贯穿本文的主题，附录 B 强调了执行生命周期分析过程。

1.4.9　一些其他的术语和定义

　　工业中的大多数系统工程活动都与产品生命周期管理（PLM）工具和流程密切相关。PLM 重点在于产品设计、开发和产品发布的技术方面。通过这种方式，PLM 为组织提供了产品信息主干，即跨各种产品构型和衍生产品的主产品数据管理。此外，重视知识管理的公司，特别是在航空航天和国防工业，试图通过捕获现代 PLM 工具和流程中的项目需求来保留这种经验。

　　随着商业产品生命周期从 5 年缩减到 18 个月甚至更少，以设计为重点的 PLM 工具越来越多地与其他业务工具进行集成。企业资源计划（ERP）处理所有制造方面的任务（包括来自客户订单的所有事务数据，将其转换为制造订单、发货和结账）。结合更传统的物理过程，数字层的增长促进了制造执行系统（MES）的能力提高。MES 被用来管理一个公司车间、控制设备以及在生产制造过程中跨路线生产调度。

总而言之，我们必须很好地综合使用以上这些及相关的技术和方法，并匹配其他程序，以合理贯彻系统工程管理（SEM）的高层需求。

1.5 系统工程管理

系统工程原理和概念的成功应用不仅依赖于解决技术问题和实现过程，也依赖于管理问题。如图 1.26 所示，系统工程技术与管理是一体两面，相互支撑的。最好的工具/模型可以用来实现图 1.13 中所示过程。但是，除非创造适当的组织环境，并建立一个有效和高效的合适管理机构，否则无法成功。高层管理者必须首先相信并提供必要的支持，将系统工程方法应用于所有适用的内外部项目。须确定具体目标，制订并恰当执行政策和程序，并配套一个有效的考核及奖励机制。这种机制须在消费者、主承包商、各个适用的供应商延伸组织中推广起来，推广的挑战就是能否很好地执行。

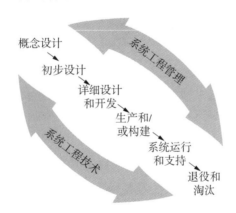

图 1.26 在系统工程过程中的管理和技术应用

项目之间有所不同，图 1.27 提供了一个讨论基线。重点记录了主要的采办项目阶段和里程碑，以及从系统工程视角认为重要的活动和事件。应该指出，图中的重点主要是系统采办（采购）过程，而不是生命周期的下游运营、维护和支持以及退役阶段。

这些活动阶段将在以后各章详细讨论，现简要概括如下：*

---

* 图 1.27 中展示的是一个相对大型系统的过程和里程碑。重要的是这些概念和准则，并且根据所选择的系统裁剪需求。

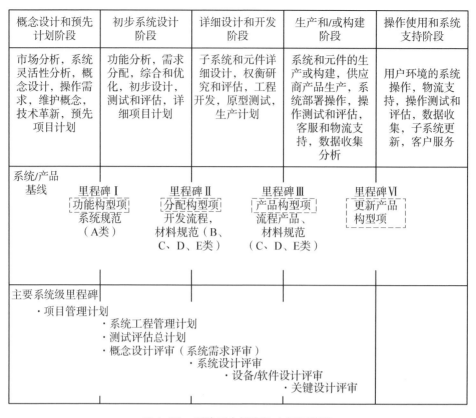

概念设计和预先计划阶段	初步系统设计阶段	详细设计和开发阶段	生产和/或构建阶段	操作使用和系统支持阶段
市场分析，系统灵活性分析，概念设计，操作需求，维护概念，技术革新，预先项目计划	功能分析，需求分配，综合和优化，初步设计，测试和评估，详细项目计划	子系统和元件详细设计，权衡研究和评估，工程开发，原型测试，生产计划	系统和元件的生产或构建，供应商产品生产，系统部署操作，操作测试和评估，客服和物流支持，数据收集分析	用户环境的系统操作，物流支持，操作测试和评估，数据收集，子系统更新，客户服务

系统/产品基线

里程碑 I
功能构型项
系统规范
（A类）

里程碑 II
分配构型项
开发流程，
材料规范（B、C、D、E类）

里程碑 III
产品构型项
流程产品、
材料规范
（C、D、E类）

里程碑 VI
更新产品
构型项

主要系统级里程碑
·项目管理计划
·系统工程管理计划
·测试评估总计划
·概念设计评审（系统需求评审）
·系统设计评审
·设备/软件设计评审
·关键设计评审

图 1.27　系统采办流程和主要里程碑

（1）在概念设计的早期阶段，就必须在生产者和消费者之间建立良好的沟通。定义真正的需求、进行可行性分析、定义开发运营的需求和维护概念、在系统级别上识别特定的定量和定性需求等都至关重要。这些需求须通过准备充分的系统规范（A类）来恰当地传达。这个顶层系统规范构成了最重要的技术文件，所有较低层次规范都从它演变而来。如果从开始就没有良好的基础，那么所有后续低级别需求可能都有问题（见第 3 章）。

（2）在概念设计的后期阶段，必须制定全面的系统工程管理计划（SEMP），或系统工程计划（SEP），通过确保计划实施输出综合良好的集成产品。从顶层项目管理计划（PMP）演变而来的系统工程管理计划（SEMP）集成了所有低层级计划文档。SEMP 包括与设计相关必要的任务以强化日常的系统开发工作，并行工程方法的实施，以及跨不同组织实体集合形成的合理团队。从管理视角看，SEMP 须直接支持系统规范（A类）中的需求，两个文档必须互动、协调。SEMP 将在第 6 章中详细介绍。

（3）在概念设计的后期阶段，必须制定测试和评估总体计划（TEMP）或等效计划，用于评估和最终验证。因为需求最初在系统规范（A 类）中指定，并通过 SEMP 中描述的任务进行规划，因此，须描述用于测量和评估系统方法/技术，这些方法/技术可确保这些需求的符合性。该计划必须在完全综合的基础上处理测试和评估活动，这些活动应用仿真和其他分析工具、样机模型、实验室模型和原型模型的适当组合来完成。测试和评估将在第 2 章中进一步讨论。

（4）随着系统设计和开发的推进，在设计构型从一个定义级别发展到另一个定义级别的关键点上，有必要安排一系列正式的设计评审，即概念、系统、设备/软件和关键设计评审，目的是确保指定的需求进入后续工作阶段前得到满足，并确保必要的沟通跨组织条线存在。关于设计评审和评估要求的进一步讨论，见第 5 章。

（5）在详细设计的后期阶段，整个构建/生产阶段，以及运营和维护支持阶段，都需要对系统进行持续评估和验证，目标是确保满足消费者要求，并为标杆管理和持续过程改进建立"基线"。根据需要发起设计变更更正任何发现的缺陷。

系统工程理念的成功实现高度依赖于图 1.28 所示的简化过程的恰当管理。该过程应用不同技术促进需求分析、功能分析以及构型、综合、设计优化和验证等步骤。

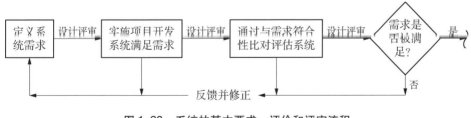

图 1.28　系统的基本要求、评价和评审流程

1.6　小结

本章简要介绍了一些关键术语、定义、准则和概念，系统工程实施关键问

题，以及系统的设计和开发、生产/建设、运行和支持以及退役的相关需求。介绍了系统、系统之系统（SoS）、系统架构、系统科学、系统分析、后勤保障、集成系统维护与支持、构型管理、全面质量管理、系统价值和生命周期成本等术语。希望这些可以激发对进一步需要的系统工程流程的思考。这里提供的信息，特别如图 1.13～图 1.15 所示的概念，引出了第 2 章中讨论的系统工程过程的内容。

习题

1-1 从您自己的角度提供一个系统的定义，并举一些例子。

1-2 描述您选择的系统生命周期，并构建一个详细的流程图。

1-3 描述系统之系统（SoS）是什么意思，提供一个示例说明。

1-4 当提到一个系统的基本要素时，包括什么？

1-5 定义系统工程，其包括什么？为什么系统工程很重要？系统工程与系统科学和系统分析有何不同？

1-6 系统工程与一些更传统的学科如土木工程、电气工程、机械工程等之间有什么不同（或相似之处）？

1-7 参见图 1.11（示例 A）。描述三个所示生命周期之间的相互关系。

1-8 参见图 1.14。可以应用的关键系统工程目标有哪些？

1-9 参见图 1.15。可以应用的关键系统工程目标有哪些？

1-10 图 1.16 所示的反馈过程的意义是什么？

1-11 简述概念设计中主要的系统工程功能，是初步设计、详细设计和开发、系统运行使用和生命周期支持还是退休、淘汰和处置？

1-12 定义敏捷工程，并简述它的应用以及它与系统工程的关系。

1-13 瀑布模型和敏捷工程之间的基本区别是什么？

1-14 描述瀑布模型、螺旋模型和 V 模型的基本区别。如何将它们与作者提出的模型进行比较？

1-15 参见图 1.21。简要叙述对系统工程过程成功实施至关重要的活动。生命周期中的哪一个阶段必须处理这些活动？

1-16 参见图 1.22。描述这些活动可能如何影响系统工程（如果有的话）。

1-17 参见图1.23。描述这些活动可能如何影响系统工程（如果有的话）。

1-18 参见图1.24。解释为什么这些元素应该被认为（或不被认为）是系统的固有元素。

1-19 参见1.4.2节。尽管这些支持设计规程中的每一项在系统工程需求的实现中都是重要的，但从您的角度来看，相比其他，哪一项应更大程度上强调？为什么？如果需要某种程度的优先排序，您将如何完成？

1-20 系统工程过程的成功实施依赖于技术和管理问题，请解释为什么。提供一个例子说明它们如何相互影响。

1-21 为什么系统规范（A类）很重要？为您所选择的系统规格制定一个大纲。

1-22 描述 PLM，ERP 和 MES。这些过程如何与系统工程管理相互作用？

1-23 设计评审的目的是什么？

1-24 什么是并行工程？它与系统工程有什么关系？

1-25 什么是构型管理？为什么它在系统工程中很重要？

1-26 为什么后勤很重要？它与系统工程有什么关系（如果有的话）？

1-27 什么是生命周期成本，包括什么，什么时候第一次考虑和应用？为什么在决策过程中考虑这样的成本是重要的？

1-28 考虑当前环境时，用您自己的语言描述一些今天与系统工程实现相关的挑战。在您的讨论中，考虑 MBSE 概念和原理在系统工程过程中的应用。

第 2 章　系统工程的过程

如图 1.13 所示，系统工程过程是固有且贯穿于整个系统生命周期的，而且重点是图 1.13 中第 0.1 至 4.6 块所示，对系统设计和开发采用的自顶向下的、综合的、生命周期的方法，这种方法包括对问题（待解决）的初始定义和对消费者需求的识别、可行性分析、系统运营需求和维护支持概念的开发、功能分析、需求分配、给定系统顶层架构的开发，随后是评估和验证的迭代过程，并根据要求对产品/过程的变更予以整合。虽然此过程直接指向系统设计和开发的早期阶段，但为了理解早期决定产生的后果以及为未来制定指导方针和基准，对于生产/建造、操作使用、运维支持，以及退役/处置等后续阶段的考虑依然是重要的，换句话说，反馈循环是系统工程过程中（见图 2.1）关键的且不可分割的一部分。

如图 2.1 所示，本章阐述了系统工程的过程和基本步骤（活动），重点讲总体要求是什么，管理相关的活动、实施的过程及如何完成在第 6~第 8 章有详细介绍。每当有一个新识别的系统需求，这些活动都要开展一次。一个新的要求可以是一个新的系统性能因素，例如，工厂所需的生产率翻倍，运输车辆的容量增加，雷达系统的射程增加，产品的重量降低，系统的操作利用率翻倍，等等。此外，可能存在一些当前的不足需要通过系统开发来响应，以满足一些全新的需求。在任何情况下，这并不意味着额外的工作量或更高的成本，这与很多人认为的系统工程要求的实施需要消耗更多的时间和成本的看法相反。然而，这确实要求思维方式的改变，要求接近系统设计目标过程中的重心转移，要求一种新的业务执行方法。

图 2.1 所示的系统工程过程（当然）须被定制为系统性以及程序性的要求。整个过程且每个模块都会经常出现许多迭代。分析和权衡研究会在每个阶段进

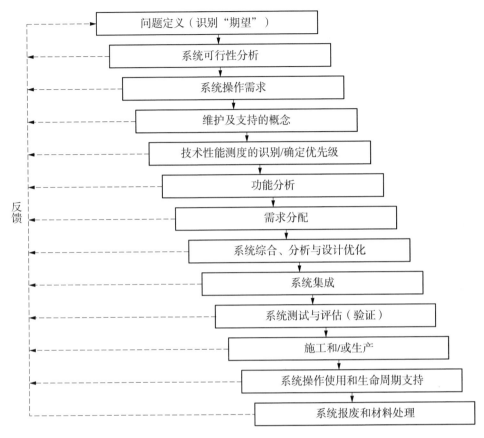

图 2.1 生命周期中的系统工程过程

行，功能会在多个模块中被识别，等等，不可能图形化地展示所有的事情。但为了便于讨论和更好地理解，这里给出了图中所示的步骤，并按一般顺序表达。

2.1 问题的定义（目前的不足）

系统工程过程通常开始于对某物"想要"或"渴望"的识别，并且基于一个真实（或感知的）缺陷。例如，假设当前的能力在满足某些要求的性能目标方面不够充分，在需要时不可靠或不可用，不能得到适当的支持，或者操作成本太高。因此，定义了一个新的系统需求，并引入需求的优先级，消费者具有使用新系统的能力需要的时间，以及获取新系统能力预计所需的资源。为确保有个良好的开始，应以特定的定性和定量的术语对问题进行完整描述，并提供足够细节以便开展下一步工作。更具体地说，应提出以下问题：问题的本质与程度如何？如果问题得不到解决，相关风险是什么？

识别需求作为工作的起点，看似相当基本或不言而喻的。然而，经常发生这样的情况：设计工作由于个人兴趣或突如其来的政策因素而开始的，并没有充分定义要求。（特别是）在软件领域，有一种倾向是在尚未明确功能需求就完成了大量代码开发工作。此外，在一些情况下，工程师天真地相信他（或她）知道客户的需求，却并未让客户参与进来。事实上，"先设计，后修复"的态度非常盛行。因此，通常有些人开始设计并最终生产出并非一开始真正想要的（或需要的）的产品，当然，这种方法的成本也会是很高的。

定义问题是过程中最困难的部分，尤其是当一个人急于"开始"的时候。然而如果不从一开始就打下良好基础，错误开始和最终风险的数量将会相当巨大。在可能的情况下，用定量的参数完整描述需求是至关重要的。最终反映真实的客户需求是非常重要的，尤其是在当今资源有限的环境下。

2.2 系统需求（需求分析）

给定了问题定义，必须完成需求分析，其目标是将宽泛定义的"想要"转换为更具体的系统级要求。基于此，应阐述如下问题：

（1）系统功能性的要求是什么？

（2）系统要完成哪些具体功能？

（3）要完成的主要功能是什么？

（4）需要完成的次要功能是什么？

（5）必须完成什么才能完全缓解所述的不足？

（6）为什么必须完成这些功能？

（7）什么时候必须完成这些功能？

（8）这要在哪里完成，需要多久？

（9）这些功能必须完成多少次？

有许多类似这种性质的基本问题，以功能的方式描述预期消费者（客户）要求很重要，以避免过早承诺一个特定的设计理念或构型，并由此及时避免此时不必要的宝贵资源的支出。基本目标是在"锁定"如何完成之前确定需要做什么[*]。

　　令人满意的需求分析通过团队方式实现的效果最好，包括客户、最终消费者/用户（如果与客户不同）、主承办商或生产商，以及主要供应商（如果合适）。目的是确保有关各方之间的适当沟通。特别是，必须听取客户的意见，系统开发人员必须针对性地作出响应。方法可以是调查和面谈，使用良好的检查表，应用工具如质量功能展开（QFD）工具，物理和虚拟原型，以及相关的技术/模型^{**}。

　　"需求定义过程"是初始过程，如图2.2最上面的模块所示。一方面，虽不可能达到之前建议的深度，但完成尽可能多的任务是至关重要的，而且越早越好。另一方面，在系统设计和开发过程（或者甚至在系统测试和验证过程）中，总会有延迟和延期确定需求的诱惑。在这种情况下，程序的时间表很可能会出现纰漏，由此产生的成本可能会很大，而且客户（消费者）的最终需求将无法得到满足。

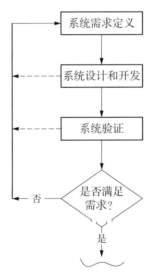

图2.2　系统需求

---

　　* 对这八个问题的具体回答可能有些重叠或有些冗余，关键是要在此环节以详尽方法去强制解决问题，在系统生命周期中尽早充分地给出需求的良好定义，以降低后续决策风险。

　　** 质量功能展开（QFD）方法是一种优秀的技术，通常用于辅助定义需求，确保客户/消费者和生产商之间的良好沟通。QFD方法最初在日本三菱重工的神户造船厂发展起来，并已有很大发展。它用于促进在概念设计阶段将一组优先级高的主观客户需求转换为一组相关的系统级需求。QFD方法将在2.6节中进一步展示。

2.3 系统可行性分析

通过需求分析，确定了系统必须执行的功能，一方面，可能有单一的功能，如从点 A 到 B 运输产品 X，Y，Z；或者点 D，E，F 之间的通信；或者在时间 Z 时生产 X 个 Y 产品；或为系统 G 和 H 提供维护和支持能力。另一方面，系统可能需要执行多种功能，包括一些主要功能和一些次要功能。为确保从开始就建立良好的设计概念，应识别所有可行的功能，并选出最严格的功能作为定义系统级设计需求的基础。重要的是，要处理所有的可能，以确保为设计选择适当的总体"技术"路线。

可行性分析是通过评价不同的技术方法来完成的，这些技术方法可能被采纳来响应特定的功能需求。在考虑不同的设计方法时，须研究应用多种备选技术。例如，在通信能力的设计中，应该使用光纤技术、蜂窝（无线）技术、还是传统的硬连线方式？在设计飞机结构时，应该在多大程度上使用复合材料？在设计汽车时，应该在某些控制应用中采用高速集成电路还是应该选择一种更传统的机电方法？在设计任何类型的大型系统时，集成电路芯片、印刷电路板、芯片系统（SoC）以及类似的东西应该被采用到什么程度？

以下都是必须考虑的方面：①确定各种可能的设计方法，以满足需求；②就性能、有效性、综合保障、维修支持需求，以及生命周期经济标准等方面评估最可能的候选方法；③推荐首选方法。其目的是识别和选择一个未来系统设计的总体技术方法，而不是选择特定的组件（如硬件、软件、设施等）。可能有许多备选方法，但可能的数目必须压缩到几项可行的选项，以符合可用的预期资源（即人员、材料及资金）。

具体采用哪种设计方法的设计决策通常发生在系统生命周期的早期阶段（即概念设计阶段）。在没有足够的关键信息时，研究活动可以从为具体的应用开发新的方法/技术开始。在某些项目中，应用研究任务和初步设计活动是按顺序完成的，在其他情况下，可能会有许多小型项目同时进行。

可行性分析的结果不仅将对系统未来的运行特性产生重大影响，而且还将对生产和持续维护支持需求产生重大影响。某一特定技术的选择（及其后续应用）具有可靠性和可维护性的影响，可能会影响人为因素和安全要求，可能会影响生产和制造方法，可能会显著影响物流和未来维护支持的要求，并肯定会影响生命周期成本。

早期的可行性分析非常关键，对后续的系统设计和开发活动具有巨大的潜在影响，因此系统工程师的角色极其重要。在多数情况下，引导具体设计方法的详细调查和评估工作是高度技术性的，且经常由特定工程学科的专家来完成。通常情况下，这些专家并不能面向"系统"的整体考虑，或者缺乏考虑制造工艺，维护和支持能力，影响生命周期成本的因素等。然而，主要的考虑不全面，设计决策已完成，并落实到系统规范中，并且所有随后的设计活动都必须遵循规范开展。因此，在生命周期的这个早期阶段，对于强力推行系统工程的需求是强烈的。

正如可行性分析关注的是系统的技术可行性，市场研究关注的是系统的商业或最终用户价值。市场调查是收集有关消费者需求和偏好信息的活动，这项研究提供了识别和分析市场趋势、市场规模和竞争的所需信息，这些往往会影响技术要求的确定。

2.4 系统运营需求

在确定了基本需求和选择了可行的技术设计方法后，有必要通过对预期系统运营需求的全面描述进一步规划发展这些信息。目标是反映消费者（即用户）在系统部署、使用、有效性以及预期使命达成方面的需求。此处定义的运营概念包括以下一般信息：

（1）运营分布或部署。系统将要运作的用户地点数目、地域分布和时间范围以及每个位置的主要系统组件的类型和数量，这些因素回应如下问题：系统在哪里完成它的任务？持续多久？

（2）任务概要或场景。描述系统的主要任务及其备选或次要任务。这针对如下问题：为响应确定的需求，系统必须实现哪些具体功能？这些信息可以通过编制一系列运行概要来描述，以展示完成特定任务所需的"动态"环节。例如两个城市之间的飞机飞行路径、汽车路线、用于运输材料的运输路线、全球通信网络及随着时间的"开关"状态、随时间变化的电力分配等等。图2.3显示了三种可能的概要文件示例。

（3）性能及相关运营参数。用定量术语定义的系统基本运营特性。这指的是范围、精度、速度、速率、容量、吞吐量、功率输出、信息清晰度、大小、重量、可用性、有效性度量等参数。在不同的用户站点完成任务所需的关键系统性能参数是什么？这些参数应该直接与图 2.3 中所示的运营概要文件相关或等效（如适用）。*

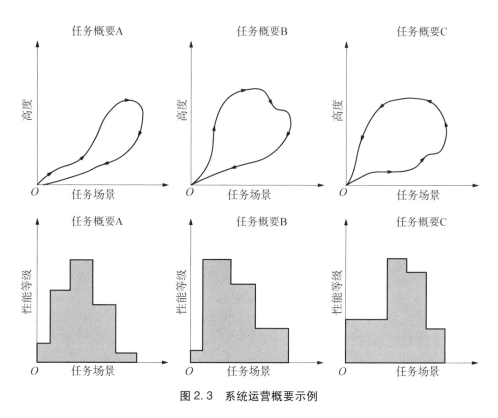

图 2.3　系统运营概要示例

（4）使用要求。为完成任务对该系统及其要素的预期使用。这指的是系统每天运营的小时数、占空比、每月的开关周期、总能力利用率、设备装载等等。系统及其要素是如何被利用的？这项研究将确定操作人员及其环境对系统施加的压力。

（5）有效性需求。系统需求，特指定量的（如适用），包括成本等因素/系统效率、运营可用性（也包括之前提到的性能需求）、可信度、系统的可靠

---

　　* 此目录包括的是用于大型系统主要需求开发中的关键性能参数（KPP）和配套的关键系统属性（KSA）。

性（例如失效率）、平均维修间隔时间（MTBM）、准备率、维修停机时间（MDT）、设备利用率、保障响应时间、生命周期成本、人员技能水平、安全率、安全级别等等。如果系统发挥作用，其有效性或效率有多高？

（6）主要的系统接口或互操作性需求。主要的系统接口是指在一个整体的SOS层次结构中与其他系统的主要接口，以及该系统必须向该结构中的其他系统提供输入或接收输出的性能要求。在系统之系统（SoS）环境中，具体的输入—输出需求是什么（见图1.4）？

（7）环境。界定预期系统能在何种环境下有效及有效率地运作；例如，高低温范围、冲击和振动、噪声、湿度、北极或热带、山区或平原地形、空中、地面和/或船上。一组任务概要意味着针对每个方面指定一组值或范围。在使用过程中，系统将受到什么影响？持续多长时间？新系统对目前的外部环境有什么影响？可持续发展的要求是什么？除了系统操作之外，环境方面的考虑还应包括运输、处理和存储模式。系统（和/或其部分部件）在运输过程中可能会受到比运营过程更彻底的环境影响。

系统运营需求的建立为所有后续系统设计和开发工作提供了基础，并构成了基线。目标是回答第2.2节中提出的问题：系统必须执行什么功能，这些功能必须在什么时候完成？系统将在哪里被使用，持续多久以及系统将如何完成其目标？

尽管条件可能会发生变化，但在这点上需要一些初始假设。例如，需要的初始定义和在开展可行性分析时所作的假设可能会改变，具体系统的使用需求可能会因操作地点的不同而不同，生命周期的长度可能会因为过时而改变等等。然而这种类型的信息的开发和文档化（正式记录），从一开始就是至关重要的。

过去，对于许多新系统的运营需求：①在系统设计构型冻结转入生命周期下游后才迟迟开发；②早期交给一个其他的组织实体开发（如外部顾问、营销组织等），并放入一个文件中等待决策进入初步设计，然后，在开展后续设计活动时却忘记了此事。在这一点上，新系统开发中，运营需求的信息显然必不可少（但这样的信息是不可用的），不同的设计小组将设定他们自己的假设，不同的设计功能无法引用相同的基线，并且将会发展出相互冲突的需求。反过来说，这通常导致系统构型的开发不能满足消费者的需要，并且需要随后通过昂贵的系统更改和返工来纠正。换句话说，如果从一开始就没有很好地定义适用的系统运营需求，并且没有将其作为输入集成进设计过程，那么后续的结果可能会非常昂贵。*

这是系统工程必须推进的另外一个关键活动。对于一个被开发的系统，其运营需求必须要充分定义和集成，并且要将这些信息恰当地记录到文本当中，并及时在所有适用或相关的组织中及时贯彻。参与设计过程的每个人都必须"跟踪"相同的基线，并且系统工程组织必须在开发这类需求和在后续设计和开发过程中提供领导作用。

2.5 保障和维护支援概念

在处理系统需求时，正常的趋势是主要处理系统中与实际任务执行步骤直接有关的部分；即主要设备、操作人员、操作软件、操作设施以及相关的信息和数据。与此同时，很少关注系统的后勤和维护支持，直到生命周期的后期和下游。一般而言，过去强调的只是系统的一部分，并非整个系统。当然，这导致了1.2节中讨论的一些问题（具体参见图1.7~图1.9）。

为了达到系统工程的整体目标，必须从一开始就在一个综合的基础上考虑系统的所有方面（见图1.2、图1.3和图1.9）。这不仅包括系统面向的主要任务，而且还包括整个后勤和维护支持能力。如图1.22和图1.23中所包含的系统支持活动，必须在早期的需要分析中予以考虑，在评估可能采用哪些新技术的可行性分析阶段也要予以考虑，并且要站在全生命周期的基础上事前考虑保障和维护支援的概念。

保障及维修支援的概念是在早期概念设计阶段开发出来的，由图2.4所示的系统运营需求的定义演变而来。首先，图1.22展示的是一个从设计到生产直至消费者使用场所的活动流程。此外，图1.23展示了另外一种确保支持系统的维护支持能力的活动流程。对于后一种情况，这些活动包括将备件/修理零件、人员、测试设备和数据从各供应商分发和运输到制造商（仓库）和中

---

    * 一般认为将此行动延迟到获得更多信息时会更容易些（也被认为更安全）。然而，这样做时，风险和相关成本将变得巨大。因此，从一开始就以竭尽所能的方式追求这样的目标是重要的，即使当初始基线已经有些超时。

间层维修基站，并按需要运到运行场所。图 2.4 中所示的流程图反映了与整个系统持续支持能力有关的活动，这些支持能力必须在整个系统生命周期内到位并可用。*

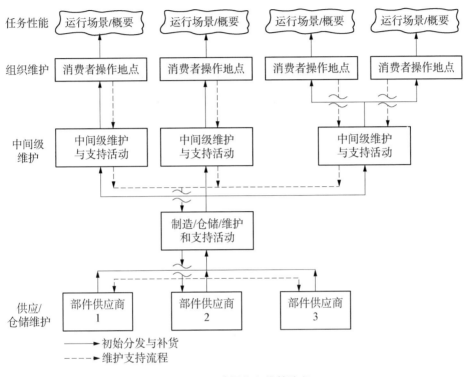

图 2.4　系统操作和维护流程

　　图 2.4 所示架构展示了不同级别的维护，主要维修政策、计划的组织职责、效能要求，以及完成维护支持的整体环境。尽管从一个应用到下一个应用可能会有一些变化，但维护概念通常包括以下信息：

　　（1）维护等级。纠正和预防性维护可以在系统被用户使用的地点、用户附近的中间车间和/或仓库或制造商的设施上对系统本身（或其中的一个部件）进行。维护水平涉及执行维护的每个区域的功能和任务划分。预期的维修频

---

　　* 本文中定义的后勤和维护支持概念是一系列事前的插图和陈述，涉及如何在整个生命周期中支持系统，从启动到系统报废以及材料回收和/或处置。它构成了系统设计要求定义的早期基础和待纳入的可支持性设计（如两级与三级维修支持、系统/组件封装、诊断程度和状态监测），支持基础设施各个要素的量化有效性要求等。更多细节请参阅 1.4.2 节的第 2、3 和 7 项。后勤和维护支持计划通常在以后根据已知构型以及可支持性和相关分析的结果制定。概念是设计的输入，计划是设计的结果。参考 B. S. Blanchard，后勤工程与管理，第 6 版（新泽西州上马鞍河：Pearson Prentice Hall, 2004）。

率、任务复杂性、人员技能要求、特殊设施需求等等，在很大程度上决定了每个等级要完成的具体功能。根据系统的性质和任务，可能有 2~4 个维护级别。不过为了进一步的讨论，维护被分类为组织级维护、中间级维护、仓库级维护。

a. 组织级维护。组织级维护是在操作现场（如飞机、车辆、生产线或通信设施）进行的。通常，它包括使用组织在其自己的设备上执行的任务。组织级人员通常参与设备的操作和使用，并只用最少的时间进行详细的系统维护，这一级别的维护通常限于对设备性能的定期检查、目视检查、系统部件的清洗、软件的验证、一些维修、外部调整以及某些部件的拆卸和更换。被分配到这个级别的人员通常不修理被拆下的部件，而是将他们转到中级级别。从维护的角度来看，最不熟练的人员被指派来执行这项任务。设备的设计必须考虑到这一事实（即为简化而设计）。

b. 中间级维护。中间级维护任务由移动、半移动和/或固定的专门机构和装置来执行。在这个级别上，可以通过拆卸和更换主要模块、组件或部件来修复终端单元。还可以完成需要拆卸设备的定期维护。可用的维护人员通常比组织级别的人员更加熟练，装备更好，负责执行更多的细节维护。

机动或半机动单元经常被指派为部署的运营系统提供紧密的支持，这些单位可能是货车、卡车或便携式掩体，包含一些测试盒支持的设备和备件。这个任务将提供现场维修（在组织级人员完成的工作之外），以便利用该系统迅速恢复其充分运作状态。一个移动单元可以用来支持一个以上的操作现场。维护车辆就是一个很好的例子，它从机场机库部署到停靠在商业航空公司登机口的飞机上，它本身需要长期的维护。

固定设施（固定商店）通常是为了支持组织级任务和流动或半流动单元而建立的。由于人员技能和测试设备限制，维护任务无法在更低的级别上进行。较高的人员技能、额外的测试盒支持设备、更多的备件和更好的设备往往使得设备维修达到模块和部件的水平。固定车间通常位于特定的地理区域内。

在这里，快速的维护周转时间并不像在较低的维护级别上那样迫切。

c. 仓库级维护。仓库级构成了最高类型的维护，并支持完成需要高于和超过中级级别可用能力的任务。从物理上说，仓库可能是一个专门的支持一些系统/设备的维修设施，可以是仓库或是设备制造商的工厂。仓库设施是固定的，机动性不是问题。如果需要，则可以提供复杂庞大的设备、大量的备件、环境控制规定等。仓库设施的高产量潜力促进了装配线技术的使用，从而，允许使用相对不熟练的劳动力来完成大部分的工作量，并在诸如故障诊断和质量控制等关键领域集中高技能的专家。

仓库级别的维护包括设备的全面大修、改造和校准，以及高度复杂的维护行动的执行。此外，仓库还提供相应的库存供应能力。仓库设施通常是远程的，以支持特定地理区域或指定产品线的需要。

表 2.1　主要维护级别[*]

判据	组织级维护	中间级维护		仓库级维护
在哪里完成?	在运营地点或主要设备所在地	移动或半移动单元 卡车、火车、移动设备、掩体等等	固定单元 固定位置车间	仓储设施 特定修理活动或制造厂
谁来完成?	系统/设备操作员（低维修技能）	被指定在移动半移动或固定单元的个人（中级技能）		仓库设施或制造商生产人员（中间级生产人员技能或高维修技能的混合）
在谁的设备上?	使用组织的设备	用户组织拥有的设备		
完成工作的类型?	视觉检查 操作检验 最小维修 外部调整 部分组件的拆除或调整	详细检视和系统检验 重点维修 重点设备修理和更改 复杂的调整 简单软件维护 有限校准 组织级维护的重载		复杂的工厂调整 设备调整和修理的组合 彻底检修与全面改造 详细校准 软件维护（细节修订） 供应支持 中级维护的重载

（2）维修策略。在图 2.3 和表 2.1 所示的限制范围内，可能有若干的策略规定系统组件的修复程度（如果有的话）。维修策略可以规定一个对象应被设

---

* 表 2.1 所示的判据是个指导性信息的示例，它可为开发各种维护策略（或是每个维修级别的扩展事项）建立起始。事实上，在决定维修内容以及在哪里维修时需要考虑各种因素（如经济的、技术的、社会和安全的、保修条款、成本及关键部件），这些需要根据待处理的特定系统进行调整。

计为不可修理、部分修理或完全修理。首先建立维修策略，然后开发标准，并在所选择的维修策略的范围内进行系统设计。图 2.4 展示了一个用于系统 XYZ 的维修策略示例，它是在概念设计期间作为维护概念的一部分来开发的。*

（3）组织的职责。维修的完成可能是消费者、生产者（或供应商）、第三方或两者结合的责任。此外，职责可能会有所不同，不仅针对系统的不同组件，还针对从系统操作使用到持续支持的不同阶段。与组织职责相关的决策可能从环境和包装的角度影响系统设计，并指明维修政策、合同保证条款等。尽管情况可能改变，但此时需要一些初始假设。

（4）维护支持元素。作为初始维护概念的一部分，必须建立与维护支持的各种要素有关的准则。这些要素包括提供支持（备件和维修部件相关的库存、预置数据）、测试和支持设备、人员和培训、运输和处理设备、设施、数据和计算机资源。这些准则，作为设计的输入，可能包括自检准备、内部和外部检测需求、包装和标准化因素、人员数量和技能水平、运输和处理因素及限制，等等。维修概念提供了一些与图 2.4 所示的活动有关的初始系统设计准则，并将通过在设计过程中完成维修工程分析（或同等内容）来最终确定特定的后勤和维修支持需求。

（5）有效性需求。与后勤和维护支持基础设施相关的有效性需求，必须与系统运营需求相关的有效性因素（见 2.4 节第 5 项）恰当地结合起来，并可包括整体支持基础设施的可用性、后勤响应时间等因素，维护停机时间（如由于所需支持元素的不可用而停机），与后勤和维护支持能力相关的生命周期成本等等。此外，在较低的级别上可能有许多适用的重要需求。例如，在供应支持领域可能包括备件需求率、所需备件可用的概率、给定库存中指定备件数量任务成功的概率、与库存采购相关的经济订货量（EOQ）。对于测试设备来说，等待测试的队列长度、测试台的处理时间和测试设备的可靠性是关键因素。在运输方面，运输效率、运输次数、运输的可靠性和运输成本都很重要。对于人员和培训，关键因素应该是感兴趣的人员数量和技能水平、人为错

    ＊ 维修策略经常通过修理级别分析（LORA）来验证，最初结合维护概念开发来完成，之后作为维护分析和/或支持分析的一部分完成，最终引出维护计划的开发。更多讨论参见第 3 章及附录 C 中的案例研究。

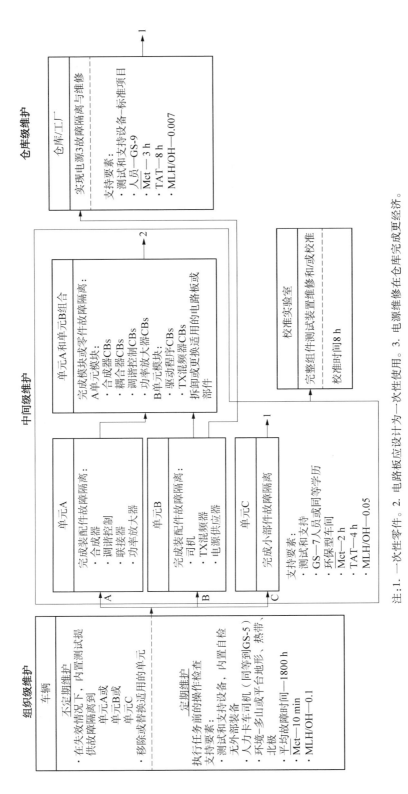

图 2.5 系统维护概念流程（维修策略）

注：1. 一次性零件。2. 电路板应设计为一次性使用。3. 电源维修在仓库完成更经济。

误率、培训率、培训时间和培训设备的可靠性。在软件中，每个任务段或每行代码的错误数可能是重要的度量。这些因素与特定的系统级需求相关，必须要予以重视。当需要 6 个月的时间来获得所需的备件时，对系统的主要部件维修定一个紧急的定量需求是没有意义的。适用于支持能力的有效性要求必须对整个系统的要求有补全作用。

（6）环境。与维护和支持相关的环境的定义。这包括温度、冲击和振动、湿度、噪声、极寒与热带环境、山地与平坦地形、舰载与地面条件等等，这些因素与维修活动及运输、搬运和储存息息相关。

总之，后勤和维护支持概念为保障性需求的建立提供了基础，这些需求为系统设计过程提供输入。这些需求不仅影响系统的主要任务导向要素，而且还应在设计和/或采购后勤保障必要的要素方面提供指导（如图 1.21 中所示的正向和反向箭头的需求）。此外，这个概念构成了在详细设计和开发阶段编制的详细后勤和维修支援计划的基线，如图 1.13 所示。[*]

2.6 确定技术性能度量并确定优先次序

给定开发的系统操作需求和后勤与维护支持概念（见图 2.1 的过程），设计师有必要回顾这些要求特定的量化值，它们重要性的相对程度，完成任务所需的临界值。在车辆的设计中，速度比尺寸更重要吗？对于一个制造工厂来说，生产数量比产品质量更重要吗？在通信系统中，范围是否比信息的清晰度更重要？对于计算机能力来说，容量是否比速度更重要？或者，对于任何类型的系统，是操作可用性比物流响应时间更重要，还是系统效率比生命周期成本更重要？[**]

目标的数量可能很多，设计师需要了解哪些目标比其他目标更重要，以及它们之间的关系。此外，在可行的情况下，最好用数量来表示这些目标。以令

---

[*] 应该指明这些要求必须与处于共同的 SoS 结构中的其他系统正确地集成，它们可以更多或更少、更严格，但必须针对特定的相关系统予以正确裁剪。

[**] 目标是从基本系统需求（2.4 节和 2.5 节中描述的）得出系统必须被设计的整体性能目标。性能，在其上下文中，指的是系统设计必须满足的所有主要参数，并且系统的所有元素必须响应整体的任务需求。这样的目标包括操作要素、后勤要素、维护支持要素、关键性能参数（KPP）、关键系统属性（KSA）和/或类似的其他要素。

人满意的方式来进行设计是困难的（如果不是不可能的话），除非从一开始就指定了一些可测量的目标，反过来，这些目标必须反映客户的（消费者的）需求。

在开发系统需求时，可能会有许多目标，通常在最初是用非常笼统的定性术语来表达的，如系统必须被设计成有效且高效地满足客户的需求，或者系统必须设计为最大可用性，或者系统必须设计得可靠。问题是，如何响应这样的需求，以及如何衡量系统验证的结果？另外，假如这样（笼统定性），怎么确定哪个更重要，哪个优先级更高？为了帮助做出回应，并进一步澄清，目标树的使用（或者类似的工具）可能有助于促进这一优先排序过程。

如图 2.6 所示，在没有更好的指导的情况下，设计者将需要解释指定的需求，并对"有效"及"充分"的含义做出一些假设。虽然系统设计目标是来满足消费者的需求，但除非设计者和消费者之间有一个良好的沟通联系，否则这个目标可能无法达成。图 2.6 中所表达的方法可以通过团队合作帮助阐明需求。最初可能有必要用定性术语表达设计目标，以自上而下的层次结构方式显示它们之间的关系。随后，应尝试为图中的每个区块建立定量措施，并确保适当的"可追溯性"同时存在于上下两个方向。将这种方法应用于图 1.15

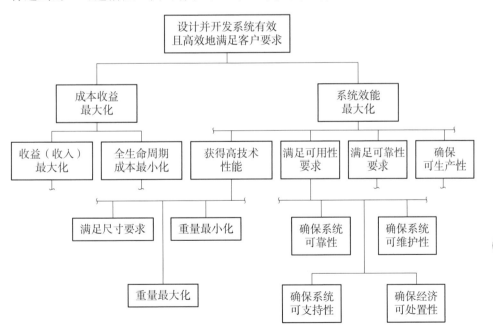

图 2.6　目标树（局部）

所示的系统故障时，应该应用什么措施，以及应用于系统整体层次结构的哪一级？此外，应该为每个层次建立什么设计标准？可靠性比可维护性更重要吗？人为因素比成本更重要吗？反过来说，建立这些关系将帮助设计师识别出在设计过程中必须强调的领域，以及在必须放弃某些东西的情况下可以交换的领域。

质量功能展开（QFD）方法是一个很好的工具，可以用来帮助设计师和消费者（即客户）之间建立必要的沟通。QFD 构成了一种团队方法，以帮助确保最终设计反映了客户的声音。目的是建立必要的需求并转化为技术解决方案。消费者的需求和偏好被定义和按属性分类，然后根据重要性分配权重。QFD 方法为设计团队提供了对客户期望的理解，迫使客户对这些期望进行优先级排序，并允许对一种设计方法与另一种设计方法进行比较。每个客户需求属性都会被技术解决方案满足。*

QFD 过程涉及构建一个或多个矩阵，其中第一个通常被称为质量屋（HOQ）。图 2.7 展示了一个修改后的 HOQ 版本。从结构的左侧开始识别客户的需求，并根据优先级对这些需求进行排序，定量地指定重要性级别。这反映了必须解决的"问题"。一个由消费者和设计组织的代表组成的团队，通过评审、评估、修订、重新评估的迭代过程来确定优先级。HOQ 的顶部部分确定了设计人员的设计响应，这些响应必须纳入设计以响应客户需求（即客户的声音）。这构成了"如何"响应需求，针对每个确定的客户需求应该至少有一个技术解决方案，属性间的相互关系（或技术相关性）以及可能的冲突领域被确定下来。HOQ 的中心部分表达了提议的技术响应的强度或对确定的需求的影响。底部部分用于比较可能的替代品，而 HOQ 的右侧用于规划目的。**

在概念设计过程中，QFD 方法用于促进将一组主管的客户需求按优先次序转换为一组系统级需求。在设计和开发过程的每个阶段，可以使用类似的方法将系统级的需求转换为更详细的需求。在图 2.8 中，一个质量屋的"如何"

* 与 QFD 过程有关的三个很好的参考文献：

（1）Y. Akao（编辑），质量功能部署：将客户需求整合到产品设计中（纽约：生产力出版社，2004 年）。

（2）L. Cohen，质量功能部署：如何让 QFD 为你发挥作用（新泽西州上马鞍河. Prentice Hall，1995）。

（3）J. Revelle, J. W. Moran 和 C. Cox，QFD 手册（新泽西州霍博肯：John Wiley & Sons, 1997）。

** J. 豪瑟和 D. 克劳辛，"质量之家"，《哈佛商业评论》（1988 年 5 月至 6 月）。

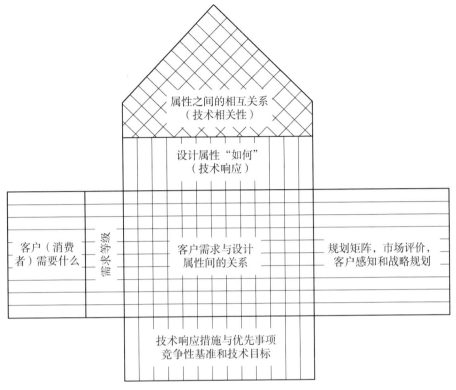

图 2.7　质量屋（修订版）

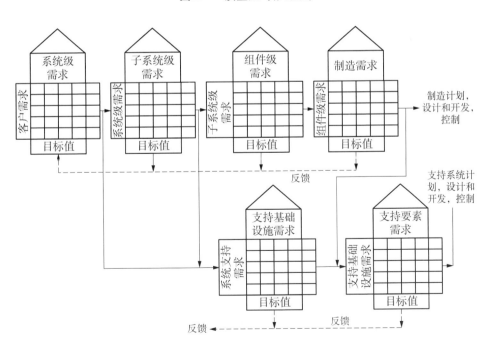

图 2.8　质量屋家族（需求的可追溯性）

变成了后续质量屋的"什么"。这些需求可以是为系统、子系统、组件、制造流程、支持基础设施等等开发。其目的确保需求自上而下的合理性和可追溯性。此外，需求应按功能条款来说明。

虽然 QFD 方法可能不是用于定义系统设计需求的唯一方法，但它确实构成了从一开始就创建必要的可见性的优秀工具，最大的风险因素之一是缺乏一组良好的需求和适当的系统规范，如表 2.2 所示，在顶层系统规格说明书中，应识别技术性能测度并确定其优先级。技术性能测度的相关措施（即度量），它的相对重要性，以及当前可用的基准目标，将为设计师完成他们的任务提供必要的指导。这对于建立适当的设计重要级别、定义作为设计输入的标准以及在需求未被满足时识别可能的风险级别都是非常重要的。

表 2.2   技术性能测度优先级

技术性能测度	定量要求（"度量"）	当前"基准"（竞争系统）	相对重要性（客户期望）/%
处理时间（天）	30 天（最大）	45 天（系统 M）	10
速度（英里/小时）	100 英里/小时（最大）	115 英里/小时（系统 B）	32
可用性（操作）	98.5%（最小）	98.9%（系统 H）	21
尺寸（英尺）	10 英尺长	9 英尺长	17
	6 英尺宽	8 英尺宽	
	4 英尺高	4 英尺高	
	（最大）	（系统 M）	
人为因素	每年小于 1% 错误率	每年 2%（系统 B）	5
重量（磅）	600 磅（最大）	650 磅（系统 H）	6
可维护性	300 英里（最小）	275 英里（系统 H）	9
			100

2.7　功能分析

早期概念和初步设计的一个基本要素是拟定系统的功能说明，以作为确定该系统实现其目的所需资源的基础。一个功能是达到一个给定目标的一个特定的或离散的行动（或一系列的行动）；也就是说，系统完成其任务或一个维护行动以恢复系统的运营使用所必须执行的操作。这些行动可能最终通过使用设备、人员、软件、设备、数据或它们的组合来完成。然而，在这一点上，目标是确定"什么"而不是"如何"，也就是说，需要完成什么，而不是如何完成。功能分析是一个迭代的过程，将需求从系统层面分解到子系统，并按需要在层次结构中分解，以确定系统各元素的输入设计准则及/或约束条件。*

在图 2.1 中，功能分析可以在概念设计的早期阶段启动，作为问题定义和需要分析任务的一部分，确定系统为了满足消费者的需求而必须执行的功能。然后，这些运行功能在开发系统运营需求过程中得到拓展和形式化。系统的主要维护及支持需求由运营需求衍生而来，也是维护概念开发过程的一部分。随后，这些功能必须拓展，以包括所有阶段的活动，从最初的需求确定到系统停用以及逐步淘汰。

通过应用如图 2.9 所示功能流程图，可以促进功能分析。开发框图主要是为了用功能术语构造系统需求。开发它们是为了说明基本的系统结构并识别功能接口。功能分析（和功能流程图的生成）意在以全面且合乎逻辑的方式完成设计、开发和系统定义过程。顶级需求被识别，划分到第二层，并向下到确定目的所需的深度。更具体地说，功能分析方法有助于确保以下方面：**

（1）系统设计、开发、生产、运营、支持和退役的所有方面都包括在内，也就是说，包括了系统生命周期内的所有重要活动。

（2）系统的所有要素都得到充分确认和界定，即主要设备、备件/维修部件、测试和支持设备、设施、人员、数据和软件。

（3）提供了一种将系统包装概念和支持需求与特定系统功能联系起来的方法，即满足良好功能设计的要求。

（4）建立了适当的活动和设计关系的顺序，以及关键的设计接口。

功能分析的目标之一是确保从顶级系统级需求到详细设计需求的可追溯性。在图 2.10 中，假设 a 市和 b 市之间需要交通。通过可行性分析，进行了

---

　　* 在应用系统工程原理时，不应确定和购买任何设备、软件元素、数据项或支持元素，而无须首先通过功能分析证明其合理性。在许多项目中，通常根据最初认为的需求购买物品，但后来证明并不需要。当然，这种做法会非常昂贵。

　　** 功能流程图（FFBD）的准备可以通过使用许多图形方法中的任何一种来完成，包括集成的 DEFinition 建模方法，行为图方法和 N 平方图表法。尽管图形描述不同，但最终目标是相似的。

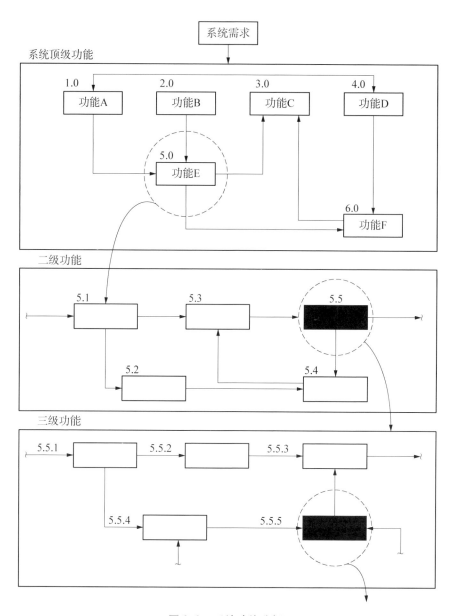

图2.9 系统功能分解

权衡研究，结果表明空运是首选的运输方式。随后，通过对运营需求的定义，得出了对一种新型飞机系统的要求，要求其表现出良好的性能和效力特征，并量化规定了尺寸、重量、推力、航程、燃料容量、可靠性、可维护性、可支持下、成本等。一架飞机必须被设计和制造出来，以令人满意的方式完成它的任

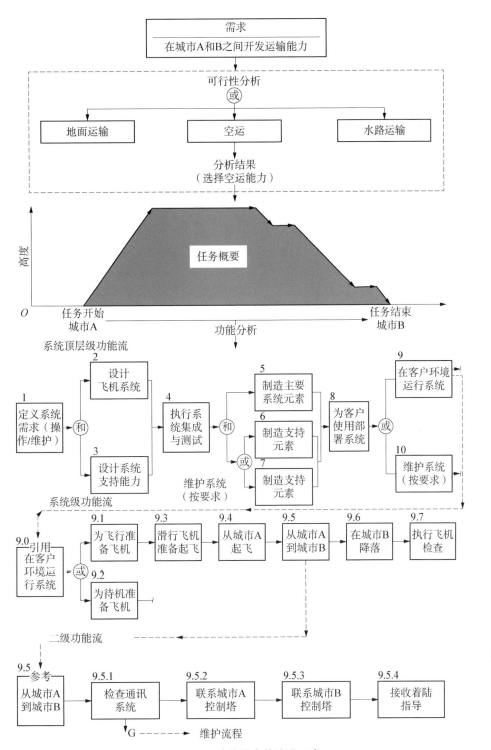

图2.10　功能需求的演进开发

务，飞过一些如图 2.10 所示的飞行剖面。更进一步，维修概念表明飞机将设计为支持三个水平的用户维护，将纳入内置测试规定，并且系统的生命周期为10 年。

有了这些基本信息，按照图 2.1 中的一般步骤，我们能以功能术语的方式从系统结构开始，开发顶级功能流程图，以涵盖规定生命周期内确定的主要活动。每个指定的活动都可以拓展为第二级功能流程图，第二级活动可以拓展为第三级功能流程图，以此类推。

通过这种功能活动的逐步拓展，直接定义"what"（相对于"how"），可以从图 2.10 中的任务概要开发到特定的飞机能力，如通信方面。确定了通信子系统，完成了权衡，并选择了详细的设计方法。可以确定响应所述功能需求所需的特定资源。换句话说，一个人可以从系统级别向下确定执行某些功能（如设备、软件、人员、设施和数据）所需的资源。此外，给定一个特定的设备需求，一个人可以"向上"证明该需求的合理性。功能分析为"上下"追溯提供了机制。

2.7.1 功能流程图

在功能流程图（FFBD）的开发中，为了沟通的目的，在定义系统时，一定程度的标准化是必要的。因此，在功能图的物理布局中，应该尽可能地使用某些基本的实践和符号。以下 8 条准则应该会有所帮助：

（1）功能块。功能图中的每一个单独的功能都应该用实线包围在一个单独的框中。用于引用其他流程的块应该用带"REF"标记的部分封闭框表示。每项功能根据其在功能框图中的层级，或粗略或详细，但都应该代表一个确定的、有限的、离散的行动，由设备、人员、设施、软件或其他任何组合来完成。可疑的或暂定的功能应以点线框包围。

（2）功能编号。在功能流程图上每一层级的功能都应进行编号，以表明功能间的连续关系以及在整个系统中功能的源头等相关信息。功能图中顶层的功能应该编号为 1.0，2.0，3.0…以此类推。由同一个顶层功能分解而来的功能应包含相同的父标识号，并且为下一层级功能在上一层功能编号后加一级小数的方式编号。例如，功能 3.0 的第一层分解的第 1 个功能编号是 3.1，第二层是 3.1.1，第三层是 3.1.1.1，以此类推。对于较高层级功能在特定分解级别内展开，应使用数值序列来保持功能的连续性。例如，如果需要多个功能来放大第一层级的功能 3.0，那么序列应该是 3.1，3.2，3.3，…，3.n。对于第二层 3.3 功能的展开，编号为 3.3.1，3.3.2，…，3.n。当在一个功能图上出现几个层级的分解时，应该保持相同的模式。基本原则应该是对任何一个特定的功能流保持最少的功能分解层级，可能包括必要的几个层级以保持功能的连续性，并尽量减少系统功能描述所需的功能流数量。

（3）功能引用。每个功能图都应该包含一个通过引用块来引用其上一个更高层级的功能图。例如，当功能 4.3.1，4.3.2，…，4.3.n 用于扩展功能 4.3 时，功能 4.3 应当引入引用块。根据情况，引用块还应用于指示接口功能。

（4）功能流连接符。连接功能的线应该只表示功能流，不应该表示时间的间隔或任何中间活动。功能块之间的垂直线和水平线应该表明，所有相互关联的功能必须以并行或串行的顺序执行。对角线可以用来表示可选序列（当可选路径指向序列中的下一个功能时）。

（5）功能流方向。功能图的布局应该是这样的，功能流通常是从左到右，而在反馈功能循环的情况下，反向流是从右到左。主要输入线应从左侧进入功能块；主要输出，或者允许（GO）线，应该从右边退出；不允许（NO‑GO）线应该从框图底部退出。

（6）与或门。须用圆圈描述与或门。在功能块的情况下，连线应该根据情况进入和/或退出求和门。求和门用于表示收敛或发散，与之平行或替代功能路径，使用术语和或进行注释。"与"一词用来表示进入"门"的平行功能必须在进入下一个功能之前完成，或者从"与"门出来的路径必须在前序功能之后完成。"或"一词用来表示几种备选路径中的任意一条（替代功能）收敛到或门，或从或门发散。因此，或门表明可选路径可以引导或遵循特定的功能。

（7）允许和不允许路径。符号 G 和 $\overline{G}$ 分别表示允许和不允许路径。符号在离开特定功能的线附近进入，以指示可选的功能路径。

（8）功能图变更的编号过程。对现有数据添加功能时，应将新功能定位在正确位置，而不考虑编号顺序。新功能应该使用适用于此功能的分解下一级别的第一个未使用的编号。

所确定的功能不应严格限于系统运营所必需的功能，而必须考虑维护对系统设计的可能影响。在大多数情况下，维护性功能流将直接从运营流演变而来。一个功能流程图的例子包含在附录 A 中。

2.7.2　运营功能

在这种情况下，运营功能是指那些描述为满足任务需求而必须完成的活动。这些活动可能涉及设计、开发、生产和分发系统以供使用的活动，以及与完成任务场景直接相关的活动。在第二类中，这些可能包括对系统操作和使用的各种模式的描述。例如，典型的全部运营功能可能需要：①准备飞机飞行；②将材料从工厂运输到仓库；③启动生产者和用户之间的交流；④在 7 天时间内生产 x 数量的产品；⑤在 b 的时间，以准确性 c 和格式 d，将 a 数据处理到 8 个公司分发网点。然后，描述成功完成所确定的运营模式所必需的系统功能。

图 2.11 说明了一个简化的运营流程图。注意，每个模块中的单词都是动词，并且功能块的编号允许向下-向上追溯其源需求。这些功能被分解到必要的深度，以描述完成功能所需的资源——设备、软件、人员、设施等。

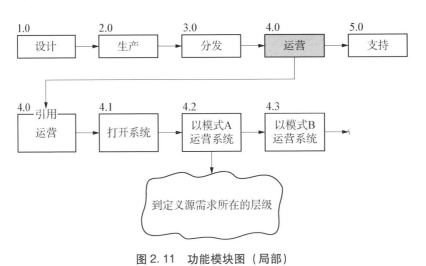

图 2.11　功能模块图（局部）

2.7.3　维护与支持功能

一旦描述了运营功能，系统开发流程进入识别维护和支持功能的环节。例如，在一个运营功能流程图中，有与每个块相关联的特定性能期望或度量。对适用的功能需求的检查将给出"允许"或"不允许"的决定。一个"允许"决策将进入对下一个运营功能的检查。"不允许"的标识（表征失败）为开发详细的维护功能流图提供了一个起点。从运营功能到维护功能的过渡如图 2.12 所示。图 2.13 展示了一个更深入的功能流程图。*

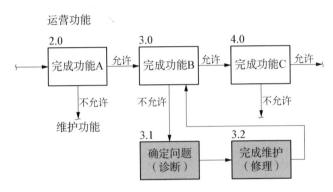

图 2.12　从运营功能向维护功能的过渡

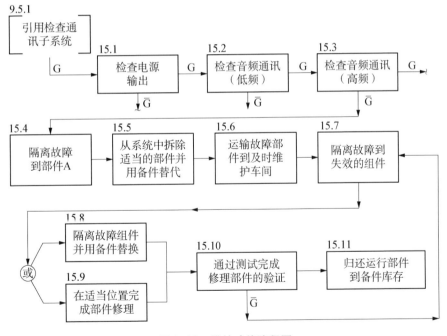

图 2.13　维护功能流程图

---

　*　注意，图 1.21 中显示的所有正向和反向流动都应通过"运营"或"维护和支持"功能流程图（FFBD）来涵盖。

2.7.4 功能分析的应用

功能分析提供了系统的初始描述，因此，它的应用是广泛的。图 2.14 说明了一个顶层的制造系统运行功能的流程图，从需求的识别开始（第 1.0 块），一直到系统退役（第 7.0 块）。在需要更大程度定义的领域，可将适用的功能块分解为第二层、第三层等等，以便获得确定资源需求所需必要的适当层级。在这种情况下，最终的生产运行功能通过功能块 5.0 的分解确定，并由此产生功能块 5.1（如下）。

对于图 2.14 中的每个功能块，分析人员应该能够定义输入需求、预期输出、外部控制和/或约束，以及完成特定功能所需的机制（或资源）。在确定适当的资源需求的过程中，可能会考虑若干备选办法。开展权衡分析，按照根据技术性能测度（即 2.6 节推荐的 TPM）制度的准则评估备选方案，并推荐一种首选方法。在此基础上，开始确定对硬件、软件、人员、设施、数据或其组合的需求。图 2.15 反映了应该应用于图 2.14 中的每个功能块的过程。

在对每个功能需求的评估中，备选方案可能包括从许多不同供应来源选择现成的货架产品（COTS），COTS 可能需要某种程度的修改和/或对特定应用或新设计要求的定制开发，过去的经验表明，通过选择现成的 COTS 设备或可重用的软件，以及利用现有设施，可以节约大量的时间和成本。图 2.16 说明了该领域的各种选项。

图 2.16 显示，良好的输入输出定义（以及适用的度量）对于彻底理解图 2.14 中不同功能之间的接口，以及资源识别过程中的精确需求，是重要的。如果这些输入输出需求没有很好地定义，关于首选方法的决策过程就会变得困难，从而导致在现有的货架产品能够满足需求的情况下，可能会开始一项新的昂贵的设计和开发工作。

功能分析为系统设计的开放架构方法提供了可能。对系统的一个很好的全面的功能描述，以及定义良好的接口（定性和定量），可以产生这样一个结构，它不仅允许快速识别资源需求，还允许在以后引入可能的新技术。其目标是设计和开发一个可以通过引入新技术轻松修改的系统，而不需要在此过程中对系统的所有元素进行"昂贵的"重新设计。

在当前的许多情况下，设计中的需求正在从详细的"组件级设计"转变

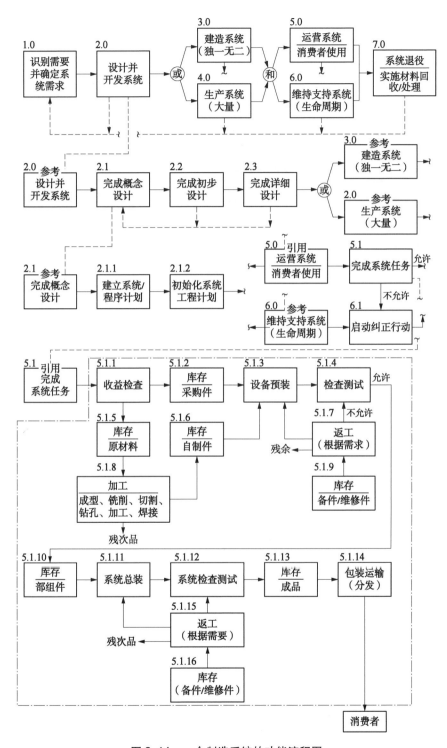

图 2.14 一个制造系统的功能流程图

控制/约束
・技术
・政治
・社会
・经济
・环境

・输入
・系统需求
・组织结构
・原材料
・数据/文档

功能

・以备消费者使用的系统/产品
・支持资源
・废品/残次品

・输出

・人力资源
・材料/液体
・计算资源
・设施/通用设备
・维护与支持

・机制

图 2.15　确定所需资源（即机制）

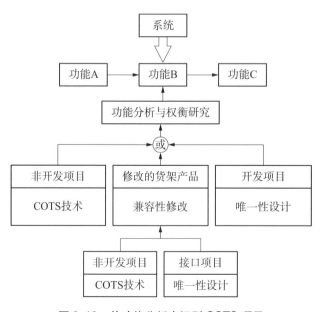

图 2.16　从功能分析中识别 COTS 项目

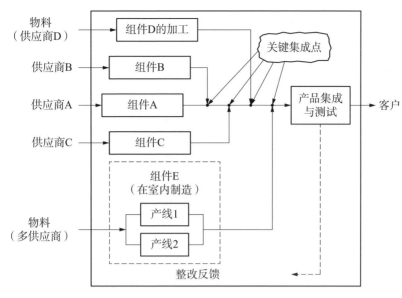

图2.17 制造系统（关键集成点）

为使用黑盒集成方法的系统设计。考虑到采购时间的减少，同时持续响应不断变化的需求，并且涉及更多的供应商，系统架构必须允许轻松的升级和/或修改。换句话说，系统结构必须能够在进化的基础上促进设计，并且成本最低。这可以通过在生命周期的早期概念设计阶段对系统进行良好而全面的功能定义来增强。

图2.17展示了一个生产系统，在这个系统中，有许多供应商（分布在世界各地）为消费者的产品生产部件，这些部件必须被有效地集成和测试。有加工功能、部装功能、组装功能和测试功能。在过去的许多情况下，制造活动涉及自底向上的"构建"方法，而现在的挑战涉及将各种组件集成到最终产品中。如果没有在早期很好地定义和规范功能接口，最终的集成和测试活动可能会导致代价高昂的试错过程。在图2.17中，该示例反映了一个工厂，其中的子流程正在有效且高效地完成；然而，与"集成"活动（即四个关键的集成点）相关的问题相当多。功能接口从一开始就没有很好地定义，导致了下游的大量修改和返工。

在完成功能分析时，应该注意确保正确地为每个功能确定所需的资源。可以进行时间线分析，以确定这些功能是串联完成还是并行完成。在某些情况下可能会共享资源，也就是说，相同的资源可能被用来完成多个功能。所确定的资源可以在可能的范围内合并和整合。应尽一切努力避免不必要的资源规范。图2.18展示了一种文档格式，可用于形式化地标识此类资源。

概念系统工程设计过程

2.0

活动编号	活动描述	输入需求	期望输出	资源需求（活动/技术）
1.0	需要识别	客户调查、营销投入、运输和服务部门日志、市场利基研究、竞争产品研究	针对当前缺陷的特定定性和定量需求声明，必须注意用功能术语说明这一需要	标杆、数据的统计分析（即通过调查收集以及合并自运输和服务日志的数据）
2.1	需要分析和需求定义	以功能术语表达的具体定性和定量需要说明	与系统性能水平、产品的地理分布、预期利用概况、用户/消费者环境有关的定性和定量因素；运营生命周期、有效性要求、维护和支持级别、对后勤支持适用要素的考虑、支持环境等	质量功能部署，输入输出矩阵，检查列表，价值工程，统计数据分析，趋势分析，政治局势分析，参数分析，用于模拟研究、权衡等的各种分析模型和工具
2.2	综合概念系统设计备选方案	需要分析和需求定义过程的结果、技术研究、供应商信息	识别和描述候选的概念系统设计替代方案和技术应用	皮尤的概念生成方法、头脑风暴、类比、检查清单
2.3	分析概念系统设计备选方案	候选概念解决方案和技术、需要分析和需求定义过程的结果	每个可行的概念解决方案的相对于直接和间接相关参数的"优点"的近似值。这种优点可以表示为数字评级、概率度量或模糊度量	间接系统实验（如数学建模和模拟）、参数分析、风险分析
2.4	评估概念系统设计备选方案	以一组可行的概念系统设计备选方案形式出现的分析任务的结果	针对当前缺陷的特定定性和定量需要声明，必须注意用功能术语说明此需要	设计相关的参数方法、生成混合数字以表示候选解决方案"优点"、概念系统设计评估显示

图 2.18 资源需求的文档格式

　　功能分析是早期系统设计和开发工作中的关键步骤，它形成了随后将要进行的许多活动的基线。例如，它是下列各项开发的基础：

　　（1）用于功能封装、状态监测和诊断规定的电气和机械设计。

　　（2）可靠性模型和框图。

　　（3）失效模式、影响和危害性分析（FMECA）。

　　（4）故障树分析（FTA）。

　　（5）以可靠性为中心的维护（RCM）分析。

　　（6）可维护性分析。

　　（7）人为因素分析。

　　（8）操作人员任务分析（OTA）。

　　（9）操作序列图（OSD）。

　　（10）系统安全/风险分析。

　　（11）安全分析。

　　（12）维修级别分析（LORA）。

　　（13）维护任务分析（MTA）。

　　（14）物流分析（供应链分析）。

　　（15）可支持性/可用性分析。

　　（16）操作和维护程序。

　　（17）可生产性分析。

　　（18）可处置性与材料回收分析。

　　在过去，功能分析也并不总能及时完成。因此，分配给一个给定程序的各种设计规程必须生成它们自己的分析，以符合程序的要求。在许多情况下，这些工作是独立完成的，并且许多设计决策是在没有遵循公共基线的情况下做出的，这当然会导致设计上的差异，在整个生命周期中还需要付出高昂的更改成本。

　　功能分析提供了一个优秀且非常必要的基线，所有适用的设计活动必须"跟踪"相同的数据源，以便满足系统工程的目标，如第1章所述。因此，功能分析被认为是系统工程过程中的关键活动。

2.7.5 系统之系统构型与其他系统的接口

参考 1.1.3 节（见图 1.4），在某个整体层级架构中可能包含任意数量的系统。当然，每个单独的系统必须对某些功能需求作出响应，并且当组合起来时，所完成的功能之间可能存在一些共性。换句话说，在分析一个集成有两个或多个系统之系统（SoS）构型需求时，可能存在多个系统共用一个功能的情况，如图 2.19 所示。在这种情况下，一个公共功能既是系统 ABC 又是系统 DEF 的组成部分，另一个这样的公共功能同时支持系统 DEF 和系统 GHI。

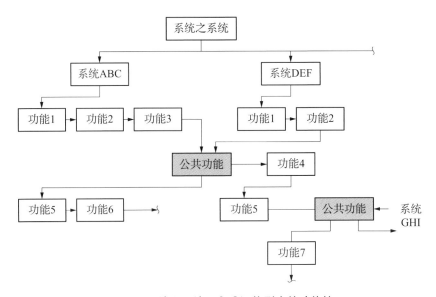

图 2.19 系统之系统（SoS）构型中的功能接口

在处理系统之间的功能接口时，一个很好的目标是尽可能地结合和共享"公共功能"。由图 2.15 可见，对于每一个可能的应用程序，其中可能包括一个公共功能，以支持两个或以上的系统，必须为每个系统需求确定和评估输入、输出、控制/约束机制。虽然输入和输出必须对所有可行的应用程序保持一致，但要尽可能减少总体支持资源需求（即机制）的目标完成权衡。

但是，必须非常小心地确保涉及的所有系统都不会受到任何损害。例如，作为设计过程的一部分，我们应该解决以下问题：

（1）是否每个"功能性"系统应用的所有输入、输出、控制/约束机制都已完全确定（见图 2.15）？

（2）对于每个涉及集成在体系内的两个或多个系统的"公共功能"应用，是否完全满足所有相关系统的需求？

（3）对于 SoS 基础设施中的每个所属系统，是否所有与可靠性、可维护性、人为因素和安全性、生命周期成本等相关的适用需求都已完全满足（见 1.1.3 节）？在给定的 SoS 构型中，任何系统的这些基本设计需求都不应为此而降低。

当然，对每个问题的回答都应该是"是的"！尽管解决这些问题似乎是相当基本和明显的，但往往是往前推进并组合系统功能相对更容易，而不是为了提升互操作性，首要去真正评估过程中可能出现的所有交互和反馈的影响。

2.8 需求分配

在描述了整个系统的基本架构之后，继续进行需求分析过程的讨论，为系统的各个子系统和主要的较低层组件定义特定的输入设计准则。也就是说，系统的各个元素必须依照设计的特定的定性和定量要求。根据已经定义的顶级需求（见图 1.13，第 0.1/0.2 块），现在有必要为通过功能分析确定的关键设备项目、主要软件模块、适用设施、人员、重要支持元素等确定和开发特定的设计需求。系统的需求必须适当地分配（或分摊）到它的各个主要组件。相反，当这些组件的需求组合在一起时，必须支持更高层次的最初为整个系统指定的需求。

基本上，这是一个自顶向下的分配过程，最初是迭代的，并且通常经过横向跨系统部件的权衡分析结果而来。当然，最终目标是能够为系统的每个重要元素确定具体的定性和定量设计需求，并将这些需求纳入合适的规范中，以便在采购和收购过程中使用。在确定这些需求时，需要解决所讨论部件的预期性能和有效性目标。*

---

* 正如第 1 章（见图 1.5）所表达的，大量的外包正在发生，并且参与典型大型项目的供应商数量似乎有相当大的增长。每当选定新的供应商时，都会编制一份"规格"，这是用于采购和分包的数据包的关键部分。由于系统的许多主要要素现在都是分包的，因此，必须在每个适用的规范中包含一套完整且定义明确的要求。此外，在特定系统的整个规范层次结构中，必须有自上而下/自下而上的可追溯性。规范将在后续章节中进一步讨论。

2.8.1 功能封装与分区

给定系统的顶层描述，下一步是通过分区将系统分解为组件。[*]这涉及将系统分解为子系统和较低层级的元素，如图2.20所示。这些元素最初是通过逐个分析和评价每一项功能来确定的（见图2.15）。随后的挑战是将密切相关的功能确定并分组成包，利用一组共同的资源（如设备、软件、设施）尽可能实现多种目的。尽管在独立的基础上识别单个功能需求和相关资源可能相对容易，但是当涉及系统封装、重量、尺寸、成本等时，其代价可能会非常昂贵。在这一点上的基本问题如下：

（1）可以选择哪些硬件或软件来执行多个功能？

（2）未来如何在不向系统结构添加任何新的物理元素的情况下添加新的功能（即增长潜力）？

（3）是否可以删除任何物理资源（如设备、软件、设施、人员）而不丢失任何先前定义的功能？

把一个系统分成它的各个组成部分本质上是进化的。公共功能可以分组或组合，以提供一个系统包装方案，以满足以下三个目标：

（1）系统元素可以按地理位置、国家、公共环境或设备和/或软件的相似类型进行分组。

（2）不同的系统封装之间应该尽可能独立，封装之间的"交互影响"最少。设计目标是能够在移除和替换某个封装时，不用移除和替换其他封装，或者是要额外进行大量的对齐和调整。

（3）在将系统分解为子系统时，应选择一种使子系统之间的通信最小化的构型。换句话说，尽管设计的内部复杂性可能很高，但外部复杂性应该较低。应避免包分解时包与包之间的信息交换频率过高。

总体目标是将系统分解为元素，以便只有极少数关键事件可以影响或更改组成整个系统结构的各种包的内部工作。实现这一目标还应促进将新的技术改变引入该系统以达到升级目的和完成在整个生命周期内可能需要的任何系统维

---

[*] 与系统架构和分区相关的概念在 M. Maier，《系统架构的艺术》，第3版（佛罗里达州博卡拉顿：CRC出版社，2009年）中进一步讨论。

护的过程。[*]

"分区"可能产生的结果呈现在图 2.20 中，其完成过程通过图 2.21 更好地展示出来。系统功能被识别，分解为子功能，并分组为三个设备单元：单元A，单元 B 和单元 C。设计效果应该是三个单元的任何一个均可以移除和替换而不影响其他单元。换句话说，三个单元之间应该有最少的交互作用。[**]

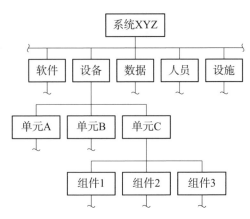

图 2.20 系统组件的层次结构

2.8.2 系统级需求分配到子系统及以下

识别了系统元素之后，下一步就是将指定的系统需求分配分摊到所需的层次，以便为设计提供有意义的输入。这涉及将通过 2.6 节中描述的 QFD 分析开发的定量和定性标准进行自顶向下分配。如表 2.2 表示，设计人员需要为系统的每个主要元素选择并指定特定的"设计"需求。例如，从图 2.21 中可以看出，为了满足表 2.2 中的系统级需求，应对 A、B、C 每个单元规定执行什么功能？

我们面临的挑战：首先，考虑复杂性及利用历史经验和可用的现场数据，自上而下按比例分配合适的因素到单元层级。其次，在单元层级综合这些因素确定是否可实现，并且确定综合起来时是否可以支持系统的需求。考虑到现

---

　　[*] 开放式架构设计方法高度依赖于系统组件的功能封装以及满足所述目标。
　　[**] 实现这一目标至关重要，特别是考虑到当今有关货架产品（COTS）物品的日益利用以及在购买和采购主要子系统和大型组件方面大量外包的趋势。问题是：我们能否获取和集成各种 COTS 项目，同时这些项目之间的交互效应最小，并且在此过程中不破坏整体系统构型（架构）？

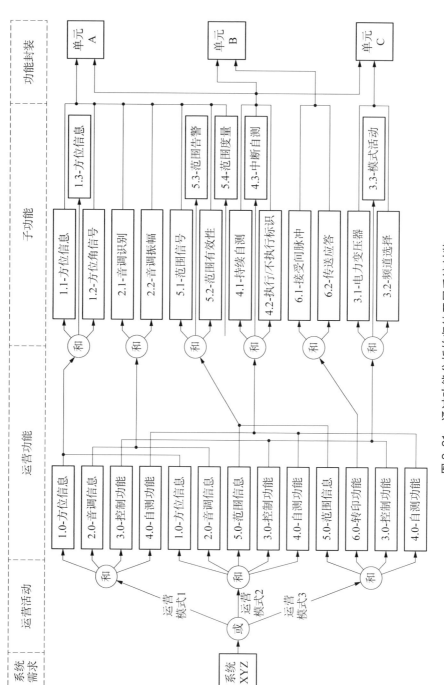

图 2.21　通过功能分析的归纳开展系统封装

有的技术和可供使用的资源，有时对其中一个单元给定的需求可能过于严格。在这种情况下，单元的具体设计标准可能会改变（较少限制），这反过来要求对一个或多个其他单元的需求更严格。换句话说，可能既有自上而下的过程，也有横向的过程，在这个过程中完成权衡分析，最终得出推荐的方案。最后，在适用的主要系统元素的需求的定义完成前，这个过程可能会有几次迭代。

图2.22显示了分配的结果（在这个实例中是四个单元）。利用"目标树"方法（见图2.6），设计师为系统建立适当的度量标准，然后在更低的层次上建立度量标准，以此类推。应该有从上到下的需求可追溯性，尽管度量标准在每个级别上有所不同，但在较低级别上确定的度量标准必须直接支持整个系统的需求。此外，需求确定的深度多少取决于表2.2所确定的优先次序（即重要因素）。一方面，如果从消费者的角度来看有一个非常关键的需求，那么分配可能是完成到图2.22中的组件级别。另一方面，如果分配不必要完成到非常详细的水平，设计师可能会在权衡分析和评估过程中受到过多的限制。

分配过程产生了一个自上而下的设计需求规范，该规范的深度是为适当的系统元素提供输入标准所必需的。高度复杂的新设计将比使用货架产品（COTS）项目需要更大程度的覆盖。分配过程的结果应包括图1.13所确定的适当的"规范"。如果需求没有从上到下恰当地指定，那么结果可能会导致过度设计或者不足设计，或者两者兼有。如果不从一开始就处理需求，那么风险可能会很高。*

2.8.3 需求的可追溯性（自顶向下/自下而上）

在图1.13所示的系统工程过程和需求的开发过程中，有一系列的规范被开发来覆盖各种设计需求，从系统级开始，并包括它的各种组件。在图1.13中，已经确定了一个通用分类，从系统规范的类型A顶层规范开始，并包括各种较低层次的规范（类型B、C、D和E），涵盖新的开发、现成产品的采购、过程和材料。这些规范的一般类别在第3章（3.2节）中有详细描述；然而，本节的重要问题是确保：①系统已经定义的适当需求都包含在系统规范；②经由分配过程形成的系统不同元素或组件的需求已被包括在适当的低层规

---

* 可靠性、可维护性、人力、经济和相关因素的分配将在第3章进一步讨论。

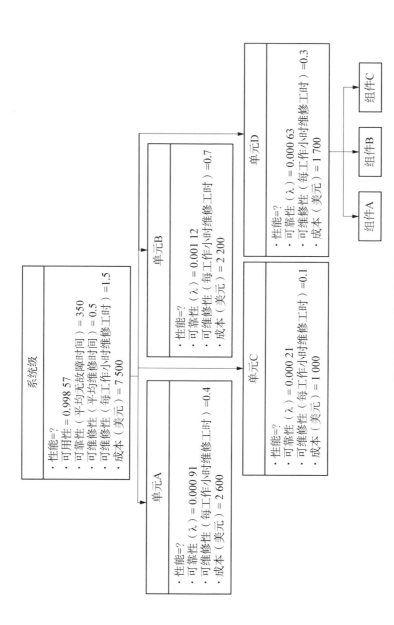

图 2.22 系统需求分配

范（即，适用的 B、C、D 或 E 规范）；③从系统规范开始，有一个完整的需求可追溯性。图 2.23 展示了一个典型项目的部分"规范树"，这些需求必须自上而下开发；同时，较低层级规范所包含的需求必须支撑系统规范所述的系统需求。换句话说，系统及其零组件的需求必须通过一系列良好的规范反映出来。考虑到"外包"和可能负责开发与生产各种系统组件的大量供应商（来自世界各地），这一点特别重要。

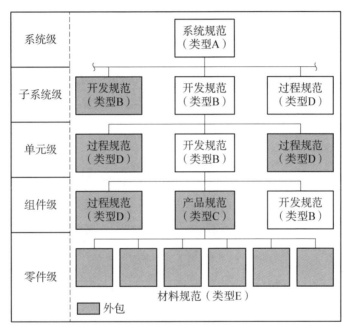

图 2.23　规范树（局部）

2.8.4　SoS 构型中的需求分配

参考 2.7.5 节（见图 2.19），从减少（或最小化）某些跨系统资源需求的角度来看，共享在 SoS 构型中系统之间的常用功能可以带来一些好处。然而，在完成新系统的设计要求的初始分配时，有两个明确的附加约束：

（1）在一个全新的 SoS 构型中，当为两个或多个系统分配定性和定量的设计需求（以及开发相关的设计标准）时，必须在全部新系统的范围内完成分配过程以及所需的权衡。在图 2.19 中，如果 ABC 和 DEF 两个系统都是新开发的，那么必须在集成的基础上完成两个系统中适用的子系统和主要组件的分配过程。在完成这一点时，必须小心确保每个系统的基本功能需求不会在过程中受到损害。

（2）为一个新系统分配定性和定量的设计要求，如果是为了满足在给定 SoS 构型中互操作性的目标，那么这些已经存在被新系统共享的"通用功能"，对新系统的分配过程有明确的影响。如果在图 2.19 中系统 ABC 已经存在，并且正在添加一个新设计的系统 DEF，那么新系统的分配过程将在一定程度上受到限制，因为公共功能的设计需求已经被"固定"，不允许有任何变化。再次强调，必须注意确保新系统的功能需求不会以任何方式受到损害。*

在任何情况下，在完成针对任何新系统需求的分配过程时，必须很好地处理所有各种接口，并且在 SoS 构型环境中运行时可能会遇到一些新的挑战。

2.9 系统综合、分析和设计优化

综合是指将组件进行组合和构造，以呈现一个可行的系统构型（见图 2.1 中的步骤 8）。系统的需求已经建立，一些初步的权衡分析已经完成，并且必须开发一个基线构型来展示前面讨论的概念。综合是设计工作。首先，综合被用来开发初步概念，并建立系统各组成部分之间的基本关系。其次，当进行充分的功能定义和分解时，综合将用于进一步定义"如何"来响应"什么"需求。最后，综合涉及选择一种能代表系统最终采用的构型形式，尽管此时肯定不能假定最终的构型。**

综合过程通常会形成几种可能的备选设计方案的定义，这些方案将成为进一步分析、评估、改进和优化的对象。当最初对这些备选方案进行结构化设计时，关键是将适当的技术性能参数和相关的指标合理地分配到系统的相应组件。例如，技术性能参数可能包括重量、尺寸、速度、容量、精度、安全性、体积、范围、处理时间、可靠性、可维护性以及其他适用因素。这些参数或度

---

* 在有些情况下，在更高级别的 SoS 构型中增加一个新系统（以满足互操作性目标）产生了非常不利的结果，由于现有系统中"共同功能"的可靠性差，新系统的可靠性大大降低。同样，必须注意确保添加到现有 SoS 构型的新系统的要求不会因现有功能而受到损害。

** 根据塞奇和阿姆斯特朗的说法，"综合"是"涉及搜索或假设一组替代行动方案或选项的步骤"。必须对每一种备选办法进行足够详细的描述，以便能够分析执行的影响和随后对目标的评价与解释。作为这一步骤的一部分，我们确定了若干潜在的替代方案和相关替代度量。A. P. Sage 和 J. E. Armstrong，《系统工程导论》（纽约：John Wiley & Sons，2000 年），第 55 页。

量，必须按优先级排列，并与系统的适当元素对齐（如设备、单元或组件、软件项目等，如第2.8节所述的需求分配过程所传达的）。

在确定系统的初始要求时，根据它们之间的关系和对完成系统计划任务的关键程度，建立技术性能测度（TPM）；也就是说，给定的因素对成本效益、系统效益和/或性能的影响。这些可应用的TPM按优先顺序排列，它们之间的关系以设计注意事项的形式呈现，而设计注意事项的形式又可以以层次树的形式显示，如图2.24所示。将被纳入计划管理和评审结构中的TPM（以及支持的设计考虑事项）的排名，在不同的系统中可能会有所不同。一个系统的顶级度量可能是"可靠性"，而"可用性"在另一个例子中可能更重要。在任何情况下，必须建立适当的度量，确定优先级，并相应地包含在规范中。随着设计的进行，这些措施将用于分析和评价。

	成本有效性	一阶参数
		- - - - - - - - -
生命周期成本	系统有效性	二阶参数
		- - - - - - - - -
研究&开发成本 制造/建造 运营&支持成本 退役&处置成本	性能 可用性 可靠性 其他	三阶参数
		- - - - - - - - -
功能设计（电子、机械等） 可靠性 可维护性 人力因素@安全 可知造型 其他	测试&支持设备 供应支持（备件） 人员&培训 设施 技术数据 运输&搬运 计算资源	四阶参数
		- - - - - - - - -
1. 可访问性 2. 校准 3. 诊断辅助工具 4. 显示/控制 5. 紧固件 6. 处理 7. 互换性 8. 库存级别 9. 物流管道 10. 安装	11. 包裹 12. 人事技能 13. 安全 14. 零件的选择 15. 软件可靠性 16. 标准化 17. 存储 18. 测试适配器 19. 运输能力 20. 其他	五阶参数

图2.24 评估参数的顺序

给定一组备选方案，评价程序按照图2.25所示的一般步骤进行，描述如下：

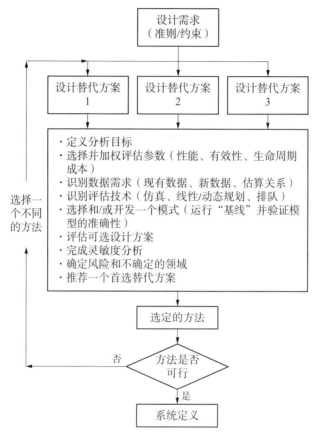

图2.25　替代方案的评价

（1）定义分析的目标。第一步需要澄清目标，确定手头问题的可能替代解决办法，并说明将要采用的分析方法。相对于备选方案，必须首先考虑所有可能的候选方案；然而，考虑的替代方案越多，分析过程就变得越复杂。因此，最好首先列出所有可能的候选，以确保不被疏忽遗漏，然后排除那些明显无吸引力的候选，只留下少数进行评估。对这些少数的候选者进行评估的目的是选择一个首选的方法。

（2）选择和加权评价参数。根据所陈述的问题、被评估的系统以及分析的深度和复杂性，评估过程中使用的标准可能会有相当大的差异。在图2.24中，最重要的参数包括成本、有效性、性能、可用性等。在细节级别，参数的顺序是不同的。在任何情况下，选择参数，根据优先级的重要性进行加权，并根据正在处理的系统进行定制。

（3）识别数据需要。在评估一个特定的系统构型时，有必要考虑运营需求、维护概念、主要设计特征、生产和/或建造计划，以及预期的系统利用率和产品支持需求。满足这一需求需要各种数据，数据范围取决于正在进行的评估类型和完成评估的项目阶段。在系统开发的早期阶段，可用的数据是有限的，因此，分析师必须依赖于使用各种估算关系，基于过去类似的系统构型经验判断，以及直觉。随着系统开发的推进，可以得到进一步的数据（通过分析和预测），并将其作为评估工作的输入。此时，重要的是首先确定对数据的具体需求（即类型、数量和需要的时间），并确定可能的数据源。给定分析的数据输入的性质和有效性可能会对基于分析结果做出决策的相关风险产生重大影响。因此，我们需要尽早准确地评估形势。

（4）确认评价技术。对于一个特定的问题，有必要确定要使用的分析方法和可用于促进解决问题过程的技术。技术包括使用蒙特卡罗模拟预测生命周期下游的随机事件，使用线性规划确定运输资源需求，使用排队论确定生产和/或维修车间需求，使用网络建立分配需求，使用会计方法进行生命周期成本计算等等。评估问题本身并识别可用于解决问题的工具是选择模型的必要先决条件。

（5）选择和/或开发一个模型。下一步需要将各种分析技术组合成模型或一系列模型的形式，如图2.26所示。模型，作为一种解决问题的工具，在其适用于解决的问题上，辅助开发一个简化的现实世界的表示。模型应该具备以下特征：①表示被评估系统的动力学特征；②突出那些与当前问题最相关的因素；③在包括所有相关因素方面是全面的并在结果的可重复性方面是可靠的；④足够简单，以使问题的解决能够及时实现；⑤可将适用的系统作为一个整体进行分析，将系统不同的部分予以独立分析，并将结果集成为一个整体；⑥用来合并条款便于修订和/或扩展以用于评估所需的扩展因素。一个重要的目标是选择和/或开发工具用于整个系统的构型，将有助于评估整个系统构型及其各个组件间的关系。模型（及其应用）将在4.23节中进一步讨论。*

---

　　* 模型的类型很多，包括物理模型、符号模型、抽象模型、数学模型等。此处定义的模型主要是指数学（或分析）模型。各种分析方法的开发和应用在大多数运筹学文本中有进一步的介绍。有如下两个很好的参考文献：

　　（1）F. S. 希利尔和 G. J. 利伯曼，《运筹学导论》，第 10 版（纽约：麦格劳-希尔，2014 年）。

　　（2）H. A. Taha，《运筹学简介》，第 9 版（新泽西州上马鞍河：Pearson Prentice Hall，2010 年）。

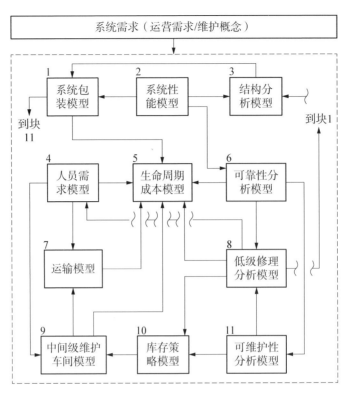

图 2.26　模型应用示例

（6）生成数据和模型应用。分析技术的识别和模型选择任务完成之后，下一步是验证或测试模型，以确保它满足分析需求。模型是否满足所述的目标，对正在评估的系统构型的主要参数是否敏感。我们可以通过选择一个已知的系统实体，然后与历史经验分析结果相比较，来进行模型评估。输入参数可能会有所变化，以确保模型设计特性对这些变化敏感，并最终得出准确的结果输出。

（7）评估备选设计方案。每个备选方案都使用所选的技术和模型进行评估。所需的数据从各种来源收集，如现有的数据库、基于当前设计数据的预测和/或使用类似和参数估计关系的总体预测。所需的数据可能来自各种各样的来源，必须以一致的方式应用。然后根据系统最初指定的要求对结果进行评估，进一步考虑可行的替代方案。图 2.27 说明了一些考虑因素，可能的可行解决方案落在期望的阴影区域。

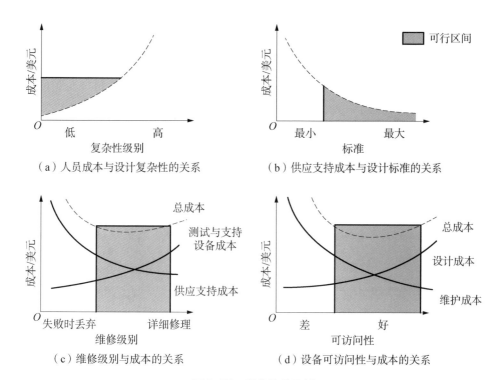

（a）人员成本与设计复杂性的关系　　（b）供应支持成本与设计标准的关系

（c）维修级别与成本的关系　　（d）设备可访问性与成本的关系

图2.27　评价结果示例

（8）完成敏感性分析。在分析的执行过程中，可能会有一些关键的系统参数，由于数据输入不足、预测程序不完善、"推送"技术水平等原因，导致分析人员无法确定这些参数。有几个问题必须解决：分析的结果对这些可能的变化有多敏感？在备选方案的选择偏离最初选择的方法之前，某些输入参数可以在多大程度上改变？经验表明，在全生命周期成本分析中存在一些关键的输入参数，如可靠性 MTBF 和维修性措施 $\overline{\text{Mct}}$，这些参数被认为是决定系统维护和支持成本的关键因素。由于良好的现场历史数据非常有限，这在很大程度上依赖于现有的预测和估算方法。因此，为了最小化与做出错误决策相关的风险，分析师可能希望在指定的值（或分布）范围内改变输入的 MTBF 和 $\overline{\text{Mct}}$（bar）因子，以查看这种变化对输出结果有什么影响？输入因素的一个相对较小的变化是否对分析结果有很大的影响？如果是这样，那么这些参数可以被归类为整个设计评审和评估过程中的关键的 TPM，随着设计的进展而密切监视，并且可能产生额外的努力来修改设计以改进，并改进可靠性和可维护性预测方法。本质上，敏感性分析是为了确定设计决策和输出结果之间的关系。

（9）识别风险和不确定性。设计评估的过程产生对未来有重大影响的决策。评价标准的选择、因素的权重、生命周期的选择、某些数据来源和预测方法的使用以及解释分析结果时所作的假设会明显地影响这些决策。这一过程必然是有"风险"和"不确定性"的，因为未来显然是未知的。尽管这些术语经常被共同使用，但风险实际上意味着围绕某一参数的概率分布形式的离散数据。不确定性指的是一种本质上可能是概率性的情况，但这种情况并没有离散数据的支持。某些因素可能在风险方面是可衡量的，或者可能在不确定的条件下被陈述。风险和不确定性的各个方面，当它们应用于系统设计和开发过程时，必须集成到第6章中描述的项目风险管理计划中。

（10）建议首选的方法。评估过程的最后一步是推荐一个首选的替代方案。分析结果应完全记录在案，并提供给所有适用的项目设计人员。本分析报告应包括假设陈述、评估程序的描述、考虑的各种备选方案的描述以及潜在风险区域和不确定性的识别。

在图1.13中，系统的需求是在概念设计中确定的，功能分析和需求分配是在概念设计后期或初步设计开始时完成的，详细设计是在此基础上逐步完成的。在这整体的一系列步骤中，有一个持续的努力，包括合成、分析和设计优化。在设计的早期阶段，折中研究可能需要评估可选的操作概况、技术应用、分配方案或维护概念。在初步设计阶段早期，可能会聚焦于分析实现预定功能备选方法或备选的设备封装方案。在详细设计中，问题将在系统的整体层次结构中处于较低的层次。

在任何情况下，图2.25所示的过程（在这里描述）是否适用于整个系统设计和开发工作？* 唯一的区别在于分析的深度、所需数据的性质和类型，以及完成分析时使用的模型。例如，可以在概念设计的早期执行生命周期成本分析，然后在详细设计中执行，并在操作使用阶段作为系统评估工作的一部分。在完成FMECA、维修级别分析等方面也是如此。在任何情况下，过程都是一样的；但是，分析的深度和数据需求是不同的。

综合、分析和设计优化过程必须针对当前的问题进行裁剪。过少的投入将

---

* 虽然这里的重点主要是新系统的设计和开发，但这一过程同样适用于生命周期的后期，包括完成系统验证和/或评估，以及评估通过修改改进/升级系统的替代方法。

引发与设计决策相关的更大风险，而过多的分析投入可能是成本高昂的。*

2.10　设计集成

　　完成系统或是 SoS 构型中一组系统的总体设计，需要一个集成的团队方法，从早期的概念设计阶段开始，并通过详细的系统设计和开发、生产和/或建造、系统操作和维护支持、最终的系统退役和回收/处理材料（见图 2.1）的过程来扩展。随着新系统需求的建立，设计团队被组建并执行系统级设计功能，如图 1.13 所示。这包括完成需求分析、可行性分析、操作需求和维护概念，以及系统架构的初步定义。在这个阶段，设计团队可能只包括少数经过挑选的合格人员，其目标是准备一个全面的系统规范（类型 A）作为输出。重要的是，被选中的人员要有适当的背景，能将"大画面"作为一个实体处理，能识别可能存在的许多高级接口，并且可以日常持续地有效工作和沟通。在这个早期阶段，指派大量专长于特定技术领域的专家是不合适的。设计团队的组织将在第 7 章中进一步讨论。

　　随着系统开发的推进，合适的设计专家会按需加入团队。从系统工程的角度来看，目标是确保在需要时有合适的专家，并且他们的个人贡献被很好地集成到整体中。领域专家的选择高度依赖于通过功能分析和分配过程开发的具体需求（在 2.7 和 2.8 节中描述）。由于设计的输入标准将随着系统及其任务的不同而不同，将具有适当专业水平的人员分配给团队的重点将随着项目的不同而不同。此外，整个团队的组成可能会受到与在相同的 SoS 配置中其他系统的开发相关的活动（和指定的人员）的影响，无论如何，图 2.28 确定了一些必须通过总体设计集成工作来解决的考虑因素。

　　在系统生命周期的后期阶段（即生产/建设、系统运营和支持阶段），系统工程的角色继续以评估/验证以及在必要时引入和处理设计更改的方式存在。变更的要求可能源于某些已确定的缺陷（即没有能满足最初规定的要求），或可能是为了持续改进产品工艺。进一步，任一系统的更改可能是给定 SoS 配置

---

　　* 系统工程的目标之一是为从系统级定义到各种系统元素的开发的整体过程，启动各种分析方法/工具/模型（即集成工具集）的应用，并提供连续性。在这方面也需要有某种类型的"流"过程。

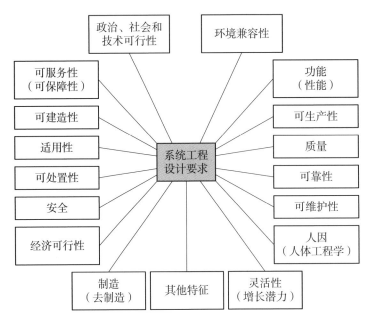

图 2.28　设计需求的整合

中其他系统引入更改的结果要求，在任何情况下，每个提出的工程变更（即工程变更请求）必须被评估，不仅仅是考虑单独的性能问题，更是可维护性、可支持性或可服务性、可生产性、可处置性，以及生命周期成本方面的要求。第 5 章描述了设计变更和修改过程。

　　当然，在既定的设计团队活动中，每天都需要进行良好的沟通。虽然将人员集中在一个地理区域（和"面对面"的接触）是首选，但更多的外包和分散的趋势通常会导致在世界各地引进许多不同的供应商。* 此外，同一系统的设计活动经常在远程同时进行并完成。因此，设计团队的工作在很大程度上依赖于各种计算机辅助工具的实现和使用，如图 2.29 所示在一个网络中操作。**

---

　　* 外包一词指寻求产品生产者或主承包商的支持从外部完成选定的工作包的做法。经验表明，与过去相比，今天更多地利用外部供应商。反过来，这又在保持项目组织之间的适当沟通水平方面提出了额外的挑战。

　　** 该网络中包括计算机辅助设计（CAD）、计算机辅助制造（CAM）、计算机集成制造（CIM）、计算机辅助支持（CAS）和电子商务（EC）相关工具的适当组合，这些工具在不同程度上用于完成设计、生产和系统支持端。此外，还有许多其他重要的补充工具，用于补充正在进行的沟通过程，即 iPhone、iPad、短信、推文、Facebook、LinkedIn、电子邮件等。必须注意确保全面兼容性。

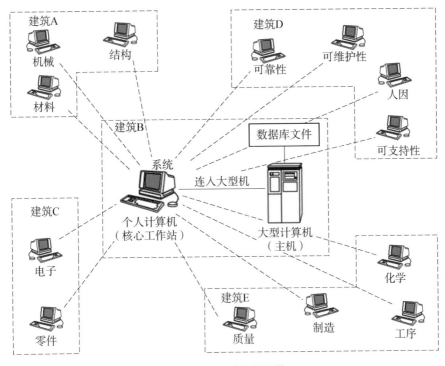

图 2.29　设计通信网络

图 2.29 所示的集成计算机网络的成功实现高度依赖设计数据库的结构和开发与传输设计数据所用的语言。这些数据可能包括设计图纸和布局，三维可视化模型的演示，零部件和材料列表，预测和分析报告，供应商数据，与其他 SoS 系统的接口数据，相关消息，以及其他按设计描述系统构型的必要的东西。设计人员必须能够访问数据库并方便地提供输入，并将结果准确及时地传递给设计团队的其他成员。通常以数字格式展示的数据必须在相关的项目中进行标准化，并提供给设计团队的所有成员。为了避免在设计团队的不同成员（或组织）之间、开发人员和不同供应商之间、生产者和客户之间来回流动许多不同的数据项，一个如图 2.30 所示的集成的共享数据库结构是必要的。当然，这将促进交流过程，因为设计团队的每个成员都可以访问相同的系统构型描述。*

　＊ 随着新的电子商务（EC）方法、电子数据集成流程和相关集成技术方法持续不断地出现，预计数据环境的性质也将不断变化。这里的目标是强调设计团队的各个成员、支持组织和管理层之间通过设计数据的应用、集成和有效传输进行良好沟通的需要。图 2.29 和图 2.30 的所示应从概念上看，并未反映任何特定的技术方法。

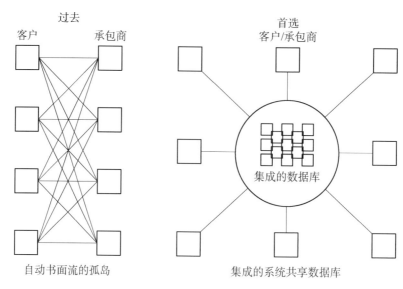

图 2.30　数据环境

2.11　系统测试与评估

随着系统设计和开发活动的进行，需要进行测量和评估（或确认）工作，如图 1.28 所示（见图 2.1 中的步骤 10）。实际上，一个系统的完整评价，在满足最初指定的消费者要求的意义上，在系统被制造出来并在运营环境中发挥作用之前是不可能完成的。但是，如果出现了问题，并且需要对系统进行修改，那么在生命周期的下游完成这样的评估可能会付出相当大的代价。从本质上讲，越早发现并纠正问题，就越有利于设计师整合所需的更改和相关的更改成本。

评估这项工作的目标是尽量在生命周期的早期，对系统能最终按预期完成任务建立信心。通过完成实验室实验和系统（和/或其组件）的物理副本的现场测试来获得这种信心是相当昂贵的。测试所需的资源通常非常广泛，而且必要的设施、测试设备、人员等等可能很难安排。然而，我们知道，为了正确地验证系统需求已经被满足，需要进行一定数量的正式测试。

然而，随着更全面的分析工作和原型的使用，在初步设计和详细设计的早期阶段就有可能验证某些设计概念。随着三维数据库的出现和仿真技术的应用，设计人员可以在系统布局、构件关系和干扰、人机界面等方面完成大量的评估工作。有许多功能现在可以通过计算机仿真完成，完成之前需要系统的物理模型、试制样机模型或两者兼而有之。可用的 CAD、CAM、CAS 方法，以及相关技术已经使人们有可能在系统生命周期的早期实现多领域的系统评价，同时变更的合并可以以最小的成本完成。

在确定测试和评估的需要时，我们从概念设计中系统需求的初始规格开始。基于具体的 TPM 已经建立，有必要确定验证这些因素符合性的方法。

如何度量这些 TPM，需要哪些资源来完成？对这个问题的回答可能需要使用仿真和相关的分析方法，使用工程模型进行测试和评估，测试生产模型，在消费者环境中评估操作配置，或者这些方法的组合。本质上，一个人需要对系统的需求进行审查，确定可以在评估工作中使用的方法以及这些方法的预期效果，并开发一个整体集成测试和评估的全面计划（即测试和评估总体计划，见图 1.27）。图 2.31 说明了在系统评估中可能应用的测试类别。*

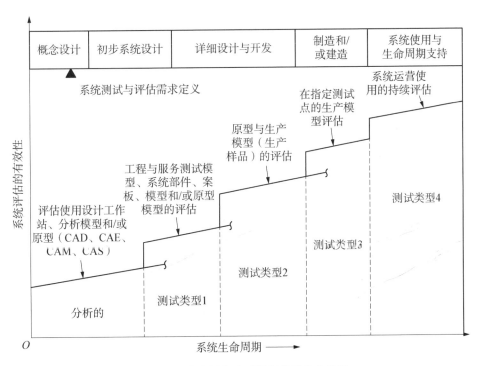

图 2.31　生命周期中系统评估的各个阶段

---

*　测试和评估的类别可能因系统类型和/或功能组织而异。这些类别被选为本文通篇讨论的参考点。

2.11.1 测试和评估的类别

在图 2.31 中，第一类是"分析的"，它涉及某些设计评估，可以在系统生命周期的早期使用计算机技术，如 CAD、CAM、CAS、仿真、快速原型设计和相关方法。由于有了各种各样的模型、三维数据库等，设计工程师现在能够模拟人-设备界面、设备包装方案、系统的层次结构和活动/任务序列。此外，通过这些技术的应用，设计工程师能够更好地进行预测、预报，并完成敏感性/偶然性分析，以减少未来的风险。换句话说，现在可以在系统评估中完成很多工作，而在过去，只有在详细设计和开发的后期才能实现这些工作。

第一类测试主要是指在实验室中使用工程案板、台架测试模型、服务测试模型、快速原型设计等对系统组件进行评估。这些测试主要是为了验证某些性能和物理特性而设计的，本质上是不断发展的。所使用的测试模型具有功能操作性，并不代表投产设备或软件。此类测试通常由工程技术人员在生产/供应商的实验室设施中使用"临时"的测试夹具和程序的工程说明进行。这是测试的初始阶段，设计概念和技术应用在此得到验证，并可以以最低的成本发起更改。

第二类测试包括在详细设计和开发阶段后期完成的正式测试和演示，此阶段已有预生产的原型设备和软件。原型设备类似于生产设备（将交付使用），但在此时并不一定是完全合格的。这一领域的测试方案可根据需要通过一系列单独的测试定制构成，包括以下内容：*

（1）环境条件，包括温度循环、冲击振动、湿度、沙尘、盐雾、噪声、防爆、电磁干扰。

（2）可靠性的资格，包括顺序测试、寿命测试、环境应力筛选（ESS）、测试、分析和修复（TAAF）。

（3）可维护性演示，包括核实维护任务、任务时间和顺序、维护人员数量和技能水平、可测试性和诊断规定等级、主要设备-测试设备接口、维护程序和维护设施。

（4）支持设备的兼容性，包括验证主要设备、测试和支撑设备、地面处理

---

* "合格"设备是指通过成功完成环境合格测试（如温度循环、冲击和振动）、可靠性认证、可维护性演示和可支持性兼容性测试来验证的生产配置。类型 2 测试主要是指与系统认证相关的活动。

设备之间的兼容性。

（5）技术数据验证，包括操作程序、维护程序和支持数据的验证（和确认）。

（6）人员测试和评估，包括确认人员与设备的兼容性、人员数量和技能水平以及培训需求。

（7）软件的兼容性，包括验证软件满足系统要求，软件和硬件之间存在兼容性，以及适当的质量规定。还包括计算机软件单元（CSU）和计算机软件配置项（CSC1）测试，如图1.14所示。

这类测试的另一个方面是生产抽样测试，用于生产多个数量的物品。尽管系统（及其组件）可能已经成功地通过了初始质量测试，但必须保证在整个生产过程中保持相同的质量水平。这个过程通常是动态的，因为自然和条件的变化，并不能保证设计中所包含的特征在整个生产过程中会被保留。因此，可以选择样品系统/部件（基于生产总量的百分比），并定期进行合格测试。就是否发生改善或退化，对结果进行测量和评估。

第3类测试包括用户人员在指定的现场测试地点完成一段较长时间的正式测试。这些测试通常在初始系统确认之后，在生产/建设阶段完成之前进行。测试包括使用操作人员，操作测试和支持设备，操作备件，适用的计算机软件，以及经验证的操作和维护程序等要素。这是第一次系统的所有要素（即主要设备、软件和支持要素）在一个综合的基础上运行和评估。这样的测试还包括对给定的SoS构型中不同系统之间的所有主要接口（即公共功能及其接口）的正式评估。通常会进行一系列模拟运营演练，并对系统进行性能、有效性、系统主要面向任务的部分和支持要素之间的兼容性等方面进行评估。尽管第3类测试无法完全呈现一个完整的运营条件，但可以将试验设计为一个近似的条件。

第4类测试，在系统操作使用和生命周期支持阶段进行，包括正式的测试，有时进行这些测试是为了获取与某些操作或支持领域相关的特定信息。其目的是在用户环境中获得系统及其界面或用户现场操作的进一步知识。可以通过改变任务剖面或系统利用率来确定对整个系统效能的影响，也可以通过评估几种替代的维护支持策略来确定是否可以改善系统的运营可用性。第4类测试在一个或多个用户操作地点，在现实环境中，由操作人员和维护人员完成，并通过正常的维护和后勤能力进行支持。这实际上是我们第一次了解这个系统的真实能力。

第 4 类测试特别让人感兴趣的不仅是对新系统在运营使用中的评估，而且是它对库存中其他密切相关的运营系统的影响，以及反过来，它们对新系统的影响。换句话说，如果一个新开发的系统被引入并包含在一个更大的 SoS 配置中，可能会有一些向外和向内的影响。以下问题应被解决：新系统的运行是否会（以任何方式）影响给定 SoS 构型内其他系统的运行？相反，在 SoS 配置中其他系统的运行是否会影响新引入系统的运行？必须注意性能、可靠性或安全性的任何下降。

2.11.2　集成测试规划

测试计划开始于概念设计阶段，即系统需求最初建立时。如果要指定一个需求，就必须有一种方法来评估和验证系统，以确保已满足要求。因此，测试和评估的考虑从一开始就是直观的。

在图 1.27 中，初始测试计划包括在概念设计阶段编制的测试和评估总体计划（TEMP）中。该文件包括测试和评估的要求，测试的种类，完成测试的程序，所需的资源和相关的计划信息（即任务、日程、组织职责和成本）。*

该计划的关键目标之一，对于系统工程来说特别重要，是对整个系统的各种测试需求的完全集成。通过参考类型 2 测试的内容，可以为环境确认、可靠性确认、可维护性演示、软件功能等指定个人需求。这些要求，源于一系列"独立的"规范，在某些情况下可能是重叠的，在其他情况下可能是冲突的。此外，并不是所有的系统构型都应该服从相同的测试要求。在有新的设计技术应用的情况下，可能需要更多的前期评估，并且类型 1 测试的要求可能不同于那些涉及使用知名的最先进的设计方法的情况。换句话说，在可能存在较高技术风险的领域，在系统生命周期初期进行更广泛的评估工作可能是行之有效的。

在任何情况下，TEMP 代表了满足系统工程目标的一个重要输入。不仅必

---

*　在国防部门，大多数大型项目都需要 TEMP，包括开发测试与评估（DT&E）和操作测试与评估（OT&E）程序的开发和实施。DT&E 基本上等同于 2.2.10 节中描述的分析、类型 1 和类型 2 测试，OT&E 等同于类型 3 和类型 4 测试。在商业领域，可以根据需要指定可比较的测试要求。

须全面了解系统需求，而且必须了解系统各个组件之间的功能关系。此外，参与测试计划的人员必须熟悉每个特定测试需求的目标，如可靠性确认、可维护性演示等。测试和评估的综合方法是必不可少的，特别是当考虑与测试活动相关的成本时。

2.11.3 准备测试与评价

在正式测试开始前，要指定一段适当的时间来准备测试。在此期间，必须建立适当的条件，以确保有效的结果。当然，根据所进行的测试的类别，这些条件会有所不同。

一方面，在设计和开发的早期阶段，随着分析评估和类型1测试的完成，测试准备的程度是最小的。另一方面，要完成类型2和类型3的测试，其中的条件被设计为最大限度地模拟真实的消费者操作，将可能需要相当广泛的准备工作。要营造一个现实的环境，必须考虑以下八个因素：

（1）测试对象的选择。为测试而选择的系统（及其组件）应该代表最新的设计或生产构型，并包含所有最新批准的工程变更。

（2）测试地点的选择。系统应该在用户操作特有的环境中进行测试；即南北极地区或热带地区，平坦地区或山地地区，空中或地面。所选的试验场应尽可能模拟这些条件。

（3）测试程序。测试目标的实现通常包括操作和维护任务的完成，这些任务的完成应遵循正式批准的程序（如经过验证的技术手册）。为了保证系统的正常运行，须按照建议的任务序列执行。

（4）测试人员。包括两类：①将在整个测试过程中实际操作和维护系统的个人；②协助执行整个测试程序的支持工程师、技术人员、数据记录器、分析人员和管理员。在推荐数量和技能水平方面，第一类人员应代表用户（或消费者）的要求。

（5）测试和支持设备/软件。完成系统操作和维护任务可能需要使用地面处理设备、测试设备、软件和/或它们的组合。只有经批准可用的物品才能使用。

（6）提供支持。这包括完成系统测试和评估所必需的所有备件、维修部件、消耗品和配套库存。同样，需要在真实环境中呈现的实际构型。

（7）测试设备和资源。系统测试的进行可能需要使用特殊设施、试验室、资产设备、环境控制、特殊仪器仪表和相关资源（如热、水、空调、电力、电话）。这些设施和资源必须被正确地识别和安排。

（8）接口需求。开展系统测试不仅需要在相对独立的环境中运行，对系统本身进行验证和确认，还应在更大的系统之系统的架构中使系统与关联的其他系统协同运行。因此，在系统之系统构型中，与其他系统的接口和测试需求应在此定义和全面的协调。

总之，测试准备功能的本质高度依赖于测试和评估工作的总体目标。无论需求如何，这些考虑对于成功完成这些目标都是重要的。

2.11.4 测试性能、数据收集、分析和确认

有了必要的准备工作，下一步就是开始对系统进行正式的测试和评估。如TEMP所定义，该系统（或其元件）以指定的方式被操作和支持。在整个过程中，收集和分析数据，并将结果与最初规定要求进行比较。当系统处于运行状态（"真实"或"模拟"）时，会出现以下五个问题：

（1）这个系统的实际表现如何，它完成任务目标了吗？

（2）这个系统的真正效能是什么？

（3）系统支持能力的真正有效性是什么？

（4）系统是否符合指定的技术性能测度所涵盖的所有要求？

（5）系统是否满足消费者的所有要求？

对这些问题的回答需要一个正式的数据-信息反馈能力，并及时提供适当的输出。数据子系统被开发和实施以实现特定目标，并且这些目标必须与这些问题相关。

与正式测试、数据收集、分析和评估相关联的过程如图2.32所示。进行测试和数据收集与评估，并且决定系统构型（在这个阶段）是否满足需求。如果不是，则识别问题区域并提出纠正措施的建议。

这个总体评估工作的最后一步是准备最终的测试报告。报告应参考最初的测试评估和总体计划（即TEMP），描述所有的测试条件和执行测试时遵循的程序，确定数据来源和分析结果，并包括任何纠正措施和/或改进的建议。因为这个活动阶段是相当广泛的，并且代表了生命周期中的一个关键里

程碑，所以，生成一个好的全面测试报告对于建立一个好的历史基线是必不可少的。

2.11.5 系统更改

一套设备、一份软件程序、一项程序或一个支持要素的变更，很可能会影响系统的许多不同组件。设备变更可能会影响软件、备件、测试设备、技术数据，甚至可能影响某些生产流程。程序上的变更将影响人员和培训需求。软件变更可能会影响硬件和技术数据。系统中任何给定组件的更改都可能（某种程度上）对该系统的大多数（如果不是全部）其他主要组件产生影响。

对于从测试和评估演变而来的变更建议，必须在独立的基础上处理。针对每项变更建议，必须评估其对系统其他元素的影响以及对全生命周期成本的影响后再决定是否实施变更。实施变更的可行性取决于变更的范围广度、其对系统执行指定任务能力的影响，以及实施变更的成本。

如果要实施变更，那么必须执行第5章中描述的必要的变更控制程序。这包括考虑变更何时被实施、给定生产数量中受影响的零件序列号、对早期批次零件的改造需求，开发并验证变更的改装零件、改装套件的地理安装位置，实施系统变更后的检查和验证要求。应该为每一个被批准实施的变更制定一个计划。

2.12 生产和/或建造

本章前面的小节主要讨论了系统的设计和开发，并强调了系统工程作为其中一个集成和固有活动的重要性。从这一点上说，系统结构可以有几种不同的形式，如图1.11所示。对于一个某种类型的地面卫星跟踪站，系统生命周期的下一阶段可能涉及建造，然后根据需要使用跟踪站来完成其指定的任务。对于一个拥有许多类似元素并在全世界分布的系统，下一阶段将包括生产，然后在指定的生命周期内使用这些元素。此外，生产过程包括许多接口，如图1.22所示，有多个供应商、不同的运输和仓储需求等。然而，在任何情况下，前提是系统的初始设计和开发已经完成，并且所需的性能和有

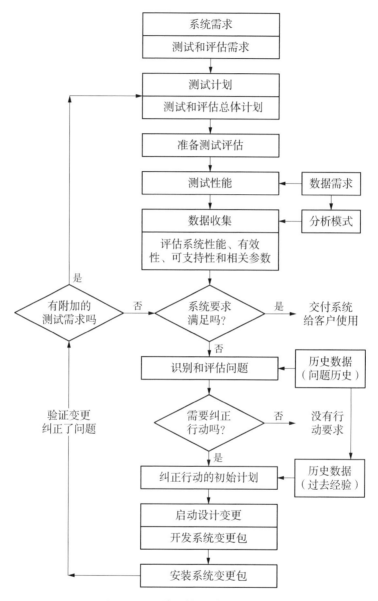

图2.32 系统评估和纠正措施循环

效性特征已经通过系统测试和评估（见2.11节）进行了验证（确认）。

鉴于这种验证，挑战是如何确保系统及其构型、性能和有效性特征在整个建造和/或生产过程中保持不变。在建造某种构型时，引入低质量的（通过低质量工艺或通过使用不合格的材料）建造设施（例如）肯定是对系统执行预期任务的性能有负面影响的。在生产多个相同的零件时，即使最初的设计已通过测试和评价加以验证，也不能保证后续所生产的零件表现出同样的特征。生产线是高度动态的，在制造过程中缺乏合理的公差管控和超差管理会显著影响输出结果。问题是，已经构建和/或生产的系统是否与通过设计和系统测试与评估所确认的构型具有相同的固有特性? *

系统工程的目标是促进系统的设计和开发，从而及时有效地响应客户的需求，重要的是不仅最终的设计构型是理想的且很好地记录下来，而且建造/生产过程的结果输出也能反映和代表设计的结果。第一，要在早期设计中重视可建造性和可生产性（见图 2.28），第二，对建造和/或生产活动进行持续的评价与评估。系统工程过程不仅需要包含最初的设计和开发活动，而且还必须包含后续的评估和反馈能力。否则，人们将永远不知道设计/建造/生产之间的接口的好坏，以及是否需要采取纠正或改进措施。

2.13 系统运营使用和持续支持

如图 1.11 所示，系统工程是面向全生命周期的。如果一个系统已经正确地被设计、验证、建造/生产，并在用户现场进行了安装，其目标是确保最终的产品按预期运行，并确实满足最初定义的所有客户需求。在此，需要包括两个关键的活动（见图 2.1 步骤 12）。

（1）持续的维护和支持。在整个系统运营使用阶段，需要计划内的和计划外的维护，以维持系统处于持续运营状态，或在发生故障时将系统恢复到可运营状态。必要的是，按需有效和高效地完成恰当的维护动作，同时系统质量在过程中不会降低。**

（2）采用新技术来改进。随着演进式系统开发和引入新技术对系统"升级"的发展趋势日益增加，几乎要持续关注，确保系统在过程中不会退化。

---

* 近年来，质量问题得到了极大的重视（如全面质量管理、六西格玛实践的实施、田口方法的应用等）。这在很大程度上源于经验，即尽管系统的设计最初可能是好的，但除非从一开始就保持良好的"质量控制"，否则在生命周期的后续阶段可能会引入大量的退化。有关质量和质量控制的一些优秀参考资料，请参阅附录 F。

** 不良的维护做法（工艺马虎、使用低质量的替换零件、未使用适当的工具或遵循适当的程序、缺乏后续质量检查等）会严重降低系统性能，使其无法按预期执行任务。

如 2.11.5 节所述，提议的系统变更必须从整个全生命周期的角度进行评估，必须编制实施计划，后续的安装过程必须是高质量的（见图 2.32 中的过程）。*

在整个系统操作使用阶段，系统工程的一个主要目标是开展评估以确保系统继续按照客户（用户）的期望执行。这一目标的实现在很大程度上依赖于良好的数据收集、分析和信息反馈能力的可用性与应用。目标有两方面：

（1）持续地收集和提供数据，覆盖系统在整个计划的生命周期内执行各种任务场景时的操作和支持。目的是评价该系统及其各组成部分（包括该系统面向任务的元素及其维修和支助基础设施）的实际性能和效能，并确保满足所有要求。这样的评估可能明确在出现问题时采取纠正措施的必要性。

（2）为历史的目的收集和提供数据（覆盖现场现有系统）并反馈到设计过程中。我们的工程发展和未来的潜力当然取决于我们捕捉过去经验，并将结果应用于新设计中应该做什么和不应该做什么的能力。**

数据的类型和格式可能因系统的不同而不同。重要的是要同时收集成功数据和维护数据。成功数据是指持续覆盖系统操作和使用的信息。系统的日常运营情况如何？维护数据是指涵盖在整个生命周期中发生的各种计划和非计划维护操作的信息。维护事件报告应该在故障发生时参考系统及其运行状态（如果是这样的话）。不难发现，我们并不太注意现场发生的事情，只要事情进展顺利。然而，当有报告的问题和"恐慌"发生时，我们的反应往往是完全不同的。***

无论如何，系统工程在整个系统使用和维持支持阶段的作用是连续且非常重要的。人们最初可能会认为，在设计和开发工作中系统工程原理和概念的应用是成功的。但是，证据取决于以后会发生什么。

---

* 在当前环境中（1.2 节），注意到的趋势之一是当今使用的许多系统的生命周期延长，同时许多技术的生命周期正在缩短。这种趋势，加上对"进化"设计的强调，得出的结论是，一个系统在其生命周期中的发展过程中可能会看到许多变更（修改）。除非密切监视这些更改的质量，并在过程中保持良好的构型管理和控制实践，否则随着时间的推移，很可能会发生大量的系统退化。

** 在大多数情况下，对于许多新系统设计工作，我们在从早期和已投入运营的相似系统上捕捉经验方面做得非常差。这主要是因为我们没有做到良好的数据收集和反馈。因此，在新系统的开发中，我们倾向于一遍又一遍地引入相同的问题，这反过来又经常导致以后昂贵的更改。

*** 数据收集，分析和系统评估能力的一种方法在 B. S. Blanchard，后勤工程与管理，第 6 版（Upper Saddle River, NJ: Pearson Prentice Hall, 2004）中进行了描述。8.1 节，第 353–358 页。

2.14 系统退役和材料回收/处理

鉴于当前存在的环境影响（以及相关的成本），不仅要考虑系统及其元素在预期的生命周期内的获取与使用，而且要考虑与系统退役和部件处置相关的需求（见图2.1步骤13）。现在使用的许多系统，一旦变得过时，将会花费大量的资金来逐步淘汰库存。对于因为系统更改和为系统升级而采用新技术而取代的过时部件，情况也可能如此。虽然一些系统组件可以适当地回收，产生的材料可用于其他用途，但仍有一些组件在不对环境造成有害影响的情况下无法消耗。因此，在整个系统生命周期内的一项重要活动是退役和材料回收和/或处置。

虽然一个系统（作为一个实体）可以继续运行和使用，直到其不再具有有用的功能，但该系统的许多不同组件可能由于这样或那样的原因被移走或替换。如图2.33所示，具体部件可能会过时，原因如下：

（1）为了提高性能、可靠性、降低生命周期成本等，对其进行系统修改和升级，在技术上不再可行。

（2）业务库存已经减少，不再需要它们。

（3）发生了部件故障，必须作为整体系统维修的一部分予以清除。

这样的组件可以进一步评估，以确定它们是否：①在其他一些系统应用中需要并完全可以重新使用；②可以拆分并可部分重新使用；③经过一些修改后可以重新使用；或④根本不可重新使用。当然，剩余的材料必须通过某种形式的处置。

系统工程过程中固有的是系统退役的早期设计考虑，以及根据需要回收和/或处理其组件——即，为可支持而设计，为可处置而设计，为环境而设计。如1.4.2节和图2.28所示。系统总体需求包括对于材料回收和材料分解处理的各种流程的需求。这些需求可以通过扩展和进一步开展功能分析（见图2.15中7.0块），以及通过明确每个相关功能所需的资源来确定（见图2.16）。

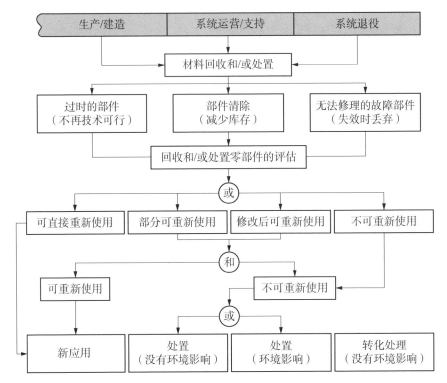

图 2.33　组件材料的报废、回收和处置

2.15　小结

　　第 1 章包括系统工程的介绍以及与主题领域相关的许多术语和定义。本章的目的是提供系统工程过程的概述，以及这些术语和定义是如何直接与过程相关的。此外，本章中的材料提供了一个基线和参考框架，用于后续讨论个别设计规程、设计方法和与系统工程相关的活动。这里强调的关键领域涉及整个过程，对于理解与系统工程相关的准则和概念是重要和关键的。随着基于模型的系统工程（MBSE）准则和概念的不断发展，在本章中描述的整个系统工程过程中适当地引入和集成相关的活动是很重要的。MBSE 不应被视为一个独立的领域。从本质上说，我们正在使用这些技术、工具和方法实现本章定义的所有目标。

　　本章的内容是学习第 3 章至第 7 章内容的必要前提。第 3 章，系统设计需求，建立在第 2 章描述的过程。第 4 章，工程设计方法和工具建立在第 2 章和第 3 章的材料上等。还应该指出的是，系统工程过程的成功实施高度依赖于第 6~第 8 章中描述的系统工程管理原则和概念的有效规划和实施（见 1.5 节和图 1.26）。

习题

2–1 识别系统工程过程中的基本步骤，并描述与每个步骤相关联的一些输入和输出（见图 2.1）。

2–2 可行性分析的目的是什么？这样的分析需要什么信息？

2–3 为什么系统操作需求的定义很重要？包括什么？

2–4 为什么系统后勤保障和维护概念的定义很重要？包括什么？维护概念与维护计划有什么关系？

2–5 通过设计和开发一个新系统，确定你想要解决的特定问题。为你的系统：

（1）说明目前的不足之处并确定新系统的需要。

（2）进行简短的可行性分析，并讨论在设计新系统时你可能希望考虑的各种备选技术方法。

（3）定义新系统的基本运营需求。

（4）定义新系统的维护理念。

（5）根据确定的运营要求和维护概念，确定关键技术性能测度（TPM）。描述从确定 TPM 到确定具体设计特征的过程。

2–6 什么是质量功能展开（QFD）？从它的应用中可以获得哪些好处？

2–7 识别新的系统需求，并应用 QFD 过程（或类似性质的东西）来定义应包括在设计中的具体特征（通过将 QFD 应用到实际情况来演示）。

2–8 描述 QFD 过程如何有益地应用于实现系统工程的目标。

2–9 开发目标树（或类似的东西）的目的是什么（即可能得到的好处）？

2–10 什么是功能分析？应该在什么时候执行（如果执行的话）？为什么它在系统工程中很重要？它的目的是什么？

2–11 对于问题 5 中选择的系统，执行功能分析。构造一个功能框图，显示三个层次的运营功能。从运营功能流程图的一个块中，显示两个级别的维护功能。说明操作功能和维护功能之间的关系。

2-12 在问题 11 中，从运营功能图中选择一个块，从维护功能图中选择一个块，并显示输入-输出，以及如何识别特定的资源需求（如硬件、软件、人员、设施、数据等）。通过使用类似图 2.19 所示的格式，记录资源需求来显示一个示例。

2-13 参见图 2.20。根据自己的经验，提供两个不同的系统共享两个（或更多）公共功能的示例。描述识别和合并公共功能时的一些具体要求。

2-14 为什么系统级功能接口的识别和描述很重要？如果这些接口没有很好地定义，那么会发生什么情况？

2-15 确定功能分析的一些应用。

2-16 描述分配或分区的含义。其目的是什么？它应该应用到什么深度？分配过程如何影响系统设计？

2-17 在需求分配过程中如何处理公共功能？在将定量需求分配给功能时，必须注意哪些事项？

2-18 对于问题 5 中描述的系统构型，将系统分解为子系统和更低级的元素。将通过 TPM 指定的系统级别的需求分配到下一个级别。

2-19 系统分析的基本步骤是什么？构建一个基本流程图来说明这个过程，显示步骤，并包括反馈规定。

2-20 描述什么是合成。分析、综合和评价的功能是如何相互关联的？

2-21 什么是模型？确定模型的一些基本特征。列出在系统分析中使用数学模型的一些好处。有哪些问题/考虑？

2-22 什么是敏感性分析？执行敏感性分析的目标是什么？好处是什么？

2-23 在你看来，在实现图 2.26 中描述的过程时，主要的问题有哪些？确定至少三个值得关注的领域。

2-24 为了成功地实现系统工程过程，与日常设计过程相关的一些必须解决的挑战是什么？

2-25 如何验证一个系统是否符合最初指定的要求？

2-26 如何确定测试要求？

2-27 选择一个系统，并为测试和评估计划制定一个全面的大纲。识别测试的类别，并描述每个类别的输入和输出。

2-28 描述由测试和评估引起的与启动设计更改相关的过程的一些注意事项。

2-29 描述与设计更改的启动和实现相关的过程。为了加强系统工程过程的实施，必须纳入哪些考虑？

2-30 为什么系统工程在生产/构建阶段、运营使用阶段、维护和支持阶段、退役和处置阶段都很重要？

2-31 选择一个系统，并描述在确定与系统退役和材料回收/处置阶段相关的特定资源需求时，你将实施的过程。

2-32 简要描述你将如何实现一个拟议的新 SoS 构型的系统工程要求。

2-33 MBSE 是如何融入本章所定义的整个过程的？

第3章　系统设计需求

本章讨论总体系统设计，它可以定义为"从识别用户需求到销售、交付满足这些需求的产品，其间必需的系统活动——包括产品、流程、人员和组织在内"。*系统设计需求由最初确定消费者/用户的需求演变而来，通过完成可行性分析、定义系统运营需求和维护概念、制定技术性能测量（TPM）并确定其优先级、完成功能分析、将需求自上而下分配到必要深度。考虑到这些基本需求，设计过程包括综合、分析和设计优化活动，通过完成权衡研究，最终形成系统构型详细定义直至组件级。这是具有合适反馈的连续迭代活动，如图 1.13 所示。根据最初定义的系统构型，下一步是通过持续测试和评估进行评定或验证，并根据需要进行任何后续系统设计修改和完善。

图 3.1 显示了系统生命周期中的所有基本功能，设计活动包含在图中的每个模块中。设计过程是连续的，从正在开发的系统级构型（概念设计）开始，然后是子系统级（初步系统设计），最后是组件级（详细设计和开发）。同时，对生产建设能力、维护和保障设施以及系统报废和材料回收都有设计要求（见图 1.11）。

在详细定义系统及所有要素后，需要不断收集、分析和评估数据，这对于确保建议的设计构型确实能满足客户需求至关重要。如果不满足最初指定需求，则可能需要采取纠正措施，并相应地修改系统构型。

设计过程在某种意义上是"闭环"的，因为有开发活动、评价和评估活动、必要的重新设计活动。许多人普遍认为，在开发完系统初始构型后，设计就完成了，与任何后续评价和评估活动无关。如果是这样，那么如何真正知道

---

* 此定义传达了相同的思想，但与 S. Pugh 的 *Total Design: Integrated Methods for Successful Product Engineering* (Reading, MA: Addison-Wesley, 1990)中的定义略有不同。

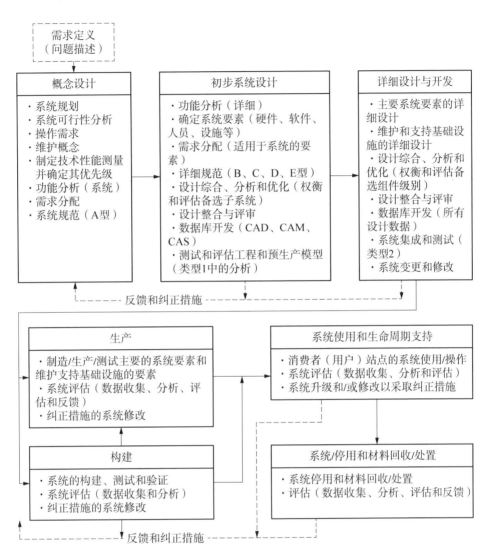

图 3.1　系统设计和开发的主要步骤

最初规定的需求能否得到满足呢？在任何情况下，设计过程都须包含上述所有三种活动类型。

　　设计是团队合作的过程，需要有来自不同组织的专业知识以及在合适的时候和地方的技术专家。根据所研究的系统（及其任务目标）不同，可能有电气需求、机械需求、结构需求、材料需求、液压需求、可靠性需求、可维护性需求、可生产性和制造需求、环境需求、可保障性和可持续性需求、质量需求等。随着图 3.1 中步骤的推进，这些需求会有所不同。在早期阶段，设计团队可能只包括少数具有一定系统级设计经验的选定人员。在后续阶段，可根据需要将适量人员引入流程，人数不用太多或太少，但必须具备当前设计工作所需的专业知识。因此，随着整个系统开发的进展，设计团队组成可能会有所不同。

系统工程的一个目标是发挥领导作用，确保正确、及时选择和整合所需设计规范，从而使系统开发能以经济高效方式满足消费者/用户需求。一个典型项目不仅需要包含不同学科和具有广泛背景和经验的设计师，而且这些专业领域的具体需求能从一个项目阶段转移到下一个阶段。此外，鉴于当前强调在国际化和全球化基础上增加供应商合作，可能需要让来自不同国家的供应商作为设计团队成员参与工作。

第 2 章确定了系统工程在整个开发过程中的地位和作用。现在，应解决与设计要求相关的一些细节问题。本章旨在通过制定规范涵盖这些需求，然后回顾与个别设计规范相关的一些细节。本文介绍了一个选定的规程样本，指出了一些共同点，并强调了通过应用系统工程方法进行设计集成的重要性。*

3.1　制定设计需求和设计标准

如图 3.1 所示，系统设计需求从贯穿整个概念设计阶段的活动演变而来：定义运营需求、维护概念以及开发适用的技术性能测量，确定其优先级。当确定任何给定系统的这些需求时，有必要为其不同要素定义和分配适当的设计标准，如第 2 章（见 2.7 节）所述。如图 2.21 所示，可将系统划分并细分为不同要素，这些要素可包括设备、软件、人员、设施、数据、信息等各种组合。问题是：应对设备、软件、系统的人为因素、设施、支持基础设施、信息网络以及这些方面的各种组合，采用哪种具体的定量和定性设计标准？应用并分配给设备的此类要求的示例如图 2.23 所示。然而，系统的其他要素也须解决。

尽管这些需求（和设计标准）会因系统任务和执行功能而异，但它们可通过组合声明来定义，这些声明又须包括在适用规范中。有限的示例

---

　　* 应强调的是，本章没有试图涵盖系统设计中可能需要的所有规程。仅确定了少数几个领域，旨在突出那些在典型项目活动中有时没有得到恰当处理的领域。

如下：

（1）系统运行易用性（A。）应大于 98%。

（2）系统软件设计应确保在故障发生后的 10 秒内以 99% 的精度确定故障及其"原因"。

（3）系统平均维修间隔时间（MTBM）应为 1 000 小时或更长。

（4）系统平均维修停机时间（MDT）应为 4 小时或更短。

（5）设备可靠性平均故障间隔时间（MTBF）至少为 3 500 小时。

（6）软件平均纠正性维修时间（$\overline{Mct}$）应为 30 分钟或更短。

（7）后勤和维护保障基础设施响应时间不应超过 24 小时。

（8）所需系统组件采购订单处理时间不应超过 1 小时。

（9）维护周转时间不应超过 24 小时。

（10）管理信息网络的数据访问时间（即搜索和获取所需数据要素的时间）应为 15 分钟或更短。

（11）操作场景中在系统完成其任务时，人工操作错误率每月不超过 1%。

（12）直接支持系统操作和维护的设施利用率应为 85% 或更高。

（13）基于十年计划生命周期，系统的单位生命周期成本不应超过 x 美元。

（14）生产设备应能在 y 时间内以 z 单位成本生产 x 产品，缺陷率不超过 1%。

（15）系统设计应确保构成系统的 95% 的材料可回收。

（16）从操作库存中清理废弃物品的处理时间不得超过 12 小时，每件物品处理成本应为 x 美元或更少，并且造成的环境破坏应为零。

从系统工程角度来看，面临的挑战在于集成并从整体角度看待需求。虽然每个特定需求在单独处理时可能有效，但在整个系统中考虑时，可能需要处理一些冲突。作为辅助，有必要确定不同的需求以及它们如何应用于图 1.21 所示的正向和反向流程。反过来，这可能导致制定一些较低级别需求和支持需求。此外，还应制定需求层次结构，并将其应用于系统各个要素中，细分为如图 2.21 所示组件。该过程有些反复，可分几步完成。最终目标是为系统及其要素制定此类要求，以纳入适当规范（见图 2.24）。

3.2　制定规范

　　系统需求的初始定义通过正式规范和规划文档的组合进行预测。规范基本涵盖了系统设计技术需求，规划文档包括实现计划目标所需的所有管理要求。规范和计划的结合被认为是未来所有项目工程和管理决策的基础。

　　此类文档的范围和深度取决于系统的性质、规模和复杂性。此外，与选择标准现成功能相比，新设计的可行性（需要额外的指导和控制）将决定必要的文档数量。对于较小且相对简单的项目，可以在单个文档中列出技术规范和项目规划需求。相比之下，对于大型系统，可能会有大量文档组合。[*]在任何一种情况下，必须根据实现项目目标所需的技术和管理控制程度来调整文档数量。

　　在处理大型系统时，规范必须涵盖许多要素。系统的某些组件可能需要大量的研究和开发工作，而其他组件则直接从现有供应商库存中采购。关于新项目，一些由系统主要生产商开发，另一些由位于世界各地的远程供应商开发。在制造过程中，某些组件可以使用常规方法批量生产，而生产其他组件则可能需要特殊工艺。可能需要各种必要规范来指导和控制系统及其组件开发。

　　在编制和应用规范时，可能有不同分类，具体取决于设计或购买现成产品类型和性质，如图 3.2 所示。[**]

　　（1）系统规范（A 型）。包括作为一个整体系统的技术、性能、操作和支持特性，也包括功能领域需求分配、功能领域界面定义。还定义了与同一 SOS 结构内其他系统主要界面。涵盖的获取信息包括：可行性分析、运营需求维护概念、功能分析（见 2.3~2.7 节）。

　　（2）开发规范（B 型）。包括完成研究、设计和开发的系统级以下的任何单元的技术需求。这可能包括设备项目、装配、计算机项目、设施、关键支持

---

　　[*] 本书中"文档"可能包括正式纸质产品、手册、电子数据包、URL 站点等组合，用于正式定义总体需求。

　　[**] 这些规范分类最初源自美国国防部的 MIL－STD－490 "规范实践"。类似故障也可能适用于商业（非国防相关）系统/产品/流程。

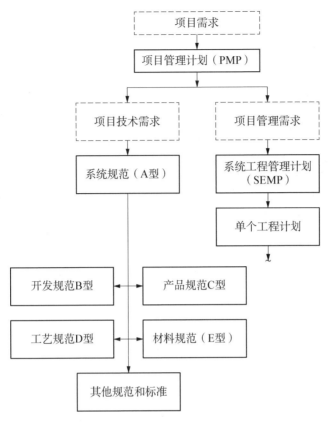

图 3.2 技术规范的层次结构

项目等。每个规范须包括从系统级到从属设计演变过程中所需的性能、有效性和支持特性。

（3）产品规范（C 型）。包括当前在库存中最高系统级别以下且可现货采购的任何单元的技术要求。这可能包括标准系统组件（如设备、软件、组件、装置、电缆）、特定的计算机项目、备件、工具等。

（4）工艺规范（D 型）。包括对系统任何组件执行服务的技术需求（如机加工、弯曲、焊接、电镀、热处理、打磨、标记、包装和加工）。

（5）材料规范（E 型）。包括与产品原材料、混合物（如涂料、化合物）和/或半成品材料（如电缆、管道）有关的技术需求。

制定规范是一项关键工程活动。系统规范（A 型）在概念设计阶段编制。开发和产品规范是基于"制造或购买"决策的结果，通常在初步设计期间编制。工艺和材料规范一般面向生产和/或构建活动，通常在详细设计和开发阶段编制。这些规范在型号项目计划的相关时间安排如图 1.13 和图 1.27 所示。

对于涉及各种组件供应商的大型系统，可能在系统设计和开发过程的不同阶段生成和应用许多规范。回顾过去与不同项目相关经验时，很明显，孤立生成和应用许多不同规范会导致冲突（即与设计标准相关的矛盾），以及在冲突发生时，应优先考虑哪种规范。此外，一种趋势是：不仅要指明"是什么"，还要指明"如何做"。反之，这会导致成本高昂。规范应涵盖性能要求，或需要什么以及如何做。

为帮助解决优先级问题，应准备一个文档树（或规范树），显示从顶级系统规范到从属系统规范的层次结构（和计划）。在第 2.8 节讨论的需求分配过程中（见图 2.24），需要首先在系统级别建立需求，然后将这些需求分配到系统各组件。在制定系统组件设计需求规范时，须首先制定一个良好的综合系统规范，然后根据需要，通过生成良好的开发、产品、工艺和/或材料规范对它们进行补充。

图 2.21（见第 2 章）所示的系统组件的初步层次结构是需求分配基础。图 3.3 显示了此层次结构转换为规范树形式的变体。系统规范基本上是设计的首要技术文件。其他规范在不同程度上补充了系统规范。此外，须建立一个优先顺序，发生冲突时，以确定以哪一种规范为准。

由于系统规范（A 型）是技术指导主要文档，因此，应将其编制和实施系统规范的责任指定为一项系统工程任务。须注意确保适用于系统级所有重要设计需求。

须整合各项需求，且须确定有意义的技术性能测度（TPM）。TPM 包括最初规定的系统定量特性，然后反映在后续设计中，随后用作评估/验证系统的指标（如速度、范围、精度、尺寸、重量、容量、MTBM、MDT、每工作小时维护工时和成本）。

系统规范的格式如表 3.1 所示。规范应包含对系统（或系统结构）、其主要特征、设计和装配的通用标准、主要数据要求、后勤和可生产性注意事项、测试和评估要求、维护和支持要求、质量保证规定和主要客户服务活动的描述。尽管不同型号项目形式上可能有些不同，但目的都是描述系统功能基线。反过来，又形成了责任设计师为系统众多组件编制从属规范（如开发、产品、工艺和材料规范）时使用的框架，并作为所有项目规划文档的主要技术参考。

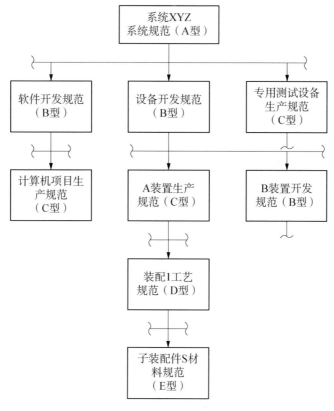

图 3.3　样本规范树（部分）

表 3.1　系统规范（A 型）格式示例

1.0　范围

2.0　参考文件

3.0　需求

3.1　通用系统架构

　　3.1.1　系统运营需求

　　3.1.2　维护概念

　　3.1.3　技术性能测度

　　3.1.4　功能分析（系统级）

　　3.1.5　分配需求

　　3.1.6　功能界面

　　3.1.7　系统之系统（SoS）界面

　　3.1.8　环境需求

3.2　系统特性

　　3.2.1　运行特性

　　3.2.2　特性

（续表）

3.2.3　功效需求

3.2.4　可靠性

3.2.5　可维护性

3.2.6　易用性（人为因素）

3.2.7　可支持性

3.2.8　可运输性/流动性

3.2.9　可生产性

3.2.10　可处置性

3.3　设计与构建

3.3.1　CAD/CAM/CAS 需求

3.3.2　材料、工艺和零件

3.3.3　硬件

3.3.4　软件

3.3.5　电磁辐射

3.3.6　可交换性

3.3.7　灵活性/稳健性

3.3.8　技巧

3.3.9　安全

3.3.10　安保

3.4　设计数据和数据库要求

3.5　后勤

3.5.1　供应链需求

3.5.2　备件、维修零件和库存需求

3.5.3　测试和支持设备

3.5.4　人员和培训

3.5.5　包装、搬运、储存和运输

3.5.6　设备和设施

3.5.7　技术数据/信息

3.5.8　计算机资源（软件）

3.6　互操作性

3.7　可负担性

4.0　测试与评估

5.0　维护和支持（生命周期）

6.0　质量保证

7.0　客户服务

最后，制定良好的系统规范高度依赖于完成任务人的能力，这些能力与他们对系统的总体理解有关，如预定任务、组件及其相互关系、所需各种设计准则及其界面等。仅准备一系列各学科孤立的文章，将其装订为规范是远远不够的。在系统设计和开发的所有后续阶段，这种类型输出通常会导致矛盾、混乱和效率低下。此外，如果一开始没有建立良好基线，则在较低级别规范中可能存在大量错误和不一致的情况。如果没有良好的技术基线，以后做出的许多设计决策都易受到质疑。因此，一开始就须实现良好、全面、高度集成的规范。*

3.3 系统设计活动的整合

基于系统规范，可能存在多种设计需求，如图 3.4 所示。这些需求在本质上可能相互支持，或在目标上可能存在一些固有冲突。这些目标相对重要（见表 2.2 中的 TPM 优先级），通过完成权衡研究实现设计优化，建立一个双方都满意的方法。

一方面，根据规范和既定目标，对于相关系统设计和开发，有必要确定某些类别工程专业知识。这些类别和相关工作量级别取决于系统性质、复杂性及项目规模。对于相对较小的系统/产品，如收音机、家用电器或汽车，工程专业知识数量和种类有限。

另一方面，有许多大型系统需要各工程学科专家的联合加入。以下是三个相对大型项目的示例：

（1）商用飞机系统。航空工程师确定飞机性能要求并设计整体机身结构。电气工程师设计飞机配电系统和提出地面电源要求。电子工程师开发雷达、导航、通信、数据记录和处理等子系统。机械工程师要求从事机械结构、连杆机构、气动和液压等工作。飞机结构材料选择和应用需要冶金专家支持。可靠性和可维护性工程师关注易用性、平均故障间隔时间（MTBF）、平均纠正性维修时间（$\overline{Mct}$）、每工作小时维修工时（MLH/OH）和系统后勤保障。人机工程师对人机界面功能、驾驶舱和客舱布局及各种操作员控制面板的设计感兴趣。系统工程关注飞机作为一个系统的整体研发，确保众多子系统合理集成。

---

* 在很多情况下，系统规范匆忙制定，因此并不完整，在具体和有意义的设计标准方面，包含内容很少。这种动机由以下因素驱动：①我们不想在系统规范中过于具体，因为我们可能想在投入生产之前引入大量的设计变更；②我们已落后于计划，我们需着手设计，之后还会关心系统规范的。最终结果是混乱、子系统级及以下的不一致，为了纠正过程中引起的问题在最后一刻进行大量昂贵的设计变更。

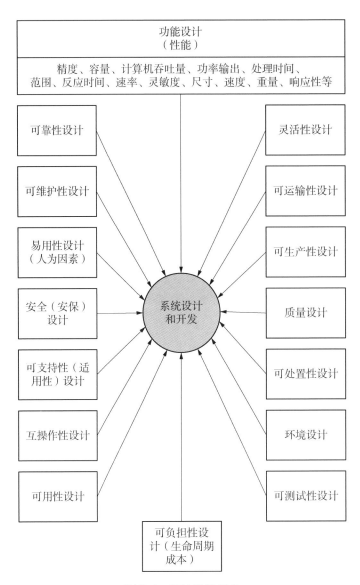

图3.4　系统设计需求

各种类型的工业工程师直接参与飞机本身及许多组件生产。测试工程师评估系统以确保符合用户需求。其他工程专家逐个按任务雇佣。

（2）地面公共交通系统。土木工程师规划和/或设计铁路轨道、隧道、桥梁、电缆和设施。电气工程师参与列车自动控制规程、牵引动力、变电站及配电、自动收费、数字数据系统等设计。客车及相关机械设备设计需要机械工程师。建筑工程师为客运码头构建提供支持。可靠性和可维护性工程师参与整合系统易用性设计和可支持性特征。人机工程师参与到照明、舒适通风、登机通道、残疾人住宿、音频登机指示和舒适站等工作。工业工程师负责处理乘用车和车辆组件的生产问题。测试工程师将负责评估系统，确保满足所有性能、有效性和系统支持需求。规划和营销领域工程师须随时向公众提供资讯，提升系统技术应用（即让政府人员和当地民众满意）。各类其他工程专家将根据需要执行特定项目相关任务。

（3）医疗卫生系统。医生和医疗保健专家负责确定系统级需求。建筑师和建筑工程师参与医疗保健设施的开发和建设。电气和机械工程师参与确定配电能力及采购设备和其他子系统组件。工业工程师负责建立合理的患者活动流程。化学工程师和化学家可能会参与处理特殊医疗用品。维护和支持人员负责系统生命周期支持。规划和营销领域工程师须随时向公众提供资讯，提升整体医疗能力，造福社区和环境。

尽管这些示例不一定能包罗万象，但很明显，直接涉及许多不同工程学科。电气工程和机械工程等较为传统的学科，被划分为特定面向工作的分类。许多大型项目的工程需求可能涉及数百名背景各异人员（在飞机开发项目或同等项目情况下或涉及人员更多），负责履行工程职能。这些工程师是大型组织的一部分，他们不仅须能相互沟通，且须熟悉采购、会计、制造和法律职能等活动。

考虑到大型项目的人员负荷，可能会出现一些波动。根据要执行的功能，一些工程师被指派到给定项目，直到系统开发完成，有些会在生产完成后指派，另一些则会被安排短期执行特定任务。就所需工程专业知识而言，各个阶段要求也各不相同，因为重点领域会随系统开发进展而变。在预先规划和概念设计早期阶段，与详细设计专家相比，需要更多具有广泛的、系统导向背景的人员，在详细设计和开发阶段则正好相反。无论如何，随着系统在计划生命周期内的发展，对工程的需求也将发生变化。

与大型项目相关的另一个特点是：主要系统生产商和系统组件供应商之间的设计工程工作量存在差异。在遍布全球的供应商设施中完成大量系统组件开发、评估、生产和支持（外部供应商活动占总采购成本通常高达75%，见第6章）。换言之，主要生产商最终负责作为整体系统的开发、集成、生产和支持，高度依赖于众多分散点完成的工程活动结果。

今天，用于设计和开发大量系统的项目环境具有高度动态性。有许多人具有不同专业和背景，在不同时间轮流介入一个项目，像"开"和"关"一个节目。良好通信是必要条件，还要充分了解现有众多界面。电气设计工程师需要了解其与机械设计师、结构工程师、可靠性工程师和/或人机专家之间的界面关系。后勤工程师需要了解设计过程和电子工程师职责。为了在系统工程背景下获得必要设计集成，需要理解、欣赏和良好沟通。

　　为了更好地理解整体设计需求（进一步推动过程整合目标），我们选择了一些设计规范，以提供附加重点。首先，重点解决软件工程领域（并关联敏捷工程方法）问题，因为当今系统大部分组成都涉及软件使用。其次，重点解决可靠性、可维护性、人为因素、安全、安保、可生产性、可服务性和可支持性、后勤、可处置性、可持续性和环境质量、价值/成本工程以及一些相关学科的问题。这些领域本身当然不能代表设计活动总体范围。然而，过去开发的许多系统都未能充分处理或反映其中的某些特定需求，这也许是因为在设计时对这些领域缺乏理解和认知。因此，这些学科（和其他学科）已通过规范和标准独立解决，但尚未很好地融入主流设计。此外，在处理所提出的每个学科个别要求时，我们会发现一些共同点。通过审查这些需求，希望能更好地认识全面设计整合的必要性。

3.4　选定的设计工程专业

3.4.1　软件工程*

　　软件工程研究软件产生过程。如图 1.13 所示的系统工程过程中，定义系统级需求及完成功能分析和分配，标志了"软件"需求的识别（见图 1.14）。从这一刻起，重点可能转向所需软件的开发和集成，以及硬件、设施、数据/

---

　　* 本文旨在介绍软件概述以及如何获取此软件，并说明其在系统工程过程中的重要性。可参考以下三本文本：

　　（1）B. W. Boehm, *Software Engineering Economics* (Upper Saddle River, NJ: Pearson Prentice Hall, 1981).

　　（2）R. S. Pressman, *Software Engineering: A Practitioner's Approach,* 7th ed. (New York: Mc Graw-Hill, 2009).

　　（3）I. Sommer ville, *Software Engineering,* 9th ed. (Upper Saddle River, NJ: Pearson Prentice Hall, 2010).

　　有关软件和软件工程，请参阅维基百科 http：//en. wikipedia. org/wiki/Software_ engineering。

信息、人员需求等的开发。须再次强调：软件本身不是系统，而是系统主要要素，须与其他要素一起综合处理。

显然，随着各种技术问世，软件已成为如今许多正在设计和开发系统的主要组成部分。据估计，许多大型系统50%到80%要素是软件。因此，在这一领域开展了大量活动，反过来又导致了瀑布模型（见图1.17）、螺旋模型（见图1.18）、V模型（见图1.20）和其他模型的开发。虽然术语可能因应用而异，但总体目标基本相似。主要目标是开发一个有利于软件设计和开发的流程，这已成为当今主要系统设计中的一个复杂问题和重大挑战。

然而，尽管提供了与指南相关的推荐模型，但如今许多软件开发人员认为软件流程过于僵化、受限和低效，更倾向于按照自己的节奏进展，而不受任何限制，并且独立于与系统其他要素开发相关的活动。这反过来又导致了许多问题：无数型号/项目失败，成本高昂。*

最近，许多公司都开发了*敏捷工程*实施流程，以及 Scrum 和相关型号/项目管理（PM）方法。与更传统瀑布方法（见图1.17）相比，敏捷开发是一种略有不同的项目管理方式，Scrum 则专注于基于本地团队的管理流程，现场设计、同地办公的设计师，每天沟通当前设计状态和改进变更。灵活"工作"软件优先于全面文档，而人际沟通常常能替代正式流程。虽然敏捷工程可能是朝着正确方向迈出的一步，但作为系统设计团队的一部分，它在全球许多供应商的大型系统开发应用中仍待验证。**

由于上述内容和相关经验，人们认为，有必要坚持良好和健全的软件开发过程（在整个系统工程过程的范围内），并且必须加以实施。首先值得一提的是，不妨参考 S. McConnell 的书 *Software Project Survival Guide*：***

　＊ 在此领域，可参考以下文献：

（1）"Five Ways to Destroy a Development Project—By Not Adhering to Basic Software-Engineering and Management Principles, Any Project Can Run A ground," by David R. Lindstrom, *IEEE Software: Lessons Learned,* IEEE Computer Society（September 1993）。这五种方法包括系统工程不完善、需求管理不当、硬件规模调整不当、方法选择不当、度量项目无效。

（2）"Seven Characteristics of Dysfunctional Software Projects," by M. W. Evans, A. M. Abela, and T. Beltz, *Cross Talk—The Journal of Defense Software Engineering,* vol. 15, no. 4, Software Technology Support Center (STSC), Hill AFB, Ogden, UT, April2002。七大原因之一是"未能实现有效软件流程"。

　＊＊ 请参考 Agile Engineering by Adam Beaver, 2014-http://mccadedesign.com/bsb/。

　＊＊＊ S. McConnell, *Software Project Survival Guide* (Redman, WA: Microsoft Press, 1988), pp20 - 23 "过程的力量"一节中确定的七个步骤。

（1）承诺所有书面要求（或同等要求）。

（2）使用系统性的程序控制软件需求增加和变更。

（3）对所有需求、设计和源代码进行系统性技术审查。

（4）在项目早期阶段制定系统质量保证计划，包括测试计划、审查计划和缺陷跟踪计划。

（5）制定实施计划，确定开发和集成软件功能组件顺序。

（6）使用自动源代码控制。这些领域本身当然不能代表设计活动的总体范围。然而，过去开发的许多系统都未充分处理或反映其中的某些特定需求，这也许是因为在设计时对这些领域缺乏理解和欣赏。

（7）在实现每个重大里程碑时，修改成本和进度估算。里程碑包括需求分析完成、架构完成、详细设计完成、每个实施阶段完成。

关键问题是在软件开发过程中遵循有纪律的方法。

作为进一步讨论的基础。图 3.5（即图 1.13 简化版）显示了主要软硬件步骤和界面。软件开发周期步骤描述如下：

（1）软件规划。应通过软件需求描述定义软件开发规划，这些需求描述包括系统工程过程、问题陈述、项目愿景、项目范围定义、赞助、拟定目标（进度表）、开发战略和采购流程、组织方法和人员战略、采购理念、供应商要求和界面、成本和预算要求、构型控制、措施和度量控制、风险领域和风险管理、相关管理问题定义。

软件开发规划应在生命周期早期和首次确定软件需求时编制，并且须与系统工程管理计划（SEMP）紧密结合。

（2）需求分析。包括系统需求定义（即运营需求、维护概念、技术性能测量、功能分析和分配）、软件操作和维护功能识别、顶级软件功能框图、性能因素、特定软件设计标准/约束条件等。需求须具有自上而下的"可追溯性"，并且特定软件需求须可追溯到一个或多个系统级功能。* 软件具体设计需求应设法兼顾可用性、效率、灵活性、完整性、互操作性、可靠性、可

---

* 应该注意的是，软件开发通常采用面向对象的方法，从上到下识别"对象"，并围绕这些对象开发软件模块。虽然这种方法在许多方面可能非常有益，但当软件开发人员未能从上到下设法实现功能时，常常会出现问题。尽管开发了软件模块，但当结合和集成系统其他要素时，常常会出现"不匹配"。因此，尽管面向对象方法可行，但结果必须与 2.7 节中描述的过程中定义兼容，并且各软件模块应适合某些功能块（见图 2.12~图 2.16）。

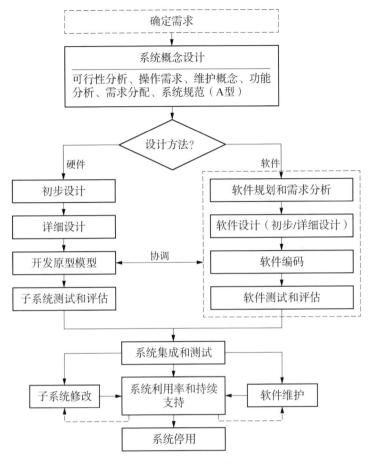

图 3.5 软硬件开发步骤和接口

维护性、可移植性和可重用性、可测试性和稳健性等属性（尽可能用量化术语表示）。*

（3）软件设计。在初步设计中完成了软件层级结构开发，以建立软件功能要素、软件模块和耦合界面需求间的基本关系。进一步开发信息/数据流程图、定义数据库需求。在详细设计中，将功能流图分解为详细的流程图，并识别软件设计语言的需求和适用的设计工具。此处关键是全面记录（即为设计建立

---

* K. E. Wiegers, *Software Requirements: Practical Techniques for Gathering and Managing Requirements Through out the Product Development Cycle,* 3rd ed. (Redmond, WA: Microsoft Press, 2013). 本文为涵盖一般软件需求的优秀文章。

基线）设计，并将一种构型到下一种构型的演变纳入其中。*

（4）软件编码。使用结构化代码准备和编写程序、使用合适代码格式和文档、调试和检查错误程序。系统设计中引入不同软件包时，需确保整个系统的代码兼容性。

（5）软件测试和评估。验证软件设计，确保每种软件产品都能实现其特定目的。验证过程通常采用逐项测试法，测试完一个项目，给出结果后再测试下一个，依此类推。验证过程最初是迭代的，在整个初步和详细设计阶段使用快速成型法。稍后，软件可作为整个系统测试和评估过程的一部分进行验证。**

（6）软件维护。软件维护可分为两个基本类别。第一类与问题与故障（或缺陷）的纠正性维护和修复有关。缺陷包括最初定义需求时的错误、设计中的错误、编码中的错误、文档中的错误、早期问题修复而导致的新错误。***第二类与系统升级和设计改进有关，通常称为适应性和/或完善性维护。须注意确保此类维护不会引入更多问题。

总之应强调，系统应用方面，软件需求正在增长，软件开发和维护成本也在快速增长。造成这种成本的主要原因是，在软件开发中缺乏良好规范遵循的过程方法，并且没有同时将这种需求与系统其他要素集成在一起。因此，须通过系统工程过程合理集成和控制这些需求。

3.4.2　可靠性工程****

在一般意义上，可靠性可定义为"在特定操作条件下使用的系统或产品，在给定时间内以令人满意的方式执行的概率"。*概率因子*与试验次数有关，即

---

　　* 对于设计师而言，恰当地"记录"设计基线通常是不太受欢迎的需求，因为人们认为这会花费太多时间并会阻碍开发进度。但是，缺少此类文档可能会付出很大的代价，特别是在尝试从一开始就跟踪需求、添加功能和对软件进行更改等方面。

　　** 快速成型的概念将在第4章中进一步讨论。

　　*** "Software Cost Estimationin 2002," by C. Jones, *Cross Talk—The Journal of Defense Software Engineering*, vol. 15, no. 6, Software Technology Support Center (STSC), Hill AFB, Ogden, UT, June 2002. 作者认为，"在美国，每个功能点平均出现五个软件错误"。

　　**** 本文旨在就可靠性工程定义和项目需求提供介绍性概述，但不深入讨论本主题。但是，强烈建议进一步探讨本主题领域。可参考以下文献：

　　（1）*RIAC, System Reliability Toolkit: A Practical Guide for Understanding and Implementing a Program for System Reliability*(Utica, NY: Reliability Information Analysis Center, 2005).

　　（2）P. D. T. O'Connor, D. Newton, and R. Bromley, *Practical Reliability Engineering*, 5th ed. (Hoboken, NJ: John Wiley & Sons, 2012).

　　（3）C. E. Ebeling, *An Introduction for Reliability and Maintainability* (Waveland Press, Inc., 2009).

人们预期某一事件在总试验次数内发生的情况。如95%的概率意味着（平均而言）系统将在100次中正确执行95次，或者100项中95项将正确执行。

令人满意的性能与系统执行其任务的能力有关。定性和定量因素的共同定义了系统要完成的功能，通常在系统规范的上下文中提出。这些因素根据第2.4节所述的系统运营需求来定义。

时间要素最重要，因为它代表评价性能指标。一个系统可以设计成在某些条件下运行，但是要运行多长时间？特别有趣的是，能够预测系统在指定时间段内不发生故障的概率。其他与时间相关的指标包括平均故障间隔时间（MTBF）、修复前平均时间（MTTF）、平均故障间隔周期（MCBF）和故障率（λ）。

可靠性定义中第四个关键要素，即规定的运行条件，与系统运行的环境有关。环境要求基于预期的任务场景（或概况），可靠性考虑的合理因素须包括温度循环、湿度、振动和冲击、沙尘、盐雾等。这些考虑不仅须解决系统运行和"动态"状态的条件，而且还须解决在完成维护活动期间，系统（或其组件）从一处运到另一处时的系统存储条件。经验表明，在系统实际使用期间，从可靠性角度看，运输、处理、维护和存储通常比环境条件更关键。

这种可靠性的定义相当基本，几乎可应用于任何类型的系统。然而，在某些情况下，根据某些特定任务方案来界定可靠性可能更合适。在这种情况下，可靠性可以定义为"系统以令人满意的方式执行指定任务的概率"。当然，这一定义可能意味着完成一系列维护活动，只要不妨碍任务成功完成。本文的后续章节将更广泛地讨论维护方面的内容。

在将可靠性需求应用于特定系统时，需要将这些需求与某些定量指标（或多项品质因数的组合）结合。基本可靠性函数 $R(t)$ 可表示为

$$R(t) = 1 - F(t) \tag{3.1}$$

式中：$R(t)$ 是成功概率；$F(t)$ 是系统在时间 t 之前失败概率，$F(t)$ 表示故障分布函数。

在处理故障分布时，通常假设平均故障率，并尝试预测给定时间段内的预期（或平均）故障数量。为帮助预测，可以应用泊松分布（与二项分布有点类似），通常表示为

$$P(x, t) = \frac{(\lambda t)^x e^{-\lambda t}}{x!} \qquad (3.2)$$

式中：λ 表示平均故障率；t 表示操作时间；x 表示观察到的故障数量。

该分布表明，如果已知项目平均故障率（λ），则当该项目在指定时间段 t 内运行时，就可以计算出 0，1，2，3，…，n 次失败的概率 $P(x, t)$。因此，泊松表达式可分解为若干项

$$1 = e^{-\lambda t} + (\lambda t) e^{-\lambda t} + \frac{(\lambda t)^2 e^{-\lambda t}}{2!} + \frac{(\lambda t)^3 e^{-\lambda t}}{3!} + \cdots + \frac{(\lambda t)^n e^{-\lambda t}}{n!} \qquad (3.3)$$

式中：$e^{-\lambda t}$ 表示在时间段 t 内发生零故障概率；$(\lambda t) e^{-\lambda t}$ 是发生一次故障概率，依此类推。

在确定可靠性目标、处理成功概率时，泊松表达式第一项意义重要。这个表示"指数"分布的术语通常被认为是指定、预测和随后测量系统可靠性的基础。[*]换言之，

$$R = e^{-\lambda t} = e^{-t/M} \qquad (3.4)$$

式中：M 指 MTBF。如果项目具有恒定故障率，则该项目在其平均寿命下的可靠性大约为 0.37，或者该项目将在其平均寿命下无故障存活下来的可能性为 37%。

图 3.6 为传统的指数可靠性曲线。基本潜在假设是故障率恒定。在处理故障率时，须根据时间和生命周期活动来看待它们。图 3.7 为一些典型故障率关系曲线。虽然本质上有些"用语简洁"，但这些插图有助于进一步讨论可靠性。

如图 3.7 所示，"浴盆"曲线会有所变化，这取决于设备类型（无论是电子的还是机械的）、系统/设备成熟度（新设计或新产品相对于最新技术水平）等。通常，有一个初始"耗损"或"失效"期，在这一时期需要一定的"调试"或"定型"才能达到稳定状态。设计和/或制造缺陷经常发生，完成维护后，应采取纠正措施解决任何未决问题。随后，获得稳定性时，故障率相对恒定，直到部件开始磨损，导致故障率随时间推移不断升高。

---

[*] 应当注意，本文中许多假设都是基于平均或恒定故障率。虽然这种假设有时简化了可靠性计算过程，但也存在故障率不断变化的情况。在这些情况下，用假设韦伯分布（或等效分布）代替负指数可能更合适。

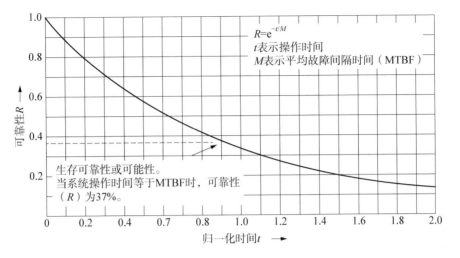

图 3.6　传统可靠性指数函数

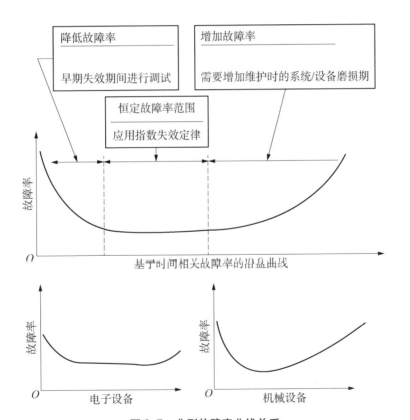

图 3.7　典型故障率曲线关系

图 3.7 中显示的曲线也可能受个别项目活动高度影响，如客户要求比预定时间提前交付系统（或其组件）。为了"将设备/软件推进市场"，生产商可能会在生产过程中取消某些必要质量检查。这通常导致更多初始缺陷、比最初预期要消耗更多的维护和支持资源，且长期来看，客户满意度较低。如图 3.7 所示，系统达到稳定之前运行于'浴盆'曲线早期阶段。

在软件领域，故障可能与日历时间、处理器时间、每个时间段交易数量、每个代码模块故障数等有关。期望通常取决于运营概况和任务重要性。因此，需要准确描述任务。随着系统从设计和开发阶段向运营阶段推进，软件的持续维护通常会成为一个主要问题。

虽然设备故障率通常假定为图 3.7 所示的情况，但软件维护常对整个系统可靠性产生负面影响。软件持续维护的性能以及一般情况下的系统变更合并，通常会影响总体故障率，如图 3.8 所示。当合并变更或修改时，通常会引入错误，并且需要一段时间才能解决系统的这些问题。

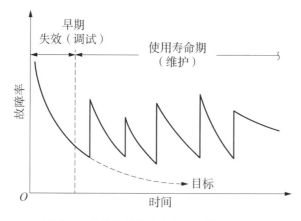

图 3.8　带维护的故障率曲线（软件应用）

如图 3.7 和式（3.2）～式（3.4）所示，故障率是在指定时间间隔内发生的故障数，或

$$\lambda = \frac{失败次数}{总运行时间} \tag{3.5}$$

更具体地说，故障率可用每小时故障数、每百万小时故障数或每千小时故

障百分比来表示。[*]

此外，当从纯可靠性意义上定义故障时，指的是"主要"或"灾难性"故障；即，当系统由于应力状态过度导致的实际组件故障而未按照规范要求运行时。组件故障反过来又可能通过事件连锁反应导致其他组件故障。因此，我们需要同时考虑主要灾难性故障和次要故障，有时称为从属故障。[**]

随着可靠性度量指标的确定，现在适合展示一些应用。系统组件通过串联关系、并联关系或这些关系的组合在功能上相互关联。图 3.9 展示了一些示例。

图 3.9（a）显示了一个串联网络。如果系统要正常工作，所有组件须以令人满意的方式运行。系统可靠性或成功概率是各组件可靠性的乘积，表示为

$$R_s = (R_A)(R_B)(R_C) \qquad (3.6)$$

如果系统运营与特定时间段有关，则通过将式（3.4）代入式（3.6），串联网络整体可靠性为

$$R_s = e^{-(\lambda_A + \lambda_B + \lambda_C)t} \qquad (3.7)$$

图 3.9（b）展示了具有两个组件并联冗余网络。如果 A 或 B 或两者都生效，则系统将正常工作。此网络的可靠性表达式为

$$R_s = R_A + R_B - (R_A)(R_B) \qquad (3.8)$$

现在考虑一个具有三个并联组件网络，如图 3.9（c）所示。要使系统发生故障，所有三个组件必须分别发生故障。网络可靠性为

$$R_s = 1 - (1 - R_A)(1 - R_B)(1 - R_C) \qquad (3.9)$$

如果三个组件相同，则可以将等式（3.9）中可靠性表达式简化为

$$R_s = 1 - (1 - R)^3$$

对于具有 n 个组件的系统，表达式变为

---

[*] 本定义主要适用于操作设备。故障率也可以用运营周期故障、文档页错误、操作人员或维护任务错误、软件模块故障等来表示。

[**] 计划外维护总体频率包括主要故障、次要故障、制造缺陷、操作人员引发的故障、维护引发的故障、搬运引发的缺陷等。从系统工程的角度来看，需要解决这一总体频率因素，并在 3.4.3 节中进一步讨论。

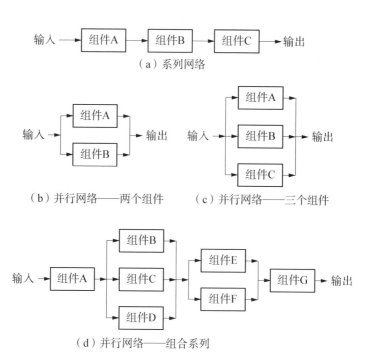

（a）系列网络

（b）并行网络——两个组件　（c）并行网络——三个组件

（d）并行网络——组合系列

图 3.9　可靠性组件之间的关系

$$R_s = 1 - (1 - R)^n \qquad\qquad (3.10)$$

在设计中引入冗余有助于提高系统可靠性。图 3.10 说明了冗余对设计的影响，以简单的一般意义表示。还可通过式（3.8）和式（3.9）开发一些数学示例，来确定通过冗余提高可靠度。

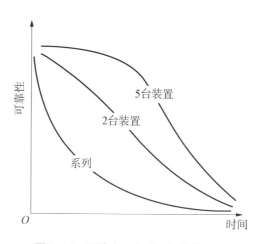

图 3.10　设计中冗余对可靠性的影响

冗余可应用于系统不同层次契约级别的设计。在子系统级别，可能适合纳入并行功能能力，如果一条路径无法正常工作，系统将继续运行。飞机飞行控制能力（包括电子、数字和机械备选方案）就是一个例子，在飞机出现任何一种故障时都有备用路径。在详细的零组件级别，可引入冗余以提高关键功能可靠性，特别是在无法完成维护的领域。如在许多电子电路板设计中，当完成维护不切实际时，通常会设计冗余来提高可靠性。

冗余应用于设计是评价的关键。虽然冗余本身确实提高了可靠性，但在设计中引入其他组件不但需要额外空间，而且成本更高。这导致许多问题：在与系统运行和任务完成相关的关键性方面，是否确实需要冗余？应在什么级别引入冗余？应考虑哪种类型冗余（活动或备用）？是否应考虑可维护性条款？是否有其他方法可提高可靠性（如改进零件选择、零件降额）？本质上，许多有趣和相关的问题有待进一步研究。

更深入介绍串联和并联网络就是将它们结合，如图 3.9（d）所示。该网络可靠性表达式可通过应用式（3.6）、式（3.8）和式（3.9）导出。因此，

$$R_s = (R_A)\big[1 - (1 - R_B)(1 - R_C)(1 - R_D)\big]\big[R_E + R_F - (R_E)(R_F)(R_G)\big]$$

$$(3.11)$$

在评估组合串联-并联网络时，如图 3.9（d）所示，分析人员应首先评估并联冗余要素以获得装置可靠性，然后以串联格式将装置与系统其他要素组合。通过计算所有串联可靠性乘积来确定系统整体可靠性。

通过串并联网络的各种应用，可得到系统可靠性框图，用于可靠性分配、建模与分析、预测等。可靠性框图直接根据 2.7 节中描述的系统功能分析得出（见图 2.10~图 2.16），并向下展开，如图 3.11 所示。图 3.12 显示了一个可靠性扩展框图，该框图根据各种组件关系来描述系统可靠性。

本节介绍的材料显然不是关于可靠性主题的全面内容，但包含的信息足以向读者提供与该专业相关的关键术语、定义以及与本专业相关的主要目标。从根本上讲，可靠性问题是在系统工程的总体背景下需要考虑的许多专业问题之一。必须全面熟悉主题领域，并了解通常在执行典型可靠性计划时进行的一些活动。在涵盖一些关键术语和定义之后，现在就可以适当描述相

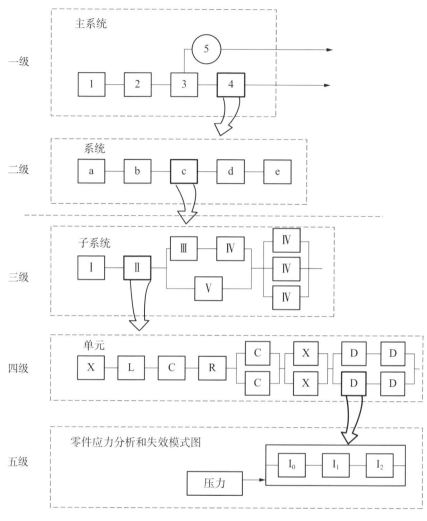

图 3. 11　可靠性框图的渐进式扩展

［资料来源：MIL‑HDBK‑338, Military Handbook, Electronic Reliability Design Handbook (Washington, DC: Department of Defense, 1975)］

关的项目活动。*

　　针对典型大型系统开展可靠性工作时，表 3.2 中确定的任务通常适用。尽管不同项目间存在差异，但假设这些任务在整个项目阶段的执行情况符合图 3.13。主要项目阶段和系统级活动都源自图 1.13（见第 1 章）所示基线。

---

　　* 尽管特定的可靠性任务应针对系统和相关项目需求进行调整，但为了便于讨论，我们假设表 3.2 中列出的任务是典型的。

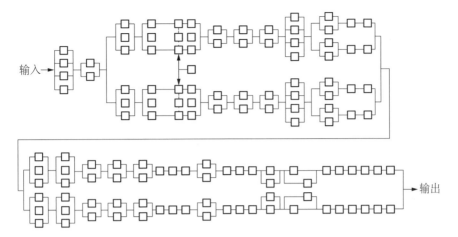

图3.12　系统可靠性扩展框图

表3.2　可靠性工程项目任务

项目任务	任务描述和应用
1. 可靠性计划	制定可靠性计划，用于识别、集成并协助实施所有用于满足可靠性计划需求的管理任务。此计划包括对可靠性组织、组织界面、任务列表、任务时间表和里程碑、适用策略和程序以及项目资源需求的描述。此计划须直接与系统工程管理计划（SEMP）挂钩
2. 审查和控制分包商的供应商	建立初始可靠性需求，完成必要项目审查、评估、反馈和控制组件供应商/分包商项目活动。供应商项目计划是根据系统总体可靠性工作计划的需求制定的
3. 可靠性项目审查	在指定的里程碑进行定期计划和设计审查（如概念设计审查、系统设计审查、设备/软件设计审查和关键设计审查）。目标是确保实现可靠性需求
4. 故障报告、分析和纠正措施系统（FRACAS）	建立闭环故障报告系统、分析和确定故障原因的程序，记录所发起纠正措施的文档
5. 故障审查委员会（FRB）	设立正式审查委员会，审查重大或关键故障、故障趋势、纠正措施状态，并确保及时采取适当措施，解决任何未决问题
6. 可靠性建模	创建用于初始数值分配的可靠性模型，以及用于评估系统/组件可靠性的后续评估。随着设计的进展，开发出了自上而下的可靠性功能框图、逻辑故障排除流程图等，并用于完成周期预测、后勤保障分析和可测试性分析的基础。这应直接由系统级维护功能流块图演变而来

项目任务	任务描述和应用
7. 可靠性分配	为系统（如子系统、装置、组件）较低级别分配或分派来自最高系统级别需求，把特定准则作为设计输入，在必需的深度上完成可靠性分配
8. 可靠性预测	基于给定的设计构型来估算系统（或其组件）可靠性。这在整个系统设计和开发过程中定期完成，以确定当时提出的设计是否能满足最初确定的系统需求
9. 失效模式、影响和危害性分析（FMECA）	通过系统分析方法识别潜在的设计不足，考虑组件可能发生故障的所有可能方式（故障模式）、每个故障的可能原因、可能发生的频率、故障的严重性，每个故障对系统操作（以及对各种系统组件）的影响，为防止（或降低）潜在问题未来发生而采取的任何纠正措施。参考附录 C 中案例分析 C.1
10. 故障树分析（FTA）	使用一种演绎方法确定系统设计弱点，对系统不同故障发生方式进行图形列举和分析。参考附录 C 中案例分析 C.2
11. 以可靠性为中心的维护（RCM）	使用生命周期准则识别备选方案并确定预防性维护的最佳总体方案。参考附录 C 中案例研究 C.3
12. 潜在电路分析（SCA）	假设所有组件开始时都正常工作，以识别可能导致不必要功能的潜在路径
13. 电子零件/电路容差分析	检查各种运营（性能、温度等）规定中的零件/电路电气容差对系统可靠性的影响。目标是评估过去的漂移特性、可能的容差累积，并识别设计缺陷
14. 零件项目	建立标准和非标准零件的选择和使用的控制程序
15. 可靠性关键项目	确定需要"特别注意"的组件，因为它们具有复杂性、相对较短寿命，使用了最新最先进技术。关键项目通常需要特殊的维护/后勤保障
16. 测试、储存、搬运、包装、运输和维护的影响	确定这些活动（即搬运、运输等）对系统或组件、可靠性的影响
17. 环境应力筛选	规划和实施一个项目，在此项目中，系统（或其组件）使用各种环境应力（如热循环或温度循环、振动和冲击、老化、X 射线等）进行测试。目的是在生命周期早期发现潜在的相关故障
18. 可靠性开发/增长测试	规划和实施"测试-分析-修复"程序，识别系统/组件不足，不断合并修改，可靠性增长随系统开发过程演进得以实现。这是一项迭代活动，包括性能测试、环境测试、加速测试等

（续表）

项目任务	任务描述和应用
19. 可靠性鉴定试验	计划和实施一个项目，以完成连续测试，使用预生产原型并考虑"接受"和"拒绝"统计数据的准则，以测量系统可靠性 MTBF。这发生在正式生产之前
20. 生产可靠性验收试验	在整个生产过程中，计划和实施一个在抽样基础上完成的项目，以确保不会因为该生产过程而发生可靠性退化

表 3.2 中列出的可靠性任务分为三个基本领域：①项目规划、管理和控制（任务 1-5）；②设计与分析（任务 6-16）；③测试和评估（任务 17-20）。第一类任务须紧密结合系统工程活动，反映在系统工程管理计划（SEMP）中。第二组任务构成了支持主流设计工程的工具，以响应系统规范和项目规划中包含的可靠性需求。第三组涉及可靠性测试，须与系统级测试活动集成，并包含在测试和评估总体计划（TEMP）中。尽管这些任务主要是为了响应可靠性型号项目需求，但与基本设计功能和其他学科（如可维护性和后勤保障）有许多接口。

尽管表 3.2 中包含了简短任务描述，但为强调目的，我们提出了七项补充解释，其中包括少数几条精选解释：

（1）可靠性工作计划。尽管可靠性计划需求可能规定了分开的和依赖性工作，但须将工作计划作为 SEMP 的一部分或与 SEMP 一起制定。组织界面、任务输入-输出、时间表等须直接支持系统工程活动。此外，可靠性活动必须与可维护性和后勤保障功能紧密结合，并且须包含在这些工作领域相应计划中（这些计划也应直接与 SEMP 关联）。1.5 节介绍了 SEMP（见图 1.27），第 6 章对 SEMP 作了进一步描述。

（2）可靠性建模。该任务连同其他几个任务（如分配、预测、应力/强度分析、公差分析），取决于良好可靠性框图开发（见图 3.12）。框图应直接从系统功能演变并支持系统功能分析和相关功能流程图（见 2.7 节）。此外，可靠性框图用于分析和预测，其结果作为可维护性、人为因素、后勤和安全分析的主要输入。可靠性框图代表了一系列事件中的一个主要环节，须与其他活动一起开发。

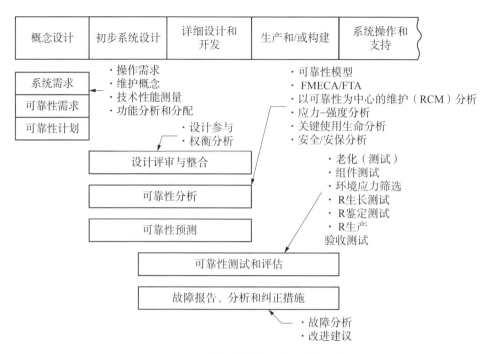

概念设计	初步系统设计	详细设计和开发	生产和/或构建	系统操作和支持

图 3.13　系统生命周期中的可靠性任务

（3）失效模式、影响和危害性分析（FMECA）。FMECA 是一个具有多种不同应用的工具。它不仅是确定因果关系和识别薄弱环节的出色设计工具，且在诊断例程开发的可维护性方面也很有用。在完成与纠正性、预防性维护需求识别相关的保障性分析（SA）时，也需要进行此项工作。FMECA 是以可靠性为中心的维护（RCM）计划的主要输入。它用于补充系统安全程序中完成的故障树分析和危害分析。FMECA 是一项关键活动，须及时完成（在初步设计早期，随后迭代更新），并且须直接与其他活动关联。

图 3.14 指出了 FMECA 在包装处理系统中的应用，在附录 C 中的案例分析 C.1 描述了 FMECA 过程。

（4）故障树分析（FTA）。FTA 是一种演绎方法，涉及对特定系统故障可能发生的不同方式及其发生概率的图形枚举和分析。可为每个关键故障模式或不希望有的顶事件开发单独的故障树。注意力集中在这一顶事件及其相关的第一层原因上。接下来，将对这些原因中的每一个进行调查，以此类推。FTA 焦点比 FMECA 更窄，不需要输入太多数据。附录 C 中的案例分析 C.2，描述了 FTA 及其应用。

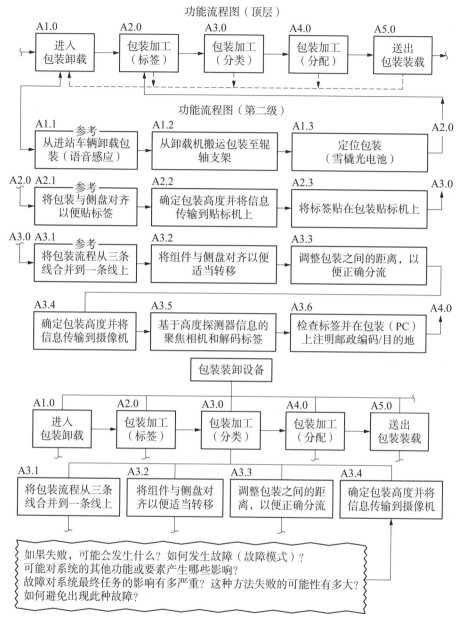

功能流程图（顶层）

A1.0	A2.0	A3.0	A4.0	A5.0
进入包装卸载	包装加工（标签）	包装加工（分类）	包装加工（分配）	送出包装装载

功能流程图（第二级）

A1.1	A1.2	A1.3	A2.0
从进站车辆卸载包装（语音感应）参考	从卸载机搬运包装至辊轴支架	定位包装（雪橇光电池）	

A2.0 A2.1	A2.2	A2.3	A3.0
将包装与侧盘对齐以便贴标签 参考	确定包装高度并将信息传输到贴标机上	将标签贴在包装贴标机上	

A3.0 A3.1	A3.2	A3.3
将包装流程从三条线合并到一条线上 参考	将组件与侧盘对齐以便适当转移	调整包装之间的距离，以便正确分流

A3.4	A3.5	A3.6	A4.0
确定包装高度并将信息传输到摄像机	基于高度探测器信息的聚焦相机和解码标签	检查标签并在包装（PC）上注明邮政编码/目的地	

包装装卸设备

A1.0	A2.0	A3.0	A4.0	A5.0
进入包装卸载	包装加工（标签）	包装加工（分类）	包装加工（分配）	送出包装装载

A3.1	A3.2	A3.3	A3.4
将包装流程从三条线合并到一条线上	将组件与侧盘对齐以便适当转移	调整包装之间的距离，以便正确分流	确定包装高度并将信息传输到摄像机

如果失败，可能会发生什么？如何发生故障（故障模式）？
可能对系统的其他功能或要素产生哪些影响？
故障对系统最终任务的影响有多严重？这种方法失败的可能性有多大？
如何避免出现此种故障？

图 3.14　FMECA 在包装处理系统中的应用

（5）以可靠性为中心的维护（RCM）分析。RCM 分析包括对系统/过程的生命周期评估，以确定预防性（计划）维护的最佳总体计划。重点是根据从 FMECA 中获得的可靠性信息（即故障模式、影响、频率、危急程度和预防性维护补偿），制定成本效益高的预防性维护计划。在附录 C 中的案例分析

C.3 描述了 RCM 分析及其应用。

（6）故障报告、分析和纠正措施系统（FRACAS）。尽管这是一项可靠性计划任务，致力于提出解决灾难性故障问题的纠正措施建议，但总体任务目标与系统工程反馈和控制回路密切相关。通常，当问题出现并采取正措施时，对发生的事件和结果的记录并不充分。尽管快速响应的需要（即迅速纠正悬而未决的问题）很重要，但通过良好的报告和文档提供长期记忆也同样重要。此任务应直接与系统工程报告、反馈和控制过程联系起来。

（7）可靠性、鉴定试验。此任务通常作为第 2 类测试的一部分完成，应在整个系统测试和评估工作的上下文背景中定义（见图 2.32）。具体需求将取决于系统的复杂性、设计定义的程度、系统预期完成任务的性质以及为系统确定的 TPM（及其优先级）。此外，对于这项测试和任何其他单项别测试，都有收集信息的特定期望和机会。例如，环境鉴定测试的目的是确定系统是否将在特定环境中运行。在执行此测试时，可以通过观察系统运行时间、故障等收集一些可靠性信息。这反过来可减少随后的可靠性测试。第二个例子涉及在正式可靠性性能测试的期间收集可维护性数据。当在测试过程中发生故障时，可以根据运行时间和资源需求来评估维护措施。反之，又可能会减少可维护性和可支持性测试和评估工作。换言之，通过实现集成测试方法，有很多降低成本（同时仍收集必要的信息）的可能性。因此，可靠性测试须在整个系统测试工作的背景下进行，且须在 TEMP 中涵盖这方面需求。

总之，表 3.2 中确定的任务通常是根据一些详细规范或程序需求执行的。对于许多项目，这些都在相对独立的基础上完成。然而，接口很多，任务集成可能性很高，从而降低成本。在本文中，将进一步讨论整合的机会。本节目的在于介绍与许多可靠性程序相关的需求。

3.4.3　可维护性工程[*]

可维护性是系统设计一个固有特征，与维护操作的简便性、准确性、安全

---

[*] 目标是提供可维护性工程的介绍性概述，包括一些定义和项目需求，但不深入讨论此主题。然而，有更多信息，请参考以下文献：

（1）RIAC, *Maintainability Toolkit: A Practical Guide for Designing and Developing Products and Systems* (Utica, NY: Reliability Information Analysis Center).

（2）B. S. Blanchard, D. Verma, and E. L. Peterson, *Maintainability: A Key to Effective Service ability and Maintenance Management* (New York: John Wiley & Sons, 1995).

性和经济性有关。它涉及组件封装、诊断、零件标准化、可访问性、互换性、安装和贴标等。系统设计应确保完成指定任务而无须投入大量时间和资源（如人员、材料、测试设备、诊断软件、设施、数据），并低成本维护。可维护性是指产品单元的维护能力，而维护是指将产品单元恢复到（或保留在）特定运行状态所采取的措施。可维护性是一个输入设计参数，而维修是设计结果。

最广义的可维护性可根据维修时间、人员工时、维护频率因素、维护成本、相关后勤保障因素的组合来衡量。没有一项措施能解决所有问题。如一个目标可能通过增加更多人员（并且可能具有更高的技能）来缩短维护所花时间。尽管此类行动可能会缩短时间需求，但可能会导致人员需求和生命周期成本增加。此外，可能希望通过增加更多定期维护要求来降低非定期维护频率。如果这样做，维护总频率会增加，生命周期成本也会上升。本质上，这些因素须在整体基础上集成解决，并兼顾考虑 3.4.2 节中讨论的可靠性指标。

最常用的可维护性度量指标是"时间"。如图 3.15 所示，可将整个时间谱分解成不同应用状态。正常运行时间指的是系统在使用运行中，或处于待机，或就绪等待所用的时间。另一方面，停机时间是指系统不可运行后，完成纠正性维护和/或预防性维护所需的总运行时间。这两类维护定义如下：

（1）*纠正性维护*。由于故障（或临时察觉到的故障）而启动的计划外措施，这些措施是恢复系统到正常性能级别所必需的。此类活动包括故障排除、拆卸、修理、移除和更换、重新组装、校准和调整、检查等。此外，还包括最初未计划的所有软件维护——如适应性维护、完备性维护等。

（2）*预防性维护*。将系统保持在指定性能级别所需的计划措施。包括定期检查、维修、校准、状态监测和/或更换指定的关键项目。

如图 3.15 所示，总维护停机时间（MDT）是修复和恢复系统至完全运行状态和/或将系统保持在该状态所需的时间。MDT 可分为以下部分：

（1）主动维护时间（$\overline{M}$）。完成纠正性和/或预防性维护活动的停机时间。该因素通常表示为

$$\overline{M} = \frac{(\lambda)(\overline{Mct}) + (f_{pt})(\overline{Mpt})}{\lambda + f_{pt}} \tag{3.12}$$

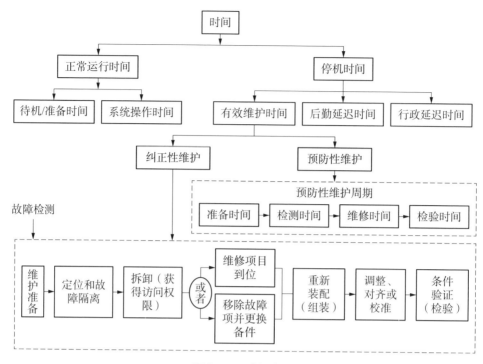

图 3.15　时间关系

式中：$\overline{M}$ 是平均有效维护时间；$\overline{Mct}$ 是平均纠正性维修时间；$\overline{Mpt}$ 是平均预防性维修时间；f_{pt} 是预防性维护频率；λ 是故障率（或纠正性维护频率）。

（2）后勤延迟时间（LDT）。由于与支持能力相关的延迟而导致系统无法运营时的停机时间，如等待备件、等待测试设备的可用性、等待特殊设施的使用。

（3）行政延迟时间（ADT）。由于行政原因（如其他优先事项、组织限制、劳工罢工等导致人员不可用）导致必要的维护被延迟的停机时间。

从设计工程师角度来看这些停机因素，通常只处理有效维护部分（即$\overline{M}$）。这是因为能够将系统特性（如诊断能力、可访问性和可互换性）与停机时间直接相关联。生产商（即承包商）负责并通常能控制该要素，而 LDT 和 ADT 因素主要受消费者（即客户）的影响。从系统工程角度来看，我们需要处理整个停机时间范围内的问题。如果保障能力是获得必要备件需要三个月，则对主要设备的设计约束（即，零件必须设计成能够在 30 分钟内修复）就没有什么意义。本质上，整个范围须反映在图 2.5 中，每些时间要素中的第一个都代

表一个重要的度量。

如图 3.15 所示的时间关系以及等式（3.12）中的因素，有效维护时间（$\overline{M}$）可分为纠正性维修和预防性维修时间。平均纠正性维修时间（$\overline{\mathrm{Mct}}$）表示为

$$\overline{M} = \frac{\sum (\lambda_i) \overline{\mathrm{Mct}}_i}{\sum (\lambda_i)} \qquad (3.13)$$

式中：$\overline{\mathrm{Mct}}_i$ 表示如图 3.15（第 i_{th} 项）所示的纠正性维护周期内进展所花的时间（对于第 i 个单元项）；λ_i 表示相应的故障率。如果有固定数量的维护措施 n，则

$$\overline{M} = \frac{\sum_{i=1}^{n} \overline{\mathrm{Mct}}_i}{n} \qquad (3.14)$$

式中：$\overline{\mathrm{Mct}}$ 是使用可靠性系数的加权平均修复时间，相当于平均修复时间（MTTR），通常用于可维护性度量。

根据纠正性维护概率与完成纠正性维护所分配时间之间的先后依赖关系，预期产生三种常见形式之一的概率密度函数，如图 3.16 所示。

（1）正态分布。适用于相对简单和常见的维护措施，其中时间固定，变化很小。

（2）指数分布。适用于大型系统中涉及故障隔离的零件替换导致恒定故障率的维护行动。

（3）对数正态分布。适用于大多数涉及频率和持续时间不等的详细任务的维护措施。

经验表明，在大多数情况下，复杂系统的维护时间分布遵循对数正态近似。如图 3.16（b）所示，关键可维护性参数是平均修复时间（点 1）、中位修复时间（点 2）和最大修复时间（点 3）。

尽管"平均"值是最常用度量，但"中位"和"最大"时间值是某些应用中使用的适当指标。

"中位"有效纠正性维修时间（$\overline{\mathrm{Mct}}$）是指将所有修复时间值分开的中间值，使 50% 小于中位数，50% 大于中位数。正态分布的中位数与平均值相同，

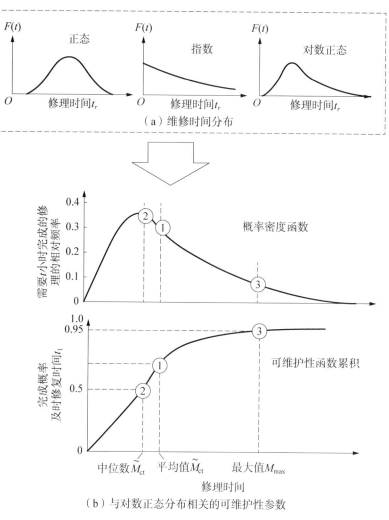

（a）维修时间分布

（b）与对数正态分布相关的可维护性参数

图3.16　可维护性分布

对数正态分布的中位数与图3.16所示的几何平均值（MTTR_g）相同。由点2表示的中位值计算为

$$\tilde{M}_{\mathrm{et}} = \mathrm{antilog}\,\frac{\sum(\lambda_i)(\log\overline{\mathrm{Mct}_i})}{\sum(\lambda_i)} = \mathrm{antilog}\,\frac{\sum_{i=1}^{n}\log\overline{\mathrm{Mct}_i}}{n} \qquad (3.15)$$

最大有效纠正性维护时间（$M_{\max}$）可定义为停机时间值，低于该值时，可预期完成指定百分比的所有维护措施。这由图3.16中的点3表示。通常使用对数正态分布中90或95百分位选定点。最大纠正性维护时间表示为

$$M_{\max} = \text{antilog}\left[\log\overline{Mct} + Z\sigma_{\log\overline{Mct_i}}\right] \tag{3.16}$$

式中：$\log\overline{Mct}$ 是 $\overline{Mct_i}$ 对数平均值；Z 是定义 $M_{\max}$ 点处的标准变量（1.65 对应的维修完成概率为95%，1.28 为90%，1.04 为85%，依此类推）。参考统计数据中的正态分布表，σ 是平均修复次数 $\overline{Mct_i}$ 的样本对数标准差。

在预防性维护领域，同时使用平均和中位数度量。平均预防性维护时间（Mpt）可表示为

$$\overline{M}_{\text{pt}} = \frac{\sum (f_{\text{pt}})(\overline{\text{Mpt}_i})}{\sum (f_{\text{pt}_i})} = \frac{\sum_{t=1}^{p} \overline{\text{Mpt}_i}}{n} \tag{3.17}$$

式中：f_{pt_i} 是个人（ith）预防性维护活动的频率；$\overline{\text{Mpt}_i}$ 是执行所需预防性维护的相关时间。

预防性维护的中位值，如式（3.15）中规定的纠正性维护需求，由式（3.18）确定

$$\widetilde{M}_{pt} = \text{antilog} \frac{\sum (f_{\text{pt}_i})(\log\overline{\text{Mpt}_i})}{\sum (f_{\text{pt}_i})} \tag{3.18}$$

预防性维护可在系统完全运行时完成，否则可能要求停机。在这种情况下（以及在纠正性维护情况下），仅考虑那些已完成并导致停机的措施。不导致系统停机的维护措施主要由人员工时和可维护性的维护成本来计算。*

尽管对消耗时间的各种度量极其重要，但也必须考虑在过程中所花费的维护工时。在处理维护过程中简便性和经济性时，目标是以最低维护成本在耗费时间、工时和人员技能之间找到适当平衡。人员时间可表示为系统每工作小时维修工时（MLH/OH）、系统每工作周期维修工时（MLH/周期）、每次维护措施维修工时（MLH/MA）或每月维修工时（MLH/月）。这些因素中的任何一个都可用平均值来表示，如平均纠正性维修工时（MLH$_\text{C}$），可以表示为

---

* 虽然已经在最广泛的上下文中定义了可维护性，但还有与特定指标相关的其他定义。关于时间，可以定义为当由具有特定技能的人员使用规定的项目和资源，在每一规定的维护和修理水平上进行维护时，项目保留或恢复到特定条件下的能力的指标。

$$\overline{\mathrm{MLH}_C} = \frac{\sum (\lambda_i)(\mathrm{MLH}_i)}{\sum (\lambda_i)} \tag{3.19}$$

式中：λ_i 为第 i 项故障率；MLH_i 为完成相关纠正性维护行动所需维修工时。

已确定纠正性维护方面，可根据类似方式确定平均预防性维护工时和平均总维护工时（包括所有纠正性和预防性维护措施）的值。在确定具体维护和后勤保障需求及相关成本时，可利用这些因素，预测系统维护概念中确定的每个维护级别。

可维护性的第三个指标（除了时间和工时因素）是维护频率。如 3.4.2 节所示，与主要和次要故障相关频率因素基本上通过可靠性 MTBF 和 λ 指标来反映。这些措施对于确定计划外维护的总体频率无疑很重要。然而，还有其他考虑因素，如制造缺陷、操作引起的故障、维护引起的故障以及搬运引起的可能相关缺陷。此外，还须考虑预防性维护方面问题。基于这点，我们应该考虑维护的总频谱和平均维修间隔时间（MTBM）。可由下式确定

$$\mathrm{MTBM} = \frac{1}{1/\mathrm{MTBM}_u + 1/\mathrm{MTBM}_s} \tag{3.20}$$

式中：MTBM_u 是计划外（或纠正性）维修的平均间隔；MTBM_s 是计划内（预防性）维护的平均间隔。MTBM_u 和 MTBM_s 的倒数等于维护率，或系统运行每小时的维护措施。MTBM_u 应等同于 MTBF，假设操作引起的缺陷、维护引起的缺陷等可能性已考虑在系统"设计"之内。

在 MTBM 因素所代表的整个活动范围内，有一些维护措施会导致组件的拆卸和更换以及对备件的需求。根据纠正性和预防性维护需求，这些因素可根据平均更换间隔时间（MTBR）（MTBM 的一个因素）进行测量。本质上，MTBM 因素反映所有维护措施，其中一些维护措施会导致单元更换。

图 3.17 显示了特定时间段内给定系统计划外 100 项维护措施的记录。在所有情况下，都完成了与诊断和检查相关的一些组织级维护。在 25 种示例下，无法验证问题是否存在，因为在检查时系统似乎正常运行。因此，没有拆卸和更换任何单元。在其他 75 种示例下，怀疑某一特定组件存在问题，采取了拆卸和更换。在更高级维护（即中级维护）中拆下的组件中，有 45 种示例验证了一个问题，并在现场完成了修理，12 个组件被送往工厂进行更高级修理，3

个组件被宣告不合格（确定无法进行经济性维修），有 15 个组件没有发现缺陷。在送往工厂的 12 个组件中，认定 10 个组件发生故障。通过对这些因素审查，可看出 MTBM 图形须考虑所有 100 次维护措施，MTBR 图形可与第 75 次更换（在组织级别）相关，MTBF 度量（定义为纯粹的可靠性）与确认的实际灾难性故障的 58 个组件相关。然而，从系统角度，总共确认 100 个故障，不管它们是由设备元件、软件模块还是人员来承担。

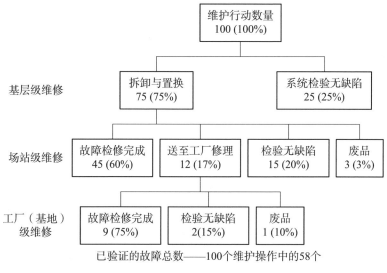

图 3.17　系统 XYZ 计划外维护措施

上文已给出了与 MTBM、MTBR、MTBF、MDT、$\overline{\text{Mct}}$、$\overline{\text{Mpt}}$、$\overline{M}$ 等相关的定义，重要的是将这些数值与高阶系统参数相关联。如图 2.22 所示例子，可靠性和可维护性因素是确定系统可用性的关键输入，而系统可用性又是系统有效性的主要因素。尽管具体度量在不同应用系统之间可能差异显著，但简便性经常用作系统指标。可用性可表示为

$$A_o = \frac{\text{MTBM}}{\text{MTBM} + \text{MDT}} = \frac{\text{正常运行时间}}{\text{正常运行时间} + \text{停机时间}} \qquad (3.21)$$

式中：A_o 是运营可用性。此可用性定义与用户运营环境相关，其中 MTBM 反映所有维护需求，MDT 代表所有停机时期的注意事项。如果生产者负责设计系统，以满足特定可用性需求，并且生产者对消费者的支持结构没有影响或控

制的情况下，则可用性定义为

$$A_a = \frac{\text{MTBM}}{\text{MTBM} + \overline{M}} \qquad (3.22)$$

式中：A_a 达到可用性。应注意，此处不考虑 LDT 和 ADT 因素。进一步，有些实例将可用性定义为

$$A_i = \frac{\text{MTBF}}{\text{MTBF} + \overline{Mct}} \qquad (3.23)$$

式中：A_i 表示固有可用性。注意，此处不包括预防性维护。从合同角度看，由于生产者与消费者环境有一定隔离，使用这一度量作为系统指标可能是适当的。然而，在处理系统工程需求时，A_o 因素比 A_a 或 A_i 因素相关性更强。

图 1.7 和图 2.25 显示了平衡的两面。本文中描述的可靠性和可维护性因素是测量系统技术有效性的重要因素（以及性能）。结合可靠性和可维护性参数以确定可用性，并且系统可用性是系统有效性的主要输入。平衡的另一端是生命周期成本（LCC）。LCC 是研究和开发成本、生产/建设成本、运营和支持成本以及停用和处置成本的功能。可靠性和可维护性对每一个主要成本类别都会造成直接影响。然而，这些设计特征对运营和支持成本影响最大，其中，维护和停机频率因素对于确定系统整体支持能力非常重要。如果在系统设计中未适当考虑这些特征，则可能以图 1.8 所示的"冰山"效应为准。

此处提供的材料有助于熟悉可维护性相关的术语和定义。可维护性是系统工程整体环境中需考虑的许多因素之一。须总体了解该主题，并且熟悉执行典型可靠性计划的一些通常活动。其中涵盖了一些关键术语和定义，现在适合描述相关的型号活动。

在实施典型大型系统可维护性计划时，表 3.3 确定的任务通常适用。尽管不同情况之间存在差异，但假设这些任务在总体项目采办阶段的执行符合图 3.18。主要采办项目阶段和系统级活动都源自图 1.13 所示基线。[*]

---

[*] 尽管特定的可维护性任务应根据系统和相关项目需求进行调整，但表 3.3 中列出的任务被假定为讨论的典型任务。

表3.3　可维护性工程项目任务

项目任务	任务描述和应用
1. 可维护性项目计划	制定可维护性项目计划，用于确定、整合并协助执行所有用于满足可维护性工作需求的管理任务。此计划包括对可维护性组织、组织界面、任务列表、任务时间表和里程碑、适用的策略和规程以及项目资源需求的描述。此计划须与系统工程管理计划直接挂钩
2. 审查和控制分包商的供应商	建立初始可维护性需求，并完成必要的项目审查、评估、反馈和控制组件供应商/分包商项目活动。供应商项目计划是根据系统可维护性工作计划需求制定的
3. 可维护性工作审查	在指定的里程碑进行定期计划和设计审查（如概念设计审查、系统设计审查、设备/软件设计审查和关键设计审查）。目标是确保实现可维护性需求
4. 数据收集、分析和纠正措施系统	建立数据收集、分析和纠正措施建议发起的闭环系统，目标是确定潜在可维护性设计问题
5. 可维护性建模	开发用于初始数值分配的可维护性模型，并用于评估系统/组件可维护性的后续估计。随着设计进展，开发了可维护性自上而下的功能框图、逻辑故障排除流程图等，并将其用作完成周期预测、后勤保障分析和可测试性分析的基础。这些应直接从系统级维护功能流框图演变而来
6. 可维护性分配	为系统（如子系统、装置、组件）较低合约级别分配或分派最高系统级别要求。这是在把特定标准作为所需设计输入的深度内完成
7. 可维护性预测	基于给定的设计构型来估计系统（或其组件）可维护性。这在整个系统设计和开发过程中定期完成，以确定在当时提出的设计建议是否可满足最初确定的系统需求
8. 失效模式、影响和危害性分析（FMECA）——可维护性信息	通过系统分析方法确定潜在设计缺陷，该方法考虑组件故障可能发生的所有可能方式（故障模式）、每个故障的可能原因、可能发生的频率、故障的严重性、每个故障对系统运营（以及对各种系统组件）的影响，以及应采取的任何纠正措施，以防止（或降低）潜在问题未来发生的概率。目标是确定可维护性设计需求，作为预期纠正性和/或预防性维护需要的结果。参考附录C中案例分析C.1
9. 可维护性分析	完成与设备包装方案、故障隔离和诊断规定、内置测试与外部测试设备、修理级别、组件标准化、可简化性原则等相关各种设计的研究。根据需要使用维护性数学模型、修理级别分析模型和生命周期成本分析模型

153

（续表）

项目任务	任务描述和应用
10. 维护任务分析（MTA）	评估设计数据，并确定与设计中包含的可维护性特征相关缺陷，以及确定系统所需的维护和支持资源。参考附录 C 中案例分析 C.4
11. 修理级别分析	评估系统组件，以确定出现故障时修理或丢弃单元项是否更经济。参考附录 C 中案例分析 C.5
12. 详细维护计划和可保障性分析（SA）的可维护性数据	确定并准备可维护性数据，包括适用于后勤保障的各种备件和维修零件、测试和支持设备、人员数量和技能水平、培训、设施、技术手册和软件等要素
13. 可维护性验证	计划和实施一个已完成测试的项目（连续测试或"固定"样本量），使用预生产原型并考虑统计"接受"和"拒绝"标准，以测量系统的可维护性特征。这些特征可能包括或等效。该测试在进入生产前完成

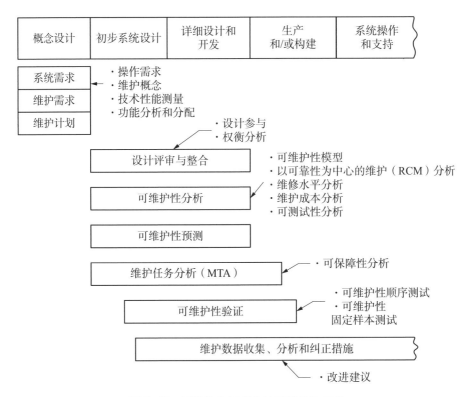

图 3.18　系统生命周期中的可维护性任务

在表 3.3 中，列出的维护性项目任务可分为：①项目规划、管理和控制

（任务 1 - 4）；②设计与分析（任务 5 - 12）；③测试和评估（任务 13）。第一类任务须紧密结合系统工程活动，反映在 SEMP 中。第二组任务看作是支持主流设计工程工作的工具，以响应系统规范和项目计划中包含的可维护性项目需求。第三个活动领域，维护性演示，须与系统级测试活动集成，包含在 TEMP 中。虽然这些任务主要是响应维护性工作的需求，但与基本设计功能和其他支持学科（如可靠性和后勤保障）有许多接口。

虽然表 3.3 包含了简短任务描述，但出于强调，还提供了七个额外注释，尽管这些注释涉及部分很少的。

（1）可维护性工作计划。尽管维护性计划的需求可能规定了一项独立的工作，但须将型号计划作为可靠性项目计划（见任务 1 中的表 3.2）和 SEMP 的一部分或与之结合。组织界面、任务输入输出需求、时间表等须与可靠性计划需求相结合，并且须直接支持系统工程活动。此外，可维护性活动须紧密结合人为因素和后勤保障功能，须包括在这些项目领域的相应计划中。1.5 节介绍了 SEMP（见图 1.27）。

（2）可维护性建模。该任务与其他几个任务（如分配、预测、FMECA、可维护性分析）的完成取决于功能级图的开发，类似于图 3.19 所示的功能级图。这些图直接从 2.7 节中描述的系统功能分析和相关功能流程图演化而来，且须支持这些系统功能分析和相关功能流程图。目的是说明系统封装概念、诊断能力（定位和故障隔离深度）、就地维修或拆除维护的项目等。该任务的结果是维护任务分析（MTA）和可保障性分析（SA）的主要输入，须及时提供。

（3）失效模式、影响和危害性分析（FMECA）。FMECA 适用于可维护性，主要用于协助制定系统包装方案和诊断项目，并用于协助确定关键预防性维护要求。该任务应与可靠性和后勤保障活动紧密结合，因为 FMECA 也是这些项目领域中所需的任务。附录 C 中案例分析 C.1 描述了 FMECA 过程。

（4）可维护性分析。可维护性分析包括完成许多不同设计的相关研究，涉及系统功能包装、诊断级别、修复级别、内置测试与外部测试等。它须与 FMECA 和可维护性建模结合完成，并且须与后勤保障分析（LSA）需求相协调。LSA 还需要进行修理级别分析和生命周期成本分析，以满足与可支持性设计相关的需求。附录 C 中案例分析 C.6 描述了为支持可维护性分析工作而

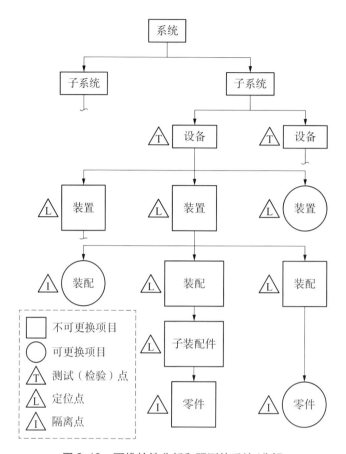

图 3.19　可维护性分析和预测的系统/分解

完成的备选设计构型的评估。

（5）维护任务分析（MTA）。MTA 包括详细分析和评估系统；根据设计中维护性特征的结合程度和最初规定的需求，评估给定构型；确定在整个规划的生命周期内支持系统所需的维护和后勤保障资源。

此类资源可能包括维护人员数量和技能水平、备件和维修零件及相关库存需求、工具和测试设备、运输和搬运需求、设施、技术数据、计算机软件和培训需求。在初步和详细设计阶段，可利用可获得的设计数据作为信息来源，通过清单辅助审查和评估现有项目。如果维护资源需求尚未确定，则可对货架产品（COTS）项目执行 MTA。该任务应与人为因素活动（即操作人员任务分析和操作顺序图的开发）和后勤保障活动（即 MTA 是后勤保障分析工作的组成部分）密切协调。附录 C 中案例分析 C.4，包括 MTA 结果的简短示例。[*]

（6）修理级别分析（LORA）。LORA 包括评估各个系统组件，以确定出现故障时修理或丢弃项目是否更经济。如果要完成修理，那么组件是在中间层还是在工厂（即仓库）进行修理？在系统维护概念开发过程中，可在最初阶段执行 LORA，以提供用于包装、诊断等设计指南，然后对给定的设计构型进行评估，以确定维护资源需求。LORA 应与 MTA 一起执行，并作为后勤保障分析的一部分。附录 C 中案例分析 C.5，包括 LORA 过程示例。

（7）可维护性验证。任务通常作为第 2 类测试的一部分执行，应在整个系统测试和评估的前后背景定义。可维护性验证目标是模拟不同的维护任务序列，记录相关的维护时间，并验证支持所演示的维护活动所需资源是否充分（如备件/维修零件、支持设备、软件、人员数量和技能以及数据）。该活动的结果不仅确定是否满足可维护性需求，而且也应有助于确定可支持性目标是否已满足后勤保障需求。可维护性演示需求须包含在 TEMP 中。

总之，表 3.3 中确定的任务通常根据一些详细规范或项目需求执行。与可靠性任务一样，这些任务在许多项目中都是在相对独立的基础上完成的。然而，接口众多，任务集成便有一些极好的机会降低项目成本。图 3.20 给出了所选可靠性和可维护性工具之间关系的示例。随着本文的深入发展，整合机会将更加明显。本节目的是介绍与大多数可维护性项目相关的需求。

3.4.4 人因工程[**],[***]

在系统开发过程中，往往将重点放在硬件和软件设计上，而忽略了人为因素。为了使系统完整，须解决人与系统其他要素（如设备、软件、设施、数据、维护和支持要素）之间的接口问题。仅优化硬件或软件设计并不能保证

---

[*] B. S. Blanchard, *Logistics Engineering and Management*, 6th ed. (Upper Saddle River, NJ: Pearson Prentice Hall, 2004)更深入地介绍了 MTA、其内容以及实现 MTA 的程序。

[**] 旨在介绍人为因素（或人因工程学），但并不深入涵盖主题。然而，如需了解更多信息，请参考以下文献：

（1）M. Helander, *A Guide to Human Factors and Ergonomics* (CRC Press, FL, 2005)。

（2）G. Salvendy, ed., *Hand book of Human Factors and Ergonomics*, 3rd ed. (Hoboken, NJ: John Wiley & Sons, 2006)。

（3）M. S. Sandersand, E. J. McCormick, *Human Factors Engineering and Design*, 7th ed. (New York: Mc Graw-Hill, 1993)。

[***] 尽管在本书中使用了"人为因素"一词，但通常用于覆盖相同材料的其他术语，包括人类工程学和人因工程学，并且这些术语有其他变体。

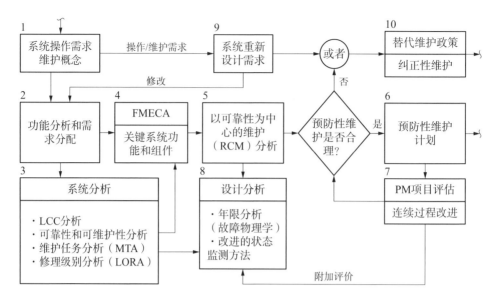

图 3.20　所选可靠性和可维护性工具之间的关系示例

有效结果。

　　对"人"（即操作人员、维护人员、支持人员）的需求源于功能分析，以及对硬件、软件等的需求（见图 1.14）。从这一点出发，运营和维护功能被分解为作业运行、职责、任务、子任务和任务要素，如图 3.21 所示。通过后续分析，根据人员类型、数量、技能水平和建议分配的工作站，组合和关联人员要执行的各种活动和任务。这反过来又推动培训需求的定义和培训支持的开发（如模拟器、设备、软件、设施、数据/信息）。

　　随着设计在图 3.21 中确定的步骤中的演变，由于接口众多且连续，须通过硬件、软件等的开发来实现适当的集成水平。

　　为人们开发系统时，须具体考虑的 4 个设计因素如下：

　　（1）人体测量因素。人体测量涉及人体尺寸和身体特征（如站高、坐高、手臂伸展度、宽度、臀膝长度、手的大小和体重）。在确定涉及人体的基本设计需求（如工作空间应用、工作面设计、控制面板布局）时，显然须考虑人体的实际尺寸。须测量"结构"尺寸（当身体固定且处于静态时）和"功能"尺寸（当身体从事某些身体活动且处于动态时），并将其用于设计操作功能和维护功能。

　　此外，设计工程师须考虑男性和女性体积尺寸，以及适当可变性范围（通常从第 5 个百分位数到第 95 个百分位数）。例如，男性身高从 63.6 英寸

158

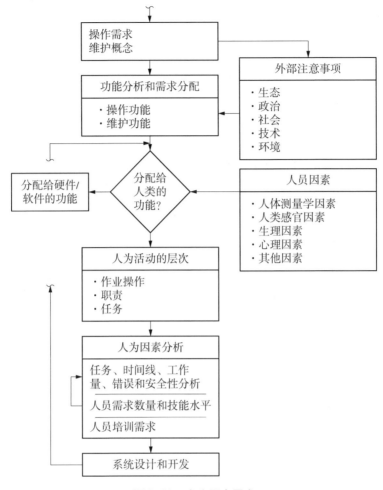

图 3.21　人为因素需求

（第 5 个百分位数）到 68.3 英寸（第 50 个百分位数）或 72.8 英寸（第 95 个百分位数），而女性身高从 59.0 英寸（第 5 个百分位数）到 62.9 英寸（第 50 个百分位数）或 67.1 英寸（第 95 个百分位数）。尽管可使用平均值，但工作空间、表面等设计须考虑男性和女性操作人员和维护人员可能的变化。例如，从第 5 个百分位数的女性到第 95 个百分位数的男性。对于具体的设计标准，可参考其他资料。*

---

　　* 人体测量数据包含在美国国家航空航天局（NASA）的 *Anthropometric Source Book*. vol. 1; *A Handbook of Anthropometric Data*, vol. 2; 和 Annotated Bibliography, vol. 3; NASA Reference Publication 1024, 1978. 同样，请参考 K. Kroemer, *Fitting the Human: Introduction to Ergonomics*, 6th ed. (CRC Press, Fl. , 2008)。

（2）人类感官因素。这一类别涉及人类感官能力，特别是视觉、听觉、触觉、嗅觉等。在工作站、表面、操作人员控制台和面板设计中，工程师须认识到人视觉的相关能力，因为涉及垂直和水平视场、角视场、从不同角度检测某些物体、从不同角度检测某些颜色和不同亮度的物体等。面板显示、功能控件放置和不同颜色组合帮助完成手动任务，但需了解人类视觉能力。此外，设计人员还需从频率和强度（或振幅）两方面了解人听的能力。对于口头交流和/或听觉展示领域的设计，需了解噪音对工作表现的影响。例如，随着噪音水平增加，人类开始感到不适，生产力和效率都会降低。如果噪音水平接近 $120 \sim 130\,dB$，则可能会发生某种身体感觉或疼痛。本质上，系统设计人员需将人的能力整合到最终产品中。[*]

（3）生理因素。虽然生理学研究显然远超出本文范围，但在执行体力劳动过程中，应该认识到环境压力对人体的影响。应力是指任何类型外部活动或环境，它对个人造成负面的影响。应力的一些典型原因：高温和低温或极端温度、高湿度、高水平振动、高水平噪音、空气中大量辐射或有毒物质。在不同程度上，这些环境效应会对人类表现产生负面影响；也就是说，会出现身体疲劳、运动反应变慢、心理过程变慢、出错可能性增加等。这些外部相关应力因素通常会导致个体"应变"。反之，应变又对人类任何一种或多种生物功能（如循环系统、消化系统、神经系统和呼吸系统）产生影响。应变测量可包括血压、体温、脉率和耗氧量等参数。如果设计不考虑对人体生理影响，由外部应力引起的这些应变因素肯定会对人类操作员和维护功能产生影响。

（4）心理因素。这一范畴涉及人类心智因素；也就是说，与工作表现相关的情绪、特质、态度反应和行为模式。相对于以有效方式完成任务，所有其他条件可能是完美的。然而，如果单个操作人员（或维修技术人员）缺乏适当的动机、主动性、可靠性、自信心、沟通技巧等，有效执行任务的可能性极低。一般来说，一个人的态度、主动性、动机等都是基于个人需要和期望。这反过来是系统设计和个人所处的组织环境的功能。如果要完成的任务过于复

---

　　[*] 人类感官因素将在以下文本中有进一步的介绍：H. P. Van Cottand, R. G. Kinkade, eds. , *Human Engineering Guide to Equipment Design* (Washington, DC: U. S. Government Printing Office, 1972)；以及 M. S. Sanders and E. J. McCormick, *Human Factors in Engineering Design*, 7th ed. (New York: Mc Graw-Hill, 1993)。

杂，个人可能感到沮丧，会引发一种不好的态度，并且可能出错。另一方面，如果任务过于简单和常规，就不具挑战性且无聊，也会因为态度问题而发生错误。此外，作为一种外部因素，管理者管理方式可能会引起态度问题。无论如何，在系统设计和开发中考虑可能对人类产生的心理影响是适当的。*

除了考虑上述与人类相关的一般特征外，还需对人类处理和加工信息能力有一定了解。一项功能是自动化还是由人完成，若由人完成，在多大程度上取决于人的检测、反应和处理信息能力。图 3.22 描绘了一个简单的信息处理模型，包括四个基本子系统。感知子系统响应通过人类感官（即视觉、听觉、感觉、嗅觉）识别的特定类型的能量。这促进启动某种形式的行动。信息处理子系统处理人类接收和处理信息的能力。应特别关注人类可传输的信息类型和数量（通常用"比特"表示）以及可传输信息速率。存储子系统是指人类的记忆及其能量，或检索数据和促进信息处理活动的能力。最后是响应子系统，它允许通过组合物理运动（即模型的输出）来完成某些功能/任务。该模型中固有的反馈回路有助于验证响应原始输入准确性。

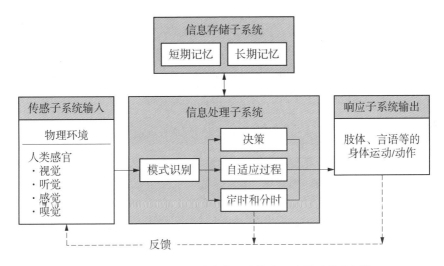

图 3.22　信息处理和后续人类反应模式示意图（简化）**

---

　　* 关于人类行为特征、心理因素、动机、态度、领导特征等的附加信息，可以在大多数涉及组织理论、组织动力学、行为科学和相关专业的文章中找到。

　　**　图 3.22 是 H. P. Van Cott and R. G. Kinkade, *Human Engineering Guide to Equipment Design*, rev. ed. (Washington, DC: U. S. Government Printing Office, 1972)中图 2.1 的修订版。

在典型大型系统的人为因素项目实施中，通常可应用表 3.4 中确定的任务。有项目规划、管理和控制任务（任务 1~任务 3），设计和分析任务（任务 4~任务 13），以及测试和评估任务（任务 14 和任务 15）。此外，在图 3.23 中还列出了生命周期中的一些任务。虽然表 3.4 包含了简短任务描述，但出于强调，还提供了一些有关附加注释。

表 3.4　人因工程项目任务

项目任务	任务描述和应用
1. 人因项目计划	制定人因项目计划，用于识别、集成并协助实施所有用于满足人因工程需求的管理任务 此计划描述的内容包括：人为因素组织、组织界面、任务列表、任务时间表和里程碑、适用策略和项目、预计资源需求。此计划须直接与系统工程管理计划（SEMP）挂钩
2. 审查和控制供应商或分包商	建立初始人为因素需求，完成必要项目审查、评估、反馈和控制组件供应商/分包商项目活动。供应商项目计划根据系统总体人因项目计划需求来制定
3. 人因项目审查	在指定的里程碑进行定期计划和设计审查（如概念设计审查、系统设计审查、设备/软件设计审查、关键设计审查）。目标是确保实现人为因素需求
4. 系统分析（任务分析）	确定系统总体能力和性能需求，确定基本活动顺序的适当任务场景，作为概念设计中系统需求定义过程的一部分来完成
5. 功能分析	确定系统要执行的主要功能（基于运营需求），并开发功能流框图，以功能术语定义系统设计需求。此任务须跟踪系统级功能分析
6. 功能分配	进行权衡研究，评估和确认实现功能分析活动所确定功能的所需资源（即确定"如何实现"与"实现什么"），特别是人机接口情况下
7. 详细操作人员任务分析（OTA）	评估将由人完成的功能，并在人活动（即作业操作、职责、任务、子任务和任务要素）所在最低级别建立层级细分。通过分析确定人员数量和技能水平需求
8. 操作序列图（OSD）	通过生成 OSD 识别人机接口并开发信息、决策和行动顺序流
9. 时间线分析	选择和评估关键任务序列，并验证是否可以执行必要的事件以及这些事件在分配的时间方面是否兼容：任务能否在分配的合适时间内执行完

项目任务	任务描述和应用
10. 工作量分析	在给定任务场景（或通过多个指定场景）中评估运营人员活动，以确定工作量级别（如允许的最大时间与实际任务执行时间之间的关系）
11. 出错分析	系统地确定人可能出错的各种方式，并提出设计建议，以降低未来发生同类错误的可能性。此任务与可靠性 FMECA 相当，人为错误造成的系统/设备故障除外
12. 安全性分析	通过因果分析，系统地评估系统/设备故障对安全的影响。虽然安全涉及人员和设备，但这强调人员安全。该任务与可靠性 FMECA、人为因素错误分析直接相关
13. 模型和/或实物模型	开发系统（或其组件）的三维物理模型或实物样机模型，以演示人机界面、空间关系、设备布局、面板显示、用于维护的可访问性规定等
14. 培训项目需求	计划并实施正式培训项目。包括：确定人员培训需求（作为产出所需的人员数量和技能水平）、培训类别、培训设备、培训数据、培训设施、样机原型和模型、特殊培训辅助工具等。计划应包括：培训机构的描述、任务列表、任务进度表和里程碑、策略和项目以及预计的资源需求
15. 人员测试和评估	规划和实施一个项目，以实际演示人机、接口任务序列、任务时间、人员素质和技能水平需求、运营程序的充分性、人员培训的充分性等。测试和评估活动进入生产前完成

（1）人为因素项目计划。虽然人为因素项目需求可能规定了一类独立和单独的工作，但将该项目计划作为可靠性项目计划（见任务1中的表3.2）、可维护性工作计划（见任务1中的表3.3）和 SEMP 一部分或与之结合制定是必要的。每个计划的许多活动相互支持，需要在任务投入-产出需求、计划等方面进行集成。

（2）功能分析。功能分析（在此上下文中）的目的是识别那些将由人执行的功能以及存在人机界面的地方。这一活动应直接从2.7节所述的系统功能分析和相关功能流程图演变而来，并且须支持该分析和相关的功能流程图（见图2.11~图2.17）。

（3）详细操作人员任务分析。这部分人为因素分析工作是将系统功能分析拓展到工作操作、职责、任务等主要功能。最终，从数量和技能水平方面形成

163

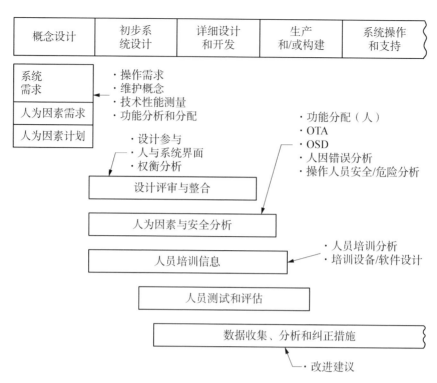

图 3.23　系统生命周期中的人因任务

对操作人员和维护人员的需求定义，以及后续培训项目需求的开发（任务 14 中的表3.4）。随着人员和培训需求的确定，须与可靠性、可维护性和后勤项目活动密切协调，因为在这一领域有共同利益。

（4）操作序列图。作为人为因素设计分析的一部分，开发出操作序列图（OSD），以显示涉及人机接口的各种活动组。OSD 示例如图 3.24 所示，其中说明了操作人员和工作站之间的通信顺序，通过符号性表示，不同行动反过来促进特定设计需求识别。重要的是，OSD 是从功能分析演变而来的需求。

（5）人员测试和评估。本任务目的在于演示选定人员活动顺序，以验证操作/维护项目，并确保人员与系统其他要素之间的兼容性。使用分析计算机模拟、物理模型（木制、金属和/或纸板）和预生产原型设备的组合进行演示。计算机模拟可包括将第 5 个百分位数的女性或第 95 个百分位数的男性的坐姿或站姿放入工作空间，以评估活动顺序和空间需求。通过使用适当的计算机图形和三维数据库，可获得大量信息。使用预生产原型设备的 2 类测试可包括使用根据任务 14 的结果建议进行培训的人员，按照批准的程序执行选定的操作

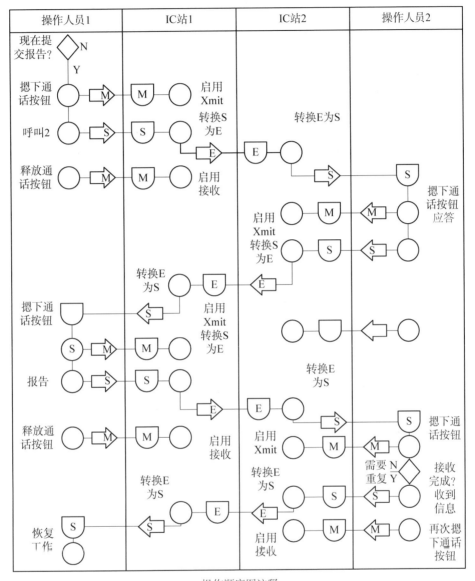

操作顺序图注释

符号

◇决定 ○操作 ⇨传递 ◡收到 ◠延迟 □检查、监控 ▽储存、链接

M—机械或手动；E—电气设备；V—视觉；S—声音；

站或子系统用列显示；连续的时间沿着页面向下。

图3.24　操作顺序图示例

人员、维护任务顺序。此类测试的执行应不仅允许评估关键人机界面，还应提供与操作员功能相关的可靠性信息、执行维护任务时的可维护性数据、正式技术手册/程序中信息的验证和确认、验证操作人员和维护人员培训计划的充分性等。基本上，该活动必须与其他测试需求相协调，并且须包含在 TEMP 中。

总之，表 3.4 中确定的许多任务（以及在完成这些任务时使用的工具/技术）是相互关联的，接口很多且相互依赖。图 3.25 提供了一个示例，显示了功能分析、OTA、OSD 开发、培训需求制定和适当反馈回路之间的关系。此外，还应注意安全/危害分析，因为人员安全是人为因素设计中的一个主要考虑因素。*

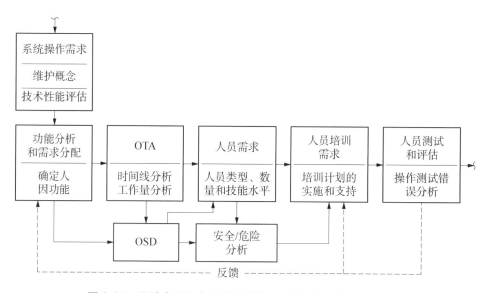

图 3.25　设计中用于人为因素的选定工具/方法的应用和关系

3.4.5　安全性工程**

安全性是一种系统设计特征。为设计和建造系统元件而选择某些材料可能

---

* 安全/危害分析在 3.4.5 节中进一步讨论。

** 为更深入报道该主题，请参考以下资料：

(1) H. E. Roland and B. Moriarity, *System Safety Engineering and Management*, 2nd ed. (Hoboken, N J: John Wiley & Sons, 1990).

(2) J. W. Vincoli, *Basic Guide to System Safety*, 2nd ed. (John Wiley & Sons, 2006).

(3) R. L. Brauer, *Safety and Health for Engineers*, 2nd ed. (John Wiley & Sons, 2005).

对人体产生有害的毒副作用，组件的放置和安装可能造成操作人员和/或维护人员的伤害，使用某些燃料、液压流体和/或清洁液体可能形成易燃易爆炸的环境，某些电子组件靠在一起可能产生电气危险，在系统运行或维护期间执行一系列过载任务可能导致造成人身伤害等。

无论从操作人员和/或维护人员的角度，还是从系统设备和其他要素的角度，安全都很重要。错误的设计产生的问题可能导致人身伤害。此外，还可能导致系统其他要素损坏。换言之，设计既要考虑人身安全，也要考虑设备安全。

相对于系统设计和制定过程，安全工程需求与可靠性、可维护性和人为因素（分别为3.4.2节、3.4.3节和3.4.4节）的要求相当。表3.5列出了典型大型系统的安全项目任务。有项目规划、管理和控制任务（任务1~任务3），设计和分析任务（任务4~任务7），以及测试和评估任务（任务8和任务9）。表3.5显示了三个需要额外注释的基本任务：

（1）系统安全性项目计划。尽管此任务需求可能规定了分开且相对独立的工作，但重要的是，须将项目计划作为可靠性项目计划（任务1中的表3.2）、可维护性工作计划（任务1中的表3.3）、人为因素项目计划（任务1中的表3.4）和系统工程管理计划（SEMP）的一部分或与之结合制定。安全项目（故障树分析和危害分析）任务4和任务5与可靠性FMECA、可维护性分析（诊断和可测试性分析）和人为因素安全分析密切相关。任务7应与可靠性FRACAS和可维护性任务4（数据收集和分析）结合。任务8（培训项目）应与人为因素任务14相关。任务9（测试）应与可靠性任务18~任务20、可维护性任务13和人为因素任务15协调。每个计划中许多活动相互支持，需要在任务投入-产出需求、计划等方面进行整合。

（2）故障树分析（FTA）。这是一个持续的自顶向下的分析过程，使用演绎分析和布尔方法来确定系统事件，这些事件反过来导致不良事件或危害。此外，根据这些事件造成潜在危害的影响对事件排序。故障树逻辑图从顶部事件开始，通过连续的因果步骤，向下确定每个级别的下一组事件。故障树分析与可靠性、可维护性分析密切相关，特别是在考虑可能的故障症状和频率、诊断和测试项目等方面。附录C中案例分析C.1描述了FTA方法。

（3）危害分析。本任务目的在于评估设计并确定可能导致系统级别危害的事件。通过在组件级别模拟故障、关键活动等，可（通过因果分析）识别可能的危害、预期的发生频率和关键性分类。在适当情况下提出设计变更建议。就方法论和目标而言，该任务与可靠性 FMECA（也根据关键性对事件进行分类）和人因安全分析密切相关。

总之，表3.5 中确定的任务通常根据一些详细项目需求来执行，通常独立完成。但是，接口数量众多，因此须将这些需求适当集成到整个系统工程过程中。

表3.5　安全工程项目任务

项目任务	任务描述和应用
1. 系统安全项目计划	制定系统安全项目计划，用于确定、整合并协助执行所有适用于满足安全工程需求的管理任务。此计划包括安全工程组织的描述、组织界面、任务列表、任务时间表和里程碑、适用策略和项目、项目资源需求。此计划须直接与 SEMP 结合
2. 审查和控制供应商和分包商	建立初始系统安全需求并完成必要项目，审查、评估、反馈和控制组件供应商/分包商项目活动。供应商项目计划是根据系统总体安全项目计划的需求制定的
3. 系统安全项目审查	在指定的里程碑进行定期计划和设计审查（例如，概念设计审查、系统设计审查、设备/软件设计审查和关键设计审查）。目标是确保达到安全工程需求
4. 故障树分析	完成故障树分析（FTA），用于确定可能导致不良事件（或危害）的系统事件，并对这些不良事件进行排序。故障树图是从早期危害分析发展而来，可确定关键路径和记录可能的原因（自上而下的方法）。该任务与可靠性 FMECA 密切相关。参考附录 C 中案例分析 C.2
5. 危害分析	完成系统分析的目标：①识别所有主要危害和预期发生概率；②识别导致危害的"原因"要素；③在危害发生的情况下评估对系统的影响（效果）；④对已识别的危害进行分类（即灾难性的、关键的、边缘的、可忽略不计的）。该任务与可靠性 FMECA 和人为因素安全分析密切相关
6. 风险分析	启动风险管理项目，以评估和控制危险事件发生概率和后果。包括风险分析、风险评估和风险减轻活动
7. 数据收集、分析、反馈和纠正措施	计划和实施用于识别和评估潜在风险领域的数据收集和报告能力。酌情参与故障分析活动和事故调查。当存在潜在风险时，对纠正措施提出建议
8. 安全培训项目	计划和实施培训项目，包括必要项目和步骤，以确保操作人员和维护人员接受执行所有系统功能方面的适当培训，包括考虑对培训材料和数据、培训设备、培训辅助工具、培训设施等的需求

项目任务	任务描述和应用
9. 安全测试和评估	计划和实施测试系统（及其组件）的项目，以确保系统能够安全运行和维护，并采取所有必要安全预防措施。该测试和评估活动在生产前完成

3.4.6　安保性工程[*]

尽管安保问题通常不属于与工程和系统设计有关的更传统学科范畴，但鉴于当今世界持续存在的恐怖主义的威胁和行为，安全问题无疑已成为高度优先事项。因此，一个额外的维度须在系统工程整个范围内解决：安全设计。此时的问题是如何设计一个系统，以防止引入失误/故障，这些失误/故障会导致系统（或其任何部分）被完全破坏，从而导致材料、设施损坏和/或生命损失？当然，目标是防止一个人（或一群人）出于某种原因故意破坏系统。[**]

虽然这种问题可能是有意为之的，但这里的目标与人为因素工程和安全性工程学科中规定的设计目标类似。人为因素工程的目标之一是设计一种系统，以防止操作人员（或维护人员）引入故障，从而导致系统无法执行任务。在安全工程中，目标是设计一种系统，使其不能引入会导致系统损坏和/或人身伤害/死亡的故障。在这两种情况下，主要关注的是在完成任务、执行维修任务和/或完成支助活动期间，在执行系统功能的过程中可能会出现问题。这种情况下的假设有这样一种可能性，即问题可能由于某些无意行为或一系列行为而发生。

在设计安保性时，须进一步解决意图问题。问题是：系统设计中应纳入哪些特征，以防止（或至少阻止）一人或多人故意诱发故障，从而破坏系统、对人员造成伤害和/或产生危害社会和相关环境的影响？因此，设计应考虑以下因素：

---

[*] 关于更深入的报道，请参考以下文献：R. Anderson, *Security Engineering: A Guide to Building Dependable Distributed Systems* (Hoboken, NJ: John Wiley & Sons, 2001)；和 D. S. Herrmann, *A Practical Guide to Security Engineering and Information Assurance* (New York: CRC Press/Auerbach, 2001)。

[**] 9/11 事件之后，人们非常重视安全和安全设计。特别是在国防部门，在开发新（和修改现有）系统方面增加了额外需求，即在设计中列入必要的特点，以应对恐怖主义威胁。

（1）制定和整合外部安全警报功能，以检测未经授权的人员是否存在，防止他们操作、维护和/或获取对系统及其要素的访问，并最终防止"局外人"引发导致系统损坏或破坏的问题。

（2）纳入"基于条件的监测"功能，使人们能够持续检查系统及其要素状态。为了实现这一点，需要安装适当的传感器、读出装置、检查方法等，以验证系统及其组件是否处于预期状态，并采用适当诊断方法，以纠正任何可能存在的问题。目标是初步确定（通过检查和/或测试方法）系统处于令人满意的状态，并提供必要的后续控制，以确保这种状态将继续存在。*

（3）内置功能（机制）将在检测到问题时检测并启动警报，在出现问题时，有一种设计防止系统损坏或破坏后的故障连锁反应。

换言之，设计人员须解决以下问题：①防止未经授权的人员进入相关系统；②能初步确定系统的状况，随时对其组件进行后续监控，并能在这些组件通过如图1.21所示的正向和反向活动流中控制处理这些组件；③通过在系统设计中引入适当特性，能检测并防止任何故障。**

在这点上（概括地说）应该强调：定义一个问题肯定比提出一个方案更容易，而且为确保将来的系统安全性更好，还有很多工作要做。因此，从现在起，就将进行大量研究和设计，为手头上的问题找到更好的解决办法。

3.4.7 制造和生产工程***

制造/生产有多种形式，包括构建一个独一无二的系统实体和生产大量类似物品。第一种情况，在设计活动与基于推荐的设计构型开展后续的建造之间存在明显很强的界面。第二种情况，我们需要：①面向可生产性设计将生产的产品；②设计制造/生产能力，以有效和高效生产此产品。应用系统工程需求的一个主要目标是解决这些不同的生命周期活动及其界面，如图1.11所示。****

---

  * 未来的一项重大挑战是开发合适的传感器和制定检查方法，以便对国内和全球运输的所有材料、货物集装箱和相关物品进行合理的条件验证。目前缺乏这种能力构成了潜在的威胁。

  ** 系统设计的一个目标是确定各系统要素/组件之间的因果关系，以及系统故障对完成任务的影响。某些更具灾难性或危急性质的故障，最终将导致系统损坏、破坏和/或人身伤害。目标是设计系统以防止这些故障的发生。FMECA是一种可用于实现这一目标的优秀工具；见附录C中案例分析C.1。

  *** 如需了解制造业当前一些趋势，请参阅：P. M. Swamidass, *Innovationsin Competitive Manufacturing* (Boston, MA: American Management Association(AMACOM), 2002)。另外，请参阅 T. Wireman, *Total Productive Maintenance* (Industrial Press, 2009)，以了解在设计生产能力时考虑到"最佳"维护效率。

  **** 当提到产品时，假设我们处理的是相对较大的可修理实体，而不是较小的不可修理的消耗品。

关于产品及其设计构型，一个关键目标是可生产性的设计。"可生产性"衡量生产项目的相对便利性和经济性。其特点是可轻松又经济地生产，使用传统和灵活的制造方法和过程，而不牺牲功能、性能、有效性或质量。4项主要目标如下：

（1）系统设计中使用的组件数量和种类应尽量少。在可能情况下，选择通用和标准单元项，并且在系统计划生命周期中应有多个不同供应商来源。

（2）用于构建系统所选的材料应符合标准，可在恰当的时间提供所需数量，并应具备易于制造和加工的特性。设计应排除需要大量加工和/或应用特殊制造方法的特殊形状规格。

（3）设计构型应便于系统要素组装（并根据需要拆卸），即设备、装置、组件和模块。装配方法应简单、可重复且经济，不需要使用特殊工具和装置或技能水平高的人员。

（4）设计构型应简单，系统（或产品）可由多供应商使用给定数据包和传统制造方法/工艺生产。在适当情况下，设计应与计算机辅助设计（CAD）/计算机辅助制造（CAM）技术应用兼容。

在考虑制造/生产能力本身的设计特点时，有许多重要的目标和目的，特别考虑到全球化和国际竞争日益加剧的趋势，需要在更短的时间内生产多种产品，需要降低产品成本等（参见1.1节和图1.5）。更具体地说，人们非常重视灵活性和敏捷性。"敏捷制造"的中心主题是开发一种能在生产各种高质量产品时快速反应的能力，在短时间内不断改变构型，以快速反应和客户满意度最大为目标。另一个关键目标是精益生产，它强调利用所有资源时消除浪费，包括人力和时间。与此同时，还开展大量活动，改进供应链中所有功能（如采购、材料处理、运输和分销、客户服务），建立产品制造中所需的一些现代化业务流程。电子商务（EC）方法的发展使得支持关键业务的信息和数据包得以集成和快速处理，如企业资源计划（ERP）方法的出现使特定公司的制造操作与供应商和客户的生产经营和其他功能得以集成。

尽管上述活动领域主要致力于改进制造/生产能力的操作，但还须解决与维护和支持该能力相关的生命周期问题。在许多情况下，将产品成本中相对较高的百分比归咎于制造/生产该产品的工厂设备的维护成本，这些成本被分摊给该产品。因此，在竞争激烈环境中，不仅要考虑运营问题，还要考虑维护和支持问题。*

3.4.8 后勤和可保障性工程**

如图1.21的系统"操作和维护"流程图所示，整个系统生命周期内进行着各种活动。包括在正向活动流（即从供应商到消费者/用户）即图1.22中确定的采购、材料加工和处理、库存管理、包装和运输、仓储和存储、分销、客户服务、信息流以及支持供应链有效和高效运行所需的所有相关业务实践。虽然产品设计、维护和保障接口通常不在供应链管理（SCM）范围内，但近年来，为提高企业全球竞争地位，在物理供应和分销渠道现代化方面取得了很大进展。

图1.21所示反向活动流（即从消费者/用户到适用的维护设施和后台）如图1.23所示的整个基础设施中确定的维护和支持功能，及所需资源，包括以下一般类别：***

（1）人力和人员。包括系统计划生命周期内的安装、检查、操作、搬运和持续维护所需的所有人员。维护人员注意事项包括各级维护活动、测试设备操作、设施操作等。

（2）培训、培训设备和设备。包括对所有系统操作人员和维护人员的初始培训，涵盖正常减员和替换人员的后续"补充"培训。还包括培训设备、培训模拟器、实物样机、培训数据和手册、特殊设施、特殊装置和辅助设备、支持人员培训操作的软件。

---

    * 请参阅第1.4节和全面生产维护概念的说明。这一概念最初是在1971年提出的，主要是因为制造产品的效率水平低以及当时许多工厂的维护成本高。随后，全面生产维护的原则和概念的实施已成为国际流行，并已被当今世界上的许多工厂采用。有关更多信息，请参阅T. Wireman, *Total Productive Maintenance*(Industrial Press, 2009)和S. Nakajima, *Total Productive Maintenance*(Productivity Press, 1988)。

    ** 为了全面了解后勤领域（在广泛的背景下提出），建议在这一领域进行更多的研究。可参考：

    （1）B. S. Blanchard, *Logistics Engineering and Management*, 6th ed. (Upper Saddle River, NJ: Pearson Prentice Hall, 2004)。

    （2）J. J. Coyle, E. J. Bardi, and C. J. Langley, *The Management of Business Logistics*, 7th ed. (Mason, OH: South-Western, 2003)。

    （3）E. H. Frazelle, *Supply Chain Strategy: The Logisticsof Supply Chain Management* (New York: Mc Graw-Hill, 2002)。

    （4）D. Bowerson, D. Closs, and M. Cooper, *Supply Chain Logistics Management*, 4th ed. (Mc Graw-Hill, 2012)。

    *** B. S. Blanchard, *Logistics Engineering and Management*, 6thed. (Upper Saddle River, NJ: Pearson Prentice Hall, 2004)。

（3）供应支持。包括支持主要任务设备、软件、测试和支持设备、运输和搬运设备、培训设备和设施所需的所有备件（单元、组件、模块等）、维修零件、消耗品、特殊用品和相关库存。在所有支持地点提供文件、采购功能、仓储、物资分发，也包括与采购和维护备件/维修零件库存有关的人员。

（4）测试和支持设备。包括所有工具、特殊状态监测设备、诊断和检验设备、计量和校准设备、维护台架、维修和搬运设备。这些维修和搬运设备用于支持运营、运输与系统或产品的计划内和计划外的维护活动。必涵盖"特殊"（新开发）和"标准"（现有和已在库中）单元项。

（5）包装、搬运、储存和运输。包括所有特殊供应品、材料、容器（可重复和一次性使用）、支持主要任务设备、测试和支持设备、备件和维修零件、人员、技术数据和移动设施的包装、保存、储存、搬运和/或运输所需的物资。本质上，这一类别涵盖了产品的初始分销及维护人员和材料的运输。

（6）设施。包括系统运行和执行各级系统维护所需的所有特殊设施。须考虑厂房、不动产、可移动建筑、人员用房、中间维修车间、校准实验室和特殊仓库或检修设施。资本设备和公用设施（热、电力、能源需求、环境控制、通信等）通常是设施一部分。

（7）技术资料/文档。包括系统安装和检查程序、操作和维护说明、检查和校准程序、大修程序、修改说明、设施信息、图纸和规范、执行系统操作和维护所必需的相关数据库、信息处理需要的网络和设备。

（8）计算机资源。包括执行各级系统维护所需的所有软件、计算机设备、磁带/磁盘、数据库和配件，还包括状态监测需求和维护诊断辅助。

后勤和维护及支持基础设施的这些基本要素（也在图 1.24 中确定）须完全整合，并视为"系统"背景下的一个实体，即：综合和整合图 1.22 和图 1.23 确定的所有活动。否则，如果发生故障，将无法保证满足系统需求。此外，考虑到过去的经验、与系统支持相关的下游成本（以及因果关系——见图 1.7 和图 1.8），须在整个系统生命周期中设法满足这些要素最终需求，重点在于设计和开发早期。具体地说：①系统中与任务有关的主要要素须面向可支持性去设计；②后勤和维修支助基础设施须面向能在整个系统计划生命周期提供有效和高效支持去设计。因此，这些需求须包含在系统工程过程中（见图 3.4）。*

这种侧重于大规模系统设计的生命周期方法已得到国防部门认可。20 世纪 60 年代中期，确立了综合后勤保障概念。根据维基百科，ILS 可以定义为：这是一个集成和迭代的过程，用于开发材料和支持策略、优化功能支持、利用现有资源，引导系统工程过程量化和降低生命周期成本，减少后勤保障足迹（保障要求），使系统更易于支持。**

1997 年，引入了采办保障概念，进一步强调了在系统设计过程中保障的考虑。采办保障勤可定义为：

这是一门多功能技术管理学科，与成本效益系统的设计、开发、测试、生产、部署、维持和改进有关，以达到用户平时和战时准备要求。采办保障的主要目标是确保支持事项是系统设计需求的组成部分，确保系统在整个生命周期内都能得到成本效益的支持，并确定、开发和获得系统初始部署和运营支持所需的基础设施要素。***

在采购后勤的广泛范围内，固有的一系列项目活动包括初步后勤规划，整个系统开发过程中的各种设计相关任务，识别、采购、加工、分发以及在适当的消费者/用户运营场所安装所需的支持要素，以及在整个计划生命周期内持续为系统提供客户服务和维护支持。主要活动简短讨论如下：****

（1）综合后勤保障计划（ILSP）。ILSP（或具有等效性质的规划文件）通常在概念设计阶段启动，并在初步系统设计中更新；它涵盖所有规划活动、设计活动、采购和购置活动以及持续支持活动。通常包括个别低级别计划，涵盖维护和支持基础设施的不同要素以及相关生命周期活动，如详细维护概念/计划（包括适用的后勤效益因素），可靠性和可维护性计划（接口需求），可支持性分析计划，供应支持计划，测试和支持设备计划，人员培训计划，技术数据计划，包装、搬运、储存和运输计划，设施计划，分发和用户支持计划

---

* 虽然本文主要使用了可支持性一词，但也可互换使用适用性和可持续性等类似的术语；例如，前者主要在商业部门，而后者最近的重点是在国防部门。除此之外，其目标是设计系统，使其在整个规划生命周期内得到有效支持。

** http：//en. wikipedia. org/wiki/Integrated_ logistics_ support.

*** MIL－HDBK－502, *Acquisition Logistics* (Washington, D C: Department of Defense, May 30, 1997)。本文件随后更新为 MIL－HDBK－502A, *Product Support Analysis*(PSA)(DOD, March 2013)。

**** 虽然许多术语和定义（如 ILS、PBL、PSA、SA 等）通常与主要防御系统相关，但相同类型的需求可适用于任何系统，包括大型非防御系统。这里的重点是审视每一项目的目标，并相应地运用这些原则。

（客户服务），生产后支持计划，信息系统计划以及系统停用计划。

ILSP 包括对后勤保障概念、研究成果和收购战略的描述；后勤保障组织、供应商需求、组织界面；列出计划任务、任务时间表、主要里程碑以及适用的政策和项目；预计所需资源和项目风险领域。基本上，ILSP 须涵盖图 1.21 中正向和反向流确定的所有适用后勤保障的相关活动。ILSP 须直接与 SEMP 结合，特别是那些与后勤工程相关的任务（见图 1.27）。

（2）后勤保障工程。后勤保障工程始于特定设计需求的定义，这些需求由系统运营需求开发、维护概念、技术性能测量的识别和优先顺序演变而来（参见 2.4~2.6 节）。通过完成功能分析和需求分配过程（参见 2.7 和 2.8 节），进一步描述了这些需求。从这一点来看，就有了与日常设计参与过程有关的需求，包括初步设计准则的确立、权衡分析的传导性、可保障性分析（SA）的完成、供应商活动的审查、正式设计审查的参与、测试和评估（验证）活动的参与等。本质上，后勤保障和系统支持领域须作为包含在内的设计团队"成员"，并且须参与正在进行的设计整合活动（见 2.9~2.11 节）。

（3）基于性能的后勤保障（PBL）和相关设计需求。如 2.6 节所述，QFD 分析方法用于帮助识别和确定系统目标的具体量化设计优先级；表 2.2（见 2.6 节）给出了识别此类分析结果的示例。虽然表中所列因素（需求）主要涉及该系统中与任务相关的主要要素及其可保障性设计，但需要进一步细化这些需求，具体到维护和支持基础设施（见图 2.10）。虽然每个系统的具体需求各不相同，但图 3.26 提供了一些可能适用于每个主要支持要素的指标/度量示例。如果要最终实现本文中强调的各项目标，具体的设计需求（从一开始就确定）须应用于系统所有要素，而不仅仅限于直接参与完成给定任务的要素。[*]

（4）可保障性分析（SA）。支持性分析是一个不断进行的迭代分析过程，包括在整个系统分析活动背景下，其基本目标是一开始就先影响设计，然后基于假定的设计构型确定后勤保障资源需求。如图 3.27 所示，通过整合和应用各种分析技术/方法，确保在设计过程中考虑后勤保障和可支持性需求，可以最好地实现这些目标。基本上，SA 是系统工程过程中固有的活动。

---

* PBL 在美国国防部 5000.2-R 重大防务采办项目（MDAPS）和重大自动化信息系统（MAIS）项目采办计划的强制性项目（华盛顿特区：国防部长办公室，2002 年 4 月 5 日）中得到了阐述。

维护和支持基础设施
保障能力的有效性（可靠性）
后勤响应（响应时间）
保障效率（每个支持行动的成本）

供应保障

- 备件/维修零件需求率
- 平均更换间隔时间（MTBR）
- 备件/维修零件加工时间
- 库存项目存储时间
- 使用备件时系统成功的概率
- 备件可用性的概率
- 库存水平
- 库存周转率
- 经济订货量（EOQ）
- 成本/行动提供支持

测试、测量、处理和支持设备

- 使用率（使用期限）
- 使用时间（试验站处理时间）
- 设备利用率
- 可靠性（MTBF、λ）
- 可维护性（MTBM、MCT、MPT、MDT）
- 校准速率和周期时间
- 成本/测试活动
- 使用成本/小时

维护设施

- 处理的项目数/周期
- 项目处理时间
- 项目周转时间（TAT）
- 等待队列（队列长度）
- 材料消耗率
- 公用事业消耗/维护行动
- 公用事业消耗/周期
- 成本/维护行动

维护和支持人员

- 人员数量和技能水平
- 人员流失率（更替率）
- 维护工时/维护操作
- 人员错误率
- 成本/人员/组织

培训和培训保障

- 培训人员数量/周期
- 人员培训天数/周期
- 培训的频率和持续时间
- 培训计划输入/输出因素
- 培训数据/学生
- 培训设备/项目
- 培训软件/项目
- 培训成本/人员

包装、搬运、储存和运输

- 运输模式、路线、距离、频率时间和成本
- 包装材料/物品运送
- 容器利用率
- 运输有效性（可靠性）
- 成功交付率
- 包装损坏率

计算机资源

- 软件可靠性/可维护性
- 软件复杂性（语言/代码级别）
- 软件模块/系统要素数量
- 软件成本/要素

技术数据/信息系统

- 数据项/系统数
- 数据格式和容量
- 数据访问时间
- 数据库大小
- 信息处理时间
- 变更实施时间

图 3.26　为支持基础架构选定的技术性能测度

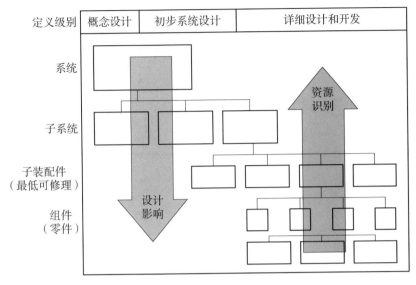

图 3.27 可支持性分析重点

(资料来源: 改编自 AMC 手册 700-22, "USAMC 战备物资支援活动", 肯塔基州列克星敦)

a. 在概念设计期间, 通过评估系统运营需求、替代技术应用以及替代后勤保障和维护支持概念, 初步协助建立 PBL 度量和可保障性需求。通过制定系统需求和确定优先级, 为后勤和维护支持基础设施制定了设计标准, 并纳入适当的规范中。

b. 协助评估替代系统或设备/软件、设计构型 (如替代材料应用、维修政策、包装方案、诊断项目和组件选择)。包括正在进行的综合、分析和设计优化过程, 利用权衡研究得出推荐的可支持性方法。

c. 协助评估给定的设计构型 (无论是最终的还是临时的), 以确定该构型的具体后勤保障资源需求。资源需求包括人员数量和技能水平、培训、备件/维修零件和相关库存、测试和支持设备、包装和运输、设施、维护软件和数据/信息。维护任务分析 (MTA) 通过使用其他模型得到补充, 构成用于确定这些需求的数据库 (见附录 C 中案例分析 C.4)。

d. 协助消费者在用户环境中对使用的操作系统进行最终测量和评估 (即评估)。对现场数据进行采集、分析和利用, 以用于更新 SA, SA 最初基于设计数据。目的是确定系统真实有效性、后勤保障和维护支持基础设施的真实有效性等, 并为系统改进提供适当的反馈和任何可行的变更建议 (见 2.14 节,涉及系统修改）。

根据图 2.26 所示的基本分析步骤，SA 包括许多备选方案评估。这项活动固有特点是：利用生命周期成本分析、修理级别分析、维护任务分析、以可靠性为中心的维护分析、FMECA、可测性和诊断分析等工具。本质上，可靠性和可维护性分析技术/方法的应用是实现 SA 需求所固有的。此外，诸如仿真、线性和动态规划、排队分析、计费方法和控制理论等分析技术可用于解决各种各样的问题。*

（5）维持系统支持。由于已建立了系统设计构型，将执行一系列综合保障活动，包括供应商的选择、材料和服务的供应和采购、物料在生产过程中的移动、产品运输和分销到消费者的运营地点。当系统引进并交付给最终用户时，可能会有一些客户服务需求，形式为培训和协助运营及维护任务的开展。随后，在整个系统计划的生命周期中，有必要进行持续维护和支持系统的活动。此处系统工程作用是评估（数据收集、分析和反馈）和验证系统是否符合最初确定的需求。当然，最终目标是确保顾客完全满意。

总之，图 3.28 显示了系统生命周期中各种后勤和可支持性相关活动。主要项目阶段和系统级活动都由图 1.13（见第 1 章）所示的基线衍生而来。

3.4.9　可处置性工程

参考 1.4 节（见图 1.21），活动既有"正向"流，也有"反向"流。迄今为止，尽管重点一直是正向流程以及与系统设计和开发、生产/构建、运行和持续支持等系统完成其预期任务相关的活动和资源，但还须处理反向流动，及与此类活动有关的所需资源。

在 2.14 节（见图 2.34），这种反向流动被放大，包括系统停用和因某种原因而从业务库存中逐步淘汰的各种系统组件。这包括因以下原因而停用的组件：①由于技术升级和系统改进而过时；②系统任务要求变化导致库存有所减少；③出现故障时，须回收适用的故障组件，以便进行修理和/或返工。在每种情况下，都有保障需求和支出维护支持资源来完成所涉及活动。也就是说，

---

　　* 过去在后勤保障分析、维护工程分析、维护水平分析、维护工程分析记录、维护分析数据和类似标题下实施了许多与 SA 相关的原则和概念。几年来尽管标题有所变化，但其意图、目标和实施方法基本保持不变。

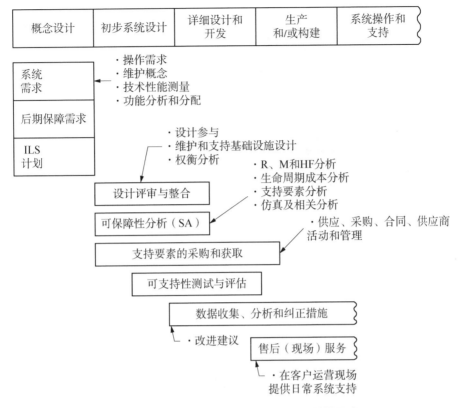

图 3.28 系统生命周期中的后勤和可支持性需求

存在人员需求、运输需求、设施和库存需求、专用工具和测试设备需求、数据和信息需求等。其中大部分需求可包含在通常称为反向后勤保障的广阔范围内。*

随着组件逐步从运营库存中淘汰，它们须被回收，以用于其他用途或以某种方式处理，以防止任何坏境破坏。目标是用完全可生物降解材料（或同等材料）制成那些无法回收且须加以处置的产品，使其在使用寿命结束时易于分解，而不会对环境造成负面影响。在确定其他系统目标时，须在系统设计过

---

* 图 1.21 和图 1.22 所示的许多供应链和维护支持活动也适用于系统停用和材料回收/处置阶段。随着世界范围内可利用的物质资源日益减少和对环境影响的关注日益增加，解决反向后勤问题的重要性也在逐步增加，特别是在商业部门。请参考：

（1）H. Dyckhoff, R. Lackes, and J. Reese, eds. , *Supply Chain Management and Reverse Logistics* (New York: Springer, 2003).

（2）D. F. Blumberg, *Introduction to Management of Reverse Logistics and Closed Loop Supply Chain Processes* (New York: CRC Press/St Lucie, 2004).

程中尽早实现此目标。图 3.29 表示了材料再利用/回收/处置的过程。

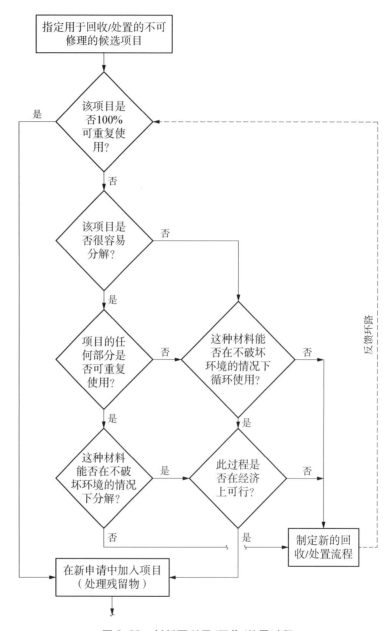

图 3.29　材料再利用/回收/处置过程

如图 3.4 所示，可处置性设计成为早期系统设计和开发过程中的另一主要考虑因素。随着世界范围内资源减少和对环境问题的日益关注，解决这一问题在未来将变得更加重要，因此，须在整个系统工程过程中将处置性看作是固有内容。

3.4.10 质量工程*

如今，"质量"一词已超越过去的内涵。基本上，它与满足或超过消费者（客户）需求、期望和要求有关。主要动力是在竞争激烈的国际环境中"生存"。一般来说，从国际上获得的高性价比、高质量系统/产品越来越多，而竞争正鼓励各行业在系统及其组件的设计和生产方面做得更好。因此，尽管关注质量并不新奇，但其重点却在不断变化。

过去，主要通过实施正式的质量控制或质量保证计划，在生命周期的生产和/或构建阶段实现质量目标。已实施统计过程控制（SPC）技术、进料和进程内的检验活动、密切监控的供应商控制计划、定期审核和选择性问题解决方法，以达到指定的系统质量水平。此外，六西格玛等技术的出现、应用鲍德里奇标准进行评估，以及不断增加的 ISO 标准（如 ISO9000 和 ISO14001）的应用和加强，有助于今天许多公司维护高质量。然而，这些工作（虽然在其应用中非常有效）在大多数情况下是"事后"完成的，总体结果有待质疑。**

最近，人们更多从自上而下的生命周期角度看待质量问题，全面质量管理（TQM）概念也发生了变化。TQM 可被描述为一种全面的综合管理方法，在生命周期所有阶段以及整个系统层次结构中的每个层次上处理系统/产品质量问题。它为质量提供了事前导向，专注于系统设计和开发活动，以及生产、制造、装配和测试、构建、产品支持和相关功能。TQM 是一种将人的能力与工程、生产和支持过程联系起来的统一机制。它平衡了"技术系统"和"社会

＊ 附录 F 的参考书目中列出了涵盖质量、质量保证、质量控制等各方面的选定参考资料。具体而言，鼓励读者回顾 Crosby、Deming 和 Juran 的一些著作，以便更好地了解背景、基本原则和概念。本节强调全面质量管理（TQM）的一些原则，即客户总体满意度、个人参与、持续改进、稳健化设计、可变性控制、供应商整合和管理责任。最近，通过引入六西格玛管理法，继续强调这些领域。

＊＊ 可参考以下四篇文献，其中包括一些与质量相关的方法/技术的讨论，其应用和结果为

（1）T. PyzdekandP. Keller, *The Handbook for Quality Management: A Complete Guide to Operational Excellence* (Mc Graw-Hill, 2012).

（2）S. T. Foster, *Managing Quality: Integrating the Supply Chains*, 5th ed. (Pearson Prentice Hall, 2012).

（3）J. Defeo, Juran's *Quality Essentials* (Mc Graw-Hill, 2014).

（4）T. PyzdekandP. Keller, *The Six Sigma Handbook*, 4th ed. (Mc Graw-Hill, 2014).

系统"之间的关系。TQM 具体包括如下特征：

（1）与尽可能少地满足最低要求的实践相比，TQM 的主要目标是让客户总体满意。客户导向很重要（与"我能摆脱什么客户需求？"的方法相比）。

（2）重点放在用于工程、生产和支持过程、功能等"持续改进"的迭代实践上。目标是每天寻求改进，而不是为了强制遵守某些标准经常在最后一刻强加推行。日本通过实施一个名为"改善"的过程来实践这一方法。

（3）为了支持第 2 项，需要个人对过程、变化的影响、过程控制方法应用等有各自的理解。如果每个员工要在持续改进方面富有成效，他们须了解各种过程及其固有特征。须尽量减少变异性（如果无法消除）。

（4）TQM 强调一种全面的组织方法，包括组织中每一群体，而不仅仅是质量控制部门的职能。须从内部激励部分员工，将其视为实现质量目标的关键贡献者。

TQM 广泛的范围包括工程设计和质量设计的重要方面，即质量工程。须考虑图 1.11（见 1.4 节）中所示的预计生命周期。在整体规划的生命周期中，构思、设计、生产、使用和支持一个系统。作为初始系统设计工作一部分，须考虑：①用于生产系统的工艺设计；②用于为系统提供必要的持续维护和支持的构型设计。由于项目各方面活动之间存在多种相互作用，因此，一开始就在综合的基础上处理这些问题非常重要。

通过提出"并行工程"概念（见 1.4.1 节），这些项目关系被认可，该概念被定义为："对产品及其相关工艺（包括制造和支持）进行集成、并行设计的系统方法。此方法旨在促使开发人员从一开始就考虑产品生命周期（从提出概念到处理问题）的所有要素，包括质量、成本、进度和用户需求。"并行工程的目标：①通过更好地整合需求来提高系统/产品质量和有效性；②通过更好地整合活动和过程来缩短系统/产品制定周期。反过来，将会减少给定系统的总生命周期成本。

本书认为，主要驱动力来源于：质量工程及其作为系统工程过程作用的一部分。在与后勤保障相似的关系中（见 3.4.8 节），TQM 更受关注，由于牵涉工程设计，因此存在一些与质量相关的具体问题。在系统工程方面，以下活动被认为是适当的：

（1）质量规划。TQM 计划（或同等计划）的制定须在概念设计期间完成，并在初步和详细设计期间按需更新。本整体计划中固有的质量工程活动如下：①使用 QFD、"质量屋"或等效方法确定工程设计需求（见 2.6 节）；②根据设计技术决策对制造和装配工艺进行评估和设计；③参与系统组件和供应商来源的评估和选择；④按要求准备产品、工艺和材料规范（C 类、D 类和E 类）；⑤参与供应商的现场审查；⑥参与正式设计审查。这些活动和相关活动也应列入 SEMP 中。*

（2）设计质量。从广义上看，这一活动领域涉及本章前几节讨论的许多问题。重点在于设计的简单性、灵活性、标准化等。更具体的性质是对可变性的关注，降低特定组件设计的尺寸变化或工艺设计的公差，可能有助于整体改进。田口"稳健设计"的一般方法是提供对生产和/或运营使用中常遇到的"变化不敏感"设计。设计越稳健，支持需求越少，生命周期成本就越低，有效程度也越高。通过精细的组件评估和选择、适当使用 SPC 方法和应用实验测试方法，在连续的基础上进行整体性设计改进。**

质量主题既与设计技术特点相关，也与完成设计活动的人相关。这不仅与组件的选择和应用有关，而且质量目标的成功实现高度依赖于那些参与设计过程人员的行为特征。全面了解客户需求、良好沟通、团队合作、愿意接受TQM 基本原则等都是必要条件。在这方面，质量工程目标是系统工程范围内的固有目标。

3.4.11　环境工程

尽管本章前面章节主要讨论了设计中一些更具体的注意事项，但须讨论环境设计（DFE）方面的问题，在此背景下，"环境"是指在整个系统设计和并

---

　　* 质量屋是指用于实施"质量功能展开"（QFD）项目的基本方法。QFD 注重规划和沟通，采用跨职能团队的方法。它提供了一个用于评估产品属性并将其转换为工程设计需求的框架。参阅J. R. Hauser and D. Clausing, "The House of Quality," *Harvard Business Review* (May-June 1988): 63 - 73。另请参阅：J. Ficalora and L. Cohen, *Quality Function Deployment and Six Sigma: AQFD Handbook*, 2nd ed. (Pearson Prentice Hall, 2012)。

　　** Genichi Taguchi 开发了一些与设计变量评估相关的数学技术，旨在通过持续改进过程来减少可变性。请参阅

（1）Y. Fasser, and D. Brettner, *Management for Quality in High-Technology Enterprises* (Hoboken, NJ: John Wiley & Sons, 2002), Section13. 2, pp. 245 - 248。

（2）P. J. Rose, *Taguchi Techniques for Quality Engineering* (New York: Mc Graw-Hill, 1988)。

（3）G. Taguchi, *Taguchi's Quality Engineering Handbook* (Wiley-Interscience, 2004)。

发过程中须处理的众多外部因素。除了前面讨论的技术和经济因素（见图 1.25）外，还须考虑生态、政治和社会因素。正在开发的系统须与图 3.30 所示的许多因素的环境兼容，并且最终存在于该环境中。系统工程范围内的一项要求是：确保正在开发的系统为社会所接受、与政治结构兼容、在技术和经济上可行，不会对整体环境造成任何破坏。

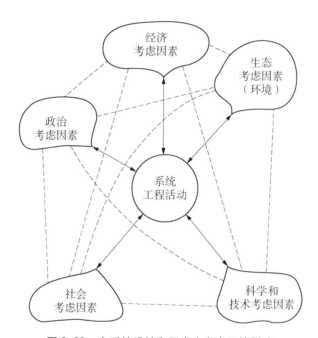

图 3.30 在系统设计和开发中考虑环境影响

这里的生态考量值得特别注意。生态学一般涉及研究各种生物与其环境之间的关系，包括植物、动物和人类的种群增长率、饮食习惯、生殖习惯和最终死亡等方面。换言之，人们关心的是广义上的传统生物发展过程。

近几十年来，随着世界人口的增长，加上与我们的生活水平相关的许多技术的变化，导致对自然资源的更大消耗，从而造成潜在资源短缺，进而促使我们转向建立实现目标的其他手段。与此同时，废弃物数量大幅增加。这种趋势的净影响是基本生物发展过程的改变，某种程度上这些改变是有害的。特别值得关注的是由以下因素导致的环境问题：

（1）空气污染。悬浮在空气中的某些有毒气态、液态或固体物质，可能会对人体健康造成危害。空气污染物分为多种：颗粒物（空气中由于燃料燃烧、废物焚烧或工业过程而产生的细小物质颗粒）、硫氧化物、一氧化碳、氮氧化物和碳氢化合物等。

（2）水污染。引入材料对水体产生的污染，这些材料将对生活在水体中的生物产生不利影响（溶解氧含量的度量）。

（3）噪声污染。工业噪音、社区噪音和/或家庭噪音的传入，将对人类产生有害影响（如听力丧失）。

（4）辐射。任何通过太空传输的自然或人为能量都会对人类产生有害影响。

（5）固体废物。任何对健康造成危害的垃圾和/或废弃物（如纸、木材、布、金属、塑料等）。路边垃圾堆、工业废弃物堆、废旧汽车场等，都是典型的固体废物。固体废物处置不当可造成重大问题，因为存在固体废物的地区会吸引苍蝇、老鼠和其他携带疾病的害虫。此外，如果有风，也可能会对空气造成严重的污染；如果固体废物位于湖泊、河流或小溪附近，也可能对水体造成严重污染。

因此，在开发系统和选择组件时，设计人员须确保所选材料不会对任何一个（或多个）关注的生态领域产生负面影响，无论是在系统运营并响应特定任务要求时，还是在系统正在进行某种形式的维护时。在整个生命周期的使用阶段，在完成系统维护功能时，可能会出现故障组件（残余材料）被移除和丢弃。此外，当系统报废并最终从库存中退役时，其组件的处置将面临更多挑战。一个主要的目标是设计组件，以便它们可能直接在类似情况下重用。如果无法回收，那么组件的设计应使其易分解，将残余要素回收并转化为可用于其他用途的而制造材料。此外，回收过程本身不应对环境产生任何有害影响（见图3.29）。

总之，图3.30中确定的所有因素都需在系统设计和开发的基础上综合加以处理。基本问题是：这种新系统能力的引入和运行将如何影响政治、社会、经济和生态基础设施？完成系统维护和支持活动将如何影响此基础架构？人们可制定世界上最好的"技术"解决方案，但从政治角度、社会可接受角度，或从经济角度看，可能不可行。系统工程目标是在所有这些因素之间寻找适当平衡。

3.4.12　价值/成本工程（生命周期成本计算）*

到目前为止，本书所提供材料主要强调与系统相关的技术因素，如图 1.24 所示。这些因素包括性能、可靠性、可维护性、人为因素、可支持性和质量，仅代表整个系统工程谱系范围的某一方面。另一面与经济因素有关，须取得两者间适当平衡。

在系统评估过程中，这些技术和经济因素通常组合起来，为给定系统提供有效性度量（MOE）方式。虽然这些有效的价值数据（FOM）因不同应用而不同，但以下几个示例值得注意：

$$效益\ FOM = \frac{性能 \times 可用性}{生命周期成本} \tag{3.24}$$

（性能）（可用性）高于生命周期成本——应将其简化为

$$效益\ FOM = \frac{系统性能}{收益 - 成本} \tag{3.25}$$

$$效益\ FOM = \frac{生命周期成本}{设施空间} \tag{3.26}$$

$$效益\ FOM = \frac{可支持性}{生命周期成本} \tag{3.27}$$

关于平衡经济方面，须考虑收入和成本，如图 3.31 所示，特别是在商业部门，收入损失往往是成本的一个主要部分。然而，本节重点是成本；也就是说，整个系统生命周期内所有活动总成本。生命周期成本包括与研究和开发（即设计）、构建和/或生产、分销、系统操作、维护和支持、报废、材料处理和/或回收相关的所有未来成本。它涉及整个系统生命周期内所有技术和管理活动成本，即生产者活动、承包商和供应商活动、消费者或用户活动。此外，

---

* 价值工程、成本工程、生命周期成本计算和相关领域通过以下资料进一步介绍：

（1）B. S. Blanchard and W. J. Fabrycky, *Systems Engineering and Analysis*, 5th ed.（Upper Saddle River, NJ: Pearson Prentice Hall, 2011）.

（2）G. J. Thuesen, and W. J. Fabrycky, *Engineering Economy*, 9th ed.（Upper Saddle River, NJ: Pearson Prentice Hall, 2001）.

（3）B. S. Blanchard, *Logistics Engineering and Management*, 6th ed.（Pearson Prentice Hall, 2004）.

附录 F 中注明了其他参考资料。附录 B 详细介绍了生命周期成本分析（LCCA）过程，并通过附录 C 中案例分析加以说明。

与大多数组织通过传统会计结构得出相当短期的客观判断相比，成本通常与长期完成的"职能"有关，考虑到这一点，人们会提出以下问题：

图 3.31　系统评估因素

（1）你知道你公司或组织内完成每项相关职能的总成本吗？

（2）你知道哪些职能长期构成高成本？对于给定系统，什么是高成本要素？什么是高成本"驱动因素"？

（3）你意识到完成特定任务（或运营场景）相关的"因果"关系和关键性？

（4）你能确定问题系统的高风险区域或要素吗？

这些问题及其相关问题的答案不容易得到。然而，个人设计和管理决策通常基于较小成本方面（如初始购买价格或采购成本），而不首先从总成本方面评估决策后果。如1.3节（第1章）所述，系统设计早期做出的许多决策将对下游活动（如生产、操作、维护和支持、报废和材料处理）成本产生巨大影响。虽然一些早期决策可能是必要的，除非在整个生命周期成本范围内作出决定，否则决策失职。如果要适当评估与决策过程相关的风险，则全面的成本可见性至关重要。

在整个系统设计和开发过程中，在构建/生产期间，在现场系统使用时，都需要以一种又一种形式分析和评估生命周期成本。完成此项工作通常需要遵循某些步骤，如表3.6所示。

表3.6　生命周期成本分析的基本步骤

步骤	生命周期成本分析
1.	用功能术语描述正在评估的系统构型，确定系统的适当技术性能测度或适用指标
2.	描述系统生命周期并确定各阶段主要活动（如适用）：系统设计和开发、构建和/或生产、使用、维护和支持、报废和处理
3.	制定工作分解结构（WBS）或成本分解结构（CBS），涵盖整个生命周期内的*所有*活动和工作包
4.	使用基于活动的成本计算（ABC）方法或等效方法，估算WBS（或CBS）中每个类别的适当成本
5.	开发基于计算机的模型，以提升生命周期成本过程分析能力
6.	为正在评估的"基线"系统构型制定成本概况
7.	制定成本总结，从相对重要性角度确定高成本区域，并要求管理层立即关注
8.	确定"因果"关系，并确定高成本区域的原因
9.	进行敏感性分析，以确定输入因素对分析结果的影响，并确定高风险区域
10.	构建帕累托图，根据相对重要性和是否需要管理层的立即关注，对高成本区域进行排序
11.	确定可行的备选方案（潜在的改进领域），为每个方案构建生命周期成本概况，并构建一个盈亏平衡分析，提出假定优先实施某一给定替代方案的时间点
12.	推荐首选方法，并制定系统修改和改进计划（这可能需要设备或软件的修改、设施变更、某些过程的变更）。这是一种不断发展的迭代方法，用于持续的过程改进

在表3.6中，第一步是以功能术语描述系统，然后构建一个涵盖系统生命周期所有活动的功能流程图，从识别需求到报废和材料处理（见2.7节）。鉴于此，有必要制定CBS，如图3.32所示。CBS是系统所有成本的分析手段，并按所需深度细分，以提供适当可视性，从而确定系统各种功能、过程和/或要素随时间推移的成本。CBS是一种结构，允许面向"成本设计"分配初始

成本目标，并允许在生命周期成本分析中不断收集后续成本。在系统生命周期中估计每年的成本，包括通货膨胀和其他影响因素，制定成本概况，并在CBS中按类别汇总。指出高成本占据因素、建立因果关系、进行敏感性分析、评估可行替代方案，并根据结果提出建议。

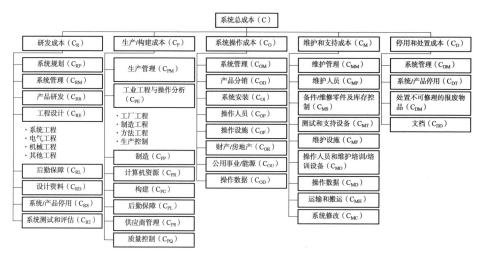

图3.32 成本分解结构示例

如图3.33所示，生命周期成本分析可能有诸多用途，可能的应用也多种多样。特别值得注意的是，在系统开发早期，LCC分析在评估不同设计构型中的应用、不同货架产品（COTS）方案的评估以及现有系统构型的评估，目的是识别高成本因素，提出在产品/过程中的改进建议。在每种应用中，遵循

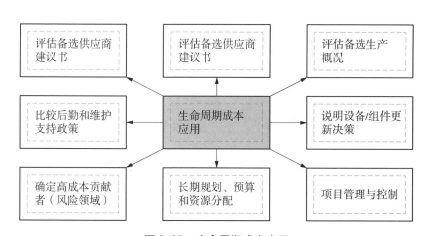

图3.33 生命周期成本应用

表 3.6 中确定的步骤和图 3.34 中所示的过程。

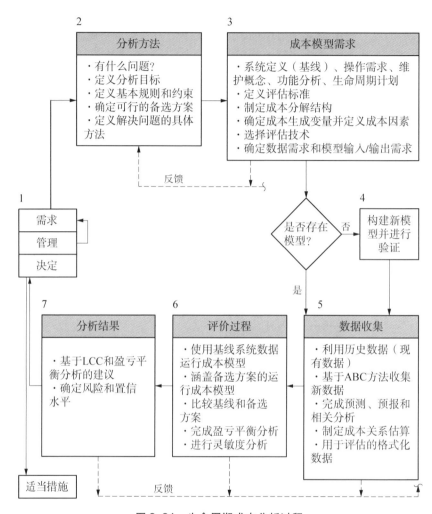

图 3.34　生命周期成本分析过程

图 3.35 提供了 LCC 分析在系统设计和开发过程中的应用实例。成本目标可通过 TPM 的开发在概念设计中初步确定（见 2.6 节）。

在初步和详细设计阶段进行权衡研究，以支持设计和采购决策。在详细设计后期以及整个构建/生产和系统使用阶段，可进行 LCC 分析以评估系统总体成本效益。使用基于计算机的模型来加速分析过程。图 3.36 显示了整个系统生命周期中可能应用的 LCC 分析。更加深入讨论有关生命周期成本计算、分析过程及其优点，请参阅附录 B。

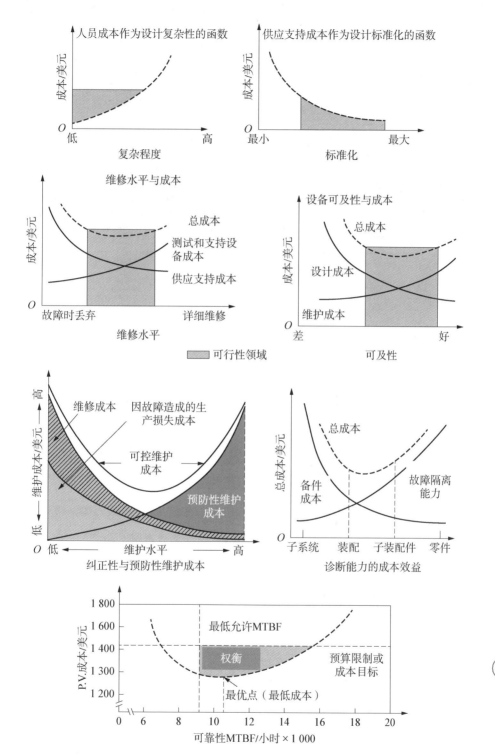

图 3.35　成本效益分析应用示例

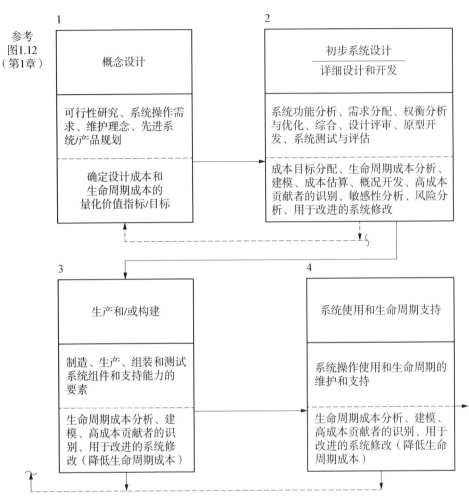

参考
图1.12
（第1章）

1
概念设计

可行性研究、系统操作需求、维护理念、先进系统/产品规划

确定设计成本和
生命周期成本的
量化价值指标/目标

2
初步系统设计

详细设计和开发

系统功能分析、需求分配、权衡分析与优化、综合、设计评审、原型开发、系统测试与评估

成本目标分配、生命周期成本分析、建模、成本估算、概况开发、高成本贡献者的识别、敏感性分析、风险分析、用于改进的系统修改

3
生产和/或构建

制造、生产、组装和测试系统组件和支持能力的要素

生命周期成本分析、建模、高成本贡献者的识别、用于改进的系统修改（降低生命周期成本）

4
系统使用和生命周期支持

系统操作使用和生命周期的维护和支持

生命周期成本分析、建模、高成本贡献者的识别、用于改进的系统修改（降低生命周期成本）

图 3.36　系统生命周期中的价值/成本考虑

3.5　SoS 集成和互操作性需求

在任何给定系统设计中，最具挑战性的领域之一是外部接口众多，这些接口存在于有问题的系统与同一系统之系统（SoS）构型中的其他系统之间，以及有问题的系统与同一环境中独立运行的其他系统之间。尽管本章前几节的大部分讨论主要把给定的系统设计成唯一实体，但在整个设计过程中，在"其他操作系统"背景下，规划系统设计构型是至关重要的最后一步。

参考图 3.37，源自图 1.4（a）部分所示第一个案例，将飞机系统作为航空运输系统要素，它处于总体较高级运输系统能力范围。在 2.7 和 2.8 节中描述的新设计系统的功能分析和分配需求，须视情况向上和向下适当集成于整体垂直分层结构。重要的是确保利益系统不会由于同一个 SoS 结构内其他要素变化产生的影响而以任何方式退化。

在图 3.37（b）所示第二种情况下，须处理好新设计的系统与同一地理区域内独立运行的其他系统之间的相互关系和相互影响。因此，互操作性设计与可靠性设计、可维护性设计、环境设计等都具有一定的重要性。问题如下：

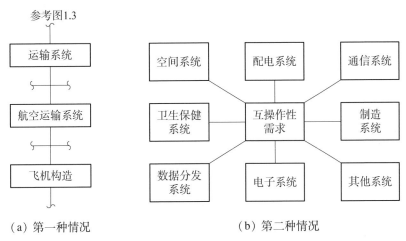

（a）第一种情况　　　　　　　　（b）第二种情况

图 3.37　SoS 集成和互操作性需求

（1）新设计系统在部署和使用时是否能有效运行？

（2）新设计系统对用户环境中其他系统的运行有何外部效应（即影响）？

（3）这些其他外部系统对新系统有何影响？

当然，设计目标是排除（或消除）这些外部系统能力的任何负面影响。

3.6 小结

第 2 章所描述的系统工程过程中固有的内容是对可靠性、可维护性、可支持性、可处置性、质量等的需求。在本章 3.4 节中，我们将讨论一些类似的设计专业。在每种情况下，都会遵循某些步骤来实现指定目标。首先，在定义系统的运营需求和维护概念时，须确定可靠性、可维护性等需求。其次，功能分析和这些需求分配对于确定设计输入标准是必要的。再次，要在设计优化过程中完成分析和权衡研究。最后，通过系统测试和评估验证最初的特定需求。这些步骤是每种情况下都具有的特征，如图 3.38 所示。

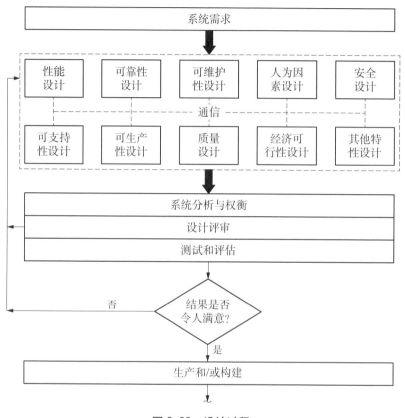

图 3.38　设计过程

虽然本章中的各设计专业作为独立的一类需求引入，但它们间存在一定程度的相互依存关系。可维护性需求基于可靠性，可支持性需求依赖于可靠性和可维护性数据，安全因素基于人为因素，等等。这些专业不仅以基本设计（如电气设计、机械设计等）为基础，而且还彼此互为基础。我们试图通过第 3.4 节材料所呈现的顺序来展示这些关系。

为了确定所需的设计属性是否已适当纳入基本系统设计，可启动正式设计审查和评估工作（见图 3.38 中的适用步骤）。第 5 章对这一活动领域进行了更深入讨论。通过使用各种详细的检查清单，如附录 D（设计审查清单）和附录 E（供应商评估清单）中提供的清单，有助于进行此类审查。表 3.7 给出了此类检查清单的简略示例，其中涵盖了 3.4 节中的各个设计学科。

表 3.7　简化设计审查清单（示例）

项目	审 查 清 单
1.	是否确定了应用程序、接口、运营和维护功能的所有系统软件需求？是否通过系统级的功能分析（通过自上而下的可追溯性和验证）开发了这些需求？
2.	是否已描述对整个系统的具体定性和定量可靠性"设计到"需求进行，并随后分配到系统各个关键要素？是否充分定义了可靠性工程项目的实施需求？是否支持更高级别的系统工程项目需求？是否在适用的情况下完成了可靠性预测、FMECA 和 FTA？
3.	是否描述了系统整体"设计到"的具体定性和定量可维护性需求，并分配给系统各个关键要素？是否充分定义了可维护性工程项目的实施需求？是否与可靠性需求兼容，是否支持更高级别的系统工程项目需求？是否在适用情况下完成了可维护性预测、MEA、RCM 和 LORA？
4.	是否通过自上而下的功能分析为系统定义了人为因素（以及对系统操作人员和维护人员的需求）？是否制定了操作序列图（OSD）？是否在合适时制定详细的操作人员任务分析（OTA）和维护任务分析（MTA）？是否定义了适当的人机软件设计接口？是否定义了人员培训需求？
5.	是否定义了系统级安全需求？是否充分定义了安全工程项目的实施需求？是否与人为因素需求兼容，支持更高级别的系统工程项目需求？是否进行了适当的安全危险性分析？
6.	是否为系统所有要素（包括硬件、软件、数据、人员、设施）定义了系统安全需求？是否符合系统安全需求，并支持更高级别的系统工程项目需求？
7.	是否为系统制定了生产和制造计划，并定义了具体"可生产性"需求以确保最终的经济生产？是否定义了质量工程需求，制定并实施了质量计划？
8.	是否为系统设计明确规定了保障和可支持性需求？是否制定了系统维护和支持概念？是否确定了不同级别维修？是否建立了适用供应链？是否已充分定义保障工程计划？是否与可靠性、可维护性和人为因素项目计划兼容，并支持系统工程项目需求？是否在适用的情况下完成了后勤保障分析（LSA）？
9.	是否制定了价值/成本工程计划，是否支持更高级别的系统工程计划需求，是否完成了生命周期成本分析（LCCA）？
10.	是否制定了系统的环境和可持续性需求，是否支持更高级别的系统工程需求？
11.	是否制定了系统停用计划，是否支持更高级别的系统工程项目需求，是否充分定义了材料回收和可处置性需求？

（续表）

项目	审查清单
附录 D	（设计审查清单）包括两个主要类别的详细问题：一般要求（8 节）和设计特征（36 节）
附录 E	（供应商评估清单）包括一般标准下的详细问题、产品设计特征、产品维护和支持基础设施以及供应商资格

注：在审查设计（布局、图纸、软件项目、零件清单、报告）时，本检查清单有助于涵盖适用于系统的主要项目需求和设计特征。所列项涵盖了在 3.4 节中选定的设计学科，在第 5 章、附录 D 和附录 E 中包含了更详细的问题和标准。对所列每项的答复应为"是"！

最后，考虑到系统工程的目标，须在这些专业之间建立适当级别的沟通。此种沟通须反映在各项目计划中，并且必须有与设计相关的自由交换的信息/数据，以实现各种分析和设计支持功能。将这些活动整合到一个全面有效的工程设计工作中是系统工程的一个主要方面。

习题

3-1 描述定义系统定量和定性设计标准时所涉及的步骤。

3-2 为所选的一个系统制定 A 类规范详细大纲。

3-3 定义可靠性。提供典型系统的一些可靠性指标/度量示例，描述这些指标/度量基础。

3-4 对 100 个零件进行了 10 小时测试，期间发生了 10 次故障。故障发生的时间分别为 1、3、6、2、3、6、8、9、2 和 1 小时。故障率如何？

3-5 现场数据表明，A 装置故障率为每小时 0.000 4 次。计算 150 小时任务的可靠性。

3-6 一个系统由四个串联组件组成。各子装配件可靠性分别为 $A = 0.98$、$B = 0.85$、$C = 0.90$ 和 $D = 0.88$。确定系统整体可靠性。

3-7 一个系统由三个并联子系统组成。子系统 A 可靠性为 0.98，子系统 B 可靠性为 0.85，子系统 C 可靠性为 0.88。计算系统整体可靠性。

3-8 在图 3.39 中，组件可靠性分别为 $A = 0.95$、$B = 0.97$、$C = 0.92$、$D = 0.94$、$E = 0.90$、$F = 0.88$。确定网络整体可靠性。

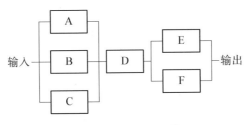

图 3.39　问题 8 网络

3－9 开发如图 3.40 所示网络的整体可靠性表达式（R_n）。

图 3.40　问题 9 网络

3－10 在设计过程中，可有效利用各种工具/技术来帮助实现可靠性工程目标。简要描述以下各项目标和应用（是什么？如何以及何时应用？预期结果是什么？）：可靠性建模、可靠性分配、可靠性预测、FMECA、FTA、RCM。

3－11 定义可维护性。提供典型系统的一些可维护性指标/度量示例并描述这些指标/度量基础。

3－12 观察以下纠正性维护任务时间：

任务时间/分	频率/Hz	任务时间/分	频率/Hz
41	2	37	4
39	3	25	10
47	2	35	5
36	5	31	7
23	13	13	3
27	10	11	2
33	6	15	8
17	12	29	8
19	12	21	14

（1）观测范围是什么？

（2）使用宽度为 4 的类间隔，确定类间隔的数量。绘制数据并绘制曲线。曲线显示的分布类型是什么？

（3）$\overline{Mct}$ 是多少？

（4）修复时间的几何平均值是多少？

（5）样本数据的标准偏差是多少？

（6）$\overline{M}max$ 值是多少（假设 90%）？

3-13 在设计过程中，可有效利用各种工具/技术来帮助实现可维护性工程的目标。简要描述以下各项目标和应用（是什么？如何以及何时应用？预期结果是什么？）：维护概念、可维护性分配、可维护性分析、可维护性预测、FMECA（适用于可维护性）、LORA、MTA。

3-14 使用给定信息，尽可能多地计算出以下参数：确定

A_i	MTBM
A_a	MTBF
A_o	$\overline{M}$
$\overline{M}$	$MTTR_g$
$M_{\max}$	

给定：

$$\lambda = 0.004$$

总运行时间 = 10 000 小时

平均停机时间 = 50 小时

维护操作总数 = 50

平均预防性维护时间 = 6 小时

平均后勤和管理时间 = 30 小时

3-15 定义人为因素。提供典型系统的一些人为指标/度量示例并描述这些指标/度量基础。

3－16 确定并简要描述人性化设计须考虑的一些特征。

3－17 描述以下各项目标和应用（是什么？如何以及何时应用？预期结果是什么？）：功能分析和分配、操作人员任务分析、错误分析、OSD。

3－18 描述定义人员培训需求所涉及步骤。包括什么？

3－19 描述定义系统安全和系统安保需求所涉及步骤。两者之间有什么关系？确定并简要描述帮助实现安全和安保工程目标的一些工具。

3－20 定义后勤保障。什么是供应链管理（SCM）？描述两者之间关系（如果有）。后勤保障要素是什么？简述每个要素。什么是保障工程？定义可支持性？

3－21 描述后勤保障的一些指标/度量，并描述如何将其用于典型系统。

3－22 什么是可支持性分析？输入需求是什么，以及信息类型和应用项目预期输出是什么？

3－23 如何确定软件需求？软件的一些指标/度量是什么？如何衡量软件可靠性？如何衡量软件可维护性？

3－24 定义 TQM。什么是 SPC？描述质量工程，它与系统工程有何关系？

3－25 描述并行工程，它与系统工程有何关系？

3－26 描述敏捷制造、精益生产和企业资源计划的含义。

3－27 什么是可处置性工程和环境工程？两者间如何相互联系？有何区别？

3－28 描述全面生产维护的含义。如何测量？

3－29 定义生命周期成本（LCC）。LCC 与价值有何关系？在系统设计过程中如何考虑经济因素？

3－30 描述完成生命周期成本分析（LCCA）所涉及步骤。

3－31 什么是 CBS？它包括/排除哪些内容？CBS 与功能分析有何关系？

3－32 描述一些更常用成本估算方法。在什么条件下应用这些方法？

3－33 什么是作业成本法（ABC）？为什么这很重要（如果有）？

3－34 成本估算关系（CER）有何含义？如何决定？

3－35 在评估备选设计构型时，为每种方案制定单独成本概况。须根据某种"等效"形式来审查和评估这些个人概况。简要描述您完成此类任务将遵循的步骤。

3-36 计算个人汽车预期生命周期成本。

3-37 选择系统，并按照表 3.6 中确定的步骤和附录 B 中描述的过程完成生命周期成本分析（LCCA）。

3-38 为何完成生命周期成本很重要？请解释。

3-39 描述 SoS 构型设计和开发的整体过程（即步骤）。使用哪些工具/技术来完成此类任务？

3-40 定义互操作性。简要描述互操作性设计需求。描述在实现这些目标时可能遇到的一些问题。

第 4 章　工程设计的方法与工具

　　贯穿第 2 章的整个系统工程过程，包括一系列满足客户需要的系统设计活动。在一定程度上扩大了第 3 章所述的需求范围，这些活动的成功完成取决于所选设计方法和做法的恰当应用。反过来又受到责任工程师可获得和可使用的技术以及工具的影响。

　　多年来，基本的设计过程包括一系列活动，以个人为基础，使用一步一步的手工程序完成。譬如：产生设计想法、准备和批准面向概念的布局图/模型、从设计标准文档中评估和选择系统组件、设计和审查详细的图纸/模型和零件明细表、建立样机模型和物理模型等。本质上，设计过程涉及一系列的活动，通常需要大量的时间，而且往往不太协调。

　　随着计算机技术的出现，设计过程发生了巨大的变化，譬如 20 世纪 50 年代末和 60 年代初引入了计算机图形学，60 年代末和 70 年代初引入了用户输入设备（键盘、光笔、操纵杆），复杂精密设计工作站目前的发展。系统/产品设计现在出现了许多创新的应用。计算机技术可以促进图形素材的产生、各种分析的完成、数据管理活动的实现。最近，信息技术（IT）、电子数据交换（EDI）和电子商务（EC）技术/方法的发展，使得设计过程更广泛、更有效，并能以更低的成本、更少的时间去完成。如今，建立一个中央设计数据库（使用各种 CAD/CAM 技术），使用基于全球广域网（Web）的技术进行交流，以及让来自世界各地的设计师及时远程提供各自输入，都已司空见惯。本质上，设计过程在过去几十年发生了重大变化。

　　各种模型和相关分析技术/方法的开发和应用已得到进一步发展。模型的目的是模拟现实世界概念、过程或系统某些方面的近似或理想化表示，诸如结构、行为、操作、支持或其他一些特征，即抽象概念。根据所涉及的系统，可能会有许多形式化的、基于计算机的模型开始用于系统需求开发，再应用于始于概念设计并贯穿整个系统生命周期的设计、分析、验证和确认。对于许多项目，包括各种各样的模型，它们有些分散且独立用于帮助解决一些广泛的问题（如在第 3 章讨论的众多设计相关的应用程序）。通常，这些活动没有很好地集成，这些模型（工具）不与任何形式的"网络"绑定，以实现适当的实时交互。

系统工程的目标是将建模需求视为"集成"工具集，从而促进和增强整个系统设计和开发过程。在第 1 章（见图 1.13）和第 2 章描述的过程中，需要开发和应用正确的工具，须在正确的时间和所需的深度解决手头问题。因此，须在减少时间和减少资源需求的情况下，提高整体设计的完整性、准确性。考虑到这一基本目标，过去十年中，在开发基于模型的工程（MBE）方面，更具体地说，是在开发基于模型的系统工程（MBSE）概念和应用程序方面投入了大量精力。

2007 年，国际系统工程协会（INCOSE）制定了一份系统工程 2020 愿景声明（INCOSE‐TP‐2004‐004‐02，2007.9），该声明将 MBSE 定义为：从概念设计开始，贯穿整个开发和后期生命周期阶段，以支持系统需求、设计、分析、验证和确认活动的形式化建模应用。MBSE 最终有望取代系统工程师过去采用的以文档为中心的方法，从而增强设计并在过程中提供显著的好处。

虽然 MBSE 目标可能是最理想的，但它们尚未用到整个行业。此外，尽管我们正在应用这些应用程序（如模型和建模），但经常以"碎片"方式使用，没有很好地集成到具有适当输入输出关系的某种形式的交互式网络中。各种与设计相关的组织一直在相对"独立"的基础上使用基于计算机的模型，目的是在未来建立一个完全集成的基于计算机模型的设计环境。

鉴于以上观点，本章致力于回顾一些更"基本"的需求，其中所选择的设计方法和工具在过去已经被成功使用，并在系统工程需求背景下讨论它们（见图 4.1）。它表示了一组广泛的方法和工具，本章先回顾一些更为传统的设计实践，然后讨论分析方法、信息技术和互联网、目前的设计技术和工具、仿真在系统工程的使用、快速成型技术、物理模型和工程原型、计算机辅助设计（CAD）、计算机辅助制造（CAM）和计算机辅助支持（CAS）。希望通过对一些"基础知识"的回顾，让读者受到启发，帮助读者了解一些与 MBSE、未来支撑方法和技术相关的更高级技术。

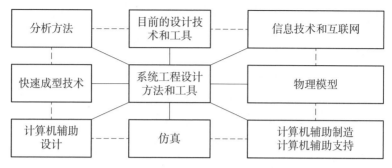

图 4.1 系统工程设计方法和工具

4.1 常规设计实践

对于许多涉及小型和大型系统的项目，系统开发的主要步骤包括概念设计、初步设计和详细设计，如图1.13中的流程所示。当然，这个流程应该根据具体的需求进行调整。虽然基本步骤适用于所有系统的开发，但是项目工作量和持续时间将因情况而异。

在图1.13中确定的基本步骤中有许多不同的活动，它们都致力于设计满足客户需求的系统。对于较大项目，如3.3节所述的商用飞机系统、地面公共交通系统和医疗保健系统，可能需要许多不同学科的技术专业知识，如电气工程、机械工程、结构工程、材料工程、航天工程、土木工程、可靠性工程、物流工程等。为了支持各个领域负责设计的工程师，需要绘图员、技术插图师、零部件专家、实验室技术人员、计算机程序员、测试技术人员、采购和合约专家、法律专家等的工作。大多数项目有不同专业层次，每个指定专业作为一个专家"团队"为设计做贡献。

为了进一步审查设计步骤，图4.2是图3.1的放大。随着设计进展，实际定义是通过计划和规范（已经讨论过）、程序、图纸、材料和零件清单、报告和分析、计算机数据库等形式的文档来完成。在设计者看来，设计构型可能是最好的。然而，除非有适当的文档说明，以便其他人理解所传递的内容后，将输出转换为可生产的实体，否则结果实际上无用。

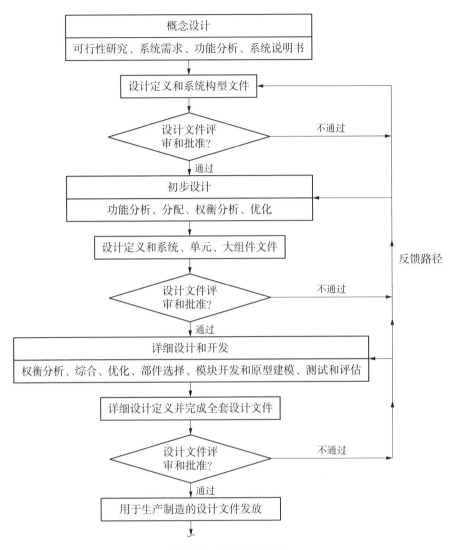

图 4.2　基本设计步骤

在处理图 4.2 所强调的、定义系统开发的各个级别的文档时,设计结果通常以如下组合来传达:

(1)设计图纸:装配图、规格控制图、施工图、安装图、逻辑图、管道图、示意图、互连图、布线和线束图。

(2)材料和零件清单:零件清单、物料清单、长周期项目清单、散装项目清单、供应清单。

(3)分析报告:支持设计决策的权衡研究报告、有限元分析报告、可靠性和可维护性分析和预测、安全报告、后勤支持分析记录、构型识别报告、计算机软件文档。

根据设计定义中的步骤（见图4.2），想法产生并被转换为图纸（或等效图纸），由各相关专业和/或组织评审图纸，在适当的情况下发起并实施建议的变更，发布批准的图纸（通过图纸"审签"指定）以供生产。在大多数情况下，通常需要大量的时间日复一日地连续完成这些非正式的步骤。例如，电气工程师可以从电路板组件的建议布局开始这个过程，机械工程师接着提供必要的结构和冷却要求，可靠性工程师随后对选定组件进行预测和评估，等等。这些责任人可能位于不同的地理位置，数据处理和通信时间通常相当长。此外，随着图纸数量和图纸变更通知的增加，这个过程变得更加复杂。

本质上，这种日常设计活动，尤其是大型系统的设计活动，可能产生和处理数百幅图纸和图纸变更通知。工程人员代表许多不同设计学科，他们分布于整个生产商的组织中，某些情况下工程人员还会分布在不同的远程供应商场所。无论是关于设计方法的口头讨论，还是设计数据文档的处理，沟通效果甚微，且耗时很长。某些情况下可能需要一个月或更长时间通过多个审查步骤审批单个图纸。

这些有点传统的做法带来了一些重大挑战。许多情况下绕过了管控程序，在没有适当批准和必要协调的情况下实施更改，没有实施适当的构型控制。本质上没有遵循系统工程基本目标。

4.2 分析方法

系统工程总体上是一个固有的持续分析过程，设计工程师参与某种形式的综合、分析、评估和设计优化活动（参见第2章2.9节）。当已知解决方案不能为将来应用提供足够的工程实施机会时，设计工程师就会寻找更有希望的解决方案，以确定各种合理的未来行动过程，最终选择一种更好的方法。换句话说，在早期确定概念方法到开发定义明确的产品输出过程中，设计工程师经常面临许多不同的决策。为达到最终目标，有必要完成各种类型和层次的权衡分析。同时为达到这个目标，需要对决策理论和可用分析技术有所了解。

虽然本书无意全面覆盖系统分析中使用的技术（或模型），但如下列表显示了 5 个领域，强烈建议读者熟悉他们。

（1）概率论与分析。理解可靠性可维护性的概念和原则，应用选定的项目管理方法（如风险分析），先决条件是掌握统计和概率论固有知识。推荐的概率分布模型应包括均匀分布、二项式分布、泊松分布、指数分布、正态分布、对数正态分布和威布尔分布。

（2）经济性分析。在进行生命周期成本（LCC）和相关分析活动时，需要基本了解经济概念和原则、利息和利息公式，并具备确定各种设计方案经济等价性和盈亏平衡评估能力。

（3）优化方法。在确定最佳系统设备寿命、推荐部件更换策略（频率）、设备包装方案、首选运输路线等方面时，需要基本熟悉经典优化理论、约束和无约束优化、线性和动态规划。

（4）排队论与分析。在设备的设计和通过某种"渠道"活动加工各种物品的功能设计中，需要基本了解排队理论（如到达机制、排队、服务机制及其相关统计分布）、单通道排队模型、多通道排队模型、蒙特卡罗分析应用。在维护设施的设计中建立适当数量的物流和/或维修渠道就是一个很好的例子。

（5）控制概念和技术。基本熟悉统计过程控制（SPC）技术，应用各种类型的控制图（如 x-bar 图、R 图、p 图和 c 图），确定最佳策略控制方法、质量控制方法、应用控制网络调度项目/项目群，对于实施全面质量管理（TQM）和选定的项目群管理至关重要。

虽然不要求对上述领域及其相关运筹学技术有详细了解，但是对这些模型本身何时使用、如何使用有一定了解是必不可少的。

4.3 信息技术、互联网和新兴技术

术语"信息技术"（IT）指的是促进各种机制集成的所有基础设施，用于转换、存储、保护、处理、传输和检索信息。互联网是互联计算机网络（如商业、学术和政府）的全球网络，使用标准化通信协议和传输控制协议/互联网协议进行运转。互联网的发展通过提高生产力、减少资源消耗、大大加强通信，已经并持续对信息技术进程产生重大影响。随着互联网越加广泛可用，各种合理、灵活、分布式工作实践、大量可用信息和资源的模型相继投入使用，

信息流发生了急剧且迅速的变化。术语"工作流"最常用于描述业务流程中涉及的任务、组织、信息和工具。随着为捕捉和开发人机交互而开发的计算机程序的增加，最终用户能轻松管理和处理复杂数据，以实现其特定目标，从而增强了工作流功能。最近，人们定义工作流模式投入了大量精力，为过程技术提供概念基础。检查和评估各种工作流模式的结果，可用于检查特定过程或系统对特定项目的适用性。

互联网已经从一系列孤立信息孤岛转变为内容、功能的来源，成为向最终用户提供网络应用的计算机平台。网络应用（Web APP）是通过互联网访问和浏览器运行的应用程序。Web APP 允许在无限量计算机上访问和使用，而无须分发或安装。构建和使用 Web APP 的一个非常显著的优势是，无论客户端是什么操作系统，都可运行。影响 Web APP 创建、部署和使用，以及许多其他软件开发的最重要运动之一是开源程序倡议。开源程序源代码对任何有兴趣的人都免费。这种开发方法允许任何人（通常是程序员）根据特定需求修改、增强和重新发布程序。许多开源运动支持者认为：通过允许分布式同行评审和过程透明，最终的产品质量更好、可靠性更高、灵活性更大和成本更低。

一种新软件类别"协作平台"的出现，为监控和管理协作工作流程提供了便利。为实现业务目标并保持竞争优势，一些公司已经认识到需要性价比高的安全解决方案，分散团队能像在一个办公室一样协同工作。同时需要协调资源和财政支持，并跟踪责任领域所有项目状况。最后，随着项目推进，投资者和客户经常分享项目信息，与他们实时交流至关重要。协作技术通过允许团队成员交流、协调和管理流程，将许多努力转化为一个可监管、有意义的最终产品。借助协作工具利用数据和知识，可提高创新能力和组织灵活性。为将协作工具引入供应链和制造环境，组织需要协作、协商产品设计和其他问题。

互联网和电子商务技术影响商业业务流程的一个更具体的例子，是在供应链管理（SCM）中的应用（见 1.4.3 节）。SCM 涉及从各种供应来源的物料综合流动，通过生产过程，以成品形式，分发和安装在各用户运行场所（见图 1.22）。SCM 本质上信息密集，因为它涉及多方（如生产团队、供应商、配送中心、客户）间沟通和协作。互联网能以最少时间和精力传输大量信息，使得商业伙伴之间能高效、有效共享信息。电子商务技术为企业提供了发展和优化供应链的机遇。目前，基于 Web APP 的复杂软件系统正在为越来越多的公司提供部分或全部 SCM 服务。许多大公司通过开发全面的全球供应链取得了巨大成功，其特点是库存低、生产精益、按需协作和装配。这不仅成本低，而且提高了市场条件变化的响应能力。

参与实施系统工程需求的人员须熟悉并利用最新技术，掌握如何有效应用这些技术实现本书描述的目标。从这些信息化相关技术中获得真正价值的关键是鼓励人们频繁且持续地使用它们，因为这些技术只有在项目早期向团队提供适当的激励和培训才能发挥作用。

4.4　当前的设计技术和工具

随着信息技术进步，许多新工具和技术已被开发出来，被适配于优化设计过程。软件和相关计算机模型发展以指数方式增长，为设计工程师（和经理）提供各种提高生产率的工具。

采用适当计算机化设计辅助，工程师能在较短时间内使用模拟方法（如动态与静态、随机与确定性、连续与离散）完成性能分析。数学规划方法（如线性规划、二次规划、动态规划）可用于解决资源和任务分配问题。统计工具可用于绘制分布和确定相关特征（如平均值、标准差、范围、最大值）。项目管理辅助工具用于绘制计划网络［如项目评估和评审技术（PERT）、关键路径方法（CPM）］以及成本预测。数据库管理模型广泛用于数据采集和存储、信息处理和报告生成。最后，设计者可有效利用各种专门工程工具来帮助解决特定的问题（如数字滤波器设计、电路板上组件布局以及系统 XYZ 可靠性分析）。

相对于在设计和开发过程中的应用程序，这些工具的可用性具有三个明显优势：

208

（1）个人计算机群（PCs）作为整个项目设计区域个人设计工作站的一部分，与中央工作站和大型计算机（或同等设备）连接，形成了一个优秀数据通信网络。不仅可以以不同格式将多种不同类别数据同时传到所有适用工作站，而且可快速高效完成。设计数据包可由单独设计人员开发，同时传送给许多其他设计师，并在很短时间内通过提交给设计师的变更建议进行审查。如4.1节所述，这种能力最大限度减少了依次连续完成任务的需求，并减少了总体系统开发时间。图4.3说明了这个概念。

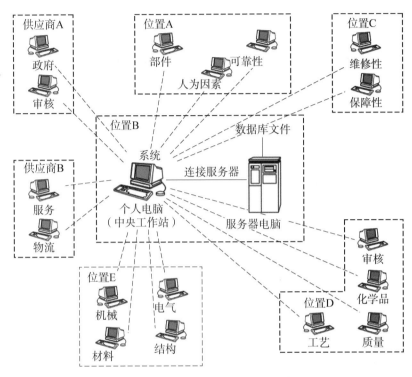

图4.3 项目设计沟通网络图样例

（2）多功能性和多样性的软件包/模型为设计者提供了许多过去不易获得的新工具。例如，在系统设计中，在概念阶段早期使用模拟方法使设计者能更好地确定运营需求并完成性能分析。可以开发三维计算机模型来评估各种可能的系统构型、研究系统组件之间的相互关系、研究空间分配、研究人类任务序列的性能等。数学/统计模型的使用允许设计者研究更多的替代方案（与过去相比），包括在短时间内进行大量计算和处理大量数据。本质上，当今设计工程师有更多可用工具，这些工具的能力允许对设计备选方案进行更深入的分析和调查。这一能力在系统生命周期早期应用，通过在开始时消除不可行选项，有助于降低与设计决策相关风险。

（3）与过去相比，通过计算机技术提供的数据处理能力，允许获取、处理、存储和检索更多种类和数量的数据。数据存储和检索方法更简单，数据处理时间更短。不仅很容易在图纸上获取某些设计信息，而且可快速处理零件/材料清单的生成和分发。此外，报告和技术出版物可通过图形和文字结合使用的方法自动生成。

关于第 1 章中定义的系统工程目标，计算机技术的出现（连同目前可用的许多工具，包括 MBSE 方法的应用）会产生非常有益的影响。具体来说：

（1）在设计早期阶段，生命周期影响最大时，可更深入和完整地分析系统需求。反过来，有助于在系统开发中更加强调自上而下的生命周期方法。

（2）由于计算机技术能够：①快速有效地传播数据；②同时向多个个人和/或组织传递信息；③快速结合设计变化，不断改进沟通过程，因此这些沟通改进有助于设计过程中所涉及的许多学科的必要集成。

相比之下，采用新的计算机技术并非没有顾虑和挑战。首先，需要开发和实施将设计信息转换成数字格式的标准化方法。所有设计人员、辅助人员、生产者和消费者组织以及供应商须使用相同语言和数据格式，遵循相同做法等。

其次，通过局域网（LAN）在整个公司内部，通过广域网（WAN）在公司之间连接个人计算机群（PCs），和/或将计算机群与大型计算机连接，这些方法对通信过程至关重要。图 4.3 展示了一种"星型拓扑"方法，目的是允许同时向多个工作站传输设计信息。另一种常用方法是循环配置（即环形拓扑），其中数据须在到达中央计算机前依次通过各个工作站。这种配置通常不允许同时传输给所有感兴趣的设计者，并且该过程假定从一个远程工作站向另一个远程工作站进行一系列操作。

最后，无论如何，协议和各种网络（如局域网、广域网）的设计须能促进系统/产品设计信息的快速有效交流。此外，要使用的硬件和软件包必须完全兼容。各种工作站须能"相互交谈"，并且网络内部和网络之间的适当通信级别须是可行的。换言之，必须建立方法和程序，以允许在不同供应商和生产商（即承包商）之间以及生产商和消费者（即客户）之间快速有效地传输设计数据。

在考虑第 1 章中强调的系统工程目标时，必须从整体设计环境角度来看待这些目标。这些目标涉及开发一个能有效并高效满足消费者需求的系统，需应用全面的、自上而下的、集成的生命周期方法。当然，这些目标的成功实现取

决于整个系统开发过程中完成的活动。这反过来又受生产商/供应商组织中设计能力和环境的高度影响。一方面，如果有适当的可用工具并利用好它们，系统工程目标实现可能相对容易；另一方面，如果环境不利于完成良好的设计，则需要额外努力以确保达到期望的系统工程目标。

因此，系统工程的需求不仅会随正在开发的系统功能和复杂性的变化而变化，而且还须将支持设计过程的能力考虑在内。计算机化技术的使用程度可能会对系统工程过程产生重大影响。

4.4.1　仿真在系统工程中的应用

仿真是设计和利用系统的运行模型进行实验的过程，目的是了解系统的行为或评估备选策略和/或系统设计构型。其目标是构建系统或过程的简化表达，以便于系统/过程的分析、综合和/或评估。在系统开发早期阶段，在系统各种物理要素可用于评估之前，使用仿真尤其合适，即图 2.32 中描述的"分析"阶段。

仿真方法可应用于三维计算机辅助设计（CAD）模型开发，以显示整个系统构型及其组件、它们的位置、访问、相互关系等。在初步设计的早期阶段，设计工程师可以直观地将系统构型视为一个整体。当然，这将使设计者能够评估不同的备选方案，识别潜在的问题，并完成早期的设计综合。应用实例包括：飞机及其部件布局的仿真、有机组人员的飞机驾驶舱、有驾驶员的汽车、有已安装部件的潜艇、安装了极好设备的制造设施等。仿真方法也可以用来说明过程流比率（如通过工厂的材料流以及停工）、不同运输路线、可靠性故障模式、维护和支持策略选择等。

如前几章所述，系统工程的目标之一是在系统开发早期获得尽可能多的可见性。其目的是调查所有可行的设计方法，识别和消除潜在的问题，选择一种优选的设计构型，降低（如果不是消除）风险可能性。仿真技术的使用允许设计者在购买设备、开发软件和获取系统的其他物理元件之前，研究许多不同的潜在设计解决方案。反过来，这可以大幅降低成本。

4.4.2　快速原型的使用

特别是在软件开发领域，设计者致力于构建"独一无二"的软件包。软件开发问题不同于其他工程领域问题，因为批量生产不是通常目标。相反，我们的目标是开发能准确描绘用户特征需求的软件，即与客户的接口。例如，在设计复杂工作站显示器时，用户可能起初不理解屏幕上推荐的命令程序和数据格式的含义。问题出现在系统最终交付时，"用户界面"因某种原因而不可接受，然后推荐并实施更改，修改和返工的成本通常很高。

另一种方法是在系统设计过程的早期，开发原型、设计适用的软件，让用户参与原型的操作，确定需要改进的领域，纳入必要的变化，让用户再次参与等等。这种在整个初步和详细设计阶段完成的软件开发的迭代和进化过程，称为快速原型。快速原型是一种经常使用的方法，在系统工程过程中特别是在大型软件密集型系统的开发中必然使用。

4.4.3 样机模型的使用

虽然在早期设计中可以通过使用仿真方法获得很多信息，但是在初步或详细设计阶段，可能希望构建系统或其元件三维模型或物理模型，以提供拟研设备/设施构型的真实副本。根据所需详细程度，这些样机模型或物理模型可按期望比例和不同细节制作。可以由厚纸板、木材、金属或物料组合构成。样机模型的开发成本相对较低，且时间较短。利用样机模型有许多好处，包括以下8种：

（1）它们为设计工程师提供了一个机会，在准备正式设计数据之前，可以对设施布局、包装方案、面板展示等进行试验。

（2）它们为可靠性/可维护性/人为因素工程师提供一个机会，可更有效审查建议设计构型，以体现保障性特征，问题部位轻而易举显现。

（3）它们为可维护性/人为因素工程师提供一种工具，用于完成预测和详细任务分析。通常可以模拟操作员和维护任务以获取维护任务序列和时间数据。

（4）它们为设计工程师提供了一个在正式设计评审过程中传达最终设计方法的绝佳工具。

（5）它们是极好的营销工具。

（6）它们可以用来帮助培训系统操作员和维护人员。

（7）他们被生产和工业工程人员用于开发制造和装配程序，设计工厂工具和相关测试夹具。

（8）在系统生命周期后期，它们可作为在准备正式数据和开发套件硬件之前，验证修改套件设计的工具。

总的来说，样机模型非常有益。它们已被有效用于设施设计、控制面板布局、飞机设计以及小型系统/设备设计。

4.5 计算机辅助设计

在计算机辅助工程（CAE）总体范围内，有各种各样的应用，包括计算机辅助设计（CAD）、计算机辅助制造（CAM）和计算机辅助支持（CAS）的应用。这些活动领域相互关系如图 4.4 所示，尽管具体术语和定义因应用而异。

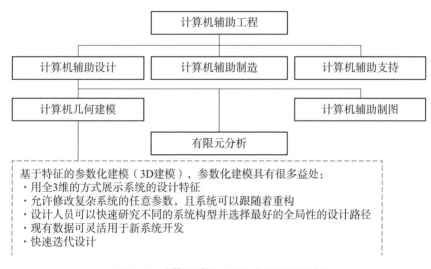

图 4.4　计算机辅助工程和相关特征样例

广义上，计算机辅助设计（CAD）是指计算机技术在设计过程中的应用。有了可适当用于执行某些设计功能的计算机工具，设计者可在生命周期早期以更快速度完成更多工作。这些工具的功能包括支撑功能、图形功能（矢量和光栅图形、折线图和条形图、$x-y$ 绘图、散点图、三维显示）、分析功能（用于分析和评估的数学和统计程序）和数据管理功能（数据存储和检索、数据处理、绘图和报告）。功能通常组合于集成应用程序包中，以解决特定设计问题。以下是设计应用程序的 3 个示例：

（1）图形的使用，结合文字处理和数据库管理能力，使设计员能执行以下操作：

a. 在电气/电子电路板上布置部件、设计逻辑电路布线路径、在微电子芯片上集成诊断规定等。CAD 正广泛用于大规模集成（LSI）和超大规模集成（VLSI）电子模块和标准封装设计中。

b. 通过使用三维显示来布置单个组件，以调整大小、定位和空间分配。

c. 开发实体模型，通过自动生成详细尺寸装配图的等轴测视图和分解视图，能清晰描绘装配、表面、交点、干涉等。可自动确定部件表面积、体积、重量、惯性矩、重心和其他参数。CAD 功能正广泛用于大型系统实体模型开发，如飞机、水面舰艇、潜艇、地面车辆、设施、桥梁、水坝和公路。其中许多模型允许设计者将系统视为一个实体，同时提供自上而下不同级别系统组件的层层分解。使用彩色图像增强，可以呈现二维和三维。

d. 开发设施、操作员控制台、维护工作空间等的三维模型，以评估人与其他系统要素间的接口关系。CAD 工具正在被用来模拟操作员和维护任务序列。

（2）分析方法的使用，结合文字处理、电子表格和数据库管理能力，使设计者能够执行以下操作：

a. 完成系统要求和性能分析，以支持设计权衡研究（如有限元分析、结构分析、应力强度分析、热分析、重量/载荷分析、材料分析）。

b. 执行可靠性分析以支持设计（如分配、预测、FMECA、FTA、潜电路分析、临界使用寿命分析、环境应力分析）。

c. 执行可维护性分析，以支持设计（如分配、预测、FMECA、诊断和测试需求分析、MTA）。

d. 执行人为因素分析（如功能分析、操作员任务分析、操作序列图、培训需求分析）。

e. 执行安全分析（如危险分析、故障树分析）。

f. 执行保障性分析（如维护需求分析、维修水平分析、备件需求分析、运输需求分析、测试设备需求分析、设施需求分析）。

g. 执行价值/成本分析（如价值工程分析、生命周期成本分析）。

（3）数据库管理的使用，结合图形、电子表格和文字处理器能力，使设计人员可执行以下操作：

a. 制定功能流程图、信息/数据流程图、依赖关系图、可靠性框图、行动图、决策树和表。

b. 开发和维护一个数据库，包括历史设计数据、零件清单、材料清单、供应商信息和技术报告。目的是能存储通用项目的标准数据，能快速可靠检索（或召回）此类信息，以备用。

c. 开发一个管理信息系统（MIS），实现项目审查和控制职能（如数据通信、人员负荷预测、成本预测、技术性能测度"跟踪"、PERT/CPM 报告、项目报告需求）。

通过回顾这些应用领域，我们可看到计算机技术的广泛应用和快速增长。尽管 CAD 技术有许多用途，但通常没被很好地集成。

从图 4.5 所示的整个生命周期来看，CAD 工具正被用于整个设计和开发过程，其结果直接反馈到计算机辅助制造（CAM）和计算机辅助支持（CAS）能力中。自 20 世纪 60 年代和 70 年代以来，CAD 工具应用一直在发展，主要遵循"自下而上"的方法。

与图 4.3 所示的集成网络概念不同，各个设计工作站在某种程度上是独立开发的。一台工作站是设备（如图形终端、计算机、键盘）的一个组合或一个排列，可以一种方式进行组合和布局以帮助设计者完成选定任务。设计工作站功能有所不同，具体取决于：①要执行的特定设计功能；②正在开发的系统（及其组件）的性质和复杂性；③设计师所接受的教育和视野，以及对新计算机技术应用的兴趣和意愿；④与设计能力现代化相关的支撑程度；⑤获取和支持优质设备的必要预算资源，这些优质设备是设计工程站的一部分。

在许多情况下，适应设计中的计算机化技术需要文化上的改变或重新定位，与任务完成中使用的方法有关。此外，经验表明，长远看使用 CAD 方法非常划算，但所需资产初始购置成本会被认为太高。无论如何，如果要在该领域取得进展，就必须克服这些明显障碍。

设计工作站功能，已从用户能配置设计特定组件，或能详细分析系统独立功能，发展到综合配置集成前面讨论的许多不同技术。最初，图形终端用于设

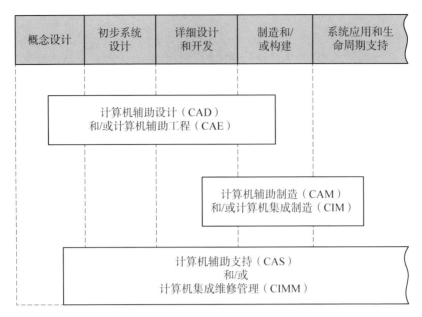

图 4.5　CAD/CAM/CAS 的应用

计零件、分析应力、研究和评估机械动作等。现在，设计工作站可用来有效完成前面提到的许多功能，如电路板上元件布局、三维实体模型开发、复杂分析方法应用。未来，在设计集成和新功能整合方面，可完成更多工作，并且进一步增长的潜力很大。

图 4.6 所示的总集成流概念反映了未来目标。起初，可开发和构建一个综合设计工作站，连同适当的软件，以反映如图 4.3 所示的综合方法推断出的能力。除了电气设计要求之外，机械设计、结构设计、可靠性、可维护性、人为因素、可支持性和类似要求须融入设计过程。换言之，表 3.1（第 3 章 3.2节）中规定的所有设计要求须适当集成；图 4.3 中所示的设计通信网络须是可用并且得到利用；分配给给定项目的每个设计工作站须具备处理这些总体要求的能力。

除了提供促进完全集成的设计方法的能力外，还须纳入一项规定，以允许信息从设计过程平稳过渡到制造过程和系统支撑结构。或许在不远的将来，设计工程师（在一个面向学科的专家团队协助下）将能在工作站上提供适当设计输入，通过有效的数据通信方法应用，这些输入又自动汇入 CAM 和 CAS 流

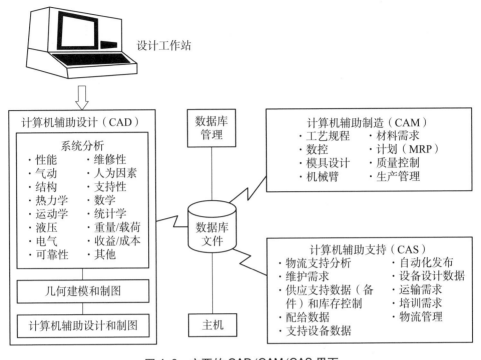

图 4.6 主要的 CAD/CAM/CAS 界面

程。当然，这项规定需要 CAD、CAM 和 CAS 在生产商（承包商）和供应商层面上完全兼容（语言、数据格式等）。

关于 CAD 工具及其应用现状，许多工业公司已经开发并安装了 CAD 功能、集成设计工作站、支持软件等。这些功能在不同安装形式下差异很大。然而，大多数情况下（特别是大规模系统），图形技术、分析方法和数据库管理能力已被有效运用于完成一些更传统的设计活动，如电路设计、机械包装设计和结构设计。然而，在贯穿第 3 章讨论的设计学科，如可靠性、可维护性、人为因素和可支持性集成到该过程方面，几乎没有取得什么成果。

尽管计算机技术已成功应用于可靠性、可维护性、后勤保障等模型的开发，但是这些工具在"独立"使用。一般来说，与这些学科相关的设计活动是独立完成的，没有恰当集成到基本工程设计中，在这些领域开发的工具也没有相互集成或集成到更传统的设计工作站中。

为了提高效率，及时对设计过程做出贡献，在过去几年中，从业者在开发可靠性、可维护性和可支持性模型方面付出了大量努力。如果调查这一领域文献，可以发现超过 350 种不同类型的模型，而且这个数字正快速增长。以下简要描述了 7 种用于支持不同设计应用的更流行模型，目的是对开发工具类型提供一些了解。

（1）计算机辅助系统工程（CORE）。CORE 支持对系统需求、功能行为和系统架构的静态和动态分析，通过简单的脚本语言自动生成可定制报告。该模型使用户能以定义明确、结构化方式开发系统描述，提供完整的数据库框架和灵活的模式来支持需求跟踪，并且可以使用 PC 或 Mac 轻松实现（维捷公司，2020 卡夫博士，弗吉尼亚州布莱克斯堡，邮编 24060）。

（2）成本分析战略评估（CASA）。CASA 用于为各种系统和设备开发生命周期成本（LCC）估计。它将各种分析工具整合到一个功能单元，并允许分析师生成数据文件、执行生命周期成本计算、敏感性分析、风险分析、成本汇总和备选方案评估〔国防采购大学，DSS 董事会（DR1-S），弗吉尼亚州贝尔沃堡，邮编 22060〕。

（3）设备设计师的成本分析系统（EDCAS）。EDCAS 是一种设计工具，可用于完成修理级别分析（LORA）。它包括评估故障决策时维修或报废的能力，并且可同时处理多达 3 500 个独特项目（即 1 500 个生产线可更换单元、2 000 个车间可更换单元）。维修级别分析可以在系统的两个契约级别完成，其结果可以用于确定最佳备件/修复部件需求和完成生命周期成本分析（LCCA）（TFD 集团，加利福尼亚州蒙特雷花园法院 70 号，邮编 93940）。

（4）OPUS 模型。OPUS 是一个通用模型，主要用于备件/维修零件和库存优化。在确定备件需求模式时，它考虑了不同操作场景和系统使用情况，并有助于评估各种设计包装方案。可以在成本效益基础上评估替代性支助政策和结构（瑞典斯德哥尔摩 S-10245，5205 号信箱，林奈加坦 5 号，斯特克 AB）。

（5）可靠性预测"棱镜"。构成了一个可靠性软件套件，包括开发可靠性框图、可靠性预测、可维护性预测、失效模式和影响分析（FMEA）/FMECA、FTA/事件树、威布尔分析和生命周期成本分析的能力（Relex 软件公司，宾夕法尼亚州格林斯堡佩里斯路 540 号，邮编 15601）。

（6）VMETRIC。这是一种备件模型，可用于优化系统可用性，方法是确定系统组件适当的个体可用性，以及所有维护级别设备（如生产线可更换单元、车间可更换单元和子组件）的三个合同级别的库存要求。输出包括各维护层级的最佳库存水平、经济订货量（EOQ）数量和最优再订购间隔（TFD集团，加利福尼亚州蒙特雷花园法院 70 号，邮编 93940）。

（7）217 增强型：下一代可靠性预测模型。包括一系列分析模型，用于预测系统可靠性、系统级故障率、组件故障率、软件可靠性、从"零件计数"到综合可靠性分析的方法，包括各种可靠性数据库［可靠性信息分析中心（RIAC），弗拉纳根路 6000 号，纽约尤蒂卡 3 套房，邮编 13502］。

这些模型在当今工业和政府部门的可用工具中只是少数几个代表性模型。然而，如前所述，它们是在独立基础上开发的，并在主流设计工作之外使用。未来将有两个主要目标：

（1）如图 2.26 所示，评估并集成这些工具和其他工具（如适用），以便它们可以交互使用。目标是开发一套工具：①可有效用于应对各种不同需求；②可将系统作为一个实体来处理，同时用于评估系统的不同组件；③可以在数据通信方面"彼此交谈"。

（2）酌情将这些工具和其他适用的工具整合到负责相应设计工作的设计师工作站中。使用如图 4.6 所示理想的工作站的设计师，不仅应该有完成结构分析的工具，还应该具备完成可靠性分析所需的工具。同一个人不能同时完成这两项任务。但是，他们需要同时查看两者结果（以及它们彼此间影响），以便做出明智的设计决策。

关于系统工程，由于应用 CAD 软件，其未来的挑战与以上这些目标是一致的。必须使用合适的工具，并将其充分集成到典型的设计工作站中，以促进系统设计过程对所有学科的合理考虑。

4.6 计算机辅助制造

计算机辅助制造（CAM）是指计算机技术在制造或生产过程中的应用。该应用程序反映在图 4.4 所示的系统生命周期情形中，主要包括自动化方法的使用，因为它们与以下 4 项活动有关：

（1）工艺规则。在整个生产过程中，可能需要一系列步骤来制造一个部件，组装一组物料，或两者兼而有之。用过程规划处理整个活动流程，从定义给定的设计构型到交付给消费者的成品，CAM 应用程序还包括那些可自动化的活动。尽管与过程规划相关的活动已经被了解和实践了很长时间，但是使用计算机技术来完成这些活动仍是一项相对较新的创造。

（2）数控（NC）。在生产过程中，可能有许多情况需要机床进行铣削、钻孔、切割、布线、焊接、弯曲或进行这些操作的组合。多年来，计算机技术已成功实践于机床控制，通过预先录入的编码信息来制造零件。然而，这些活动往往是在与生产过程其他活动隔离的情况下完成的。NC 指令由程序员从工程图纸中获取信息而编制，程序已经过测试、修订、重新测试等。由于这可能相当昂贵，未来目标是能直接从设计数据库生成 NC 输入指令，通过 4.5 节讨论的 CAD 应用程序开发。

（3）机器人。在生产过程各个阶段，可能会有一些应用，其中机器人可有效用于材料搬运（即将零件从一个位置运送到下一个位置），或者用于工具和工件的定位，为 NC 运用做准备。在某些情况下，机器人实际上被用来操作钻头、焊枪和其他工具。当然，计算机技术被应用于机器人编程和相关的生产操作中。

（4）生产管理。在整个生产过程中，有一项持续的管理活动，其中计算机应用程序可有效支持生产预测、调度、成本报告、MRP 活动、管理报告生成等。需要开发一个管理信息系统（MIS），以实现对生产功能的审查和控制。

CAM 方法在生产过程中的应用，与"作业车间"相比，"流水车间"运营方式有所不同；与定制建造相比，批生产也是不同的。独立于功能，整个过程须作为一个系统来考虑，必须识别可能的 CAM 应用（即 NC、机器人技术和数据处理方法的组合），并且开发一套集成良好且弹性的制造能力。目标是设计一种具有合适的人员组合和自动化程度的生产能力。

在生产能力初始设计及随后监控中，须以并行工程和质量工程所涵盖的原则为准。通过应用数控工具和机器人允许的制造公差，须符合系统设计初始要求。须小心确保不会发生意外的差异，从而导致整个生产过程中产品可能出现质量下降。这对于满足系统工程目标来说尤其值得关注。

4.7　计算机辅助支持

计算机辅助支持（CAS）是指将计算机化技术应用于 3.4.8 节所述的整个后勤和系统保障活动。多年来，后勤和维护支持需求一直归入系统生命周期下游。在系统支持需求的初始定义中，已实施的过程生成了大量数据和文档，其大部分通过网络从不同站点分发。随着系统生产和交付以供运营使用，整个后勤和支持活动往往显现额外复杂性，涉及大量数据/文档、许多不同组件的处理和分发、大量数据通信的需求。保障需求，特别是对于大规模系统的保障需求，并不总能满足系统需要，并且结果是代价高昂。

在解决系统生命周期中的保障问题时，包含设计相关活动、分析活动、技术出版物活动、供应和采购活动、制造和组装活动、库存和仓储活动、运输和分销活动、维护和产品支持活动、各层次的管理活动。如图 4.5 所示，其应用广泛，且与 CAD、CAM 需求在一定程度上重叠。

为了说明计算机技术在支持保障领域的各种应用，以下有 5 个例子：

（1）物流工程。在完成设计权衡时，可靠性、可维护性和可保障性模型的使用是整个系统开发过程中的主要需求（如维修水平分析、备件需求、维护负荷、运输分析、生命周期成本模型）。这项活动应整合到 4.5 节中描述的 CAD 工作中，并且需要使用图形技术、分析方法和数据库管理能力。

（2）保障性分析（SA）。通过对给定设计构型的评估，开发 SA 数据，以确定系统支持的具体需求，如备件、测试和支持设备、人员数量和技能水平。如果要实现可保障性设计，则必须及时生成、处理、存储、检索和反馈这些数据。SA 需要数据处理和数据库管理能力。

（3）物流管理信息（LMI）。此类别包括备件和维修零件供应数据、支持设备供应数据、设计图纸和变更通知、技术程序、培训手册和各种报告需求。包括通过自动化流程开发技术手册（即系统操作程序和维护说明）。计算机化技术应用需要使用电子表格、文字处理、图形和数据库管理能力。

（4）配送、运输和仓储。系统在整个计划生命周期内的持续维护和保障，需要开展与备件和维修部件相关的分配、运输、搬运和仓储活动。除了与库存控制和 MRP 活动相关的数据处理和数据库管理要求之外，自动化材料处理设备和机器人的应用可有效履行仓储职能。根据明确的需求，从仓库货架上自动订购和挑选部件，是保障领域使用计算机技术的一个极好例子。此外，在考虑整个材料处理过程中所必需的"如果—那么"类型的决策时，未来纳入"专家系统"或"人工智能"的机会显而易见。

（5）维护和支持。在系统整个计划生命周期中，保障系统在实地运行，包括完成计划内、计划外维护活动。反过来又导致维护人力资源消耗、测试设备使用、备件要求、正式维护程序的需要等。尽管计算机方法已经被用于生成备件/维修零件供应数据和技术出版物，与测试设备相关的应用还有很多。在少数情况下，手持测试仪和支持软件用于维护诊断目的。这一领域得到了人工智能的支持，是未来增长的主要候选领域。

与CAD相关情况一样，CAS目标实现正深入细节（即自底而上法）。最初，在开发需求和接口规范方面花费了大量精力。此外，有许多活动正在进行，旨在使用自动化流程开发技术手册和程序。保障性分析数据开发和处理是一个已取得很大成就的领域。尽管这些努力目前代表"自动化孤岛"，但总体目标是将CAS需求与CAD/CAM集成，如图4.6所示。

4.8 小结

系统工程过程的成功实施很大程度上受设计师可用的技术和工具的影响。计算机技术、信息技术的出现，图形方法和显示、分析模型、电子表格和文字处理、数据库管理能力等的正确使用，使设计师在更短时间、系统生命更早期、以更低的总体风险完成更多工作。因此，设计过程已经历从一系列手动执行任务向更高效集成和自动化过程过渡的第一阶段。

随着新的基于计算机模型和工具的引入，我们更加成熟，但设计挑战也更大。当前基于模型的系统工程（MBSE）领域的发展及其应用正迅速引入不同组织（根据组织不同，其复杂程度也不同）。因此，对于我们未来的能力有一个担忧，即能否成功地真正实现前三章所述的系统工程过程目标。随着我们的进步和新模型、工具的引入，我们在系统设计和开发过程中，必须注意确保在正确的时间使用正确的工具解决正确的问题。

未来要完成的下一个阶段的挑战，包括将目前单独使用的许多分析方法/

工具集成到整个系统设计和开发过程中。例如：①开发一个工作站概念，在所有负责的设计工程功能之间提供适用通信链接（见图4.3）；②开发一种能力，允许信息从等效的 CAD 能力平稳、自动地流向 CAM 和 CAS（见图4.6）。这些能力不仅必须能够在给定项目的上下文中"相互对话"，而且所产生的设计信息须兼容，并且可在相似目标的其他项目之间传递。因此，须谨慎选择模型语言、数据格式和模型数据结构。在整个系统设计和开发过程中，为了成功实现真正的系统工程目标，须有恰当、及时的信息流，包括向下和向上的信息流，如第1章所述。

习题

4-1 用你自己的语言描述 IT、EDI、EC 和互联网的含义。他们有什么关系（如果有的话）？

4-2 用你自己语言描述"模型"是什么意思，并举例。

4-3 描述基于模型的工程（MBE）的含义。描述基于模型的系统工程（MBSE）。提供每种方法的示例（如果可能）。

4-4 为什么熟悉4.2节中确定的一些分析方法很重要（在系统工程的背景下）？提供一些具体例子。

4-5 用你自己的语言描述 CAD、CAM 和 CAS 包含的内容。

4-6 识别并描述设计过程中应用的一些技术。提供一些典型应用示例。

4-7 描述在设计过程中应用计算机化方法的一些好处。这些方法如何与系统工程目标相关联？

4-8 找出一些设计过程中与计算机化方法的应用相关的问题。必须注意什么？

4-9 针对第3章3.4节中确定的设计原则，提供了典型程序任务列表。在以下每一个学科中，确定哪些任务可以使用计算机化方法完成，包括如下一些具体的例子。

（1）可靠性工程任务。

（2）维修性工程任务。

（3）人为因素工程任务。

（4）后勤和保障任务。

（5）质量工程任务。

（6）价值/成本工程任务。

4-10 描述人工智能含义。如何应用它？

4-11 计算机技术应用如何影响并行工程？

4-12 选择一个系统（描述设计中的任务），并开发一个流程图，展示 CAD（或同等工具）应用。

4-13 CAM 与系统工程有何关系？描述一些可能的影响。

4-14 CAS 与系统工程有何关系？描述一些可能的影响。

4-15 绘制流程图，显示 CAD、CAM 和 CAS（或同等工具）之间接口关系。

第 5 章　设计评审和评估

系统设计是一个渐进的过程，从最初的抽象概念发展到具有形式和功能的具体产品设计，这个过程是固定的，并且最终的产品以规定的数量复制以满足指定的消费者需求。最初，需求（或需要）被识别出来。从这开始，整个设计过程经历了一系列阶段：概念设计、初步设计以及详细设计，如图 1.13 所示。

随着设计的进展，系统定义也有所进展。定义需求，生成功能基线。功能基线包括定义运营要求和维护概念、权衡研究和可行性分析、识别技术性能措施和系统规范（A 型）。完成功能分析和需求分配后，功能分析和需求分配的结果由"分配"基线定义。如适用的话，分配基线可由开发、工艺、产品和/或材料规格（B、C、D 和 E 型）的组合来定义。这种配置通过多次迭代逐步扩展，直到定义完"产品"基线。系统定义的这些自然进展的阶段反映在图 1.27 中确定的活动和里程碑中。

整个设计过程须设置必要的检查和平衡，以确保正在开发的系统配置确实满足最初的规范要求。这些检查和平衡是通过设计评审来完成的，在系统生命周期的早期就提供检查和平衡，这时相对容易变更，通常不需要过高成本。设计评审和评估功能是设计过程中不可或缺的一部分。在设计评审职能中，须有纠正措施的反馈机制，在必要时纳入设计变更。图 1.27 显示了设计演变的基本理念及必要的审查和反馈。本章的目的是通过描述评估方法、非正式和正式的设计评审、相关的反馈和纠正措施循环来解释这个概念。这种情况特别适用于参与的承包商之间距离遥远的大型系统。

5.1　设计审查和评估要求

建立设计审查和评估的正式机制的目标之一是确保在渐进和持续的基础上，设计结果反映最终满足消费者需要的构型。对于较大规模的系统来说尤其如此，在这些系统中，设计是由相互远离的多个不同承包商完成的。随着设计从一个阶段发展到下一个阶段，需要建立良好沟通的正式机制。

如前几章所述，设计从给定系统的需求初始定义开始，遵循自顶向下的方法，通过一系列迭代，进展到准备生产和/或建造的确定系统构型。随着这一系列步骤的进展，从开始就启动需求验证过程很重要，因为检测到潜在问题越早，就越容易合并所需的变更。因此，需要安排不断发生的设计审查和评估工作。

评估设计的不同阶段时，如图 1.13 和图 3.1 所示，通过几种方法的组合，可以有效地完成整个评审过程。第一，在设计决策和数据开发过程中，有一个非正式的日常审查和评估活动。这项活动可能涉及许多不同的设计学科，在相对独立的基础上决策，并根据结果生成设计数据。第二，正式设计评审是在设计开发的指定阶段进行，这些评审是沟通和正式批准设计数据的工具。这两个主要活动领域反映在图 5.1 中，并进一步在 5.2 节和 5.3 节分别讨论。

针对与设计审查相关的"为什么"，目标是确保系统要求得到满足。这些要求包含在系统规范中（见 3.2 节），以定量和定性的方式陈述。设计评审过程的目的是根据这些要求，评估不同阶段的系统构型。

在解决需求方面，有项目级需求、系统级的技术需求、组件级的详细设计需求等。不仅从层次角度看待它们，而且随着我们从概念设计向详细设计和开发阶段的推进，对这些需求的重视程度也会发生变化。例如，建立如图 2.23 所示的系统参数层次关系可能是合适的。这些参数中的许多参数可通过系统性能的具体量化来测量。也就是说，技术性能指标的识别（见 2.6 节）。在这些措施中，一些适用于系统级别，一些适合于子系统级别，一些直接与组件或零件级别相关。无论如何，系统规范（及其支持规范）应根据优先级和重要性确定评估参数的"顺序"。

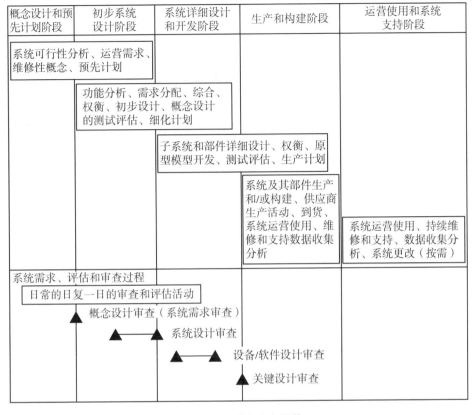

图 5.1 设计审查和评估

根据评估参数的期望层次关系，现在有可能建立一些特定标准用于比较设计结果。当然，这导致了概念设计、初步系统设计、详细设计和开发阶段的设计评审需求的标识。在概念设计中，设计评审过程须解决顶层的系统级性能测量、功能级关系等问题（包括在系统类型 A 规范中）。在详细设计和开发阶段，尽管系统级要求仍然重要，但重点可能是零件的选择和标准化、组件在模块设计中的安装、需要频繁维护的单元的可访问性以及面板显示器和控件的标签。这些因素必须整合到图 5.1 所示的总体设计审查和评估过程中。

根据评估设计的标准，确定与特定需求相符合，并对设计有最大影响的学科是很重要的。例如，在满足电子系统、电气工程、机械工程和维修性工程设计中的设备诊断要求，当完成其各自的设计任务时，可能对系统的纠正性维护停机时间品质因数产生最大影响。在评估参与设计评审过程的程度时，有必要充分体现这些设计学科。换句话说，在确定评估标准的同时，必须确定设计责任。

从组织的角度来看，设计责任（和参与设计评审）将在本章后续章节中进一步讨论。然而，在这一点上，设计评审参与的一些要求值得考虑。如图 2.23 所示，应该为正在开发的每个主要系统建立并定制系统评估参数的层次结构。可以识别那些被认为重要的参数，如图 5.2 所示。与此同时，各种技术性能指标和参与设计过程的适用学科之间可以建立"兴趣度"关系。指示的兴趣水平（即高、中、低）与学科活动对系统指定 TPM 的实际或感知影响有关。反过来，随着从概念设计到详细设计和开发阶段的推进，对设计评审和评估组织的建立将提出新要求。5.2 节和 5.3 节更全面地涵盖了这一领域。

技术性能指标	工程设计功能												
	航空工程	零件工程	成本工程	电气工程	人因工程	物流工程	维修性工程	制造工程	材料工程	机械工程	可靠性工程	结构工程	系统工程
有效性（90%）	H	L	L	M	M	H	M	L	M	M	M	M	M
诊断（95%）	L	M	L	H	L	M	H	M	M	M	M	L	M
互换性（99%）	M	H	M	M	M	M	H	H	M	M	M	M	M
生命周期成本（350千美元/单位）	M	M	M	M	M	M	M	M	M	M	M	M	H
最大连续额定推力（30分）	L	L	L	M	M	M	M	L	M	M	M	M	M
维修显示终端（24小时）	L	M	M	M	L	L	H	M	M	L	L	M	M
每飞行小时的维修工时MMH/OH(15)	L	L	L	M	M	M	H	L	L	M	M	L	H
平均故障间隔时间（300小时）	L	H	L	M	L	L	M	H	H	M	H	M	M
平均维修间隔时间MTBM(250小时)	L	L	L	L	L	L	M	M	M	M	M	L	M
个人技术水平	M	L	L	M	L	L	L	L	L	L	L	L	M
尺寸（150*75ft）	H	H	L	M	M	M	H	H	H	H	M	H	M
速度（450 mph）	L	L	L	L	L	L	L	L	L	L	L	L	M
系统效率（80%）	M	L	L	M	M	M	L	L	M	M	M	M	M
重量（150K lb）	H	H	M	M	M	M	M	H	H	M	M	H	M

H—相关度高；M—相关度中；L—相关度低。

图 5.2　技术性能指标和参与设计过程的学科间的关系

5.2 非正式日常审查和评估

如图 5.1 所示，设计审查和评估过程包括两个基本类别活动：①一种非正式的活动，每天审查和讨论设计结果；②一系列结构化的正式设计审查，在整个系统开发过程的特定时间开展。日常非正式活动的输出需要开展正式设计评审，这种关系如图 5.3 所示。

非正式日常评审的一个例子是小型敏捷工程小组（scrums），其中设计参与者都在同一地点，每个人每天都与其他人正式或非正式沟通。然后，在某个时刻，这些小组件的设计结果须向上集成，作为整个系统设计的一部分。

设计通常由电气工程师、机械工程师、结构工程师、工艺工程师和/或直接负责系统各种组件设计的人员发起。这些结果通常从这些不同来源独立地产生，通过图纸、零件清单、报告、计算机化的数据库、辅助通信和设计文档的组合来描述。随着定义过程的发展，有两个主要目标：

（1）设计结果必须以清晰、有效的方式及时传达给设计团队所有成员。参与设计过程的每个人都必须依据相同的基线、模型构型和/或数据库来开展工作。

（2）设计结果必须与系统最初定义的需求一致。虽然每个负责的设计师都应该熟悉系统需求的总体范围（如电气和可靠性需求），但是设计学科的物理分离和设计师对接口的理解不足，往往会导致一种或另一种类型的差异（即系统组件之间的冲突、遗漏、不兼容）。当然，须尽快纠正这些不一致。

设计评审活动旨在满足这两个目标。可以通过一系列步骤来实现，包括向所有受影响的设计领域分发图纸、零件列表、模型描述和数据，审查和签署批准数据；在不符合给定要求的情况下改进产品，生成变更建议，由负责的设计师评估变更建议；等等。这是一个日常过程，从许多不同来源获得设计信息/数据，数据/通信量可能相当大，这取决于正在开发的系统性质和项目规模。

在过去，特别是大型项目，设计团队成员相距遥远，在整个事件周期，数据分发和批准过程所需时间有些冗长。出于这个原因，加上设计师需要"继续设计"，为节省时间，许多组织选择跳过数据分发、审核和批准步骤。换句话说，个人设计师做出决定（通常是独立的），准备和发布设计文档，采购和/或制造部件等。尽管希望所有设计界面都得到认可，系统要求也得到满足，但

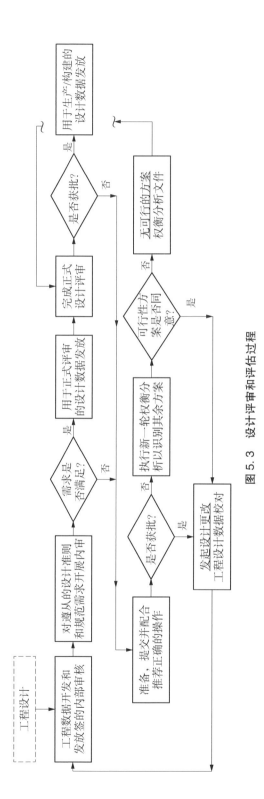

图 5.3 设计评审和评估过程

情况并非总是如此。在匆忙完成设计的过程中，出现了与系统组件不兼容相关的遗漏、冲突和/或问题。这些问题后来在正式设计评审（当正式的设计评审已经进行）或系统测试和评估期间变得越加显现。此外，这时的设计变更的实施成本高于早期纳入设计过程的成本。[*]

相对于未来，如图 5.3 所示，实施非正式设计审查和评估过程当然非常理想。然而，须有效和及时完成这一程序。虽然过去完成的一系列数据审查步骤可能有些耗时，但是第 4 章中描述的计算机化方法的出现应该会带来一定的改进。利用计算机辅助设计技术和建立有效通信网络，将有助于确保必要信息的有效流动。设计数据可以快速、并行分发到许多不同位置，数据审查和批准签字可以电子化完成，数据修订可以在相对较短时间内完成。有了这些能力，如图 5.3 所示的过程才有希望以高效和有效的方式实现。

关于评审和评估本身，评审深度取决于：设计的复杂性、设计单元是否新（即推广新技术）、组成部分中现成部件的多少、开发外包还是内部设计。对于复杂项目或新技术应用项目，评审比其他采用标准组件的系统范围要大，程度更深。

在评估给定的设计配置是否符合指定的要求时，评审者可能希望根据适用的标准制定一系列核对表。例如，通过审查选定的设计标准、部件数据、人为因素测量数据、可维护性可达性因素、安全标准等，针对各种设计审查活动可以制定直接适用于相关系统的标准。这些标准以检查表的形式总结出来，对某一特定项目评估时引用。核对表有助于促进审查进程。表 5.1 显示了一份相当全面的清单样本，该清单确定了系统级审查的典型主题领域。表 5.2 给出了一些具体问题例子，这些问题放大了表 5.1 中的一个主题（即项目 18　包装和安装），表 5.3 涵盖了与表 5.1 中另一个主题（即项目 28　软件）相关的具体问题。在准备各种非正式日常设计审查时，这种性质的清单会非常有用。

表 5.1　设计审查表样例

系统设计审查表
一般要求：
是否充分定义了系统的技术和程序要求

　＊　这些问题可以通过集成数据库的实现得以部分解决，如图 2.31 所示。

通过：

1. 可行性分析　　　　　　　　　　2. 操作要求

3. 维修理念　　　　　　　　　　　4. 有效性因素

5. 功能分析和分配　　　　　　　　6. 系统规范

7. 供应商要求　　　　　　　　　　8. 系统工程管理计划

设计特点：

设计是否充分考虑了

1. 可达性　　　　　　　　　　　　2. 调整和校准

3. 电缆和连接器　　　　　　　　　4. 校准

5. 数据要求　　　　　　　　　　　6. 可处置性

7. 生态要求　　　　　　　　　　　8. 经济可行性

9. 环境要求　　　　　　　　　　　10. 设施要求

11. 紧固件　　　　　　　　　　　12. 处理

13. 人为因素　　　　　　　　　　14. 互换性

15. 可维护性　　　　　　　　　　16. 移动性

17. 可操作性　　　　　　　　　　18. 包装和安装

19. 面板显示和控制　　　　　　　20. 人员和培训

21. 可生产性　　　　　　　　　　22. 可重构性

23. 可靠性　　　　　　　　　　　24. 安全

25. 零件/材料的选择　　　　　　　26. 维修和润滑

27. 社会要求　　　　　　　　　　28. 软件

29. 标准化　　　　　　　　　　　30. 储存

31. 可保障性　　　　　　　　　　32. 支持设备要求

33. 生存能力　　　　　　　　　　34. 可测试性

35. 可运输性　　　　　　　　　　36. 质量

注：在审查设计（布局、图纸、零件清单、报告）时，此检查表可能有利于涵盖适用于系统中的更详细的问题和标准支持列出的项目附录 D，对列出的每一项的回答都应该是 YES！

表 5.2　设计审查问题清单样例（包装和安装）

详细设计审查清单

18. 包装和安装（来自表 5.1）

a. 从消费者吸引力的角度来看，包装设计是否有吸引力（如形状、大小）？

b. 功能包装是否尽可能地结合在一起？包之间的交互影响应该最小化，当发生故障，不需要拆除两个、三个或四个模块即可解决问题。

c. 是以电气方式执行类似操作的设备模块和/或部件，功能上和物理上可以互换？

d. 包装设计是否可与维修分析决策的水平相比较？可修复项目被设计为包括维护规定，如测试点、可访问性和插件组件。分类为"故障时丢弃"的项目应不需要封装和维护规定。

e. 一次性模块是否在最大程度上实用？它是高度希望通过"无维护"的设计理念来减少整体产品支持，只要所涉及的项目可靠性高并且成本相对较低。

f. 是否最大限度地利用插入式模块和组件（除非使用插件组件会显著降低系统/子系统的性能可靠性）？

g. 模块之间的通道是否足以进行手动抓取（参见设计手册"X"中建议的无障碍规定）？

h. 模块和组件的安装是否确保移除任何单个项目或维护将不需要移除其他项目？组件堆叠应尽可能避免。

i. 在由于空间有限而需要堆叠组件的区域安装的模块，其访问优先级已根据预测的移除和更换频率？需要经常使用的项目维护应该更容易进行。

j. 模块和组件是否采用四个紧固件安装，而不是插头式还是更少？模块应牢固，但紧固件的数量应保持在最小值。

k. 在冲击和振动要求过高时，是否包含了冲击安装规定？

l. 是否纳入了防止安装错误模块的规定？

m. 插入式模块和组件是否可以在不使用工具的情况下拆卸？如果有工具要求，它们应该是标准品种。

n. 是否提供导轨（滑块或销）以便于模块安装？

o. 模块和组件是否正确标记？

注：在审查设计时，此检查表可能有助于涵盖主要项目适用于系统的要求和设计特征。对每个问题的回答应该是 YES！

表5.3 设计评审问题部分清单样例（软件）

详细设计审查清单

28. 软件（来自表5.1）

a. 是否充分定义了系统运行和维护支持的所有顶级软件要求？这些需求是否已经通过系统级功能分析得到了开发和证明，是否指示了向上/向下的可追溯性？

b. 是否确定并涵盖了所有系统/子系统通过某种规格（A、B、C 和/或 D 型）提出的软件要求？

c. 该软件是否与系统的其他元件兼容（设备、设施、人员、数据/文件）？

d. 所需的软件包在覆盖范围和深度方面是否完整？

e. 软件是否嵌入在某个模块化的包中，这个包是否可以很容易地在不中断整个系统的情况下移除和更换（在发生故障时）配置（表示设计中的"开放体系结构"方法）？

f. 嵌入式软件是否与系统内的其他软件要求兼容？所有操作和维护软件的语言要求是否兼容？

g. 软件要求是否与所有外部系统环境、可持续性和一次性要求相兼容？

h. 是否充分定义了软件接口？

i. 软件设计配置是否包括诊断功能？

j. 是否对软件进行了充分的测试和准确性验证（性能，可靠性和可维护性）？

233

（续表）

k. 是否所有开发的软件都通过设计文件的形式，或一些描述总体设计的同等正式记录得到了充分的定义和涵盖？

注：在审查设计时，此检查表可能有助于涵盖主要项目适用于系统的要求和设计特征。对每个问题的回答都应该是 YES!

在批准（签署）的设计文件/数据的背景中，日常非正式审查过程的结果被确定为正式设计审查中要处理的单元。这不仅包括设计图纸和零件清单，还包括支持关键设计决策的补充通信和权衡研究报告。[*]

5.3 正式设计评审

正式设计评审构成一项协调活动（即一次结构化会议或一系列会议），旨在最终评审和批准给定的设计配置，无论是总体系统配置、子系统，还是系统的一个要素。尽管 5.2 节讨论的非正式日常审查过程涵盖设计的具体方面，然而，这类报道通常包含了一系列来自各种工程学科的独立工作。正式审查的目的是提供一种机制，让设计团队中所有感兴趣和负责任的成员能够以协调方式会面，相互交流，达成推荐。正式设计评审过程通常包括以下步骤：

（1）一个新设计单元，被指定由负责的设计工程师完成，被选中进行正式审查和评估。单元可以是作为实体的整体系统配置或系统主要元素，取决于项目阶段和所执行的审查类别。

（2）指定正式设计审查会议的地点、日期和时间。

（3）编写审查议程，界定审查范围和预期目标。

（4）建立设计评审委员会（DRB），代表评审相关的组织和学科。包含电气工程、机械工程、结构工程、可靠性工程、物流工程、制造或生产、部件供应商、管理层和其他适当组织的代表。当然，代表因每次审查而异。因此需要挑选一名合格和公正的主席执行审查。

234

---

  [*] 在附录 D 中有一个设计评审清单的全面样本（请参考：http：//mccadedesign.com/bsb/SEM-AppendixD.html）。开发这样一个针对特定系统而定制的清单是非常有益的。QFD 分析的结果表明设计中重要领域的储备与设计相关问题的解决有关。在应用时，有助于最终设计构型中应反映标准的特性。通过提出恰当的问题，可以在必要的地方进行适当的提醒。

（5）正式设计审查会议之前，须确定适用的规范、图纸、零件清单、预测和分析结果、权衡研究报告以及支持待评项目的其他数据，在会议期间按需提供参考。希望每位选定的设计评审委员会成员在会议前都熟悉这些数据。

（6）选定的设备单元（实验板、服务测试模型、原型）、样机模型和/或软件用于促进评审过程。当然，这些单元须尽早识别。

（7）须定义报告要求和程序，以便按设计审查建议，采取必要的后续行动。须确认责任和明确行动项的时间期限。

（8）须识别一些重要事项的资金来源，这些事项包括必要的准备工作、正式设计审查会、后续重要正式建议处理。

正式的设计评审会通常由责任设计工程师向选定的设计评审委员会成员介绍（或一系列介绍）被评单元对象，介绍应涵盖建议的设计配置、支持设计目标达成的权衡研究和分析结果。目的是总结非正式的早期日常设计活动中已认可的设计成果。如果设计评审委员会成员准备充分，这个过程可以有效完成。

正式设计评审须由设计评审委员会主席组织并严格控制。设计审查会应简明扼要，在考虑积极贡献方面应该客观，不能偏离议程主题。出席者应仅限于那些对所评审主题有直接兴趣、并能做出贡献的人。参与的设计专家应被授权就他们的专业领域发言和做出决定。最后，设计评审活动须对纠正措施进行识别、记录、调度和监控做出规定。后续行动的具体责任须由设计审查委员会主席指定。

通过召开正式设计审查会，可达到5个目的：

（1）正式的设计审查会提供了一个全面沟通的讨论。即使有计算机技术的帮助，也无法通过非正式的日常审查过程实现充分必要的协调和整合。需要"人对人"的联系。

（2）它为所有项目人员定义了共同的配置基线；也就是说，参与设计过程的每个人都须从同一基线开始工作。负责的设计工程师有机会解释所建议的设计配置，来自不同支持学科的代表有机会了解设计师的问题。这反过来又在设计人员和支持人员之间建立了更好的理解。

（3）它为解决突出的接口问题提供了一种手段，并为系统所有元素兼容提供了保证，解决那些无法通过非正式日常审查解决的冲突。此外，那些没有通过早期活动适当代表的学科也有机会发表意见。

（4）它提供了关于规范和合同约定需求所建议的系统/产品设计配置的正

式检查（审计）。注意不符合的领域，并酌情采取纠正措施。

（5）它提供了已经做出的主要设计决策及其原因的正式报告（记录），正确记录支持这些决策的设计文档、分析、预测和权衡研究报告。

召开正式设计评审会为提高成熟设计的可能性，并在适当的情况下采纳成熟的最新设计技术。小组审查可能会有新想法，应用更简单的流程，节约成本。一个好的"富有成效"的正式设计评审活动非常有益。不仅可以降低生产商满足规格和合同要求的风险，还通常会使生产商改进生产方法。

如前所述，正式的设计评审会通常安排在每个主要设计过程进化步骤之前。例如，定义功能基线之后，在建立分配基线之前。尽管计划的设计评审数量和类型可能因项目而异，但很容易识别四种基本类型，并且在大多数大型项目中都很常见。它们是：概念设计评审、系统设计评审、设备或软件设计评审和关键设计评审。这些评审相对时间阶段如图 5.1 所示。具体要求须针对当前项目量身定做。

5.3.1 概念设计评审

概念设计评审（或系统需求评审）通常安排在概念设计结束时，在进入项目的初步系统设计前（最好不超过项目启动后一至两个月）。目的是审查和评估系统的功能基线，本次审查涵盖的材料应包括以下内容：*

（1）可行性分析（技术评估和早期权衡研究结果，证明提出的系统设计方法是合理的）。

（2）系统运营要求。

（3）系统维护理念。

（4）功能分析（顶层框图）。

（5）系统的重要设计标准（如可靠性因素、可维护性因素和后勤因素）。

（6）适用的效能 FOM 和 TPM。

（7）系统规范（类型 A，见 3.2 节和图 3.2）。

---

* 人们认识到有些需求在概念设计阶段可能没有得到充分的定义，对这些需求的审查可能必须在以后完成。然而，在推进本文所描述的通用方法（特别是在系统工程方面）时，应该尽最大的努力尽早完成这些需求，即使随着系统设计的进展，可能需要进行更改。目标是鼓励（或"强制"）早期系统定义，即使以后可能更改基线管理。

（8）系统工程管理计划（SEMP）。

（9）测试和评估总体计划（TEMP）。

（10）系统设计文档（布局图、草图、零件表、数据库、选定供应商的部件数据）——系统架构描述。

概念设计评审主要涉及顶层系统级需求，其结果构成后续初步系统设计和开发活动的基础。参加这一正式评审的人员应包括消费者和生产者组织的选定代表。消费者代表不仅应包括负责系统采购（即合同和采购）的人员，还应包括最终负责现场系统运行和支持的人员。具有操作和维护经验的个人应参与系统需求审查。在生产者层次方面，那些负责系统设计的首席工程师，以及来自各设计学科和生产的代表（如有必要）应参与进来。重要的是确保第3章中确定的学科一开始就在正式的设计评审过程中得到充分体现。

总之，概念设计评审对所有相关人员都极其重要，因为是第一次从上到下、与系统需求相关的正式交流，它可为所有后续设计工作提供精确基线。遗憾的是，过去有许多项目并未执行完整的概念设计评审。此外，如果进行此类评审，结果并不提供给负责项目的设计工程师。这反过来又导致一系列的努力在一定程度上白费，未能进行有效的协调或整合。考虑到系统工程的目标，须通过有效的概念设计评审来定义和正确评估系统的良好功能基线。

5.3.2 系统设计评审

系统设计评审通常安排在初步设计阶段，这阶段完成了定义功能需求和分配、初步设计布局和详细规格编制、系统级权衡研究等（见图5.1）。这些审查面向整个系统配置，而不是系统单个设备单元、软件和其他组件。随着设计开发，重要的是确保系统规范中描述的要求得到维护。根据系统的大小和设计的复杂性，可能会安排一次或多次正式评审。系统设计评审涵盖各种主题，举例如下：

（1）功能分析和需求分配（超出概念设计审查范围的部分）。

（2）适用的开发、工艺、产品和材料规格（B、C、D和E型）。

（3）定义整个系统的设计数据（布局、图纸、零件/材料清单、供应商数据）。

（4）分析、报告、预测、权衡研究和相关设计文件。包括为支持建议的设

237

计配置而准备的材料，以及对提议内容进行评估的分析/预测，还包括可靠性、可维护性预测、后勤支持分析数据等。

（5）根据适用的技术性能指标评估提议的系统设计配置。

（6）单个计划/设计计划（如可靠性和可维护性计划、人为因素计划和后勤计划）。

参与系统设计评审的人员应包括消费者、生产者组织、参与系统生命周期早期阶段的主要供应商。

5.3.3 设备/软件设计评审

在生命周期的详细设计和开发阶段，须对系统设备、软件和其他组件进行正式设计评审，评审通常针对特定项目，包括以下 6 个方面：

（1）工艺、产品和材料规格（超出系统设计审查范围的 C、D 和 E 型）。

（2）定义主要子系统、设备、软件和系统其他适用元素的设计数据（装配图、规范控制图、施工图、安装图、逻辑图、材料和详细零件表等）。

（3）用于支持提议的设计配置和/或评估目的的分析、报告、预测、权衡研究和其他相关设计数据/文件，包括可靠性和维修性预测、人为因素任务分析、保障性分析数据等。

（4）根据适用的技术性能指标评估建议的系统设计配置。需要持续进行审查和评估，以确保在详细设计和开发的各个阶段都保持这些系统级要求。

（5）工程试验板、实验室模型、服务测试模型、样机模型和原型模型，用于支持正在评估的特定设计构型。

（6）涵盖并适用于系统的特定组件的供应商数据（图纸、材料和零件清单、分析和预测报告等）。

参与这些正式评审的人员应包括消费者（客户）、生产者（承包商）和适用的供应商组织。

5.3.4 关键设计审查

关键设计审查通常安排在详细设计完成后，在生产或施工冻结数据发布之前。设计基本"冻结"，评估设计建议构型的充分性和可生产性。关键设计评审审查以下内容：

（1）一套涵盖系统及组件的最终设计文件（制造图纸、材料和零件清单、供应商零组件数据、图纸更改通知等）。

（2）分析、预测、权衡研究、测试和评估结果及相关设计文件（最终可靠性和可维护性预测、人为因素和安全分析、后勤支持分析记录、测试报告等）。

（3）根据适用的技术性能指标评估的最终系统设计构型（即产品基线）。

（4）详细的生产/施工计划（对拟采用的制造方法、制造工艺、质量控制规定、供应商要求、材料物流和分配要求、进度表等的描述）。

（5）最终后勤和维护计划，涵盖整个用户使用阶段的拟采用的系统生命周期维护和支持。

关键设计评审的结果描述了生产和/或建造之前的最终系统/产品构型基线，这是一系列有组织、渐进评估的最后一环的活动。回顾设计和开发的以往过程，显示随着工程项目的发展，设计成熟度也在增长。重要的是全面查看设计评审过程并全面评估某些特定的系统属性，因为特别需要考虑不同评审之间紧密的连贯性，应持续评估的特定系统属性的样例如图 5.4 所示。

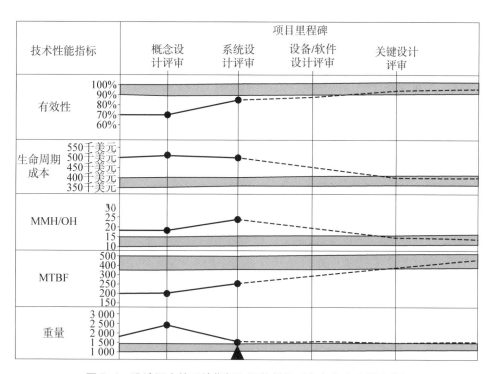

图 5.4　设计评审的系统指标和评估样例（灰色部分为期望值）

5.4 设计变更和系统修改流程

迄今为止，我们的目标是稳步开发一个系统，通过正式审查和评估过程建立一个坚实的构型基线。本质上，概念设计审查结果形成系统级需求定义，系统设计审查结果更深入描述一整套系统设计理念等。随着第5.3节中描述的一系列设计评审的进行，系统定义变得更加精细，并建立构型基线（从一次评审更新到下一次评审）。从满足前面描述的系统工程目标来看，该基线至关重要，它构成了参与设计过程的所有人员的单一参考点。

一旦确定了配置基线，严格控制基线的任何变动同样重要。当然，给定的预期基线不会一成不变，特别是在系统开发早期。然而，从一种设计构型演变到下一种设计构型过程，须仔细记录并存档相对于最初确定的系统需求的所有可能影响。通过构型管理（CM）完成构型的识别、变更控制，以保持设计的完整性和连续性。*

在国防部门，构型管理通常与基线管理概念相关。如图1.13所示，功能基线、分配基线和产品基线是随系统开发进展而建立的。通过一系列规范（类型A、B、C、D和/或E）、图纸和零件表、报告以及相关文档来描述这些基线。正式设计评审过程提供了这些基线构型的必要鉴定，并完成构型识别（CI）功能。构型识别与特定基线相关，构型状态核算（CSA）功能是一个管理信息系统，提供构型基线及其变更的可追溯性，促进变更的有效实施。CSA包括从一个构型基线演变到下一个构型基线的文档。

在整个系统生命周期的任何阶段，可针对多来源的任何一个，提议设计变更或提议针对给定基线（如CI设计）的变更，以工程变更请求（ECP）形式准备，分类如下。

一类变更：影响到形状、适用性和/或功能（如影响系统性能、可靠性、安全性、可支持性、生命周期成本和/或任何其他系统规范需求的变更）。

二类变更：相对较小，不会影响系统规范需求（如涵盖材料替换、文件澄清、图纸命名、生产商缺陷的变更）。

---

* 构型管理（CM）是识别项目生命周期中的功能和物理特性，控制这些构型的变更，并记录和报告变更处理和实现状态的过程。

根据优先级和重要性，变更可以分为"紧急""急迫"或"常规"。

系统变更控制程序的简化版如图5.5所示。可在系统开发、生产和/或运营使用的任何阶段发起对给定基线的变更提议。每个变更提议都以工程变更请求（ECP）形式提交，以供审查、评估和批准。一般来说，每个ECP应包括以下内容：*

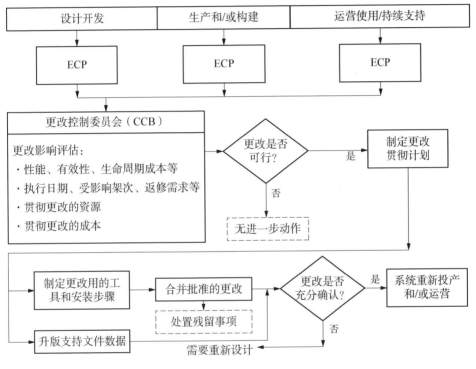

图5.5　系统更改控制流程

（1）问题陈述和变更提议描述。

（2）满足需要的替代方案简述。

（3）如何解决问题的分析。

（4）针对如何影响系统性能、有效性因素、封装概念、安全性、后勤支持要素、生命周期成本等的分析。对系统规范需求有什么影响（如果有）？对生

---

　*　在许多组织中，与构型管理和变更控制相关的过程比这里介绍的过程要复杂一些。该过程可能涉及工程变更请求（ECRs）、设计更改通知（DRNs）、接口控制文件（ICDs）等。这里的意图是提出一种简化的方法，提供对变更控制作为系统工程过程的一部分的重要性的基本理解。

命周期成本有什么影响？

（5）确保提议的方案不会引起新问题。

（6）合并变更的初步规划。即建议的合并日期、受影响的序列、改装要求和验证测试方法（如适用）。

（7）实施变更所需资源的描述。

（8）与实施变更相关的成本估计。

如图 5.5 所示，工程变更建议通过变更控制委员会［有时称为构型控制委员会（CCB）］进行处理，以供审查和评估。CCB 应以类似于 5.3 节讨论的设计审查委员会（DRB）方式运作。应包括所有受变更影响的设计学科在内的委员会成员，必要时还应包括客户和供应商代表。不仅需要审查和评估原始设计，更重要的是确保所有设计变更建议都按类似方式处理。有时项目进度"紧张"，设计师用数据记录一些东西，真正的设计构型通过"变更过程"反映。尽管这不是首选做法，但在许多情况下为节省时间，确实会发生这种情况。无论如何，对设计变更审查须与正式设计审查同等重视。

CCB 完成正式设计变更审查后，批准的 ECP 执行将得到支持，制订将变更纳入系统的计划。该计划不仅应包括主要设备所需的修改，还应包括与测试和支持设备、备件和维修零件、设施、软件和技术文档相关的修改。须综合处理该系统所有要素。

根据变更的实施时间，使用各种方法去完成系统变更的实际合并。实施时间取决于优先级和/或重要性。对于紧急情况或急迫的变更，需要立即采取行动，而常规的变更可能会在稍后便利的时候进行分组和合并。在系统设计和开发过程中，在任何硬件、软件或其他物理组件出现之前发起的经批准的变更，可在设计变更通知的准备中、等效文件的编制中、附在适用的受变更影响的设计领域图纸/文件中统筹合并。随着项目进展，这些"纸质"（或数据库）的更改将反映在新设计构型中。

当生产大批量相同产品时，如果在生产/施工阶段发生了变更，则需要识别指定的序列号或批架次，标明更改的有效性。即这个变更将被纳入生产线上序列号"X"及其后的模型中。这将确保已排产的所有适用单元将自动反映最新的构型。

对于那些已在使用的系统组件，可通过在消费者运营现场安装修改套件进行修改。安装套件后须对系统进行测试，以验证更改充分性。同时，系统支持能力（如测试设备、备件和技术数据）需要升级，兼容系统主要面向任务的组件。在理想情况下，套件的安装过程应在系统空闲或不影响任务执行的时候进行。

整个过程如图 5.5 所示，随着合并验证变更，也更新了系统构型，建立了新基线。在未验证变更充分性情况下，可能需要进行一些额外的重新设计。

5.5 供应商审查和评价

当然，对供应商活动审查和评估的需求取决于适用的供应商是提供一个主要子系统，一个新开发大型可修复产品，还是一个更小的现成不可修复产品。

对于大型主要子系统，图 5.1 所示的整个过程可能是适用的，但须针对所讨论的子系统的大小（和性质）进行"量身定制"。预先开展一次小型概念审查很重要，以确保供应商完全理解系统级基本要求，以确保提议更改的子系统符合要求。然后，根据新设计的程度和深度等，可按需启动后续审查。对于较低级别产品（如硬件、软件或同等产品），可以根据系统开发者（主承包商）和相关供应商之间的协议进行不同的详细审查。

无论如何，系统开发者（主承包商）可能希望通过解决表 5.4 中的部分或全部问题来进行供应商评估，附录 E 中有一些更详细描述来支持解决这些问题。

表 5.4 供应商评估清单样例（部分）

详细设计审查清单

a. 供应商是否制定了产品的技术性能规范，获得本规范是否"支持"并"可追溯"上级系统规格？

b. 产品是否完全符合功能性能规范（即开发、产品、工艺和/或材料规范，如适用）？

c. 是否为产品定义了适用的任务场景（或运营/利用率概况）？

d. 产品的设计特征是否对优先技术性能做出了响应措施？设计是否反映了最重要的功能？

e. 产品的设计是否采用了最先进的商业技术？

f. 产品的设计是否考虑到了适用的可靠性、可维护性、安全性、可生产性、可支持性、可持续性、可处置性和经济可行性因素？

（续表）

g. 供应商是否具备能力（组织、背景和经验、技术），以成功完成在整个产品生命周期中产品采购和支持的合同要求？

h. 供应商的组织是否在活动、职责、接口要求等方面得到了充分的定义？组织结构是否支持系统的总体计划目标？

i. 供应商是否有可用的人员和相关资源来执行正在执行的任务合同？这些人员/资源在项目期间是否可用？

j. 供应商是否有明确的制造和测试流程？

k. 供应商是否纳入了监控报告的必要控制措施，提供反馈，并根据需要启动纠正措施（在出现问题的情况下）？

l. 供应商是否在它的整个生命周期开发了产品的维护和支持能力？

m. 供应商是否完成了产品的生命周期成本（LCC）分析？又是否建立了产品保证/担保？

注：在审查各种系统供应商的产品设计特点和资质时，该清单可能有助于解决一些主要项目要求。列出的项目有更详细的问题和标准支持包含在附录 E 中。对列出的每个项目的回答都应该是 YES！

5.6 小结

本章主要讨论图 1.28 所示的基本审查、评估和反馈过程。这一过程对于系统工程的目标实现至关重要，须根据具体的系统开发工作进行调整，并且加以适当控制。持续的测量和评估活动至关重要，须从头就开始。在系统生产完成并交付运营后，执行一次性的审查和评估，纠正措施成本可能很高昂。此外，从系统支持角度来看，若缺乏适当控制，持续合并设计变更，代价可能会很大。本质上须有一个计划周密的程序方法，并进行适当控制，以确保最终有完整的系统构型集成。

习题

5-1 描述设计过程中的权衡（如你所见）。

5-2 如何完成设计评审和评估？为什么它对满足系统工程目标很重要？

5-3 建立"功能"基线包括哪些内容？"分配"基线？"产品"基线？基线管理为什么重要？

5-4 选择系统，并构建整个系统开发过程顺序流程图。确定系统开发中的主要任务，并制定正式设计评审计划/时间表。简要描述每一项所涵盖的内容。

5-5 确定通过正式设计评审获得一些好处。描述一些担忧。

5-6 在制定准备正式设计审查议程时，在选择审查过程涉及单元时须考虑哪些因素？如何确定审查和评估标准？描述准备设计评审所需步骤和资源。

5-7 设计评审过程中如何考虑技术性能指标？

5-8 如果在设计评审中发现缺陷，需要采取哪些步骤纠正？

5-9 如何发起设计变更？如何确定优先次序？

5-10 如何实施设计变更？确定系统修改中涉及的步骤。

5-11 描述 CCB 的职能。

5-12 什么是构型管理（CM）？定义构型标识（CI）和构型状态核算（CSA）。

5-13 构型管理（CM）与系统工程有什么关系？为什么它很重要？如果不遵循构型管理实践（或等效实践），可能会发生什么？

第6章 系统工程项目规划

本文的前 5 章讨论了系统工程过程、过程中的主要步骤以及一些可应用的技术和工具。该过程被定义为基线，剩下的挑战在于其实施。第 6 章~第 8 章的目标是响应第 1 章~第 5 章中所述的要求。换句话说，本文中的假设是，首先有一个确定的系统需求，然后有一个相应的规划、组织和实施计划需求作为响应（即形成所需的系统）。*

为了实现本文所述的目标，需要技术、组织和管理技能的结合应用。尽管完全理解技术流程和可用工具至关重要，但除非能创造适当的组织"环境"，并在实现既定目标的过程中有效实施适用的管理技能，否则这并不能保证项目的成功。如图 6.1 所示（见第 1 章 1.5 节），有一些与技术相关的活动，也有一些规划和组织活动，它们须在自上而下的生命周期过程中共同应用，这是前几章的主旨。

任何项目成功实施的关键都在于早期规划。系统工程活动的规划始于项目开始。随着系统的"需求"被确定，并且在选择技术设计方法时进行了可行性研究，需求被确定以定义一个可实现该系统的项目结构。如图 1.27 所示，规划始于项目需求的定义和项目管理计划（PMP）的后续发展。这进而导致系统工程需求的确定和详细系统工程管理计划（SEMP）的编制。**

---

* 在许多情况下，会有一种倾向性，即首先提出一个系统实体，然后试图证明围绕该系统的特定需求，无论是否需要该系统。在这种情况下，重要的是要建立适当的思维过程，证明对一个系统的需求是合理的，再通过良好的规划、实施有效的组织方法等来开发一种响应该需求的方法。

** 需要注意的是，根据项目和组织的不同，这个顶级规划文件有时可能被确定为系统工程计划（SEP）或系统工程工作计划（SEWP）。不同的称呼有时会被不同的客户和供应商使用。然而，为了简单起见，本文采用了 SEMP 一词。此外，每个项目通常都有一个总体规划文件，文件涵盖了高层的所有项目需求，并触发了针对特定活动领域的各种低级别计划。尽管具体的命名可能因程序而异，但在本实例中选择了项目管理计划（PMP）来表示这个顶级计划（见图 3.2，第 3 章）。

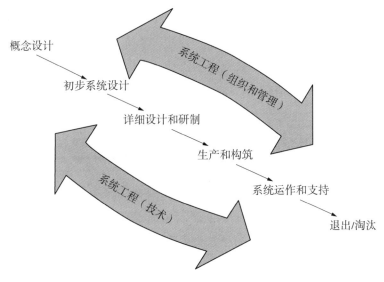

图6.1　应用系统工程过程的管理和技术

　　SEMP 是在概念设计和超前规划阶段开发的，如图 6.2 所示，包括对系统
工程功能和待完成任务的描述、工作包和工作分解结构（WBS）、任务时间表
和成本预测、组织结构及其接口、关键政策和程序、文档和报告要求、适当的
通信网络等。SEMP 构成了总体规划文件，其中包括成功实施本文前 5 章所述
要求的必要指示和指导材料。*

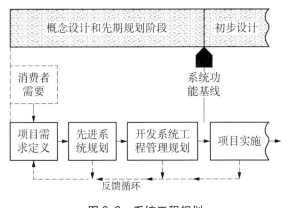

图6.2　系统工程规划

---

　　* 在 SEMP 的准备和实施过程中，应注意到，系统工程活动可能由客户（消费者）、主要制造商
（供应商）和/或主要供应商来实施。在某些情况下（特别是对于大型项目），客户可能为整个系统的
初始 SEMP，制造商准备一个较低级的 SEMP。显然，后者必须从前者的初始 SEMP 上开发出真正的
SEMP。无论如何，本文的目的是描述 SEMP 中可能包含哪些元素，而不是试图区分谁做了什么。并根
据特定项目的需求，进行适当的"裁剪"。

本章涵盖了系统工程规划，这是系统管理的第一步，如图 6.2 所示。提交的材料导致了对系统工程组织（见第 7 章）和系统工程项目评估（见第 8 章）的讨论。执行前 5 章中描述的要求高度依赖于最初的规划以及随后的组织、管理、评估和控制的彻底性。

6.1　系统工程项目要求

如图 6.2 所示，规划过程的第一步涉及型号（或项目）需求的定义。虽然这看起来很基本，但是每个型号都是不同的，因此系统工程需求须相应地进行调整。然而，本章描述的概念和方法适用于所有型号。只有应用性质和深度会因项目而异。

6.1.1　早期系统规划的必要性

系统工程概念和方法的成功实施在很大程度上取决于：①在系统开发中采用自上而下的方法；②早期整合设计和相关支持活动；③从整个系统生命周期的角度来看需求；④从一开始就准备完整的需求文档（或等效文档），即适用的规格和计划。随着早期系统概念的产生和可行性研究的进行，在确定应对给定的设计问题的可供替代的技术解决方案时，须启动适当级别的规划，以确保通过分析产生的想法得到适当的处理，并以成本效益高的方式集成到最终产品构型中。

系统工程规划在需求分析（见 2.2 节）期间的项目开始时开始。需要与客户（消费者/用户）进行联络活动，以确保定义的需求得到正确解释和准确描述，并确保从所述需求到系统需求定义的转换具有响应性。在早期定义系统需求时，这是一个关键的步骤，因为沟通隔阂的存在，往往会导致真正的需求不能被完全理解。当然，这可能会导致某些无法实现的预期功能的设计构型的规划信息开发。

鉴于对需求的识别和描述，下一步包括完成可行性研究（见 2.3 节）。确定了未来的技术机会，并研究了可能的设计应用的替代方法。正在考虑的每种备选方案的可行性不仅需要满足必要的性能要求，还需要对以下问题做出响应：

（1）是否定义了与每个备选方案相关的资源需求（即人力、材料、设备、软件和数据需求）？是否确定了供应源？必要资源在需要时是否可获得？

（2）正在考虑的备选方案是否反映出基于生命周期分析的高成本效益方法？

（3）是否已完成影响分析，以确定给定的替代方案是否可能产生二级和/或三级影响？希望选择的替代方案不会对环境产生有害影响；即图 3.30（见 3.4.11 节）所示社会、政治、可持续发展和/或生态问题。此外，应尽量降低与其他系统的交互影响。

（4）系统体系（SoS）上下文中的所有主要接口是否都已定义（如适用）？希望同一整体层级中的其他系统（及其各自的供应链）不会对正在引入的新系统产生任何不利影响。

正是在生命周期的这个阶段，早期系统工程规划非常重要。分析工作针对系统层面；识别潜在供应商；启动整个系统集成过程；评估交互影响（内部和外部），并识别潜在风险领域。通过运营需求的开发、维护概念、技术性能度量的优先级，系统定义不断进行，规划过程通过另一系列迭代进行演变逐步发展。在系统各种要素的技术集成和参与系统开发的许多不同组织、供应链实体的集成方面，系统集成的需求都更高。

系统规划是持续的，从需求定义开始，一直延伸到 SEMP 开发。随着系统级需求的定义，规划过程将识别那些须完成的活动，以提供满足这些需求的系统构型。在系统生命周期的这个阶段，设计和管理决策对以后的项目活动有很大影响。因此，当务之急是一开始就实施一项完整和全面的规划工作。

6.1.2　项目要求确定

尽管描述系统工程的概念、方法和过程通常适用于所有类型的系统，但它们须定制每个单独的应用。这些应用多种多样，包括如下几个：

（1）具有许多不同组件的大型系统，如空间系统、城市交通系统、水力发电系统、医疗保健系统、教育系统、娱乐系统等。

（2）组件相对较少的小型系统，如本地通信系统、计算机系统、液压系统、机械制动系统等。

（3）需要大量新设计和开发工作的系统，即新技术的应用。

（4）设计主要基于现有标准、现成组件、可复用知识产权的系统。

（5）设备高度密集型、软件密集型、设施密集型或人力密集型的系统，如与生产系统相对应的有地面指挥和控制系统、数据分发系统、医疗保健系统和维护网络系统。

（6）有大量国内、国际两级供应商参与设计和开发的系统。

（7）设计和开发过程中涉及多个不同组织的系统。

（8）正在设计和开发供政府部门使用的系统，存在潜在的合规问题，还可供商业部门、私营部门等使用。

尽管本章基本上只讨论了第 1 章中所述系统的几个主要类别（即人造的、开环的、动态的系统），但其中仍然有各种各样的应用，如图 6.3 所示。

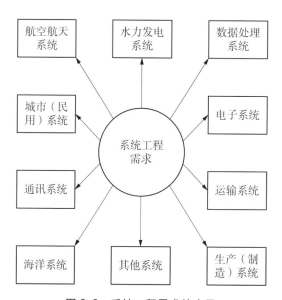

图 6.3　系统工程需求的应用

在每种情况下，第 2 章所述的系统工程过程都是适用的。尽管努力程度和深度会有所不同，但形成系统所需的步骤基本相同。完成需求分析和可行性分析；描述运营需求和系统维护概念；完成功能分析和需求分配。尽管可能正在处理一个相对简单的案例（如一个由标准现成组件组成的小型系统），但仍需要完成自上而下的需求分析、功能分析和分配等。换句话说，会存在一个系统设计要求（尽管是按比例缩小和定制的），即使在子系统或组件级可能不需要新的设计。

遵循图 1.13（见第 1 章）中反映的一般步骤是设计和开发任何新系统的一种良好的总体方法。随着从需求分析到完成可行性研究和系统级需求的定义，这个过程从识别"是什么"发展到"如何做"；也就是说，在系统能力方面需要什么，以及从技术设计方法的角度来看，应该如何实现这一点。对建议的技术设计方法的早期反应进行评估，从而确定具体的计划（或项目）要求。

在这种情况下，项目要求是指在采购和/或收购系统时，为满足规定的需求，而采取的管理方法和应遵循的步骤，以及识别实现这一目标所需的资源。应建立一个项目结构，使以经济高效的方式实现系统的设计和开发、生产和/或建造并交付给消费者。这包括确定项目功能和详细任务、开发组织结构、开发工作分解结构（WBS）、编制项目时间表和成本预测、实施项目评估和控制能力等。这些信息以项目计划的形式呈现，为实现任何技术目标提供必要的日常管理指导。

为了实现本书前几章所述的系统工程目标，SEMP 被作为每个项目早期规划要求的一部分而开发（见图 6.2）。尽管具体内容可能因情况而异，但 SEMP 的一些主要特征在 6.2 节中有所说明。

6.2 系统工程管理计划

如图 3.2 所示，SEMP 是基于项目管理计划（PMP）开发的，涵盖了与给定项目的系统工程活动绩效相关的所有管理功能。SEMP 构成了总工程师识别和整合所有主要工程活动的计划；也就是说，最高技术计划允许整合更多的从属计划，如机械工程设计计划、软件工程计划、可靠性和可维护性计划、人为因素和安全计划等。

SEMP 的准备工作由"系统经理"负责，并可由客户（消费者/用户）或主要承包商（生产商）完成，具体取决于项目。客户、主承包商或主要生产商、分包商、供应商等之间的关系，尤其对于大规模系统，可采用图 6.4 所示的形式。在这种情况下，客户/用户是系统经理，负责 SEMP，但可将整体系统集成和管理责任委托给主承包商（即图中的承包商 A 或承包商 B）。

一方面，如果客户准备了 SEMP，那么承包商 A 和承包商 B 须各自准备一

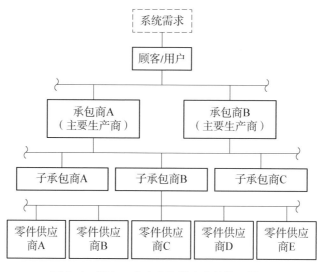

图 6.4 顾客、生产商和供应商的接口界面

份涵盖各自的系统工程活动的 SEMP，每个活动都响应更高级别 SEMP。另一方面，如果系统集成和管理责任被委托给承包商 A（例如），则准备 SEMP 和执行其中定义的任务的责任将在这个级别上。

这里讨论的过程似乎不言自明。然而，须明确：如果 SEMP 要有意义并实现其目标，它须直接从顶层 PMP 开发。此外，为了实现 SEMP 所述功能，SEMP 责任须由项目经理（或项目总监）明确定义和支持。当系统管理责任被委托给承包商 A（见图 6.4）时，承包商 A 须被赋予一定的责任和权力，以代表承包商 B、所有分包商、适用的供应商执行所有系统级功能（在 SEMP 中描述）。最后，SEMP 须被适当确定，作为整个项目文档树结构中的关键顶层设计工程计划。[*]

应注意的是，需要经常特别考虑软件领域，因为现在嵌入式软件不仅成为许多系统的大脑，也成为其功能的支柱。如图 6.5 所示，更传统的 SEMP 仍然有一节专门讨论软件（第 6.2 节——软件工程），但是随着软件管理工作规模和范围不断扩大，被讨论的软件部分通常只代指其他文档。虽然有些人将该计

---

[*] 包括 SEMP 覆盖范围在内的另外两个消息来源如下：

（1）A. P. Sage 和 J. E. Armstrong，《系统工程导论》（纽约：John Wiley & Sons，2000）。

（2）B. S. Blanchard 和 W. J. Fabrycky，《系统工程与分析》，第五版（霍博肯，新泽西州：Pearson Prentice Hall，2011）。

划混淆为软件工程管理计划或软件项目管理计划（SPMP），但许多人将其简单称为软件开发计划（SDP）。正因为如此，一开始就定义系统和管理术语非常重要，这样所有相关方就不会混淆。*

系统工程管理计划
1.0 概述
2.0 适用文档
3.0 系统架构概述
4.0 系统工程流程
4.1 系统运行要求
4.2 维护理念
4.3 技术性能测度
4.4 功能分析（系统级）
4.5 需求分配
4.6 系统综合、分析和优化设计
4.7 系统测试与评估
4.8 施工/生产要求
4.9 系统利用与持续支持
4.10 系统退役和材料回收/处置
5.0 技术方案的规划、实施和控制
5.1 项目要求/工作说明
5.2 组织（顾客/生产商/供应商结构及相互关系）
5.2.1 生产商/承包商组织（项目/职能/矩阵）
5.2.2 系统工程组织
5.2.3 程序任务
5.2.4 供应商要求
5.3 关键组织接口
5.4 工作分解结构（WBS）
5.5 项目进度表和里程碑图
5.6 技术绩效测评（TPM）"跟踪"
5.7 项目成本（预测/报告）
5.8 技术沟通（项目报告/文件）
5.9 程序监视与控制
6.0 工程专业整合（重点工程专业认定；它们如何与系统工程相关联，以及它们之间的相互关系）
6.1 "功能"工程（如电气、机械、结构、工业等）

---

* 在这种情况下，SEMP 通常作为供应商向客户需求响应的一部分。

6.2 软件工程

6.3 可靠性工程

6.4 维护性工程

6.5 人因工程

6.6 安全工程

6.7 安全工程

6.8 制造与生产工程

6.9 物流与保障工程

6.10 一次性工程

6.11 质量工程

6.12 环境工程

6.13 价值/成本工程

6.14 其他工程学科（视情况而定）

7.0 配置管理

8.0 数据管理（DM）

9.0 程序技术要求（计算机辅助方法、EC/EDI/IT 应用程序等）。

10.0 特殊国际要求

11.0 风险管理

12.0 参考资料（规范、标准、计划、程序、相关文档）

图 6.5　系统工程管理计划概览

　　就材料内容而言，SEMP 须根据系统要求、项目规模和复杂性、采购和收购过程的性质进行定制。为了表明 SEMP 中可能包含的信息的性质，图 6.5 给出了一个建议的大纲。虽然这个大纲肯定不是"固定的"（因为在具体的使用中，可能会有各种各样的变化），但是它将作为进一步讨论一些内容的指南。这里并不对 SEMP 详细大纲中每个主题都进行讨论，但是一些选定领域值得更多研讨。[*]

　　软件领域尤其值得注意，因为嵌入式软件现在不仅成为许多系统的"大脑"，也成为它们功能的支柱。传统 SEMP 仍然有一节专门讨论软件——通常在图 6.5 所示的"工程专业集成（第 6 节）"部分。然而，随着软件管理工作量的持续增长，SEMP 的软件部分通常只是引用其他文档。虽然有些人可能会把这个计划称为"软件工程管理计划"，但大多数人可能会简单地称之为"软件开发计划"（SDP）。如本章开头所述，最好定义系统和管理术语，以避免所有相关方之间的混淆。

---

　　[*] 在通常情况下，供应商要负责系统工程管理计划（SEMP）的开发和实施，但没有被授权完成任务。因为系统工程的要求必须从顶端开始，所以授权适当级别的权力和责任是至关重要的。

6.2.1 工作说明书

工作说明书（SOW）是对给定项目所需工作内容的叙述性描述。关于SEMP，它须根据PMP中描述的整个项目的SOW制定，应包括以下内容：

（1）将要完成的任务概述。6.2.2节给出了主要系统工程任务的标识。反过来，这些任务须得到6.2.4节中讨论的工作分解结构（WBS）中包含的工作元素支持。

（2）识别其他任务的输入要求。这些可能包括项目内完成的其他任务、客户完成的任务、供应商完成的任务结果。

（3）完成规定工作范围所需的适用规范（包括系统A类规范）、标准、程序和相关文件的参考。这些参考应在6.2.5节中描述的文档树中被确定为关键要求。

（4）将要实现的具体结果描述。这可能包括可交付设备、软件、设计数据、报告、相关文件，以及6.2.7节中提出的建议交付时间表。

在准备SOW时，以下五项一般准则被认为是适当的：

（1）SOW应该相对简短且切中要害（最多两到三页），并且须以清晰和准确的方式书写。

（2）须尽一切努力避免可能产生的歧义和读者误解。

（3）考虑到实际应用和可能的法律解释，充分详细描述要求，以确保清晰。不要不够或过度。

（4）避免不必要的重复，避免引入无关材料和要求。这可能造成不必要成本。

（5）不要重复引用参考文件中已经包含的详细规范和要求。

SOW将由许多不同背景的人（如工程师、会计师、合同经理、调度人员、律师）查阅，对于所需的工作范围，不得有任何未回答的问题。该说明书构成了详细任务的定义和成本计算、分包商和供应商要求等的基础。

6.2.2 系统工程功能和任务的定义

本书中定义的系统工程涵盖了广泛的活动范围。甚至可能看起来，"系统工程师"或系统工程组织什么都做！尽管这并不实际，但系统工程目标的实现确实需要直接或间接参与项目活动的几乎每个方面。挑战在于确定那些将整个系统作为一个实体处理的功能（或任务），一旦成功完成，将对许多必须完成的许多相关和从属任务产生积极影响。

为了确定系统工程的选定数量的关键任务，第 2 章中描述的过程可以视为进一步讨论的框架。首先，回顾一些总体基本目标。系统工程有如下 6 个目标：

（1）通过自上而下的迭代需求分析，确保系统的设计和开发、测试和评估、生产、运行和支持的需求得到及时开发。

（2）确保根据与所有期望特性相关的有意义和可量化的标准对系统设计备选方案进行适当评估，如性能因素、有效性因素、可靠性和可维护性特征、人为因素和安全因素、可保障性特征和生命周期成本数字。

（3）确保及时有效地将所有适用的设计学科和相关专业领域适当整合到整个工程工作中。

（4）确保整个系统开发工作以合理的方式进行，包括已建立的构型基线、正式的设计审查、支持设计决策的适当文档、必要的纠正措施。

（5）确保系统的各种元素（或组件）相互兼容，并结合在一起，以提供一个能以有效和高效执行其所需功能的实体。

（6）确保在同一系统体系构型中的其他系统接口被正确识别，并且这些外部系统与引入的新系统兼容。

对这些总体目标的回顾引出了一个问题，为了成功实现系统工程目标，应该执行哪些详细计划（或项目任务）？尽管每个单独项目都不同，相关活动也须相应调整，但是表 6.1 中给出的任务在大多数情况下都是适用的。为了更好地说明，以下是对每一种情况的简要描述：

（1）进行需求分析和可行性研究（见 2.1~2.3 节）。这些活动应该是系统工程组织的责任，因为它们将系统作为一个实体来处理，并且在系统需求的初始解释和后续定义中至关重要。

（2）定义系统操作要求、系统维护概念和技术性能测度（TPM）（见 2.4~2.6 节）。这些活动结果包含在系统级需求的总体定义中，是自上而下系统设计的基础。

（3）准备系统 A 类规范（见 3.2 节）。这是系统设计的顶级技术文档，实现系统工程目标取决于本规范的完整性和全面性。B、C、D 和 E 类规范基于

"A"类规范的要求。

（4）编制 TEMP（试验评估主计划，见 2.11 节）。本章反映了系统总体评估中应遵循的方式、方法和程序，易符合最初规定的要求。尽管测试有许多不同的且相对较小的方面，但是正是这些方面的汇编提供了对系统整体的评估。

（5）编制 SEMP（系统工程管理计划，见 1.5 节和 6.2 节）。当然，这是所有系统工程项目活动的最高管理文件。

（6）完成功能分析和需求分配（见 2.7 节和 2.8 节）。功能分析是将系统级需求转化为详细设计标准的过程，为许多不同的单独设计学科任务的开发奠定了基础（见 2.7.4 节）。分配过程定义了系统不同组件的具体设计要求，无论是通过供应商活动开发的还是现成采购的。无论如何，这项工作具有非常重要的意义，因为它通过提供系统功能方面的通用基线定义，推进了必要的设计集成工作。

（7）在整个设计和开发过程中，持续完成系统分析、综合和设计集成功能（见 2.9 节、2.10 节和第 3 章）。系统集成本质上是迭代的，包括处理设备、软件、人员、设施等物理和功能接口的技术考虑，以及与组织接口相关的管理考虑。从管理的角度，系统工程组织负责确保：①所有与项目设计相关的功能/任务得到初步定义；②适当的职责和工作关系得到确立；③组织和沟通渠道得到识别；④项目要求完成令人满意。系统工程组织负责确保各种设计学科之间存在适当级别的沟通、协调和集成。特别感兴趣的是可靠性工程（见表3.2）、可维护性工程（见表 3.3）、人为因素工程（见表 3.4）、安全工程（见表 3.5）、物流（见 3.4.8 节）、软件工程（见 3.4.1 节）、制造和生产工程（见 3.4.7 节）、质量工程（见 3.4.10 节）、价值/成本工程（见 3.4.12 节）和环境工程（见 3.4.11 节）的任务要求。

（8）规划、协调和召开正式的设计评审会议，如概念设计评审、系统设计评审、设备/软件设计评审和关键设计评审（见第 5 章）。系统工程组织负责确保进行持续的设计评估。这部分通过安排定期设计评审会来实现。这些会议须由公正的个人来主持，总体结果须支持系统级设计目标。

（9）监控和评审系统测试和评估活动（见 2.11 节）。从解释单个测试结果到将其整合到整个系统评估中，系统工程组织的参与至关重要。

（10）规划、协调、实施和控制设计变更，因为它们是由非正式日常评审

257

活动或正式设计评审（见 5.4 节）发起的 ECP 演变而来。系统工程组织负责通过设计和开发过程建立和维护系统"基线"，如图 1.13 中的"功能"基线、"分配"基线和"产品"基线。随着系统在其计划的生命周期中的发展，系统工程基本上负责构型管理。

（11）启动和维护生产/施工联络、供应商联络和客户服务活动。随着系统构型从设计和开发阶段进入生产和/或建设阶段，随后进入运营使用阶段，需要特定级别的工程支持。目的是提供一些工程方面的帮助，包括培训和理解系统设计、将批准的工程更改纳入系统以及从生产活动和现场消费者操作中获取数据。系统工程组织须能在整个计划生命周期内跟踪系统。

刚刚描述的 11 个基本型号项目任务构成了一个可能适用于典型项目的示例，尽管具体要求可能因项目而异。目标是确定面向系统的任务，这些任务对于实现前面所述的六大系统工程目标至关重要。更具体地说，从最初确定需求开始，就须遵循整个系统方法。随着设计的进展，正在开发的系统构型须包括所需的特性。最后，从满足最初确定的要求角度来验证产品输出至关重要。

在完成这一任务时，有需求定义任务，有设计审查和批准任务，有构型控制任务，还有最终测试和评估任务。这些活动是通过提供关键文件（规范、计划和报告）、利用适当反馈规定进行精心安排的设计审查，以及提供必要的持续协调和集成努力来进行的。这些活动须解决图 6.4 中描述的各个级别完成的所有系统功能。

为了更深入地理解这 11 项任务，表 6.1 给出了一个总结，列出了这些任务，并显示了典型输入和输出要求。尽管大多数输入输出需求都不言自明，但是通过对本书相关章节的回顾，有必要进行一些额外讨论以支持任务 6 的输出需求，即功能分析和分配。

表 6.1　系统工程任务

系统工程任务	任务输入要求	任务输出要求
1. 进行需求分析和可行性研究	消费者/客户需求文档、涵盖技术应用的技术信息报告、选定的研究报告、支持设计方法的权衡研究报告	可行性研究报告、证明系统级设计决策的权衡研究报告

系统工程任务	任务输入要求	任务输出要求
2. 定义操作要求和系统维护概念	消费者/客户需求文档、客户规范和标准、可行性研究报告、支持设计方法的权衡研究报告	系统需求文档（操作需求和维护概念）、权衡研究报告证明系统级设计决策、优先 TPM 列表、功能分析（系统级）
3. 准备系统 A 型规范	技术信息报告，包括技术应用，可行性研究报告，系统需求文档（操作需求和维护概念），权衡研究报告、证明系统级设计决策，优先 TPM 清单，功能分析（系统级）	系统类型 A 规范
4. 准备 TEMP 文件	系统 A 型规范、客户测试规范和标准、试验需求表（单个学科的试验需求）	TEMP
5. 准备 SEMP	消费者/客户需求文档、客户程序规范和标准、系统需求文档（操作需求和维护概念）、系统 A 型规范、临时性系统计划信息、PMP	SEMP
6. 完成功能分析和需求分配	系统需求文档（操作需求和维护概念）、系统规范、证明系统级设计决策的权衡研究报告	功能分析报告-功能流程图（操作和维护功能）、时间线分析表、需求分配表（RAS）、权衡研究报告、试验需求表、设计标准表
7. 完成系统分析、综合和设计集成	消费者/客户需求文档，客户规范和标准，功能分析报告，系统 A 型规范，SEMP，TEMP，单个设计学科的规划要求	选定的设计数据、系统集成报告、供应商数据和报告、证明设计决策的权衡研究报告、选定的设计专业报告（预测和分析）
8. 计划、协调和进行正式的设计评审会议	PMP、SEMP、适用的设计数据（图纸、零件和材料清单、报告、软件、数据库）、证明设计决策的权衡研究报告、单个设计专业报告（预测、分析等）	设计评审会议记录、指定职责的行动项目列表、批准/发布的设计数据和支持文档
9. 监督和审查系统试验和评估活动	TEMP、SEMP、单独的测试数据和报告	系统试验和评估报告
10. 计划、协调、实施和控制设计变更	构型管理数据和报告（设计基线的描述）、提出的工程变更建议、变更控制要求和行动	变更实施计划、变更验证数据/报告

（续表）

系统工程任务	任务输入要求	任务输出要求
11. 建立并维护生产/建造联络，供应商联络和客户服务活动	系统设计数据、生产/建设需求、批准的设计变更、系统操作和维护程序、消费者/客户操作和系统使用需求、现场数据和故障报告	现场数据和故障报告、现场运作的客户服务报告

　　功能分析包括将系统级需求转化为详细设计标准的过程，并以功能术语给出系统构型的完整定义（见 2.7 节）。在 2.7.1 节中描述的功能流程框图的开发有助于功能分析的完成（详见附录 A）。基于这些图表，系统工程师可能希望从串并联关系、持续时间、最终确定主要资源需求角度进一步评估各种功能。此外，需要通过时间表分析表、需求分配表（RAS）、权衡研究报告、测试需求表、设计标准表等向项目/项目人员传达特定的功能需求。以下段落简要讨论了时间线分析表和需求分配表。

　　尽管功能框图只是传达了一般的串并联关系，但这些要求可通过使用时间线分析表来进一步发展。时间线分析为定义各种功能的持续时间增加了不少细节。可以预测功能/任务的并发性、重叠和顺序关系。此外，可很容易识别关键时间的功能，也就是说，那些直接影响系统可用性、运行时间和维护停机时间的功能。时间线分析表格式示例如表 6.2 所示。

表 6.2　时间线分析表

系统	子系统		需求描述												
源（功能流程图）	功能号	地点	需求描述												
任务序号	任务描述	负责人	运行时间/小时											时间合计
			0.5	1.0	1.5	2.0	2.5	3.0	3.5	4.0	4.5	5.0	5.5	6.0	

　　需求分配表（RAS）通常用作基于功能分析确定特定设计需求的主要文档。RAS 是为功能流程框图中每个模块开发的。描述了性能需求，包括功能目的、功能必须完成的详细性能特征、功能关键程度、适用的设计约束。性能

需求须考虑设计特性，如尺寸、重量、体积、产量、吞吐量、可靠性、可维护性、人为因素、安全性、可支持性、经济因素等。RAS 确定了从功能分析中得出的定性和定量性能需求。这些需求得到了充足且详尽的扩展，以便进行替代概念的综合评估，同时使用了设备、人员、软件和设施方面的资源组合，以满足每个功能需求。RAS 中包含了这些资源需求的初步定义。表 6.3 是图 2.16 的扩展，给出了需求分配表（RAS）格式的示例。

表 6.3　需求分配表

系统	子系统		需求描述								
源（功能流程图）	功能号	地点	人员需求				设备需求		软件和数据需求		设施需求
功能性能和设计需求	任务	任务时间	性能需求	培训	术语	规范	术语	规范	术语	规范	术语 规范

任务 6（见表 6.1）的具体输出将在结构和格式上有所不同，具体取决于系统类型以及设计和开发阶段。对于涉及许多不同接口的大型系统，可能存在图 6.6 所示的关系。参考该图，主要目标：一方面，促进（即强制）文档过

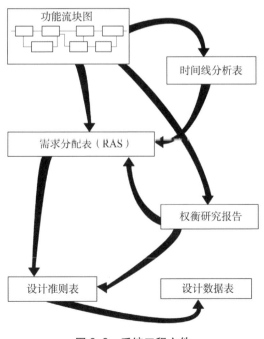

图 6.6　系统工程文件

程或正式的可追溯性，直到为系统各个组件开发特定的设计标准（如果适用）；另一方面，对于设计相对简单的较小系统，利用所有这些数据输出可能不可行。

6.2.3　系统工程组织

SEMP 最重要的部分之一描述了实现 6.2.2 节中定义的目标和任务而提出的组织结构。一个特定的、单独的系统工程部门或小组本身将无法完成表 6.1 中列出的 11 项任务的全部工作。然而，目的并非要证明一个大型组织能够解决细枝末节的问题。但是，系统工程组织通过其系统级技术专长和领导能力，须带头确保这些任务要求以有效、高效及及时的方式完成。换句话说，如果要成功完成指定任务，那么系统工程组织须能与项目内部（和外部）许多其他团队合作，影响和激励他们。系统工程组织须尊重并配合其他必要职能，以便进行适当整合（见附录 C：C.8——组织结构对系统开发的影响）。

图 6.7 是一个简图，展示了一个系统工程部门/团队如何适应大型承包商的整体组织中的其他主要职能，并与这些职能相关联。在深入探讨"组织"这个主题时，很明显有许多不同的适用结构和方法。如主系统工程组织可能包含在客户组织中，承包商组织中有各种响应子组。在承包商组织中，基本结构可以构成功能方法、项目/产品线方法、矩阵方法或其各种组合。这些方法各有优缺点，这对于识别系统工程组织是否能在所提供的结构内有效工作至关重

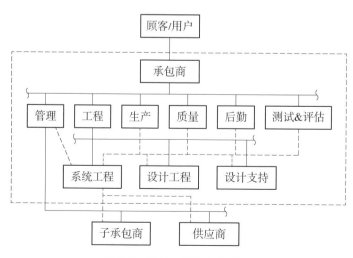

图 6.7　系统工程组织和接口

要。此外，还有涉及分包商和供应商的外部互动，反过来，可能对完成所需工作至关重要。

第 7 章详细介绍了组织的主题——组织结构的发展、组织的人员配置和"系统工程组织"。然而，在这一点上，应该强调，完整和彻底地讨论将要实施项目的组织方法，须包括于正在开发或修改的系统 SEMP 中。尤其引人注目的是要实现本章所描述的目标，需要有许多的接口。图 6.7 中虚线所示的有效通信链路，须从一开始就到位并正常工作。虽然系统工程模块（见图 6.7）中的组织"组成"在纸面上看起来可能很棒，但除非许多提到的接口每天都在运行，否则它不会起作用。

6.2.4　开发工作分解结构[*]

在生成工作说明书（SOW）和确定组织结构之后，项目规划初始步骤之一是开发工作分解结构（WBS）。WBS 是一个面向产品的树形图，用于识别为完成给定项目须执行的活动、功能、任务、子任务、工作包等。它显示并定义了待开发系统（或产品），描绘了要完成的所有工作要素。WBS 不是项目人员分配和职责方面的组织结构图，而是为项目规划、预算、合同和报告而准备的工作包结构。不应创建一个"影子"组织结构图的 WBS，因为它通常不能描述每个项目的独特性。

图 6.8 展示了 WBS 开发的一种方法。在系统规划早期阶段，总体工作分解结构（SWBS）通常由客户准备，并包含在需求建议书（RFP）或投标邀请书（IFB）中。这种结构是自上而下开发的，主要用于预算和报告，涵盖所有项目职能，通常包括 3 个活动级别：[**]

（1）第 1 级：确定整个项目工作范围，或要开发、生产和交付给客户的系统。第 1 级是所有项目工作的授权和"继续"（或发布）的基础。

（2）第 2 级：确定各种项目或活动类别，其须根据项目要求完成。它还可包括系统的主要部分和/或重要项目活动，如子系统、设备、软件、支持元素、

---

[*] 处理项目管理的大多数文件都涉及 WBS 和工作包。一个不错的参考文献是 H. Kerzner，《项目管理：计划、调度和控制的系统方法》，第 9 版（霍博肯，新泽西州：John Wiley & Sons，2005）。

[**] 尽管在 6.2.2 节中描述的 11 个任务一般反映了一个系统工程组织的通用方法，但 WBS 的开发将确定 SEMP 所涵盖系统的具体任务需求。这就需要一种量身定制的方法。

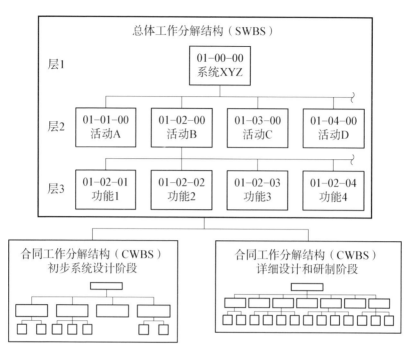

图 6.8　部分的 WBS 研制

项目管理、系统测试和评估。项目预算通常是在这一级别编制的。

（3）第 3 级：确定直接从属于第 2 级项目的活动、功能、主要任务和/或系统组件。计划时间表通常是在这一级准备的。

随着项目规划的进展和单个合同谈判的完成，SWBS 进一步发展，并适应特定合同或采购行动，形成合同工作分解结构（CWBS）。客户可开发 SWBS，以启动项目工作活动。该结构通常反映出分配给项目的所有组织实体工作的综合努力，不应与任何单一部门、组或部分相关。客户 RFP 中包含的 SWBS 是定义待执行项目的所有内部和合同工作的基础。通过随后的建议书准备、合同谈判和相关流程，选择承包商 A 来完成与初步系统设计阶段相关的所有工作，选择承包商 B 来完成与详细设计和开发阶段相关的所有工作。根据各个工作说明书的定义，开发了一个 CWBS 来确定每个项目阶段的工作要素。CWBS 是根据特定合同（或采购行动）定制的，可能适用于主承包商、分包商和/或供应商，如图 6.4 所示。

WBS 构成了项目活动自上而下的层次结构，可进一步划分为功能、功能到任务、任务到子任务、子任务到各级别工作等等。相反，详细任务（具有被定义的开始和结束日期）可合并到工作包中，工作包可集成到功能和活动中，所有工作积累都反映在顶层项目或系统级别。

在开发 WBS 时，须注意确保：①自上而下提供与工作相关的持续信息流；②阐明所有适用工作；③提供足够级别，以便为成本/进度控制确定明确工作包；④消除重复工作。如果 WBS 没有包含足够级别，那么管理可见性和工作包集成可能很困难的。然而，如果存在太多级别，那么在执行项目审查和控制工作时又可能会浪费太多时间。

图 6.9 展示了涵盖大型系统开发的 SWBS 的示例。由于项目要求是通过合同（或采购）安排定义的，因此 SWBS 很容易转换成 CWBS，以反映合同要求的实际工作。合同文件中出现的 CWBS 也分为三级，以便为规划提供良好基线，同时允许承包商组织内部有一定灵活性。CWBS 扩展可在必要时完成，以提供内部成本/进度控制。

图 6.10 显示了系统工程活动扩展到第五级，即图 6.9 中 3B1100 项下的工作包。目的是识别表 6.1 中所示的主要系统工程任务，并在适当的成本/进度可见性所需的范围内，以 CWBS 格式提供这些任务分解。值得注意的是，图 6.10 包括两个不同的 CWBS，一个涵盖了概念设计和前期规划阶段工作，另一个涉及初步系统设计阶段所需工作。每个单独的 CWBS 都源自 SWBS 和整个计划 CWBS。此外，两者之间须有密切联系，因为初步设计 CWBS 须反映从早期阶段直接演变而来的活动。

WBS 要素可包括可识别的设备或软件项目、可交付的数据包、后勤支持要素、人力服务或其组合。应选择 WBS 元素，以允许根据成本初步构建预算并对技术性能指标进行后续跟踪。因此，在将 WBS 扩展到更低层时，日常任务管理要求须与项目总体报告要求相平衡。本质上，项目活动被拆解到与组织和成本账户最底层的关联，如图 6.11 所示。由此，制定时间表，生成成本估算，建立账户并监控项目活动，以实现计划/成本控制。

在开发 WBS 时，须准备好一部全面"WBS 词典"。这是一份包含 WBS 每个元素术语和定义的文档。须自上而下保持可追溯，并且须包括所有适用工作。这可通过给 WBS 中每个工作包分配一个编号来实现。在图 6.8 中，总体计划由 01-00-00 表示，编号按活动、功能、任务、子任务等加以细分。在

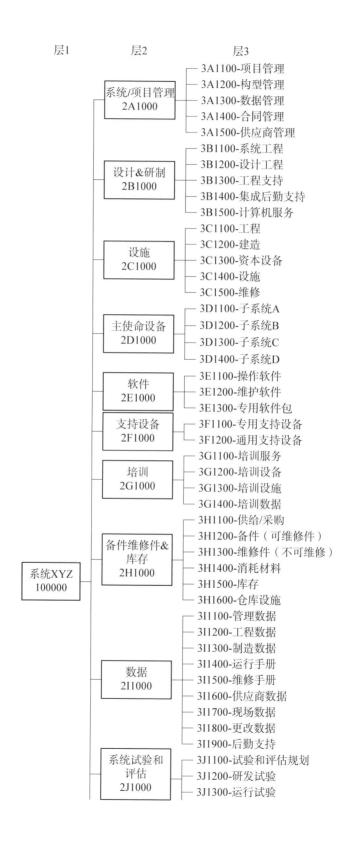

层1　　　　　　层2　　　　　　层3

系统工程管理

系统XYZ
100000

系统/项目管理
2A1000
- 3A1100-项目管理
- 3A1200-构型管理
- 3A1300-数据管理
- 3A1400-合同管理
- 3A1500-供应商管理

设计&研制
2B1000
- 3B1100-系统工程
- 3B1200-设计工程
- 3B1300-工程支持
- 3B1400-集成后勤支持
- 3B1500-计算机服务

设施
2C1000
- 3C1100-工程
- 3C1200-建造
- 3C1300-资本设备
- 3C1400-设施
- 3C1500-维修

主使命设备
2D1000
- 3D1100-子系统A
- 3D1200-子系统B
- 3D1300-子系统C
- 3D1400-子系统D

软件
2E1000
- 3E1100-操作软件
- 3E1200-维护软件
- 3E1300-专用软件包

支持设备
2F1000
- 3F1100-专用支持设备
- 3F1200-通用支持设备

培训
2G1000
- 3G1100-培训服务
- 3G1200-培训设备
- 3G1300-培训设施
- 3G1400-培训数据

备件维修件&
库存
2H1000
- 3H1100-供给/采购
- 3H1200-备件（可维修件）
- 3H1300-维修件（不可维修）
- 3H1400-消耗材料
- 3H1500-库存
- 3H1600-仓库设施

数据
2I1000
- 3I1100-管理数据
- 3I1200-工程数据
- 3I1300-制造数据
- 3I1400-运行手册
- 3I1500-维修手册
- 3I1600-供应商数据
- 3I1700-现场数据
- 3I1800-更改数据
- 3I1900-后勤支持

系统试验和
评估
2J1000
- 3J1100-试验和评估规划
- 3J1200-研发试验
- 3J1300-运行试验

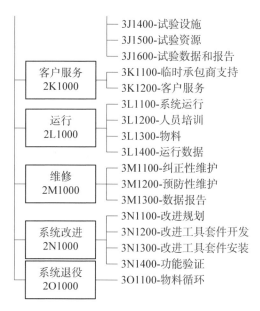

图6.9 工作分解结构摘要举例

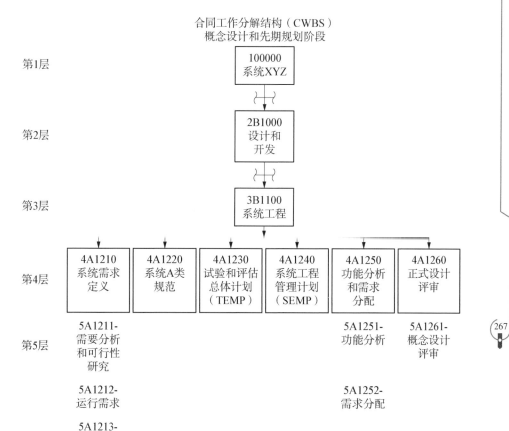

合同工作分解结构（CWBS）
概念设计和先期规划阶段

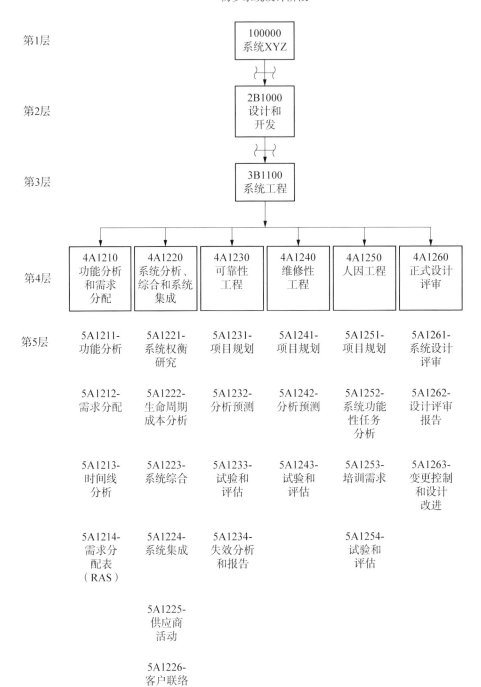

合同工作分解结构（CWBS）
初步系统设计阶段

第1层　　100000 系统XYZ

第2层　　2B1000 设计和开发

第3层　　3B1100 系统工程

第4层

4A1210 功能分析和需求分配	4A1220 系统分析、综合和系统集成	4A1230 可靠性工程	4A1240 维修性工程	4A1250 人因工程	4A1260 正式设计评审

第5层

5A1211- 功能分析	5A1221- 系统权衡研究	5A1231- 项目规划	5A1241- 项目规划	5A1251- 项目规划	5A1261- 系统设计评审
5A1212- 需求分配	5A1222- 生命周期成本分析	5A1232- 分析预测	5A1242- 分析预测	5A1252- 系统功能性任务分析	5A1262- 设计评审报告
5A1213- 时间线分析	5A1223- 系统综合	5A1233- 试验和评估	5A1243- 试验和评估	5A1253- 培训需求	5A1263- 变更控制和设计改进
5A1214- 需求分配表（RAS）	5A1224- 系统集成	5A1234- 失效分析和报告		5A1254- 试验和评估	
	5A1225- 供应商活动				
	5A1226- 客户联络				

图6.10　系统工程活动的CWBS展开显示

268

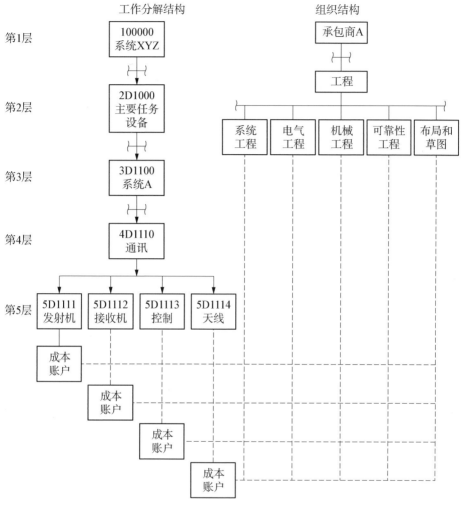

图 6.11 组织和 CWBS 的集成

图 6.9 中，使用了略有不同的编号系统。尽管不同项目（以及不同承包商）编号系统会有所不同，但重要的是要确保活动和预算/成本无论是向上还是向下都可追溯。承包商在编制建议书过程中最初生成 CWBS 时，预算可能会向下分配给具体任务。签订合同后，随着任务的完成，成本将会产生并记入相应的成本账户。然后，根据报表统计，这些成本被向上收集。WBS 提供了依据进度和成本来衡量工作包进度的工具。

269

总之，工作分解结构（WBS）提供了许多好处：

（1）可通过将整个项目或系统的元素逻辑分解为可定义的工作包来轻松描

述它们。

（2）与 WBS 开发相关的规程提供了更大的可能性，每个项目活动都将被考虑在内。

（3）WBS 是将项目目标和活动与可用资源联系起来的绝佳工具。

（4）WBS 便于预算的初始分配以及随后的成本收集和报告。

（5）WBS 为不同组织部门、小组和/或部门之间的任务和工作包的分配提供了一个极好的矩阵。很容易确定责任分配。

（6）WBS 是根据进度和成本报告系统技术性能指标的绝佳工具。

最后，WBS 是促进各级项目沟通的卓越工具。因此，须对其进行更新，以反映项目/系统变化，与构型管理行动相一致。实时 WBS 维护对于实现系统工程目标至关重要。

6.2.5　规范/文件树

在 3.1 节（见图 3.2 和图 3.3）中，规范主要用于获取项目和/或某些工作要素；即承包了新项目设计和开发、货架产品（COTS）产品采购、产品测试和验证、新设施建造、X 数量单元项生产等等。规范可适用于合同，并施加于主要承包商、分包商以及货物和服务供应商。它们是面向需求和面向性能的，它们应该规定"是什么"（即该做什么和如何做），并且须以清晰简洁的方式编写。应当消除粗糙的、多余的和模糊不清的语言表达。要求应该是可量化和可验证的，并且应避免使用判断来解释；也就是说，应避免使用诸如"最佳设计实践"和"良好工艺"之类的短语。规范确立了与设计和性能特性相关的要求。管理信息、工作说明书、程序数据、时间表和成本预测等不应包含在内。

关于应用，包括通用规范、项目相关规范、军事规范和标准、工业标准、特定公司标准、国际规范和标准。第 3.1 节中描述的不同类型规范主要指项目特有规范，或者针对特定项目要求和/或特定系统组件的规范。此外，有些规范和标准全面涵盖了组件、材料和过程，与应用无关。无论如何，在给定项目上可能有各种各样的规范和标准。*

---

　　* 工业标准可以有很大的不同，如美国国家标准协会（ANSI）、国际标准化组织（ISO）、美国测试和材料协会（ASTM）、电子工业协会（EIA）、电气和电子工程师协会（IEEE）和国家标准协会（NSA）。

在应用规范时，须格外小心，以确保它们深入到适当细节，并在系统结构适当层级应用。规范文件须详细到影响设计所需程度，包括部件选择、材料使用和工艺识别。相比之下，在系统层次结构中应用细节太多、级别太低的规范可能会非常有害。这不仅会因为不允许的可能性取舍导致创新和创造力被抑制，而且，过度规范化也会带来高昂的成本。将详细规范应用于小型商用货架组件可能会导致过度设计，反过来，会显著增加该组件成本。此外，其目的不是以任何方式妨碍需求定义过程中的 MBSE 应用，而是提供一个功能框架，并最终形成反应灵敏度的设计输出。

与规范应用相关的另一个问题涉及可能的冲突领域。经验表明：在全面应用通用规范和标准时，有时会产生冲突（如方向上的矛盾）。这些文件由不同的人在不同时间使用不同应用编写，在详细要求方面不一定一致。在制定项目要求时，通常倾向于遵循最快捷、最简单的方法，在 SOW 中附上一长串规范和标准，并附上声明："承包商在满足项目要求时，须遵守所附的规范和标准清单。"这种不精准的笼统盲目的要求会导致相关冲突，譬如，与零部件选择、制造工艺变化、测试和评估参数等冲突。在这种情况下，存在哪个规范优先的问题。若按重要性排序，又有哪些优先事项？

为了促进澄清和消除可能冲突，建议准备一个规格树（或文档树）。这是一个规范和文档谱系，支持系统层次结构，在发生冲突时建立优先顺序，并与工作分解结构（WBS）中的工作元素相关。图 6.12 显示了简化的规范/文档树。

图 6.12 中的树是自上而下开发的，始于系统规范的编制（见 3.2 节）。随后，按图 2.21 所示系统层次结构应用了其他附加规范。随着进展，规范应用须符合 WBS 在图 6.8 中描述的工作要求。此外，该应用须适应主要承包商、分包商和供应商之间的合同结构（见图 6.4）。

这里的关键任务是为特定系统应用定制规范，即使设计要求可能规定使用可获得的现成项目，但该项目在该系统中的应用，可能与其他系统中类似应用截然不同。因此，系统主要组件应通过一系列与项目相关的规范来描述，如图 6.12 所示：开发规范、产品规范、工艺规范。在这个级别以下，应用通用规范可能是合适的，只要它们支持系统设计中的总体功能需求。当有许多不同的规范和/或标准应用于同一系统组件时，它们须互补和相互支

271

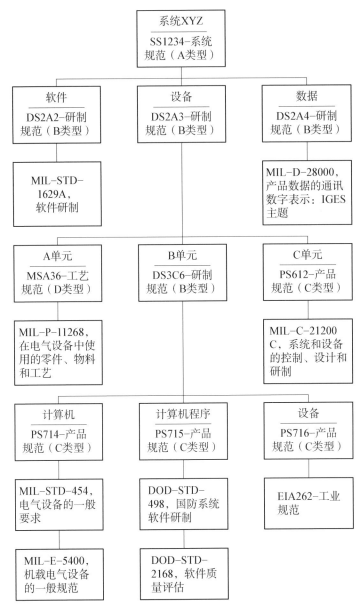

图 6.12 规范/文件树的例子

持。如果方向或关注点与重要性优先级冲突，须通过规格树指明哪个文档优先。

自上而下的设计需求开发对于实现本章所述的系统工程目标至关重要。因此，在最初确定并应用规范和标准时须格外小心。尽管这一功能有时被认为相对次要，但如果从一开始就没有对这一领域给予适当关注，代价可能会相当高昂。规范要求的变化导致合同修改等冲突，都可能对项目极有害。SEMP 中包含完整的规格树有助于避免以后出现潜在问题。

从以上讨论中可以明显看出，需求的分析、推导、分配和管理并非易事。随着系统复杂性增加，需要建立处理这些需求的方法和技术。这种需求导致了基于模型的需求工程（包括基于模型的系统工程需求）的发展。

基于模型的需求工程

需求构成了设计的基础。通过权衡研究和模型——物理（硬件原型）和虚拟（软件）来评估符合需求的候选设计。由于模型在设计空间中很普遍，因此将模型的使用扩展到需求活动是有意义的。传统上，建立原型模型是为了进一步分析、理解和发现一整套需求。[*] 基于模型的需求工程进一步分析和分配需求，该需求不仅基于系统的功能模型，还基于共享数据库中的体系结构和测试模型。这是一种独立于工具的方法，使用标准化语言将基于文本的需求开发与完全基于模型的需求开发相结合，如 UML 和 SysML。[**] 但是，模型不是需求，也不会取代文本需求。后者补充并帮助解释需求模型。此外，模型中通常没有捕获非功能需求；如性能、安全性、易用性、时间线等。

然而，对于文本的要求通常是不够的，传统意义上，这些需求通常是收集自不完整且理解不充足的用户文档，须通过权衡研究和使用原型来分析和进一步分解这些文档，以确定需求集的完整性。仅文本需求无法显示实际正在构建的内容；例如：如果有子系统，那么子系统是如何集成在一起的，工作分解结构（WBS）是如何创建的，或者我们在什么级别进行测试。需要一种基于模型的方法来初步回答这些最终影响需求分析和分配的问题。

除了需求的开发和管理之外，还有很多其他挑战。正如第 1 章所指出的，需求在不断变化。需求动态特性是需求为什么通常从项目开始就没有被很好定义的原因之一。大量研究表明，需求分析不足与最终集成、测试活动成本超支之间存在联系。

所有这些都是为什么基于模型的需求工程正在作为文本文档的补充出现的

---

[*] 模型驱动工程的现状，请参考 http://chipdesignmag.com/sld/blog/2012/12/19/the-current-state-of-model-driven-engineering。

[**] Holt, Simon Andrew Perry 和 Mike Brownsword，《基于模型的需求工程》（IET, 2011）。

原因。这不是其中之一。在以文档为中心的系统工程中，规范是重点。在MBSE方法中，规范并不是主要焦点，而是建模过程中重要的副产物。为了说明这两种方法的互补性，一些从业者提出了一种夹层模型，其中使用需求和建模的交错层来分解系统规范和设计。*

实际上，交叉基于文本和基于模型的需求，通常过程是复杂的，这不是一个并发的活动，而是一个改进、反馈和混合的过程——与其说是一个堆叠的三明治，不如说是将各种技术融合在一起烹饪一顿完整的饭菜。需求分析和建模活动按顺序完成；即，从用户文档中获得的需求是一些建模的输入，原始需求会不断细化和扩展，再通过更多的建模和执行，反馈至原始需求，依此类推。在基于模型的需求工程过程中，以前某些基于文本的需求文档被转换成一个模型，以改进过程的可视化、清晰化和管理水平。

新兴的需求分析过程实际上是如何工作的，这是很多讨论的主题。过去，简单的上下文感知工具已被用来智能解析和自动收集需求，这些需求来自各种文档，通过使用结构化文本模式（如在像 will、shall、must 等句子中查找单词）进行识别。这种技术捕捉了许多需求，但只提供了其来源的静态链接。这种相对静态的需求描述和大多数设计的动态、权衡性质之间存在差距，基于模型的需求方法试图弥合这些差距。模型不是需求本身，而是为了捕获并从模型中获得需求。这是可能的，因为需求和设计都与系统的功能描述相关，如第 2 章所述。与需求生成相关联的相同功能模型，被用作设计模型的输入。

在汽车电子嵌入式硬件软件系统的设计中，可找到当今规范生成所需的一个动态示例。** 过去，在开始开发相关软件之前，先需完成集成处理芯片的硬件设计。如今，上市时间压力迫使硬件和软件系统几乎共同并行设计。这只能通过从项目需求阶段开始使用硬件和软件模型来实现。此外，由于软件灵活性，加上复杂领域的可编程门阵列（FPGA）芯片的实时硬件重构，使得从文档树中捕获系统规范变得困难。在这些应用中，需要基于模型的需求开发具有

    * 精神食粮：系统工程俱乐部三明治，请参考 https：//www. ibm. com/developerworks/community/blogs/requirementsmanagement/entry/food_ for_ thought_ the_ systems_ engineering_ club_ sandwich8？lang＝en（基于 Jeremy Dick，Jonathon Chard，系统工程三明治：将需求、模型与设计相结合，INCOSE 国际研讨会，图卢兹，2004 年 7 月）。
    ** John Blyler，汽车产品开发中的软硬件集成［国际汽车工程学会（SAE），PT‑161］。

动态灵活性。文本文件仅用于合同义务。

当设计实现策略已广泛为大众所了解时，基于模型的方法很好地使文本工作更具有吸引力，嵌入式软硬件系统就是如此。* 但是这种方法也适用于更高的抽象层次。** 即使在体系结构层次上——在实施策略完全实现之前——挑战仍然存在，许多基于模型的系统工程（MBSE）工具仍然需要手动创建通常在文档中描述的需求。尽管如此，明确定义的需求正在以可搜索的电子形式共享，并且可相对容易地链接到 MBSE 工具流中，这方面正在取得进展。

语言是基于模型的工程的重要组成部分。美国国家航空航天局（NASA）、美国国防部（DOD）和 IEEE 正在从需求过程的手动、文档驱动练习转向使用标准系统建模语言（即 SysML）结构和行为图来自动生成文本需求。需求基于图表中常用的模型构建关系（如分配、控制流、对象流）来描述系统架构和设计。基于模型的需求的主要好处之一：设计师能够通过综合分析权衡研究能力，评估需求变化的影响，降低需求管理成本。

在关于系统建模语言的讨论中，须牢记基于模型的系统工程（MBSE）方法与 SysML 不同。SysML 被用于在许多领域实现 MBSE，如船舶建造或建筑信息模型（BIM）工具。

6.2.6　技术性能度量

在 2.6 节（见第 2 章）中，系统技术性能度量是通过开发运营需求和维护概念来识别的，并使用质量功能展开（QFD）（或等效）方法进行优先排序。表 2.2 给出了结果示例。如表所示，速度、可用性和大小是三个最高优先级。采用 QFD 方法将有助于开发设计中须内置的标准和特性，以确保最终满足速度、可用性和尺寸要求。

随着系统开发工作的进展，将定期进行设计评审，如第 5 章所述。当时

---

　　* Andreas Fleischmann, Eva Geisberger, Markus Pister, Bernhard Sch ä tz, AutoRAID 基于模型的需求分析，慕尼黑技术大学计算机科学学院，请参考 https：//www4. in. tum. en/~schaetz/papers/SE-AutoRAID-8. 0-eng. pdf。

　　** B. London，基于模型的需求生成，马萨诸塞州剑桥：查尔斯·斯塔克·德雷珀实验室；P. Miotto，IEEE 航空航天会议，2014 年 IEEE，http：//ieeexplore. ieee. org/xpl/login. jsp?tp = &arnumber = 6836450&url = http%3A%2F%2Fieeexplore. ieee. org%2Fxpls%2Fabs_ all. jsp%3Farnumber%3D6836450。

已知的设计构型将在考虑高优先级技术性能度量的情况下进行评估。检查表可用于帮助评估过程，识别已纳入的、与技术性能度量目标相关并直接支持该目标的特征（见表5.2）。如图5.4所示，将测量和跟踪设计参数和适用的技术性能度量。这个过程需要持续进行，并且其成果需被视为项目管理评审过程的固有部分，进行定期审查。在审查和评估过程中，那些被认为是关键的高优先级技术性能度量应得到最大的关注。

参考图5.4，如果与规定的TPM值存在偏差（向上或向下），则须确定此类偏差的原因，并相应地启动适当的纠正措施。项目管理信息系统结构中固有的要求是，在未采取纠正措施的情况下，绘制未来趋势、预测潜在偏差，并识别可能的后果和相关风险。本质上，技术性能度量须纳入常规项目管理和控制过程中，TPM的优先级是风险管理计划的必要输入（见图6.5 SEMP大纲中的11.0）。

6.2.7 项目进度表的制定

根据工作说明书（SOW）和工作分解结构（WBS），单独项目任务以时间线形式呈现，即开始时间和结束时间。制定进度表以反映项目所有阶段的工作要求。

进度计划从顶层的主要项目里程碑的确定开始，并通过依次向低细节级别推进。初步编制系统工程主进度表（SEMS）时，根据经过的时间安排主要的项目活动。这是一系列下级计划的参考框架，这些计划的制定涵盖了WBS所表示的工作分解。在底层衡量给定进度表的进度，任务状态信息与由WBS要素和责任组织确定的适当成本账户相关（见图6.11）。

项目任务调度可使用一种或多种技术的组合来完成。以下段落简要介绍了7种较为常见的方法。

（1）条形图。一个简单的条形图按照有组织的努力顺序和时间跨度来显示项目活动。具体的里程碑和资源分配不涵盖在内。图6.13显示了部分条形图。

（2）里程碑图表。包括按日历日期列出的特定项目事件（即可识别的输出）、要求的开始和完成时间。还需注明合同要求的可交付项目。图6.14显示了一个里程碑图表的示例。

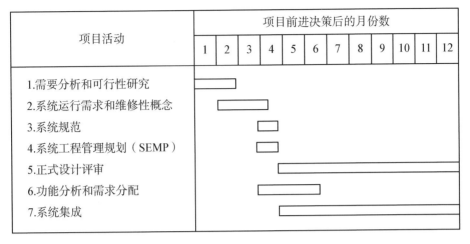

图 6.13　部分条形图

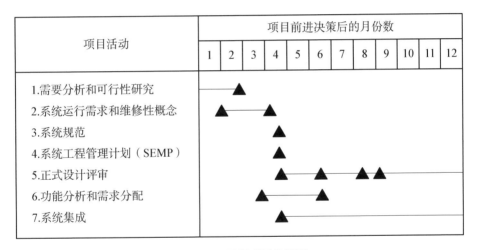

图 6.14　里程碑图的例子

（3）组合里程碑/条形图。将活动和里程碑结合到整个项目进度中是许多项目的常用方法。图 6.15 以项目时间线格式显示了表 6.1 中包含的主要系统工程任务。当然，这是资源分配和制定成本预测的基础。

（4）项目网络。网络调度方法包括项目评估和评审技术（PERT）、关键路径方法（CPM）以及这些方法的各种组合。PERT 和 CPM 非常适合于早期规划，此时精确的任务时间数据不容易获得，并且引入概率方面以帮助定义风险，从而改进决策。这些技术提供了可视性，并使管理层能够控制独一

277

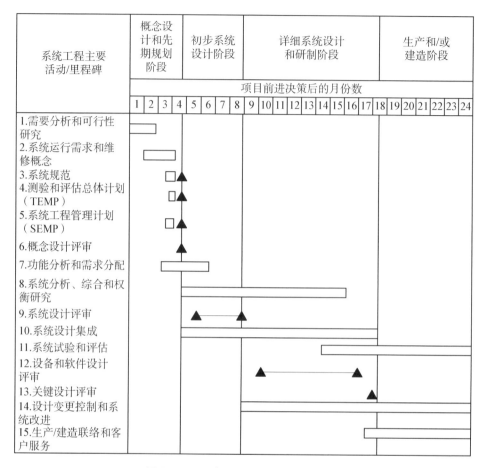

图 6.15　系统工程主要活动和里程碑

无二的项目，而不是重复的功能。此外，网络方法在显示组合活动的相互关系方面是有效的。* 图 6.16 显示了一个由 17 个"事件"和 29 个主要"活动"组成的网络图示例。事件通常用圆圈表示，并被视为显示特定里程碑的检查点，即开始任务、完成任务和交付合同项日期。活动由圆圈之间的线表示，表示完成一个事件需要完成的工作。只有在前面的事件完成后，才能开始下一个活动工作。活动行上的数字以天、周或月表示所需的时间。第一个

---

　*　关于项目管理调度方法有两个很好的参考文献：
　（1）H. Kerzner，项目管理：计划、调度和控制的系统方法，纽约：John Wiley & Sons，2005。
　（2）D. J. Cleland，项目管理：战略设计与实施，纽约：Mc Graw-Hill，1998。

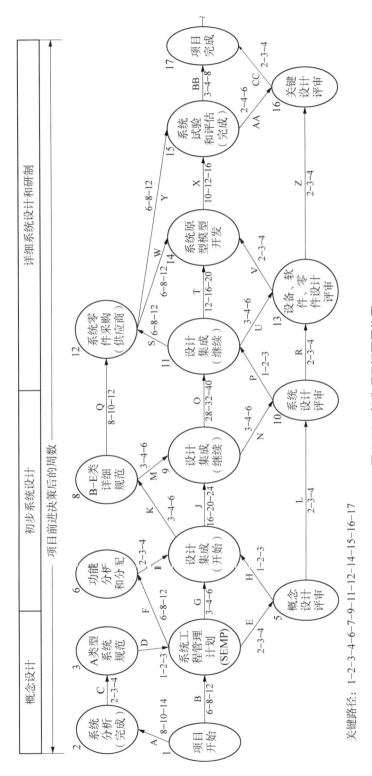

图 6.16 部分项目概要网络图

关键路径：1-2-3-4-6-7-9-11-12-14-15-16-17

数字反映乐观时间估计，第二个数字表示预期时间，第三个数字表示悲观时间估计。

在将 PERT/CPM 应用于项目时，须确定项目每个阶段的所有相互依赖的事件和活动。事件与基于管理目标的项目里程碑日期相关。表 6.4 描述了图 6.16 中通过线条所反映的主要活动。由管理者、程序设计人员以及工程组织联合制定这些目标，并一同确定各项任务及其子任务。当这项工作达到必要的详细程度时，就可开发网络，从一个概要网络开始，一直到涵盖项目特定部分的详细网络。网络开发是一种团队方法。*

表 6.4　项目网络活动列表

活动	项目活动描述	活动	项目活动描述
A	进行需求分析，进行可行性研究，完成系统分析（操作要求、维护概念、系统功能定义）	I	将功能分析和分配活动的结果转化为特定的设计标准，作为设计集成过程的输入
B	进行前期规划，执行初期管理职能，完成 SEMP	J	完成初步设计和相关设计整合活动
C	准备系统规范（A 类）	K	将系统级设计的结果转化为子系统级及以下的具体需求。根据需要准备开发、工艺、产品和/或材料规范
D	开发系统级技术需求，以纳入 SEMP	L	进行必要的规划并为系统设计评审做准备
E	为概念设计评审准备系统级设计数据和支持材料	M	将各种适用规范中包含的需求转化为设计集成过程中所需的特定设计标准
F	完成功能分析，将总体系统需求分配到子系统级及以下（根据需要）	N	为系统设计评审准备设计数据和支持材料（作为初步设计的结果）
G	为完成所需的项目设计集成任务，开发必要的组织和相关基础设施	O	完成详细设计和相关设计集成活动
H	将概念设计评审的结果转化为适当的设计活动（即批准的设计数据、改进/纠正措施的建议）	P	将设计评审的结果转化为负责任的设计活动

---

　　* 网络开发的细节和深度（即包括的活动和事件的数量）是基于任务的批判性以及程序评估和控制的程度。应该包括对实现项目目标至关重要的里程碑，以及需要广泛互动才能成功完成的活动。作者有处理 PERT/CPM 网络的经验，包括 10~700 个事件。当然，活动/活动的数量将会随着项目的不同而有所不同。

活动	项目活动描述	活动	项目活动描述
Q	确定系统组件供应商，通过合同规定必要的规范需求，并监督供应商活动	X	准备和进行系统试验和评估（执行 TEMP 的需求）
R	进行必要的计划和准备设备/软件/组件设计评审（可能有一系列涵盖不同系统组件的单独设计评审）	Y	在整个系统试验和评估阶段，提供来自不同供应商的试验数据和后勤支持。试验数据需要覆盖在供应商设施进行的单个试验，而后勤支持（即备件/维修零件、试验设备等）是支持系统试验活动的必要条件
S	提供详细的设计数据（如有需要）以支持供应商的运作	Z	进行必要的规划，为关键设计审查做好准备
T	开发原型模型，并提供相关支持，为系统试验和评估做准备	AA	试验结果，以设计验证或改进/纠正措施的建议的形式，作为关键设计评审的输入
U	为设备/软件/组件设计评审准备设计数据和支持材料（作为详细设计的结果）	BB	准备系统试验和评估报告
V	将设备/软件/组件设计评审的结果翻译成原型模型，以便在适用的情况下纳入原型模型。用于试验和评估的原型模型必须反映最新的设计配置	CC	翻译关键设计审查的结果，以便在进入生产和/或建设阶段之前纳入最终的系统构型
W	提供供应商组件和支持数据，用于开发试验和评估活动的系统原型		

　　在实际构建网络时，从一个最终目标（见图 6.16 中的事件 17）开始，然后向后开发网络，直到确定事件 1。每个事件都按照项目的时间框架进行标记、编码和检查。

　　然后对活动进行识别和检查，以确保其顺序正确。一些活动可同时执行，而另一些活动须依次完成。对于每个完成的网络，有一个开始事件和一个结束事件，所有活动都须导致结束事件。

　　开发网络的下一步是估计活动时间，并将这些时间与发生概率联系起来。表 6.5 给出了一个支持典型 PERT/CPM 网络的计算示例。

表6.5　项目网络图计算的例子

1	2	3	4	5	6	7	8	9	10	11	12
事件编号	上次事件编号	t_a	t_b	t_c	t_e	S^2	T_e	T_L	T_S	T_C	发生概率/%
17	16	2	3	4	3.0	0.111	115.2	115.2	0	110	
	15	3	4	8	4.5	0.694	112.1	115.2	3.1	115	
16	15	2	4	6	4.0	0.444	112.1	112.2	0	120	
	13	2	3	4	3.0	0.111	86.5	112.2	25.7		
15	14	10	12	16	12.3	1.000	108.2	108.2	0		
	12	6	8	12	8.3	1.000	95.9	108.2	12.3		6.4
14	13	2	3	4	3.0	0.111	86.5	95.9	9.4		47.9
	12	6	8	12	8.3	1.000	95.9	95.9	0		91.9
	11	12	16	20	16.0	1.778	95.3	95.9	0.6		
13	11	3	4	6	4.2	0.250	83.5		13.6		
	10	2	3	4	3.0	0.111	53.8		42.1		
12	11	6	8	12	8.3	1.000	87.6	87.6	0		
	8	8	10	12	10.0	0.444	60.8	87.6	26.8		
11	10	1	2	3	2.0	0.111	52.8	79.3	26.5		
	9	28	32	40	32.7	4.000	79.3	79.3	0		
10	9	3	4	6	4.2	0.250	50.8		30.7		
	5	2	3	4	3.0	0.111	21.3		59		
9	8	3	4	6	4.2	0.250	35.0	46.6	11.6		
	7	16	20	24	20.0	1.778	46.6	46.6	0		
8	7	3	4	6	4.2	0.250	30.8		15.8		
7	6	2	3	4	3.0	0.111	26.6	26.6	0		
	5	1	2	3	2.0	0.111	20.3	26.6	6.3		
	4	3	4	6	4.2	0.250	19.5	26.6	7.1		
6	4	6	8	12	8.3	1.000	23.6	23.6	0		
5	4	2	3	5	3.0	0.111	18.3		9.3		
4	3	1	2	3	2.0	0.111	15.3	15.3	0		
	1	6	8	12	8.3	1.000	8.3	15.3	7.0		
3	2	2	3	4	3.0	0.111	13.3	13.0	0		
2	1	8	10	14	10.3	1.000	10.3	10.3	0		

a. 列1（或第1列）。

列出每个事件，从最后一个事件开始，往回工作到开始（见图 6.16 中从事件 17 到事件 1)。

b. 列 2。

列出导致或显示为早于第 1 列所列事件的所有先前事件（如事件 15 和 16 导致事件 17)。

c. 列 3~列 5。

以周或月为单位确定每项活动的乐观时间（t_a）、最可能的时间（t_b）和悲观时间（t_c）。乐观时间意味着有极小的可能活动能在这一时间之前完成，而悲观时间意味着有极小的可能活动将花费更长时间。最可能的时间（t_b）位于分布曲线的最高概率点或峰值。这些时间可由有经验的人预测。时间估计可能遵循不同的分布曲线，其中 P 代表概率因子（见图 3.16）。每项活动（A、B、C 等）的三次时间估计也包括在表 6.5 中。

d. 列 6。

计算预期或平均时间 t_e，根据

$$t_e = \frac{t_a + 4t_b + t_c}{6} \tag{6.1}$$

e. 列 7。

在任何统计分布中，人们可能希望确定不同活动时间的各种概率因素。因此，有必要计算与每个平均值相关的方差（σ^2）。方差的平方根或标准差，是分布中数值离散度的一种度量，在确定落在指定的值域内的总体样本百分比时很有用。方差根据式（6.2）计算

$$\delta^2 = \left(\frac{t_c - t_a}{6}\right)^2 \tag{6.2}$$

f. 列 8。

项目的最早预期时间 t_e 是沿给定网络路径的每个活动的所有时间 t_e 之和，或整个网络中保持在同一路径上的前一事件的预期时间累计总和。当多个活动导致一个事件时，将使用最高时间值（t_e）。例如，在图 6.16 中，路径 1 - 4 - 7 - 9 - 11 - 14 - 15 - 17 总计 98；路径 1 - 2 - 3 - 4 - 7 - 9 - 11 - 14 - 15 - 17 总计 105；路径 1 - 2 - 3 - 4 - 6 - 7 - 9 - 11 - 12 - 14 - 15 - 16 - 17 总计 115.2。T_e 的最高值（如果要检查所有网络路径）为 115.2 周，这是为事件 17 选择的值。

事件 16、15 等的 t_e 值以类似的方式计算，往回计算到事件 1。

g. 列 9。

事件的最晚允许时间 T_L 是事件前活动的最晚完成时间。T_L 的计算方法是从最后一个事件的最新时间（即表 6.5 中的 T_e 等于 115.2）开始，然后往回工作，减去每个保持在同一路径上活动的预期时间（t_e）。事件 16、15 等的 T_L 值以类似的方式计算。

h. 列 10。

空闲时间 T_S 是最晚允许时间（T_L）和最早预期时间（T_e）之间的差值

$$T_S = T_L - T_e \tag{6.3}$$

i. 列 11 和列 12。

T_C 是指基于实际网络所需的调度时间。假设管理层指定图 6.16 所示项目须在 110 周内完成。现在有必要确定发生这种情况的可能性或概率（P）。该概率因子确定如下：

$$Z = \frac{T_C - t_e}{\sqrt{\sum \text{路径方差}}} \tag{6.4}$$

式中：Z 与正态分布曲线下的面积相关，其等于概率因子。"路径方差"是图 6.16 中沿最长路径或关键路径（即路径 1 - 2 - 3 - 4 - 6 - 7 - 9 - 11 - 12 - 14 - 15 - 16 - 17）的单个方差之和。

$$Z = \frac{110 - 115.2}{\sqrt{11.666}} = -1.522$$

在正态分布表中，计算值 -1.522 表示约 0.064 的面积；即满足 110 周预定时间的概率为 6.4%。如果管理要求为 115 周，则成功概率约为 47.9%；如果指定为 120 周，则成功概率约为 91.9%。

在评估结果概率值（见表 6.5 第 12 列）时，管理层须确定风险方面允许因素的范围。一方面，如果概率因子太低，则可能会向项目中应用额外资源，以减少活动日程时间并提高成功的概率。另一方面，如果概率因子太高（即几乎不涉及风险），这可能表明正在过度使用资源，其中一些资源可能被转移到其他地方。管理层须评估形势并制定目标。

在图 6.16 中，由大箭头表示的关键路径（即路径 1 - 2 - 3 - 4 - 6 - 7 - 9 - 11 - 12 - 14 - 15 - 16 - 17）包括需要最长时间完成的一系列活动。这些是关键活动，其中的空闲时间为零，并且这些活动中任何一项的进度延迟都将导致整个项目进度延迟。因此，这些活动须在整个项目中受到严密检测和控制。

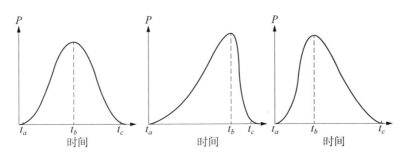

图 6.17　分布曲线例子

图 6.16 中所示的表示其他项目活动的网络路径包括空闲时间（T_S），这是对项目调度灵活性的度量。空闲时间是指在不必延迟整个项目完成时间的情况下，活动实际上可延迟到的超过其最早计划开始时间的时间间隔。空闲时间的可用性将允许可能的资源重新分配。通过将资源从空闲时间活动转移到关键路径上的活动，可以改进项目调度。

与项目进度表相关的另一点是，可按照类似于图 6.8 所示的 WBS 开发方法模式开发单个网络的层次结构。为了提供适当的监测和控制措施，可在不同层次上完成调度。图 6.18 显示了项目网络（见图 6.16）转化为涵盖可靠性项目要求的较低级别网络的分解。可开发一个类似用于可维护性的网络以及另一个用于电气设计的网络，并酌情开发附加的详细网络。当然，这些较低级别的网络须直接支持整个项目网络。

PERT/CPM 调度技术的使用提供了如下 4 个优点：

a. 它很容易适应高级规划，本质上强行推进了任务、任务序列和任务相互关系的详细定义。要求各级管理和工程部门认真考虑和评估整个项目。

b. 任务相互关系的确定，往往会促进组织接口初始定义的开展以及后续的管理和控制，这些接口包括客户和承包商、承包商结构内的组织之间的接口、承包商和各种供应商之间的接口。在总资源需求方面，管理和工程部门更多获得了项目的了解。

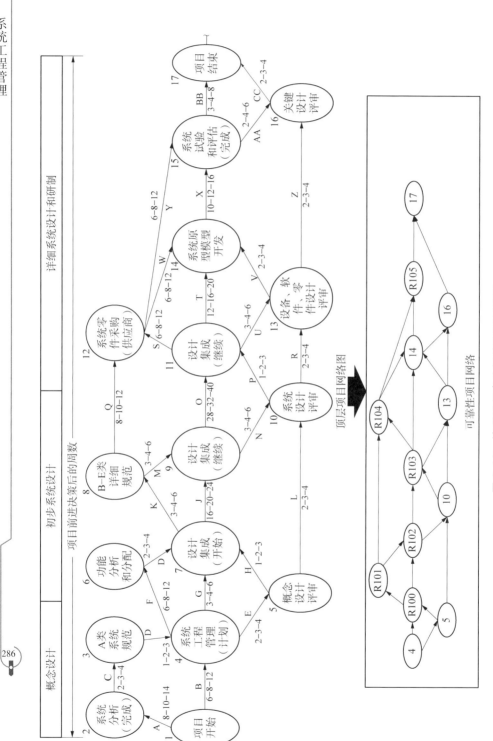

图 6.18　按项目要素分解的顶层网络图

c. 它使管理和工程部门能在一定程度上确定地预测目标实现可能需要的时间。项目风险/不确定性领域很容易识别。

d. 它能够快速评估进度，并允许及早发现可能的延误和问题。

由于 PERT/CPM 特别适用于计算机方法，因此可能全面、及时实现该技术。事实上，有许多计算机模型和相关软件可用于网络调度。

（5）网络/成本。PERT/CPM 网络可通过在时间表上叠加成本结构而把成本扩展在内。在实现这项技术时，始终存在时间成本选项，这使得管理层能相对于活动完成的资源分配来评估可替代方案。在许多情况下，可通过应用更多资源节省时间。相反，可以通过延长活动完成时间来降低成本。

时间成本选项可通过以下一般步骤实现：

a. 对于网络中的每个活动，确定可能的可供替代时间和成本估算（和成本斜率），并选择成本最低的可替代方案。

b. 计算网络的关键路径。为每个网络活动选择最低成本选项，并检查以确保增量活动时间的总和不超过允许的完成总体计划的截止时间。如果计算值超过了允许的计划时间，请检查关键路径上的活动，并选择成本斜率最低的可替代方案。减少时间值以符合项目要求。

c. 根据最低成本选项确定关键路径后，审查所有具有空闲时间的网络路径，并转移活动以尽可能延长时间并降低成本。应首先处理时间成本斜率最大的活动。

事实证明，PERT/CPM‐COST 是规划项目事件和活动的一种非常有用的技术，它允许在整个系统开发过程中完成必要的项目进度成本状态监测和控制需求。

（6）甘特图。该技术主要用于生产、施工计划，以显示日常活动或工作要求、设施负荷和工作状态。它专门为支持高重复性的操作而设计，并已成功应用于高重复性操作的支持中。甘特图的一种基本形式的示例如图 6.19 所示。甘特图可采用机器负载控制图、人工负载控制图、作业进度控制图形式，用于长期规划和短期日常调度。

（7）平衡线（LOB）。这项技术与甘特图类似，用于确定生产/施工状态。虽然甘特图技术主要涉及所消耗资源的有效和高效利用信息（如人工负载、机器负载），但 LOB 主要面向产品。LOB 不直接关注所消耗资源，而是根据任务完成百分比确定生产进度。强调了生产过程中的主要瓶颈。

本文所述调度方法的应用将因项目而异，也将因组织而异。此外，对于系

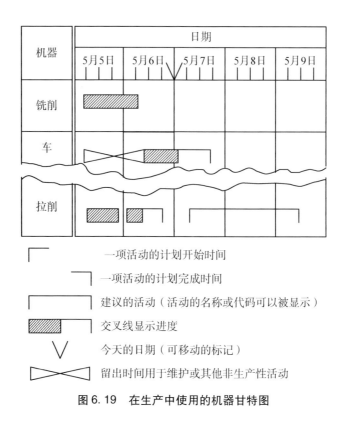

图 6.19　在生产中使用的机器甘特图

统生命周期每个阶段，所使用的技术可能不同。例如，使用 PERT/CPM 很容易适应研究和开发项目，而甘特图更适用于生产项目。

在考虑系统工程目标时，与条形图或里程碑图相比，使用 PERT/CPM（或等效网络方法）似乎是合适的。在系统生命周期的早期阶段，许多不同类型的任务相对较早地得到完成，并且任务间的接口关系也较为复杂。整个项目需要具有高度的可视性，尽早发现潜在问题非常重要。使用网络调度技术有助于维持必要的通信功能，并提供适当的监测和控制功能。

6.2.8　成本预测的准备 *

无论规模大小，良好成本控制对所有组织都很重要。在资源有限、竞争激

---

　　* 成本估算、成本/进度控制、成本分析、成本绩效测量、成本差异报告和相关领域的各个方面都在项目/项目管理的大多数文本中涵盖。参考文献 H. Kerzner，项目管理：规划、调度和控制的系统方法，纽约：John Wiley & Sons，2009。应当指出的是，本节的重点主要是内部项目的成本计算，而不是应用在附录 B 中描述的生命周期成本分析方法，尽管这里的结果构成了总体生命周期成本分析预测的一个组成部分。

烈的当前环境中尤其如此。

成本控制始于对给定项目成本估算的制定，并继续执行成本监控和数据收集、数据分析，及时启动纠正措施。成本控制意味着良好的整体成本管理，包括成本估算、成本核算、成本监控、成本分析、报告和必要的控制功能。更具体地说，有5种活动是适用的。

（1）定义工作要素。根据6.2.1节所述要求编制工作说明书（SOW）。详细项目任务如6.2.2节所述（见表6.1）。

（2）将任务集成到工作分解结构（WBS）中。将项目任务合并到工作包中，并将这些工作元素集成到工作分解结构（WBS）内。工作包与WBS的每个单元一起标识。然后，这些工作包和WBS单元与组织团队、分支机构、部门、供应商等相关。WBS结构和编码方式可对项目成本进行初始分配（或作为预定目标），然后针对每个单元进行收集。成本可纵向和横向累计，以提供各类工作的汇总数据。6.2.4节描述了WBS目标和要求（WBS中的系统工程功能参见图6.8~图6.10）。

（3）为每个项目任务制定成本估算。为每个项目任务准备成本预测，开发适当的成本账户，并将结果与WBS要素关联。

（4）开发成本数据收集和报告能力。开发成本核算（即项目成本的收集和列报）、数据分析和成本数据报告的方法，用于管理信息。突出了主要关切领域，即当前或潜在的成本超支和高成本的"驱动因素"。

（5）制定评估和纠正措施程序。成本控制的总体内在要求是提供反馈和纠正措施。当发现缺陷或识别出潜在风险领域时，项目管理人员须迅速采取必要的纠正措施。

发展良好成本控制能力的第一步是成本估算和成本预测准备。每项任务都被分解成子任务和其他详细的工作要素，并逐月进行人员预测。图6.20确定了涉及设计和开发相对大规模系统项目的选定活动。在这种情况下，假设设计周期为12个月，并按完成任务所需的工作分类，对每个月计划的人数进行预测。例如，在系统工程中，需要在项目的第3个月内分配四名"高级工程师"级别人员。虽然图中未完全显示，但应通过适当工作分类要求来涵盖主要项目的所有活动，即工程师、高级工程师、工程师、初级工程师、工程技术人员、分析师、绘图员、数据专员和车间技工。这些资源需求预计用于每个项目任务，并与 WBS 相关（见图 6.9 和图 6.10 中的 3B1100）。

项目	WBS 编号	成本账号	预计/月												合计
			1	2	3	4	5	6	7	8	9	10	11	12	
项目管理	2A1000	2000	1	1	2	3	4	4	4	4	4	4	3	3	37
系统工程	3B1100	3000	.	.	.	.	.	.	.	.	.	.	.	.	
总工程师			1	1	1	1	1	1	1	1	1	1	1	1	12
高级工程师			2	3	4	4	4	3	2	2	2	2	2	2	32
设计工程	3B1200	7000	.	.	.	.	.	.	.	.	.	.	.	.	.
总工程师			2	3	3	3	3	2	2	2	2	2	2	2	28
高级工程师			3	6	8	8	8	7	6	5	5	4	4	3	67
工程师			5	7	10	15	17	20	20	20	20	17	16	9	176
初级工程师			3	4	5	6	10	10	10	10	15	15	20	20	128
工程技师			1	1	1	5	7	7	8	9	10	10	12	15	86
设计数据	2I1200	4000	2	2	3	5	5	10	15	15	20	25	25	25	152
系统软件	2E1000	8000	1	1	2	2	3	3	5	7	7	10	12	15	68
设计支持	3B1300	5000	2	2	5	5	5	10	10	25	30	30	30	25	179
集成后勤支持	3B1400	6000	2	3	3	3	5	6	6	10	10	15	15	15	93
系统试验和评估	2J1000	9000	1	1	1	1	1	1	5	5	10	15	15	20	76
合计			26	35	48	61	73	84	94	115	136	150	157	155	1 134

图 6.20　项目人工预测（人月）

给定一个按等级按劳动力需求表示的预测，下一步是逐月将其转换为成本因素。大多数组织都建立了计算工资等级的工作分类。这些因素用于估计未来某项指定活动的直接劳动力成本。此外，每个月确定材料成本，并在劳动力和材料因素中考虑适当的通货膨胀因素。产生的结果包括对直接人力成本和直接物资成本的预估，当必要时，这些预估将会被扩大处理，以应对未来可能发生的经济突发情况。当然，这些预测须支持 6.2.2 节中确定的所有项目任务，并应与 6.2.7 节中描述的相关任务时间表兼容。

通过编制成本估算进一步定义各个项目活动，不仅须将这些活动与 WBS 中的特定单元关联，而且须将结果分配给特定的成本账户（见图 6.11）。项目的部分分解结构如图 6.21 所示。其目标是以分层方式显示各种项目成本账户，

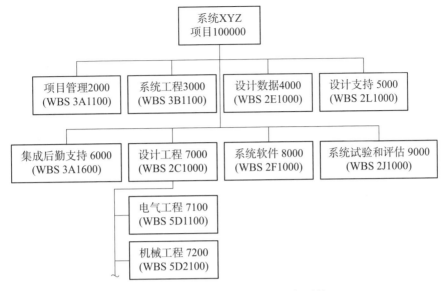

图 6.21 部分的成本账户代码分解结构

指明将用于后续成本核算和报告的结构。

相对于应用，成本估算可在系统生命周期的任何时间或任何阶段完成。有时，在概念、初步系统设计的早期阶段，当工程数据的可用性不足时，估计成本可能采取"粗略数量级"的形式，即近似值在实际值的±30%以内。使用回归分析、线性和非线性估计关系、学习曲线、参数分析或它们的组合，有助于开发成本价值数据（FOM）。后来，随着工程经验积累，估算方法更加精确。计划、规格、设计数据、供应商成本建议书、更新的项目成本完工报告等都可用。使用实际工程数据和/或通过类似方法开发数据，以大约±5%的预期精度编制成本估算。

完成单个任务成本预测后，可将其组合成整个项目的总体成本预测，如图 6.22 所示。最初，对所有直接劳动力进行估算，并在顶部应用组织管理费用系数。然后确定直接材料成本，并应用第二负担率（即一般管理因素）来预测一些与劳动力和材料相关活动相关的额外间接成本。最终结果是项目总体成本预测，包括直接和间接成本。

6.2.9 项目技术评审和审计

技术评审是系统工程过程中不可或缺的一部分。从第 5 章中描述的非正式

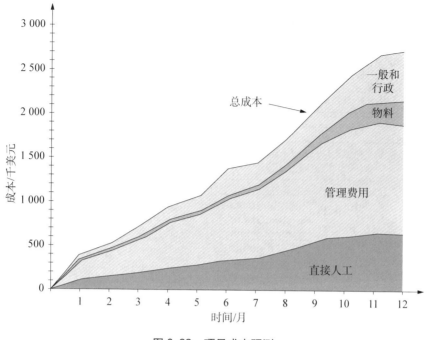

图 6.22　项目成本预测

设计评审到与具体项目活动或工作分解结构（WBS）的任务元素相关的非正式评审，这些评审各不相同。所有此类评审都有一个共同的目标，即确定现有系统设计构型的技术充分性，以及其是否满足最初规定的要求。此外，随着设计和开发工作的进展，评审变得更加详细和明确。

　　针对给定项目进行的正式设计评审的类型、数量和基本目标，将随着正在开发的系统性质和复杂性、组织结构和现有合同机制类型等变化而变化。在第 5 章中，正式设计评审包括四个基本类别评审：概念的、系统的、设备/软件的和关键的。这些被认为是大多数项目的基础和代表。然而，对于许多大型国防项目，可能会有更多的评审，包括系统需求评审（SRR）、系统功能评审（SFR）、系统设计评审（SDR）、初步设计评审（PDR）、软件规范评审（SPR）、系统验证评审（SVR）、关键设计评审（CDR）、测试准备评审（TRR）、生产准备评审（PRR）等。[*] 虽然安排设计评审的日程有许多益处，

---

　　* 参考如下文献：

（1）系统工程基础，Fort Belvoir：国防采购大学，2000 年 12 月。

（2）E1A/IS-632，系统工程流程，华盛顿特区；电子工业联盟，EIA。

就像第 5 章所述的那样，但务必注意，应避免过度安排评审程序，以免造成无效的浪费。考虑到所需的人力时间和资源，进行此类审查的成本可能相当高。

一方面，除了对许多项目进行正式设计评审外，可能还会安排一些正式项目管理评审。有时，设计评审被理解为仅面向工程，并涉及代表适当工程专业的责任工程师。设计评审不涉及项目管理的关键级别，尽管所讨论的许多设计决策从总体项目管理的角度来看可能具有重大影响。另一方面，在以管理为导向的定期评审过程中，重点往往是针对绩效、成本和进度方面的当前状态，做出的决定可能对设计产生直接影响。在某些情况下，这两类评审可能会适得其反，除非确保技术和管理评审相互支持。系统工程目标是促进沟通过程和两类评审的进度安排，以便在满足总体型号/项目目标方面具有互补性。

6.2.10　项目报告要求

规划过程内在要求是在项目一开始就建立技术和管理需求。此外，随着系统设计和开发的进展，需要根据这些需求定期审查进度。必要时，建立一个程序，以便出现问题时采取纠正措施。

作为回应，应开发一个管理信息系统（MIS），以提供持续可见性，并根据指定的成本、进度和绩效指标报告进展情况。根据 6.2.7 节和 6.2.8 节中描述的程序得出进度和成本信息。定期报告对于对照计划状态评估当前状态是必要的。报告频率取决于整个项目进度以及与各种设计活动相关的风险。审核过程应解决以下问题：项目是否如期进行？项目成本是否在既定预算内？假设当前人员负荷保持不变，6 个月后，哪些任务可能会出现成本超支？在整个项目中，上述这类问题将不得不在许多场合得到回答。

图 6.23 展示了一份涵盖时间表和成本数据的报告摘录。时间表（或时间状态）信息反映了典型 PERT/CPM 网络的输出。相对于性能，在系统规范中确定的、从定期审查和控制的角度作为关键选择的技术性能度量（TPM），须包含在项目报告结构中。这些 TPM 可能包括范围、精度、重量、尺寸、可靠性（平均故障间隔时间/MTBF 和平均维修间隔时间/MTBM）、可维修性（平均纠正维护时间和每系统运行小时维护工时）、停机时间（平均维护停机时间）、可用性、成本、功率输出、处理时间以及与正在开发的系统任务直接相关的其他参数。图 5.4（第 5 章）说明了 TPM 评估过程，因为它与正式的设

网络图/成本状态报

项目：XYZ系统				合同：6 BSB-1002				报告日期：8/15/02			
物项/识别				时间状态				成本状态			
WBS编号	成本账户	开始事件	结束事件	期望过去时间(t_e)/周	最早完成日期(D_E)	最晚完成日期(D_L)	松弛时间D_L-D_E/周	实际完成日期	估算成本/美元	至今实际成本/美元	最新修订估值/美元	超支(节省)/美元
4A1210	3 310	8	9	4.2	3/4/02	4/11/02	11.6	4/4/02	2 500	2 250	2 250	(250)
4A1230	3 762	R100	R102	3.0	5/15/02	4/28/02	−3.3		4 500	4 650	5 000	500
5A1224	3 521	7	9	20.0	6/20/02	8/3/02	0		6 750	5 150	6 750	0

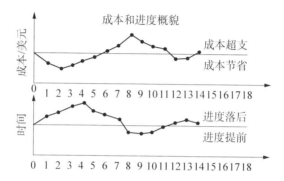

图 6.23　项目成本-进度报告

计评审相关联。须通过定期的项目报告来涵盖这些参数的测量、评估和控制。

管理信息系统（MIS）应随时指出存在的问题，以及如果项目运营按原计划继续，可能会出现问题的潜在领域。为了应对此类突发事件，应启动计划，建立纠正措施程序，包括以下步骤：

（1）识别问题（或潜在问题领域），并按重要性排序。排名应考虑系统功能的重要性。

（2）根据排名评估每个问题，首先解决最关键问题。根据对项目进度和成本的影响，对系统性能和有效性的影响，与是否决定采取纠正措施相关的风险，考虑纠正措施的替代可能性。确定最可行替代方案。

（3）根据决定采取的纠正措施，完成规划以启动解决问题的步骤。这可能是以系统构型变更、管理策略变更、合同变更和/或组织变更的形式。

（4）在实施纠正措施后，需要一些跟进活动，以确保相应的变更实际上已解决问题；评估项目的其他部分，确保不会因变更而产生额外问题。

对于需要解决的问题（及其优先级）的排序，帕累托分析方法可能有助于创建与重要性程度相关的可见性。如图6.24所示，排名最高的项目最需要管理层关注。当然，任何变更实施须与5.4节描述的程序兼容。

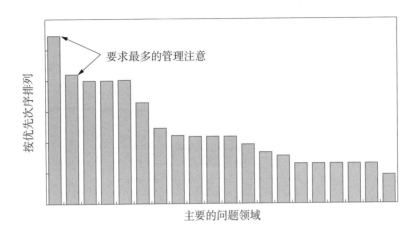

图6.24 识别问题区域的帕累托图

6.3 外包需求的确定

当前，在竞争激烈的国际市场环境中，需要在更短时间内以最低成本交付更多产品，这更加强调外包的做法，以及利用许多不同供应商来满足开发、生产和/或修改系统的要求。术语"外包"是指与一个或多个外部供应商确定、选择和签订合同，以采购和采办给定系统的材料和服务。术语"供应商"是指向生产商（或主承包商）提供产品、组件、材料、知识产权（IP）和/或服务的一大类外部组织（公司、机构、实验室）。其范围可能从主要子系统或构型项一直到小组件的交付。更具体地说，供应商可提供服务，包括如下几项：

（1）系统主要部件的设计、开发和制造。

（2）已设计产品的生产和分销（提供制造来源）。

（3）从已建立的库存中分配商业和标准部件（用作仓库，并从各种供应来源提供部件）。

（4）响应于某些功能需求的过程（服务）实现。

对于当今许多系统，供应商提供大量元件（如在某些情况下超过75%的组件），以及支持维护活动所需的备件和维修零件。考虑到全球化以及国际竞

295

争日益激烈的趋势，与任何规模相对较大项目相关的供应商可能位于世界各地，从而创造了一个全球"工作"环境。此外，当选择主要供应商时，特别是对于大型系统元件的设计和开发，可能会选择许多供应商来生产和交付一些较小组件，这些组件构成了具有同等水平和复杂性的各种子系统和项目。因此，我们有时会发现我们可能正在处理供应商的分层问题，如图 6.25 所示。

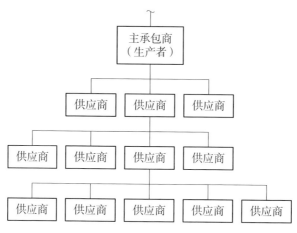

图 6.25　涉及分层级供应商的典型结构

随着许多不同供应商参与系统的设计、开发、制造和支持，越来越需要实施良好的系统工程实践和方法/技术。主要供应商作为设计过程的主要参与者，须从一开始就参与到这一过程中。SEMP 须包括供应商的职能和活动覆盖范围。系统规范（类型 A）须提供一个良好的功能基线，从这个基线可开发各种较低级别的规范。更重要的是，功能接口（在 2.7 节中描述）须在适用规范中明确定义。本质上，主要供应商须尽早参与设计过程，须作为设计团队的成员参与，并且须致力于系统工程过程的实施。

关于这些要求，以下章节讨论了给定项目的潜在供应商的识别、征求供应商响应的需求建议书（RFP）制定、供应商建议书的审查和评估、供应商的最终选择，以及随后活动标准确定的后续合同。供应商职能、组织关系和责任将在第 7 章中进一步讨论。

6.3.1　潜在供应商的识别

对第 2 章中描述的系统工程过程的回顾将说明一系列步骤，从确定用户需求开始，延伸到运营需求的定义、维护概念、技术性能指标的确定、功能分析和需求分配，以及系统规范（A 型）的编制。这些步骤由图 6.26 中的前三个部分表示。

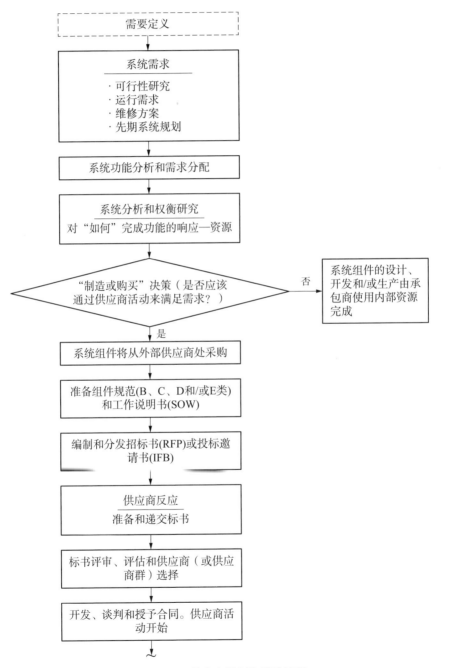

图 6.26　供应商识别和采购流程

如上所述，系统用功能术语描述，以识别"什么"，并对每个功能实体进行评估和权衡研究，以确定"如何"最好地实现功能（参见第 2 章 2.7 节）。每种情况下的基本问题是：功能是否应该通过应用设备、软件、设施、数据/信息来实现；人力资源的利用；或是这些的组合？这些权衡研究的结果以特定资源需求的形式呈现。

下一步是确定可能的供应来源。设备项目的设计和/或制造、软件包的开发或过程的完成应由生产商或主承包商在内部完成，还是应选择外部供应源？目标是确定响应资源需求的来源的"位置"。

在许多工业组织中，建立了一个"制造或购买"委员会，或者生产商组织中的同等活动，根据需要，代表人员来自项目管理、工程、物流、制造、采购、质量保证和其他支持性组织活动。参与工程的应包括系统工程组织和适当的设计学科。决策基于对多种因素的评估，如需求的关键程度（何时需要该项目？）、项目复杂性、相对于使用潜在外部供应商的内部技术能力和所需资源的可用性、相关的社会和政治因素、成本。[*]

从系统工程的角度，应尽可能在内部处理相对复杂的项目，这些项目涉及新技术的应用，并且对整个系统开发工作至关重要。这些活动极有可能需要频繁监控和严格控制（管理和技术），如果选择远程供应商执行这项任务，可能很难完成。

如图 6.26 所示，"制造或购买"委员会的审议结果将产生关于给定系统开发潜在供应源的具体建议，以满足各种功能需求。确定潜在外部"候选"供应商，反过来又导致下一步工作：编制正式需求建议书（RFP）、报价邀请书（RFQ）、投标邀请书（IFB）或同等文件。

6.3.2 编制建议邀请书

在评估备选方案并最终决定"购买"后，承包商（在这种情况下）须编制必要的材料，以纳入 RFP。目标是开发一个数据包，可分发给潜在供应商，以征求建议书。

---

[*] 在某些情况下，决定可能基于社会、经济和/或政治考虑，如通过在特定地理区域选择供应商来确定改善当地经济的需要、希望增加分包数量、需要在指定的外国建立制造和/或支持能力、应对现有失业危机的需要、支持特定政治立场的愿望等。

总的来说，RFP 是一种正式机制，承包商通过该机制规定产品或服务的要求，以响应指定的需求。当已经确立系统组件的需求，并决定从外部来源采购这个项目之后，承包商必须将此项目的要求进行详细且准确的解读。这些要求在数据包中描述，附于 RFP，并发送给有意响应 RFP 的潜在供应商。更具体地说，数据（信息）包的内容应包括以下部分：

（1）描述产品及其性能和有效性特征、物理特性、物流和质量规定等的技术规范。根据具体要求（见图 1.13、图 3.2 和图 6.12），本文件可根据具体运用定制构成 B、C、D 或 E 类规范。

（2）描述总体项目目标、承包商组织职责和接口、WBS、项目任务、任务时间表、适用政策和程序等的简要管理计划。这些信息主要与承包商活动有关，但各个供应商须了解其在整个项目背景下各自的角色。

（3）工作说明书（SOW），描述供应商将提供的详细任务、任务时间表、可交付项目、支持数据和报告。这些信息来源于规范和管理计划的组合，构成待执行工作的摘要，并作为供应商建议书的基础。

满足系统工程目标高度依赖于初始供应商选择、适用的后续活动以及承包商实施的持续评估和控制工作。作为该过程的输入，技术规范（即 B、C、D 或 E 类规范，如适用）须全面涵盖分配（或分派）的所有系统级需求，直至正在采购的系统元素。自顶向下的方法是系统工程的关键环节，技术规格必须要在其适用的范围满足系统需求。

当然，系统规范（A 类）对下层规范的影响程度取决于从供应商处采购的项目。大规模开发工作将需要非常全面的 B 类规范，而标准的商用货架组件可能包含在相对较短和简单的 C 类规范中。重要的是确保在适用的规范树（见图 6.12）中保持适当的"可追溯性"。

尽管自上而下的技术要求是通过规范跟踪来维护的，但是须通过管理计划和工作说明书（SOW）向供应商推行适当的管理导向要求。须自上而下确保组织连续性，为供应商指定的任务须直接支持承包商正在完成的任务，时间表须兼容，WBS 须显示供应商和承包商活动之间的关系，等等。换句话说，在工程从承包商向供应商的过渡过程中，须确保紧密的连续性。

承包商为涵盖计划的供应商活动而编制的 RFP 数据包对于保持从系统顶层需求到系统底层组件的必要连续性极为重要。系统工程的主要任务之一是系统集成，开发 RFP 的目标是识别和解决适当级别的系统集成。因此，我们通常以"迅速"的方式编写这类文件，制定提案，协商合同，同时将必要的系统集成要求推迟到最后。当然，这可能是一种代价高昂的做法。RFP 数据包须被视为系统类型 A 规范和 SEMP 的扩展。

6.3.3　审查和评估供应商建议书

编制 RFP 数据包并将其分发给感兴趣的合格供应商后，每个接收方须做出"投标/不投标"的决定。那些决定回复的供应商将成立一个提案团队，并着手准备提案。当然，结果须响应 RFP 中的说明。

供应商建议书活动的性质将取决于 RFP 中描述的工作类型和范围。当采购过程针对系统的大型要素，包括一些设计和开发（如主要子系统）时，供应商建议书活动可能相当广泛。可建立一个正式的项目型组织，确定具体项目任务，并且工程努力程度可能与前面描述的项目构型有点相似。

在大型提案需要大量努力的情况下，通常需要一些设计和开发活动。如果 RFP（通过 B 类开发规范）规定了主要系统元素的设计需求，供应商通常会尝试设计和构建项目原型，作为提案工作的一部分。组织一个小型项目，迅速完成设计和开发任务，并向承包商提交一个物理模型和书面提案。设计决策很早就完成了，目的是让承包商（即本例中的客户）对设计方法和供应商的能力印象深刻。如果供应商成功地在这种情况下被选中，则所构建的原型很可能被视为通往后续详细设计的基线构型。

在前面的场景中，子系统要求被指定为 RFP 的一部分，设计和开发活动在提议阶段完成，承包商对供应商建议书的审查和评估，以进行正式设计审查，生成的构型相对于纳入任何设计变更的可能性，某种程度上变得更加稳固。这个场景与第 2 章中描述的开发过程相关，除了时间元素被显著压缩。由于这种情况，从系统工程角度，RFP 编制非常重要（如 6.3.2 节所示）。此外，在提议阶段完成的持续设计活动须考虑支持系统工程目标的必要设计特征（如可靠性、可维护性、可支持性、可持续性和相关特征）。最后，正式评估供应商建议书需作为系统工程要求的最终符合性检查，因为它们适用于将要采购的项目或服务。

在收到潜在供应商的所有建议书（征求的和未经请求的）后，承包商将继续审查和评估过程。当竞争性投标发生时，承包商通常建立一个评估程序，以选择最佳的建议方法。最初，根据 RFP 中规定的要求对每个供应商建议书进行审查。不合规的供应商资格可能会被自动取消，或者承包商可能会联系潜在供应商，并建议修改和/或补充增加建议书。

当两个或更多供应商满足 RFP 基本要求时，将使用某些重新建立的标准完成对每个建议书的评估。可从编制供应商评估检查单开始，如图 6.27 所示。所确定的项目包括一些一般标准、正在考虑采购的子系统或产品的设计特征、

供应商评估检查单

支持问题可参考附录E。
E.1 一般标准
E.2 产品设计特征
    E.2.1 技术性能参数
    E.2.2 技术应用
    E.2.3 物理特征
    E.2.4 有效性因素
        1. 可靠性
        2. 维修性
        3. 人因因素
        4. 安全性因素
        5. 可支持性/可服务性
        6. 质量因素
    E.2.5 可生产性因素
    E.2.6 可处置性因素
    E.2.7 环境因素
    E.2.8 经济性因素
E.3 产品维修和支持设施
    E.3.1 维修和支持需求
    E.3.2 数据/文档
    E.3.3 保证条款
    E.3.4 客户服务
    E.3.5 经济性因素
E.4 供应商资质
    E.4.1 规划/程序
    E.4.2 组织因素
    E.4.3 可获得的人员和资源
    E.4.4 设计方法
    E.4.5 制造能力
    E.4.6 试验和评估方法
    E.4.7 管理控制
    E.4.8 经验因素
    E.4.9 过去的性能
    E.4.10 成熟度
    E.4.11 经济性因素
    E.4.12 安全控制
    E.4.13 文化因素

图 6.27　供应商评估检查单

301

供应商为子系统/产品提议的维护和支持基础设施以及供应商的资质。此外，表3.7（第3章）中提出的问题可能直接适用于参与新设计的供应商。图6.27中的项目得到附录E中提出问题的支持，并根据系统总体要求相对的重要性程度进行加权。*

对于评审和评估过程，承包商制定了一份被认为与评估相关的主题领域列表，并分配了权重因子，如表6.6所示。请注意，供应商资质（34%）、产品设计特征（30%）、产品维护和支持基础设施（14%）、生命周期成本（12%）和一般标准（10%）已按优先顺序确定。

表6.6 提案评估结果

评估标准	权重/%	方案 A		方案 B		方案 C	
		比率	分值	比率	分值	比率	分值
A. 一般标准	10	7	70	5	50	6	60
B. 产品设计特征	30						
1. 性能因素	6	3	18	5	30	4	24
2. 技术应用	3	7	21	8	24	6	18
3. 物理特征	2	3	6	4	8	5	10
4. 有效性因素	7	7	49	7	49	8	56
5. 生产力因素	2	4	8	6	12	5	10
6. 可处置性因素	3	5	15	4	12	8	24
7. 环境因素	2	2	4	3	6	5	10
8. 经济性因素	5	4	20	4	20	6	30
C. 产品维护支持设施	14						
1. 维护和支持设施	7	6	42	8	56	7	49
2. 数据和文件	3	3	9	4	12	6	18
3. 保证/担保	3	2	6	3	9	5	15
4. 客户服务	5	5	25	8	40	30	30
5. 经济性因素	2	4	8	3	6	6	6
D. 供应商资质	34						
1. 规划和程序	3	5	15	4	12	5	15
2. 组织因素	2	6	12	5	10	5	10
3. 人员和资源	2	4	8	3	6	2	4
4. 设计方法	4	6	24	4	16	3	12

---

* 在附录E中的问题与附录D中的设计评审问题相似，只是提供了"供应商导向"。但是，如果可能，最好根据系统和供应商需求编制检查单。

评估标准	权重/%	方案A		方案B		方案C	
		比率	分值	比率	分值	比率	分值
5. 制造能力	3	7	21	5	15	4	12
6. 试验和评估	2	6	12	5	10	4	8
7. 管理控制	6	7	42	6	36	4	24
8. 经验因素	4	6	24	4	16	4	16
9. 历史经验	5	6	30	5	25	7	35
10. 成熟度	3	7	21	7	21	6	18
E. 全生命周期成本	12	5	60	7	84	4	48
总计	100		570		595		562

　　分析师可以利用附录E中的问题作为指南，对每个供应商的建议书进行审查，以评估供应商建议书对于问题所传达的期望特征的响应程度。从表6.6中，根据重要性级别对图6.27中的评估标准下列出的主题进行加权，并在每个领域进行评估和评级。可为每个主题制定更详细清单，以支持指定的评级因素。表6.7显示了覆盖表6.6中项目E的示例。

表6.7　供应商建议书评估标准检查单样本

评分（分值）	评估标准——生命周期成本
10-12	供应商已经根据生命周期成本证明了其设计的合理性，并在其提案中包含了完整的生命周期成本分析（即成本分解结构、成本、概况等）
8-9	供应商基于生命周期成本证明其设计合理，但在提案中未包含完整的生命周期成本分析
6-7	供应商的设计没有基于生命周期成本；然而，供应商计划完成一个完整的生命周期成本分析，并描述了它在分析过程中提议使用的方法、模型等
3-5	供应商的设计没有基于生命周期成本，但供应商计划在未来完成完整的生命周期成本分析，提案中没有包括方法、模型等内容的描述
0-2	生命周期成本（及其应用）的主题在供应商的方案中根本没有提到

　　在表6.6中，将分配的评分乘以加权因子，为每个项目提供分数。然后将各个分数相加，最高分数表示供应商的总体方法最佳。在这种情况下，供应商

B 似乎是首选。*

在从系统工程角度评估供应商建议书时，以下适用于正在采购的子系统或产品的一般性问题是合适的：

（1）供应商建议书是否符合 RFP 中规定的承包商需求？

（2）供应商建议书是否直接支持系统 A 类规范和 SEMP 中规定的系统要求？

（3）对于提议的项目，是否已充分规定了性能特征？根据系统级要求，它们是否有意义、可测量和可追溯？

（4）是否已规定有效性因素（如可靠性、可维护性、可保障性和可用性）？根据系统级要求，它们是否有意义、可测量和可追溯？

（5）如果需要新的设计，供应商组织内的设计过程是否已经得到充分定义？在适当的情况下，该过程是否包括利用计算机辅助设计（CAD）/计算机辅助制造（CAM）/计算机辅助支持（CAS）技术？可靠性、可维护性、人为因素、可保障性、生命周期成本和相关特性是否已适当地整合到设计中？设计变更程序是否已经制定，是否通过良好的构型管理实践对变更进行了适当控制？

（6）是否通过良好的文档充分定义了设计，即图纸、元器件清单、报告、软件、磁带、磁盘和数据库？所需数据是否可用？是否已指定数据权限？

（7）供应商是否已满足对提议的系统元件或组件进行测试和评估的要求？如果测试在过去已经完成，测试结果是否记录在案并可用？未来测试计划是否已被适当集成到系统 TEMP 中？

（8）是否已确定所提议项目的生命周期支持要求，即维护资源需求、备件/维修零件、测试和支持设备、人员数量和技能水平、培训、设施、数据、维护软件等？通过良好设计，是否降低了这些要求？

（9）设计配置是否反映出良好的增长潜力？

（10）供应商是否已制定全面的生产/施工计划？是否确定了关键制造流程及其特征？

（11）供应商是否有良好质量保证计划？在适当情况下是否使用了统计质

---

*　请参考附录 C 案例研究 C.6，为一个类似的评估的结果。

量控制方法？供应商是否有良好的返工计划，以在必要时处理拒收项目？

（12）供应商建议书是否包括一个良好的综合管理计划？该计划是否涵盖项目任务、组织结构和职责、WBS、任务计划、项目监控和控制程序等？是否定义了系统工程任务责任（如适用）？

（13）供应商建议书是否涉及总成本的所有方面，即采购成本、运营和保障成本以及生命周期成本？

（14）供应商在设计、开发和生产本质上与拟议项目相似的系统元件/组件方面是否有经验？这种经历对及时和在成本范围内交付高质量产品有利吗？

尽管这些问题可能有助于评估供应商建议书，但在建议具体采购方法之前，还须考虑如下4个额外因素：

（1）应该选择单一供应商（即唯一供应商），还是应该选择两个或更多供应商以满足RFP中规定的要求？一方面，如果指定的工作量涵盖了系统中相对较大的部分，并且涉及一些设计和开发活动，那么选择两个（或更多）供应商来执行相同的任务可能会相当昂贵。另一方面，对于较小的标准货架组件，可能适合建立几个供应源。目标是确保供应来源能够在规定的时间内满足需求，并最小化供应商可能"停业"的相关风险。

（2）在项目的整个计划生命周期中，供应商是否能在生产期间和生产后为该项目提供必要的支持？特别令人感兴趣的是：在初始生产完成后，且生产额外备件的能力（即生产后支持）不复存在时，备件/维修零件的来源可支撑持续维护需求。如果无法获得此类支持，则采购政策可能会规定最初购买足够的备件/维修零件，以支持整个生命周期的运营维护。

（3）供应商的选择是否应该基于政治、社会、文化和/或经济因素？在这个国际参与（或全球化）的时代，可能存在某些政治压力，鼓励从特定的国外来源采购组件或服务。然而，根据地理位置和经济需求选择潜在供应商可能是可行的。有时，可能会规定系统开发工作总量的至少 $x\%$ 须分包出去。无论如何，供应商选择有时会受到政治、社会和/或经济因素影响。

（4）如果供应商因海啸、地震、火山爆发等自然灾害而无法履行义务，应急计划是什么？供应商是否是特定系统元素或材料的唯一来源，例如某种必不可少的稀土材料？在某些情况下，由于经济现实或地缘政治形势，可能没有应急计划。尽管如此，仍应进行讨论以考虑应急计划。

供应商建议书的评估可使用表 6.6 中传达的方法来完成，并进行修改以考虑这些额外因素，即单个供应商相比多个供应商、后期生产支持需求、政治和经济因素对供应商选择的影响。该评估活动通常不仅包括对书面建议书本身的审查，还包括对供应商设施的一次或多次现场检查。提出建议并启动承包商和供应商之间的合同谈判。

由于供应商评估和选择过程的结果对项目成功和系统工程目标实现具有重大影响，因此在整个过程中系统工程组织的代表很重要。供应商活动与整个工程设计和开发工作的适当协调和整合至关重要。

6.3.4　供应商选择和合同谈判

通过评估和选择过程确定潜在供应商后，承包商有责任与供应商制定正式的合同安排。RFP 已经启动，潜在供应商的建议书已生成并得到评估，现在需要确立一个合同结构（以某种形式）。谈判达成的合同协议类型会对供应商绩效产生重大影响，尤其在涉及设计和开发活动的大型系统组件的采购中。

合同谈判的目标是从技术要求、交付物、定价、合同类型和付款时间表的角度出发，达成最有利的合同协议。显然，承包商和潜在供应商都根据与众多可用选项相关的风险，相对于自己的个人立场来看待这一目标。一方面，合同的一个极端是固定价格（FFP）合同，其中项目风险主要由供应商承担。另一方面，存在成本加固定费用（CPFF）结构，其中承包商承担大部分风险。在这两个极端之间，有许多相对灵活的选择。

谈判的合同类型很重要，因为结果很可能完全影响供应商绩效，反过来，这又可能会影响承包商是否能及时开发和产出满足规定要求的系统的能力。供应商绩效，尤其是大型子系统的采购，对系统工程目标的成功实现至关重要。此外，在制定作为 SEMP 一部分的风险管理计划时，应考虑与谈判的合同结构类型相关的风险因素——参见 6.2 节。

因此，系统工程师对合同有一定理解很重要，因为他或她不仅受谈判合同类型的影响，而且经常直接参与谈判过程本身。固定价格合同受到严格控制，由供应商承担大部分风险（在这种情况下）。工程设计应定义得相当清楚，因为合同谈判后的变更可能会非常昂贵。另一方面，成本补偿类型的合同（即成本加固定费用、成本加激励费用）在初始合同谈判后进行变更方面则更加灵活，大部分风险由承包商承担。无论如何，系统工程师都应了解：所需设计定义的范围，通过各种合同安排可以做什么和不能做什么。

此外，从技术和成本估算的角度来看，系统工程师经常参与建议书征求的初始准备（包括开发规范、管理计划和工作说明书的准备），从而展开合同谈判。当谈判实际进行时，系统工程师通常会再次参与到规范解释和任务完成的技术方面。在整个谈判过程中，预期工作范围可能会发生变化，须评估这些变化对其他系统设计和开发活动的影响。

为了提供一些额外理解，以下几段简要介绍 8 大类合同：

（1）固定价格（FFP）合同。FFP 是指当合同要求的项目已经交付并被接受时，支付指定金额的法律协议。授予合同后，不允许对合同工程进行价格调整，无论供应商的实际成本如何。在特定价格下，供应商承担绩效的所有财务风险，供应商利润取决于其最初预测成本、谈判以及随后控制成本的能力。关于这类合同的应用，组件设计应通过适当规范得到充分确立。

（2）随行就市的固定价格合同。这类似于 FFP 合同，除了可增加一个随行情变化的条款以覆盖不可控的价格上涨或下跌。上涨适用于人工和物料。由于行情预测存在许多不确定性，通常会确立上涨上限，供应商和承包商在此之前会分担风险。超出规定上限的意外成本由供应商承担。

（3）固定价格激励（FPI）合同。由于一些成本的不确定性，通过良好的供应商管理和为供应商提供一些利润激励，很可能降低成本。一起协商目标成本、最低成本和最高价格与利润调整公式。从初始目标利润开始的利润调整可基于总成本绩效进行。

（4）成本加固定费用（CPFF）合同。CPFF 是一种成本补偿合同，根据该合同，供应商可报销与项目相关的所有允许成本。工程完成后，向供应商支付议定的固定费用（如估计成本的 10%）。尽管该费用按总成本中的百分比固定，但随着工作范围和合同的变化，费用可能会增加或减少。这一点尤其适用于承包商愿意接受供应商提出的工程变更建议，以执行超出初始合同范围的工作的情况。

（5）成本加激励费用（CPIF）合同。CPIF 用于涵盖项目绩效存在不确定性的情况。允许的成本被支付给供应商，同时基于指定的业绩支付额外奖励费用。在谈判时，诸如进度里程碑和具体绩效指标等个别因素可被确定为激励措施，以激励供应商在这些领域取得优异成绩。合同谈判将产生确定的目标成本、目标费用、最低和最高费用以及费用调整公式。合同完成后，供应商的表现将作为费用调整的基础。此类合同的应用可包括针对系统规定的每项技术性能指标的激励措施的谈判，因为这些措施适用于正在采购的项目。

（6）成本分摊合同。这主要是为教育机构和非营利组织开展研究和开发工作而设计的。此类工作作为联合赞助，对供应商的补偿是根据预先确定的共享协议进行的，不收取任何费用。然而，作为替代，供应商预计完成的工作将获得其他利益（如可申请专利的项目、技术实际经验的获取、良好的出版物）。

（7）时间和材料合同。这允许支付执行指定任务中所需的实际材料和服务。当工作的范围和持续时间无法提前确定，成本无法以任何精确度估算时，就采用此类合同。适合的应用包括特定的分包研究和开发任务、日常维护和彻底检修服务等。

（8）协议书。通常用作初步合同文件，旨在授权供应商立即开始项目工作。这些协议是一种临时手段，用于对已确定的需求作出快速反应，否则可能会在最终合同谈判前延迟。信函协议通常不包括总定价信息；然而，通常会规定美元上限，以防止过度支出。根据此类协议，供应商因完成工作而产生的所有费用均由承包商全额报销。

与每一种主要类型的合同相关的是付款时间问题。供应商何时能成功完成合同任务而获得补偿？预期支付的金额是多少？对于激励合同，应该应用什么类型的激励/惩罚计划？这类问题非常重要，特别是对于较大的合同，因为承包商通常与特定的预算周期相关联，供应商须抵消运营成本，而不至于负债过多。因此，应该制定某种类型的付款计划。

图 6.28 显示了一种计划的示例，其中付款进度与正式设计审查的成功完成相联系，即系统设计评审、最后一次设备/软件设计评审和关键设计评审。这些特殊的设计评审将包括供应商活动的覆盖范围，并将付款进度与激励供应商产生有效结果的活动相关联，以确保成功。

如果使用激励合同，应制定激励/惩罚计划，作为进度付款计划的补充。此类计划应明确规定对重要项目里程碑、证实系统性能和有效性特征的激励和惩罚付款的应用。如图 5.2（第 5 章）所示，应用于系统级的 TPM 应分配给子系统或适用于供应商提供的项目级别。在为供应商制定激励/惩罚计划时，

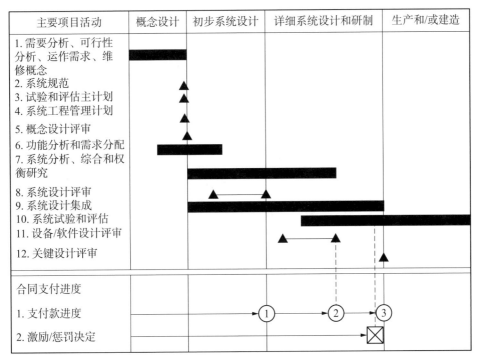

主要项目活动	概念设计	初步系统设计	详细系统设计和研制	生产和/或建造
1.需要分析、可行性分析、运作需求、维修概念				
2.系统规范				
3.试验和评估主计划				
4.系统工程管理计划				
5.概念设计评审				
6.功能分析和需求分配				
7.系统分析、综合和权衡研究				
8.系统设计评审				
9.系统设计集成				
10.系统试验和评估				
11.设备/软件设计评审				
12.关键设计评审				
合同支付进度				
1.支付款进度			① ②	③
2.激励/惩罚决定				

图6.28 建议的合同支付进度

对所采购的项目采取实际可行的绩效措施可能是应当考虑的因素。

在制定奖励/处罚支付计划时，有必要确定奖励和处罚适用的参数。在许多情况下，存在多个参数，导致多重结构。确定每个激励措施的适当金额是非常困难的，因为这个取决于组件（或服务）的类型以及激励措施所适用的项目的重要性。所有选定的参数不太可能同等重要。因此，有必要为每个参数分配一个"重要性值"或"权重"，并相应地估计激励/惩罚值的大小。

图6.29举例说明了涉及两个组件特征的多种方法。目标值是基于规范要求建立的，也可视为合约值。如果在测试和评估后，实际测量值比目标值有所提高，则在指定时间向供应商支付奖励费，如图6.28中的时间表所示。更具体地说，如果测得的MTBM超过图6.29中约238小时的置信上限，那么分配的费用将分成20%给承包商、80%给供应商。相反，如果测得的MTBM低于目标，那么供应商将支付指示纵坐标值50%的罚款。涉及其他关键参数的类似应用可通过激励/惩罚合同来涵盖。

一方面，尽管有各种可能的合同类型，但根据特定采购行动适当调整合同

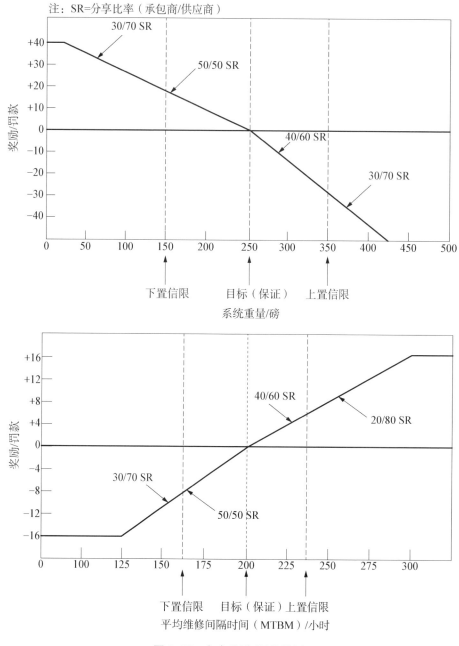

图 6.29　多个奖励/罚款计划

结构须小心谨慎。例如，如果供应商需要设计和开发活动，则协商成本加固定费用（CPFF）或成本加激励费用（CPIF）类的合同可能是合适的。在这种情况下，考虑灵活性时，承包商可能须实施更严格的监督与控制活动，以确保供应商及时完成任务。同时，承包商需要小心，不要强加（或引起）任何可能对供应商产生影响的设计变更。如果承包商建议改进供应商的产品的可能，或改变与活动相关的方向，那么供应商可能会要求更改工作范围，并相应地收取合同费用。此外，熟悉合同的供应商最初可能会提交一份代表"最小努力"建议书，以保持低价并赢得竞争。同时，供应商正计划在稍后时间启动变更和/或添加，以涵盖可能应该已包含在初始建议中的项目。这些变更可能会通过一系列单独的工程变更建议（ECP）进行处理，最终成本也会相应增加。在这种情况下，重要的是系统工程师不仅要熟悉一般的合同方法，而且要彻底熟悉所提议的项目、其技术构成及其如何适应系统层次结构，以及适用的各种接口和支持要求。

另一方面，无疑会很好地定义许多不同的系统组件，因此不需要额外的设计工作。在这种情况下，实施固定价格（FFP）合同可能是首选。对于服务的执行，例如在完成维护和修理行动时，合同基本时间和材料类型可能是最合适的。

达成最终合同条款和条件是通过承包商和供应商之间的正式谈判完成的。谈判本身可采取一种简化方法，由每一方几名代表参加，在指定的某一天开会讨论总体要求。相比之下，对于相对较大的子系统和/或主要系统组件，合同谈判过程可能变得相当复杂。在更正式的谈判中，承包商将根据供应商的提议，将就其提议的技术方法、管理方法和/或价格的有效性询问供应商。技术路线上的问题将试图确定供应商是否已经证明其技术方法是最好的（基于设计权衡研究的结果），以及其是否具备开发和生产建议项目所需的技术专长和经验。关于成本，我们的目标是验证供应商的价格是否公平合理，是否通过逻辑成本分析制定的。从供应商角度，谈判最初形式是对提交给承包商的建议书进行辩护。供应商可能需要提供任何数量的支持材料，以帮助说服承包商其是彻底的、诚实的，并提供可能的最佳交易。

总的来说，谈判是一门艺术，通常需要双方采取一些策略。最初，会制定一个计划，确定谈判地点（以及所需支持媒体），包括每次会议的议程安排。承包商和供应商各自确定将参与谈判过程的人员。技术和管理人员都将包括在内，承包商系统工程组织的代表应出席涵盖面向系统要求的技术讨论。在正式谈判期间，考虑到前面提到的合同条款和条件，双方将承担最低风险。在会谈中断后，双方将会进行一场简短的战略会议来讨论相关的事件，他们会尝试从反对方那里获得一定程度的支持，希望在达成一些妥协后能达成协议。这个过程可能会经历多次迭代，可能会比最初预计花费更多时间。然而，最终目标是实现承包商和供应商之间正式合同的签署。

6.3.5 供应商监督和控制

随着识别、批准和建立与供应商的正式合同关系，承包商的主要活动现在包括项目协调、评估和控制。由于以下原因，这一正在进行的活动可能相当重要：

（1）对于给定系统，供应商活动的规模和单个产品/组件供应商的数量可能很大。对于某些系统，50%~75%的计划开发和生产活动将由供应商完成。

（2）除了参与系统采购的大量供应商之外，这些供应商的地理分布可能遍及全球。许多系统使用在环太平洋国家、欧洲、非洲、南美洲等国家和地区开发和制造的组件。系统采购的要求可能决定了一个真正的国际通信和分销网络。

（3）在采购相对大规模的系统时，有许多不同的组件供应商，在给定时间完成的任务可能相当广泛。一些供应商可能正在进行全面的设计和开发工作，一些供应商可能正在执行制造和生产功能。同时，还有很多供应商可能正在提供标准的现成组件，以此来响应日常的采购订单。有些项目是交错和不连续的，还有一些项目是长时间连续的。须从一开始就明确定义适用的供应链。图6.30展示了潜在供应商项目活动的样本计划。

在这种类型的环境中（即位于世界各地的许多不同供应商，履行各种各样的功能），承包商面临着一项艰巨而具有挑战性的任务。如前所述，须从一开始就仔细制定和明确规定具体的供应商要求，并且须建立适当的合同结构，以确保满足这些要求。当然，合同类型应该根据供应商的努力程度进行调整。

在图6.30中，供应商A、C、D、F和G都参与了一个包含一些设计和开发活动的项目。作为这项工作的一部分，需要进行权衡研究、准备支持性设计报告（如可靠性和可维护性预测、后勤支持分析等）、计划设计评审、完成测试和评估功能等。第2章中描述的过程和本文讨论的许多活动都适用，尽管须

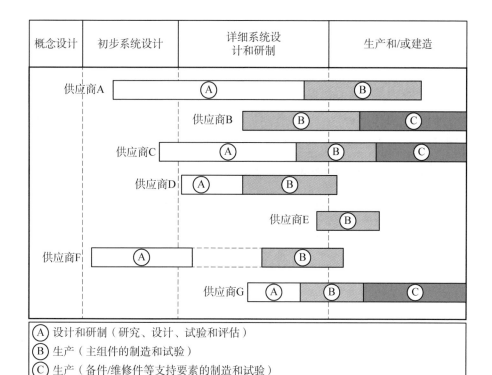

图 6.30　供应商项目活动的例子

缩小工作规模以适应供应商计划的特殊需求。

　　关于供应商计划评估和控制，承包商须将供应商活动纳入第 5 章中描述的总体设计审查过程。对于大型设计和开发工作，可在供应商的场所进行个别选定的设计审查，这些审查结果包括在承包商工厂进行的高级审查中（见图 5.1）。对于较小的项目，评审过程可能不会那么正式，供应商的努力成果会被整合到对系统更大部分的评估中。当处理的项目涉及部件制造和生产的项目（见图 6.30 中的每个项目）时，承包商主要关心进货检验和质量控制。至关重要的是须始终保持组件中设计的特性，或现成产品中的广告特性。

　　实质上，供应商评估和控制仅仅是由客户发起并强加给承包商的项目审查和控制活动的延伸。反过来，承包商须对供应商提出某些要求。如果存在"供应商分层"，那么大型供应商须对小型供应商实施必要的控制，目标：①确保从上到下正确分配系统级需求；②从下到上满足这些需求。SEMP 须描述与供应商活动相关的必要程序、技术审查等（见 6.2 节）。

6.4 设计专业计划的整合

如第 1 章中系统工程的基本定义所示，一个主要目标是确保所有适用的工程学科正确一体化到总设计工作中（见图 2.29）。尽管每个项目都有一些变化，但是图 6.5 中确定的那些规程被认为是关键的。

除了图 6.12 中所示的规范层次结构，还有一个项目计划层次结构，其中 PMP 位于顶部，SEMP 位于下一个，还有许多补充 SEMP 的附属计划。图 6.31 说明了这种层次关系。*

在第 3 章中，描述了每个支持学科的要求。需求评估说明了可靠性、可维护性、人为因素、可支持性/可维护性、可生产性、质量、经济可行性等因素在设计中的重要性。此外，这些因素除了是系统工程过程的关键因素之外，因素之间还密切相关。因此，这些因素须在设计过程中及时得到妥善处理，并从概念设计阶段开始。

通过回顾第 3 章中各个部分可以看出，有许多任务是完全相似的。所代表的每个设计专业的第一项任务是准备一个项目计划，即一份规定了满足项目需求要完成的任务文件。在每个活动领域中，都有分析任务、预测任务、设计评审和评估任务以及测试和演示任务。作为持续分析工作的一部分，当完成设计权衡时，最终的结果必须体现出平衡的方法。这反过来又迫使设计中的可靠性特征、设计中的可维护性特征等适当组合。换句话说，这些因素（因为它们影响设计过程）须在整个过程中仔细集成。

在过去，通常的做法是在单独和自主的基础上，并且通常在系统开发过程的不同时间，准备这些计划。这导致了既定目标的一些差异、时间表的不一致、项目任务要求的冗余、输出的冲突等问题。鉴于这些学科在实现系统工程目标方面的重要性，建议编制相应的计划并将其纳入 SEMP，如图 6.31 所示。

---

* 需要强调的是，在系统工程的广泛范围内，可能会有各种各样的不同的设计方案，不仅包括主要的功能设计学科（如土木工程、电气工程、化学工程、机械工程），而且还包括一些基础工程支持学科。相对于后者，许多支持学科（如可靠性、可维护性、人为因素和安全、物流）被视为独立的实体，每个实体都需要一个独立的计划，并不是作为整个工程工作的一部分实施，而是在独立的基础上实施。图 6.32 的重点是确保这些计划被集成到整个过程中。

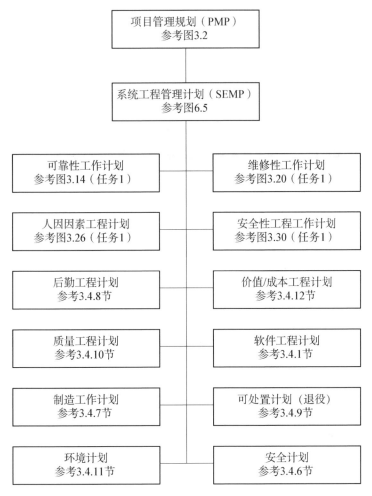

图 6.31 各设计学科计划的整合

图 6.31 所示的集成，其目的不是阻碍或以任何方式限制各个学科在满足项目需求方面的努力。这样做的目的是为了确保在需完成的众多任务之间形成适当的关系，并消除可能存在的冗余。例如，可靠性预测的结果须用于完成维修性预测和保障性分析，失效模式、影响和危害性分析（FMECA）的准备是其他可靠性任务、可维护性分析、保障性分析和安全性分析的输入，故障树分析（FTA）是对安全危害分析的输入，完成人为因素操作人员任务分析（OTA）须与维护任务分析（MTA）兼容并直接支持维护任务分析，可靠性分析（模型）、可维护性分析、操作员任务分析和后勤支持分析须从系统级功

315

能分析发展而来（见2.7节）。系统工程师须完全理解这些学科之间的许多相互关系，并且通过 SEMP 适当整合这些活动。

6.5 与其他计划活动的接口

尽管如图 6.31 所示，提供各个设计专业计划的适当集成很重要，但也有必要确保 SEMP 和其他相关项目计划之间存在适当的沟通联系。令人特别感兴趣的是图 6.32 中所示并在以下段落中确定的内容。

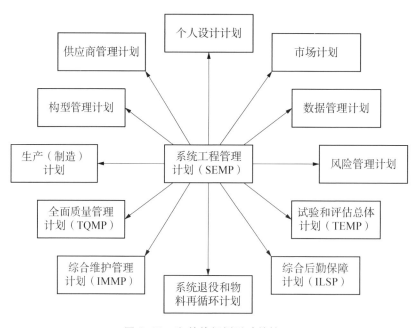

图 6.32　和其他规划活动的接口

（1）单项设计计划。对于某些项目，单项计划可能由传统设计学科编制，如土木工程、电气工程、工业工程、机械工程和其他类似学科。至关重要的是这些计划须支持在 SEMP 中提出的材料，并被相应地引用。系统工程的一个目标是允许所有工程学科集成，要求这些计划相互沟通。

功能设计组件和子系统之间的良好沟通与所有工程学科之间的沟通同样重要。因此，经常在 SEMP 中引用接口控制文件（ICD）。ICD 详细说明了具体的接口特征和层次结构。

（2）营销计划。单个公司/机构的营销计划通常针对"短期"计划，而没有解决系统/产品收购中必不可少的生命周期长期考虑。此外，一些营销计划可能旨在与组织建立某种伙伴关系，这些组织可能赞同系统工程概念方法，也可能不赞同。因此，所有营销计划都须准备好传达系统工程方法。

（3）数据管理计划。所有设计和支持数据的适当集成是必要的，以确保各种元素兼容（即在适用的情况下追溯），并在正确位置及时可用，数据冗余最小化（如果没有消除），数据成本尽可能最小化。尽管随着新技术的出现（即数据转换为数字格式并使用共享数据库方法），数据环境正在迅速变化，但仍然需要在表示、数据格式、数据/文档更改控制等方面具有一定程度的一致性（见 2.10 节和图 2.31）。

（4）风险管理计划。风险是任何系统开发工作的内在因素，即技术决策带来的风险，管理决策带来的风险，等等。当然，目标是始终将风险降至最低，系统工程的一个主要目标是实施风险管理计划，该计划将允许尽早识别潜在风险领域、评估风险和减少风险。如图 6.5（项目 11.0）所示，SEMP 应涉及风险管理领域。该主题将在 6.7 节中进一步讨论。

（5）测试和评估总体计划（TEMP）。如 2.11 节和图 2.33 所示，从一开始就需要综合测试计划。随着系统级需求的初步定义和 TPM 的建立，须确定最终如何评估系统，以确保满足最初指定的需求。这构成了系统工程过程中的验证回路；因此，TEMP 准备已被确定为实施系统工程计划的关键任务之一（见表 6.1，任务 4）。

（6）综合后勤保障计划（ILSP）。参考 3.4.8 节，ILSP 涵盖与保障性系统主要要素的设计、支持基础设施的设计、支持要素（维护人员、备件和维修部件、测试设备、设施、运输和装卸规定、计算机资源和技术数据）的采购和获取相关的所有活动，以及系统在整个计划生命周期内的持续维护和支持。在 ILSP 中，有一个后勤工程部分，该部分应被纳入 ILSP，或是成功完成系统工程要求的主要参考（见图 6.31）。另外，随着开发过程的推进，有必要持续对整个支持基础设施进行评估，同时也要评估数据收集和反馈流程，因为消费者正在实地使用该系统。

（7）系统报废和材料回收计划。尽管在生命周期中的系统报废、材料回收和处置部分在许多项目中没有得到适当解决，但 3.11 节中描述的环境问题正变得越来越重要。与环境设计相关的工程方面应在 SEMP 范围内解决，与系统开发、建设和/或生产、运营和维护以及报废相关的生命周期活动应监控其对环境的影响。此外，随着系统开发到消费者使用和支持阶段，须持续评估外部环境因素对系统可能的影响，即生态、技术、政治、经济和相关因素对系统运行的影响。系统是否仍如最初预期的那样运行，或者是否因外部因素而出现了一些性能下降？

（8）综合维护管理计划（IMMP）。尽管 ILSP 处理与国防部门系统支持基础设施相关的主要问题，但 IMMP 在商业部门可能发挥类似作用。无论是处理交通系统、通信系统、医疗保健或医院综合体，还是制造工厂，仍然需要计划维护。这包括：可靠性和可维护性的设计、维护和支持基础设施的设计、支持要素的采购、系统在整个计划生命周期中的持续维护和支持。

（9）全面质量管理计划（TQMP）。在全面质量管理（TQM）背景下，存在与质量工程相关的活动，涉及产品设计、制造过程设计、维护和支持基础设施设计。这些领域应被纳入 SEMP，或作为成功完成系统工程需求的主要参考（见图 6.31）。此外，随着开发、制造和支持过程的进展，需要持续保持设计中已建立的质量。

（10）生产/制造计划。最初看似设计良好、配置良好的面向任务的系统主要元素，在经过生产过程后，可能结果并非如此。生产过程是高度动态的，在整个过程中会引入差异，并可能对正在生产的产品产生重大影响。如果可生产性最初没有纳入适用产品的设计中，则肯定会出现上述情况。并行方法，即产品和制造生命周期须适当集成，在系统工程概念和方法的实现中至关重要。

（11）构型管理计划。构型管理（CM），或称基线管理，对于系统工程目标的实现至关重要，并一直在本章强调。维护设计基线和控制设计变更对于系统评估和成本控制至关重要。

（12）供应商管理计划。随着外包和从世界各地不同来源选择供应商的趋势日益增加，制定一项计划（支持营销计划）可能是可行的，该计划包括初始供应商选择标准和导致某种形式的合同、后续监督和控制活动等后续程序。对于某些项目，给定系统 50% 以上的组件可能被分包，合同中规定的规范须完整且准备充分，包括基于性能的要求，并支持系统规范（类型 A）。我们的目标是确保外部采购的系统所有组件，都能作为一个整体被适当地安装或集成到系统中，而不会出现意料之外的状况。因此，将系统工程标准纳入供应商选择过程、分包规范编制、后续供应商监控活动至关重要。

尽管系统工程项目的成功实施需要与所有与设计相关的活动密切协调，但同时也需要特别强调，确保与负责这些计划所涵盖活动的组织保持密切的工作关系。特别值得注意的是，软件需求是每个相应计划固有的。对于许多系统来说，设计中对软件（相对于硬件）的要求可能是一个主要的"驱动因素"，因此须注意始终确保软件兼容性。

可以想象，与其他项目活动的接口可能众多且复杂。因此，接口管理方面的技术和人力（人员）都非常重要。

采用模块化处理复杂度的传统方案意味着工程工作的大部分将集中于设计系统的各个部分。在子系统和模块化设计中，重点是功能性、公差、可靠性等。所有子系统、模块、组件和部件之间的接口经常被忽略，导致意见不一、通信和性能瓶颈、错误的函数调用、结构故障等问题。

接口须在构型管理的范围内仔细定义、记录和控制。须在 SEMP 中捕获被给定的程序/项目管理的那些接口。特定接口特性的详细信息通常包含在接口控制文件（ICD）中，该文件在 SEMP 中有所引用。所有接口都应记录在案，包括外部问题（系统到用户和系统到系统）、内部问题（子系统到子系统）、硬件到软件、软件到软件、系统到操作程序、系统测试设施到测试工具等，如在 1.1.3 节和图 1.4 中涵盖的系统集成。

类似于系统分解为子系统，所有接口须被识别、捕获、定义、分配、验证、编译并集成到系统中。识别接口需要执行分析以描绘接口边界。接下来，接口需求须被捕获并在构型控制之下——就像系统功能需求一样。分解必须发生，在整个自上而下的设计方法中"向下流动"（见 1.3.7 节所示的模型——参见瀑布模型和"V"模型）。

总之，在系统层次结构的所有层次上，主要接口的定义和集成是一个关键因素，须加以解决，才能成功实现系统工程的目标和目的。

6.6 管理方法/工具

一个主要的系统工程挑战是能够遵循有组织的、符合逻辑的和系统性的方法，并利用当时可用的任何技术/工具，通过图 1.13（第 1 章）所示的过程来发展。这一过程的内在要求是尽可能在生命周期的早期完成综合、分析和评估工作。目标是获得早期可见性，减少系统获取时间，能随着系统开发的进展做出良好的设计和管理决策，并将与决策过程相关的风险降至最低。然而，过早进行过多活动可能会变得毫无意义且代价高昂。所面临的挑战是实现快速评估需要什么、何时以及在何种程度上。与此同时，须熟悉现有的、可用于帮助实现这一目标的技术/工具。系统工程师须在这方面发挥领导作用，并且需要了解可应用于促进这一过程的最新技术。

虽然不可能提及所有可用于帮助系统工程师成功实现上述目标的分析技术/工具，但建议这些专业人员至少熟悉以下 6 个方面：

（1）电子商务（EC）、信息技术（IT）、电子数据交换（EDI）和互联网在系统开发和系统工程过程实施中的可能应用（见 4.3 节）。

（2）CAD、CAM 和 CAS 方法在设计中的应用（见 4.5~4.7 节）。

（3）模拟方法在设计中的应用（见 4.1 节）。

（4）快速原型方法在软件设计和开发中的使用（见 4.2 节）。

（5）比例模型和实体模型在设计评估中的使用（见 4.3 节）。

（6）统计和运筹学方法在系统分析中的应用（见 4.2 节）。

此外，基于模型的系统工程（MBSE）的概念是一种系统设计方法，它利用大量互连的计算模型来促进整个设计过程。在主要子系统开发中，在整体更高层次的"系统"结构中，设计过程本质上通常是迭代的，包括需求定义，然后是分析、更多的需求和分析等。目标是最终获得一个改进的设计构型，同时，加强给定程序/项目的许多开发团队之间的沟通。然而，尝试实施 MBSE 方法的团队，如果没有某种形式的结构，很可能无法实现各自的目标。

无论如何，挑战在于：知道在解决哪些与设计相关的问题和完成各种类型的分析时，需要使用什么样的技术/工具。这些设计增强能力应在 SEMP 中根据其应用进行描述。须注意确保其应用在需要时与供应商的能力兼容。例如，如果主承包商使用特定的 CAD（或等效软件包）并依赖一个或多个供应商的"实时"输入，则需要确保供应商使用兼容的软件。设计团队成员之间的技术兼容性至关重要。

6.7 风险管理计划[*]

风险是由于一个或一系列事件而导致某些事情出错的可能性。它用发生概率和给定发生的评估结果组合效果来衡量。随着系统设计的复杂性和新技术的引入，风险的可能性越来越高。本章所述的风险是指不满足特定技术和/或计划要求的可能性，如不满足 TPM、时间表或成本预测所规定的要求。

风险管理是一种有组织的方法，用于识别和衡量风险，以及选择和开发处理风险的选项。风险管理不是一个独立的项目，而是任何健全管理活动的固有组成部分。风险管理包括三项基本活动：

（1）风险评估。包括对技术设计和/或项目管理决策的持续审查，以及对潜在风险领域的识别。

（2）风险分析。包括进行的分析以及确定事件发生的概率及其后果。风险分析的目的是确定所感知风险的原因、影响和程度，并确定规避风险的替代方法。有许多可用作风险分析的辅助工具，如调度网络分析、生命周期成本分析、FMECA、石川因果图或鱼骨图、危险分析和各种形式的权衡研究。

（3）降低风险。这包括为降低（如果不是消除）或控制风险而开发的技术和方法。须实施风险处理计划。

风险管理的第一步是识别潜在的风险领域。尽管作出决策的任何项目活动领域都存在一定程度的风险，但我们需要确定哪些领域的潜在故障后果可能非

---

* 风险和风险管理是系统工程计划的非常重要组成部分。关于这一领域更深入讨论的 3 个很好参考文献：

（1）E. M. Hall，《风险管理：软件系统开发方法》（Reading, MA: Addison-Wesley, 1998）。

（2）Y. Haimes，《风险建模、评估和管理》，第三版（新泽西州霍博肯：John Wiley & Sons, 2009）。

（3）M. Crouhy，D. Galai 和 R. Mark，《风险管理要点》，第 2 版，Mc Graw-Hill, 2014。

常严重。项目风险领域可能包括资金、进度、合同关系、政治和技术。技术风险主要涉及不满足设计要求、无法生产多种数量的产品、无法在现场支持产品的可能。设计工程风险可直接与 2.6 节和图 5.2 中确定的技术性能测度（TPM）联系起来。这些 TPM 反映了设计中的关键因素，可优先考虑以反映相对的重要性程度。

考虑到系统设计的性能特征识别（即那些需要定期监控的参数），下一步是通过指出故障的可能原因来评估这些参数。如果无法满足特定设计要求，那么须询问可能原因是什么，发生概率是多少？尽管正在监测的输出测量可能是高优先级 TPM，但故障原因可能是设计中新技术的错误应用、主要供应商的进度延迟、成本超支或这些因素的组合。

独立评估原因，以确定其对受监控 TPM 的影响程度。进行敏感性分析时，酌情使用各种分析模型，以确定潜在风险大小。这反过来可按照高、中、低风险对因素进行分类。然后在项目管理审查和报告结构中处理这些风险分类。与低风险项目相比，高风险项目监控程度更高，启动风险消减计划的优先级更高。

为了促进风险管理的实施过程，开发某种类型的模型通常是可行的。一种方法是根据两个主要变量来处理风险：失败概率（P_f）和失败的影响或后果（C_f）。后果可根据技术性能、成本或进度来衡量。数学上，这个模型可以表示为[*]

$$\text{风险因子}(\text{RF}) = P_f + C_f - (P_f)(C_f) \tag{6.5}$$

式中：P_f 表示失败的概率；C_f 表示失败的结果。这些参数的定量关系如图 6.33 所示。

为了说明模型应用程序，以图 6.33 为主要信息来源，考虑 4 个系统设计特征：

（1）系统设计使用现成的硬件，对软件稍加修改。

（2）设计相对简单，包括标准硬件的使用。

---

[*] 该模型改编自 1986 年版的系统工程管理指南，由弗吉尼亚州贝尔沃堡的国防系统管理学院（DSMC）出版。虽然目前还有其他模型在使用，但本书所包含的材料的介绍将提供一种关于风险量化方法的想法。然而，应该强调的是，人们需要开发一个针对相关系统和程序的模型。

（3）该设计需要更复杂的软件。

（4）该设计要求供应商（分包商）开发新的数据库。

该系统的特征表明，存在与软件开发任务相关的潜在风险。使用图 6.33 中的标准（并应用所示的加权因子），故障概率（P_f）计算如下：

$$P_{Mhw} = 0.1，或（a）（P_{Mhw}）=（0.2）*（0.1）= 0.02$$
$$P_{Msw} = 0.3，或（b）（P_{Msw}）=（0.1）*（0.3）= 0.03$$
$$P_{Chw} = 0.1，或（c）(P_{Chw}）=（0.4）*（0.1）= 0.04$$
$$P_{Csw} = 0.3，或（d）（P_{Csw}）=（0.1）*（0.3）= 0.03$$
$$P_D = 0.9，或（e）（P_D）=（0.2）*（0.9）\quad = 0.18$$
$$0.30$$

根据上述标准，该项目的 P_f 为 0.30。

如果由于技术因素导致项目失败，导致的问题具有可纠正的性质，但纠正导致了 8%的成本增加和两个月的进度延误，C_f 计算如下：

$$C_t = 0.3，或（f）（C_t）=（0.4）*（0.3）= 0.12$$
$$C_C = 0.3，或（g）（P_C）=（0.5）*（0.5）= 0.25$$
$$C_S = 0.9，或（h）（P_S）=（0.1）*（0.5）= 0.05$$
$$0.42$$

基于上述分析（使用所示的加权因子），C_f 因子为 0.42，根据式（6.5），计算出的风险因子（RF）为 0.594。如图 6.34 所示，这可归为中等风险类别。在这种情况下，风险主要与系统软件和对供应商的依赖有关。

类似的方法可用于对所有其他适用参数进行风险分析。最终的成果是按照优先级排序的关键项目清单，这需要管理层予以特别关注。根据风险性质，以不同的时间（即分布频率）准备风险报告。高风险项目需要频繁报告和管理层特别关注，而低风险项目可通过正常的项目审查、评估和报告流程来处理。

（1）风险因素 = $P_f + C_f - P_f * C_f$

（2）$P_f = (a)(P_{Mhw}) + (b)(P_{Msw}) + (c)(P_{Chw}) + (d)(P_{Csw}) + (e)(P_D)$

其中：a，b，c，d，e 是其和等于 1 的加权因子

P_{Mhw} = 硬件成熟度导致的故障概率	（3）$C_f = (f)(C_t) + (g)(C_c) + (h)(C_s)$
P_{Msw} = 软件成熟度导致的故障概率	其中：f，g，h 是其和等于 1 的加权因子
P_{Chw} = 硬件复杂度导致的故障概率	C_t = 技术因素导致的故障后果
P_{Csw} = 软件复杂度导致的故障概率	C_c = 成本变动导致的故障后果
P_D = 因依赖其他项目而失败的概率	C_s = 计划变更导致的故障后果

量级	成熟度因素（P_M）		复杂性因素（P_C）		相关系数（P_D）
	硬件 P_{Mhw}	软件 P_{Msw}	硬件 P_{Chw}	软件 P_{Csw}	
0.1	已存在	已存在	简单设计	简单设计	独立于现有系统、设施或相关承包商
0.3	小规模重设计	小规模重设计	小幅度增加的复杂性	小幅度增加的复杂性	依赖于现有系统、设施或相关承包商的日程安排
0.5	重大可行性变更	重大可行性变更	适度增长	适度增长	性能取决于现有的系统性能、设施或相关承包商
0.7	技术安全、设计复杂	与现有软件类似的新软件	显著增长	在模块中显著增加/大幅度增加	日程安排取决于新系统的日程安排、设施或相关承包商
0.9	已经完成一些研究	前所未有的研究	极其复杂	极其复杂	性能取决于现有的系统性能、设施或相关承包商

量级	技术因素（C_t）	成本因素（C_c）	进度因素（C_s）
0.1（低）	最小或没有后果，不重要	预算未超出估计，部分资金转移	对项目的影响可以忽略不计，轻微的开发进度变更可以通过
0.3（较低）	技术性能略有下降	成本估算超出预算 1%~5%	计划稍有延误（少于 1 个月），需要对里程碑进行一些调整
0.5（中等）	技术性能有所下降	成本估算超出预算 5%~20%	计划中的小失误
0.7（较高）	技术性能显著下降	成本估算超出预算 20%~50%	开发进度延误超过三个月
0.9（高）	技术目标无法实现	成本估算增加了 50%以上	大幅度的进度滑点，影响到阶段性或可能会对系统性里程碑产生影响

图 6.33 风险评估的数学模型

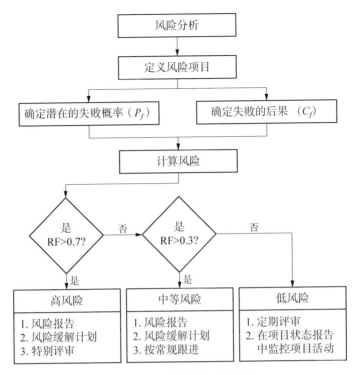

图 6.34　风险分析和报告过程

对于界定为"高"和"中"风险的项目，应实施风险消减计划。这构成了消除（如果可能）、降低和/或控制风险的正式方法。实现这一目标可能涉及以下一项或多项：

（1）加强对问题领域的管理评审，并通过资源的内部分配或转移启动必要的纠正措施。

（2）聘请外部顾问或专家帮助解决现有的设计问题。

（3）实施一个广泛的测试计划，目的是更好地隔离问题并消除可能的原因。

（4）启动特殊研究和开发活动，并行开展，以便提供备份应变计划的位置。

风险消减计划的目的是强调那些需要管理层特别关注的领域。技术风险识别在系统工程方面尤为重要，因为设计目标实现高度依赖于正确和快速处理这些风险。在这方面，风险管理应该是系统工程管理的一个固有方面。

6.8 全球应用/关系

作为规划过程的最后一步，需要参考图 1.21（见第 1 章）中的"系统运营和维护流程"，并确保正向和反向流中的所有活动都被充分涵盖。此类范围覆盖设法完成的客户活动、主承包商（生产商）活动、分包商活动、供应商活动，其中许多活动可分配给世界各地的不同组织（见图 6.25）。在处理整个范围时，须注意确保这些活动在整个项目中的适当兼容性和集成性。

更具体地说，存在文化差异、政治结构的差异、技术能力（技术应用）的差异、开展业务的不同方法、需要考虑的不同地理和环境因素、不同的后勤和维护支持基础设施等等，这些问题都须在选择供应商和建立伙伴关系时加以解决（和规划）。此外，与这些因素相关的是沟通过程须从一开始就要有效和到位。鉴于世界各地的文化和语言差异，误解或不完全理解给定要求是相对容易发生的，或不理解设计过程中使用的某些假设和符号。无论如何，人们希望解决以下问题：

（1）是否建立并实施了适当的流程，以确保整个项目中横跨客户、承包商、分包商和供应商范围的活动具有良好的沟通？这包括所有敏捷工程和敏捷活动、特殊的基于模型的系统工程（MBSE）相关活动，以及参与系统设计过程的其他小型工作团队。组织结构中是否确定了解决这一领域可能冲突的聚集点？

（2）不同项目组织使用的技术和技术应用是否全面兼容？例如，设计过程中涉及的每个组织是否都使用相同的 CAD/CAM/CAS/MBSE 模型和构型？

（3）作为计划/项目团队成员参与的所有组织的业务过程是否兼容？

（4）各种后勤和维护支持基础设施是否符合系统要求？例如，每个参与组织是否具备及时运送人员和材料（根据需要）所需的运输能力？在适用接口和支持接口管理方面，所有适用的供应链是否兼容？

（5）每个参与组织的政治结构是否兼容并支持计划/项目目标？

尽管可解决许多这种性质的问题，但这里目标是通过涵盖全球环境中一些重要的问题来确保成功。这些问题须是 SEMP 开发中固有的。

6.9 小结

本章主要是针对规划的主题，重点是系统工程管理计划（SEMP）的开发。该规划文件在最初定义并作为随后实施系统工程功能/任务的工具。由于该计划是描述典型项目的系统工程需求的关键，这里给出一个 SEMP 所应包含内容的检查单摘要，可能对系统工程师有所帮助。

（1）SEMP 是否包括如下方面：

a. 工作说明书（SOW）？

b. 系统工程任务的描述？

c. 工作包和工作分解结构（WBS）的描述？

d. 型号/项目组织、系统工程组织、关键组织界面（即客户界面、生产商/承包商界面、供应商界面）以及适用政策和程序的描述？

e. 规范/文档树？

f. 详细的方案时间表？

g. 方案/任务成本预测？

h. 成本/进度/技术性能测量、审查、评估和控制的程序？

i. 项目报告要求的描述？

j. 风险管理计划？

（2）SEMP 是否充分描述了系统工程过程，包括如下几项：

a. 需求分析？

b. 可行性分析？

c. 系统操作要求？

d. 维护和支持概念？

e. 确定技术绩效衡量标准并确定其优先次序的程序？

f. 功能分析和分配？

g. 系统综合、分析和设计优化？

h. 设计集成和支持？

i. 设计审查？

j. 系统测试和评估（验证）？

k. 生产和/或建设?

l. 系统利用和持续支持?

m. 系统升级和修改?

n. 系统报废和材料回收/处置?

(3) SEMP 是否涵盖将适用的工程专业整合到总体设计过程中的要求,包括如下内容:

a. 软件工程?

b. 可靠性工程?

c. 维修性工程?

d. 人为因素工程?

e. 安全工程?

f. 防护工程?

g. 制造和生产工程?

h. 后勤和保障性工程?

i. 可处置性工程?

j. 质量工程?

k. 环境和可持续性工程?

l. 价值/成本工程?

(4) SEMP 是否描述了与其他项目规划文件的必要沟通联系,举例如下:

a. 项目管理计划(PMP)?

b. 单个功能设计计划(如适用)?

c. 营销和供应商管理计划?

d. 制造/生产计划?

e. 综合后勤保障计划(ILSP)和/或综合维护管理计划?

f. 测试和评估总体计划(TEMP)?

g. 构型管理计划?

h. 数据管理计划?

i. 全面质量管理计划(TQMP)?

j. 系统报废和材料回收/处置计划?

(5) SEMP 是否支持系统规范(类型 A)的要求?

（6）SEMP 是否满足全球化和国际环境要求（如适用）？

（7）SEMP 是否包括对当前技术要求的充分覆盖？

（8）SEMP 是否充分支持系统工程的目标？

希望这份清单将有助于实现系统工程管理目标。

习题

6-1 系统工程规划在项目早期就开始了，定义了总体的项目需求。为什么这项规划活动须尽快开始？如果系统工程规划稍后启动，可能会发生什么？

6-2 系统规范（类型 A）和系统工程管理计划 SEMP 是如何相互关联的？

6-3 谁负责准备 SEMP？消费者、生产商、承包商、分包商还是供应商？描述一些适用的条件和接口。

6-4 选择一个系统，描述获取过程，并为有问题的项目制定一个 SEMP 详细大纲。

6-5 选取一个项目，并描述该项目的系统工程任务（证明所选任务的合理性）。确定存在的一些关键接口。

6-6 对于问题 5 中确定的任务，制定计划网络形式的详细时间表，并制定计划活动的成本估算。

6-7 以下数据可用（见表6.8）：

表6.8　问题 7 数据

事件	前次事件	t_a	t_b	t_c
8	7	20	30	40
	6	15	20	35
	5	8	12	15
7	4	30	35	50
	3	3	7	12
6	3	40	45	65
	2	25	35	50
5	2	55	70	95

（续表）

事件	前次事件	t_a	t_b	t_c
4	1	10	20	35
3	1	5	15	25
2	1	10	15	30

（1）基于数据构建一个 PERT/CMP 图表。

（2）确定标准偏差、T_e、T_L、T_S、T_C 和 P 的值

（3）关键路径是什么？这个值意味着什么？

6-8 当采用 PERT/COST 时，成本-时间选项适用。成本-时间选项是什么意思？它如何影响关键路径？

6-9 WBS 的目的是什么？WBS、SWBS 和 CWBS 有什么区别？工作包与 WBS 有什么关系？为你选择的项目构建一个 WBS。

6-10 用自己的话描述在确定与新系统的采购和支持相关的"供应商要求"时应该遵循的步骤。

6-11 确定并描述在制定购买或外包决策时应该考虑的一些因素。

6-12 为什么制定制造或购买计划很重要？包括什么？

6-13 系统工程组织应该参与购买决策吗？如果是，以什么身份？如果不是，又为什么？

6-14 从系统工程的角度来看，为准备供应商的建议、评估和选择而制定 RFP 是极其重要的。确定、解释其原因，并简要描述应包括的关键特性。

6-15 政治的、社会的/社会学的、文化的和经济的因素如何影响供应商选择过程？提供一些示例。

6-16 用自己的话描述当今世界与客户、承包商和供应商活动相关的一些趋势。

6-17 后期生产支持是什么意思？提供一些示例。

6-18 技术性能测量如何融入系统工程规划过程？技术性能测量的意义是什么？

6-19 各种类型的合同结构可通过合同谈判过程确定，包括 FFP、FP、

CPFF、CPIF、成本分摊时间和材料。描述每一个合同结构及其相关应用的讨论。

6-20 当在激励合同下建立多重激励时，您会遵循什么步骤？将如何确定建立激励机制的具体因素或特征？

6-21 在激励合同下，激励/惩罚分担比率是什么意思？它是如何应用的？SR 与供应商/承包商风险有什么关系？

6-22 系统工程师是否应参与合同谈判过程？如果是，以什么身份？

6-23 描述可用于促进系统工程过程实施的一些方法/工具。

6-24 为什么制定风险管理计划很重要？包括什么？

6-25 接口规划和管理的要求是否已得到满足？是否已经为系统层级中的所有级别（如系统到系统、子系统到子系统、组件到组件、硬件到软件、设备到人员、人员到程序）确定了要求，并向下分配？如何在整个系统设计过程中满足这些接口要求？具体而言，在设计中可包括哪些规定，以避免引入错误的接口要求而可能导致的问题？

第 7 章　系统工程中的组织结构

系统工程的初始规划始于概念设计早期，伴随第 6 章所述的系统工程管理计划（SEMP）的开发而逐步演化。要成功实施该计划，需要一个组织结构来提升、支持和总体上增强系统工程的原理与概念的应用。创建融洽的组织环境可有效且高效实现系统工程需求——即在系统设计和开发中实施自上而下、面向生命周期的集成方法。此外，系统工程组织须是动态的有活力的以应对世界各地正在发生的诸多变化。

图 6.1 展示了系统工程实现的两个方向：用于加强和促进系统工程过程实施的技术问题、实现该领域目标所需的管理问题。在整个系统工程范围内，组织要素是固有特征。

组织是一种满足某些需求的资源组合方式。组织由不同专业水平的个人组成，以某种形式的社会结构组合在一起，以完成一种或多种功能。组织结构因履行的职能而异，其结果将取决于既定的目的和目标、可用的资源、参与个体之间的沟通与工作关系、人员动机和许多其他因素。最终目的是建立实现特定目标的沟通和决策流程，实现有效和高效利用人力、物力和货币资源。

本章首先讨论了不同类型的组织结构（从一般角度看它们的优缺点），然后着重介绍了系统工程组织、职能、接口以及实现本章所述目标所需的人员配置。所讨论的结构包括职能、产品线、项目、矩阵、职能与项目组合。本章涵盖了客户（消费者）、生产商（承包商）及供应商三者关系及其各自的职能/任务。最后，本章讨论了人力资源需求：员工挑选、所需技能水平、组织领导特征、个人激励因素等。此处展现的材料直接支持在第 6 章中描述的规划过程。*

7.1 组织结构的发展

在处理组织事物时，须解决许多问题，包括结构、流程、文化、环境及这些因素的各种组合。作为第一步，首先考虑结构是否合乎逻辑。流程、文化及组织环境因素将在后面讨论。

在发展任何类型的组织结构时，须首先确定所涉及的整个公司/机关/机构的目的和目标，以及须完成的职能和任务。根据项目的复杂性和规模，该结构可采用纯粹的职能结构，项目或产品线结构，矩阵结构或组合型结构。此外，随着系统开发从概念设计到详细设计和开发、生产等阶段的演化。组织结构可能会在演化过程中发生变化。当然，最终目标是在完成当时所需职能时，实现人力、物力和货币资源的有效利用。

在系统工程方面，概念设计早期主要目标是确保系统级需求的正确开发，即：需求分析，可行性分析，运营要求，维护方案、技术性能测度（TPM）的确定以及系统规范（A 类）的编制。这些活动高度以客户为核心，视系统为一个整体，它们的实施并不必然需要大型组织。然而，选择一些具有合适技能、背景及经验水平的少数关键人员至关重要。

随着项目进展到初级设计、详细设计和开发阶段，分派人员可能会增加，因为子系统（及以下层级）的设计要求可能需涵盖各设计学科的专业知识，如可靠性、维护性、人为因素、安全性和后勤保障。在此情况下，组织结构可能从单一项目配置转变为职能和项目混合结构或矩阵结构。随着系统及组件进入生产阶段，组织结构可能会再次发生变化。**

---

　*　在本章中关于组织概念的讨论的层次（深度）非常粗略，旨在向读者提供系统工程的一些要点的概述。附录中有 3 个很好的参考文献：

　（1）J. L. Gibson, J. H. Donnelly, J. M. Ivancevich 和 R. Konopaske,《组织：行为，结构，过程》，第 14 版（纽约：Mc Graw-Hill/Irwin, 2011）。

　（2）H. Kerzner,《项目管理：规划、调度和控制的系统方法》，第 11 版（新泽西州霍博肯：John Wiley & Sons, 2013）。

　（3）A. P. Sage,《信息技术和软件工程系统管理》（纽约：John Wiley & Sons, 1995）。
　也请阅读附录 F，以获得其他参考文献。

　**　应当指出的是，组织结构的变化可能会因 "外部" 的影响而不时发生，如由于技术应用的变化、供应商要求的变化、政治和经济条件的变化等。

333

在整体解决组织问题时，此处重点强调 6.2.2 节（见表 6.1）中所述的许多不同任务，这些任务须完成，无论是哪个组织要素（部门或人员团队）执行这些任务。经验表明，在工业公司和/或政府机构内，有一些组织部门/团体被指派执行系统工程并被分配适当职责，但没有执行所要完成的任务。相反，一些不同身份的组织部门在执行所需职能。此外，对于小项目，单个人须扮演许多不同角色，系统工程职责可由电气工程师、机械工程师或具有同等背景和经验的人员完成。如总工程师或项目经理可担任系统工程师，或可指定一个小组来执行所需完成的任务。

虽然方法可能有所不同，但 7.2～7.5 节对不同类型的组织结构、每类组织结构优缺点、人员配备问题等进行了深入的讨论。

7.2 客户、生产商和供应商关系

为了正确处理"系统工程组织"问题，人们需从活动的全流程背景下看待它，上至客户，下到生产商（主承包商）及供应商。虽然这种自上而下的流程可能会因项目规模、设计与开发阶段不同而在细节上有所不同，但是此类讨论主要针对大型项目，适用于一些大型系统的采办。通过解决大型项目系统工程问题，更好地理解系统工程在某些特定复杂环境中的作用。读者应根据自身项目需求调整和构建其方法。

如图 7.1 所示，对于一个较大型项目，系统工程职能可能出现在不同层级。第 6 章中描述的系统工程要求和执行系统工程任务是客户的职责。客户可以建立一个系统工程组织来完成所需的任务，或者这些任务可以部分或全部以某种形式委托给生产商。无论如何，须从一开始就明确完成系统工程职能的责任和权限。

在某些情况下，客户可能全权负责操作使用的系统及元件的总体设计、开发、生产和安装。需求分析、可行性研究、运营需求、维护理念，技术性能测量指标的识别和优先级排序、系统规范（类型 A）的准备、系统工程管理计划（SEMP）的准备均由客户完成。顶层功能被定义，并将特定项目需求分配给各个生产商、分包商和供应商。

在其他情况下，尽管客户在发布一般工作说明书（SOW）或同等性质的

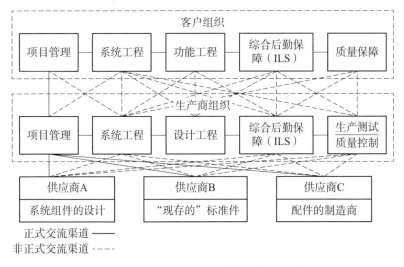

图 7.1　客户/生产商/供应商接口关系

合同文件方面提供总体指导，但生产商（或主承包商）应负责整个系统的设计、开发工作，并完成第 6 章描述的任务。换言之，虽然客户和生产商都建立了系统工程组织，但实现本文所述目标的基本责任在生产商组织之间，各供应商会根据生产商的需要提供支持任务。为实现此目标，客户须划分适当的责任级别，下放必要权限来完成指定功能。此外，客户须为生产商提供生产商完成前文提到的概念设计任务所需的所有输入数据。*

　　如图 7.1 所示，不仅在每位客户、生产商及供应商组织之间，而且在每位客户、生产商和供应商组织内部，都需要大量沟通。虽然沟通的主要渠道涉及更正式的合同性质的型号项目管理方向，但同时须有许多非正式沟通渠道，以确保在参与系统开发的众多不同实体之间建立适当对话。团队或伙伴关系方法的成功实施，以及并行工程原则的培育，从一开始就高度依赖于良好的沟通（自下而上和自上而下）。

7.3　客户组织及其职能

　　客户/消费者组织可能有所不同，从个人、团队到工业公司，商业企业、

---

　　* 客户经常会要求执行需求分析、准备一份描述新系统需求的报告、将其放入某个文件中，然后又无法将必要的信息传递给负责的供应商。因此，供应商必须生成一组新的需求，这些需求可能与客户最初开发的需求相一致，也可能不一致。

第 7 章　系统工程中的组织结构

335

学术机构、医疗机构（医院）、政府实验室、国防部或军队。客户可以是系统的最终用户，也可以是用户的采购代理，如国防部门、空军、陆军和海军都有采办机构负责系统合同和采购，用户是野战/舰队的作战指挥部，负责系统在整个计划生命周期内的使用、持续维护和保障。

在图 7.1 中，采办机构可由顶部方框表示，通过工业公司、小企业和组件供应商组成的供应链，为系统及其要素的开发提供所需的材料和服务。在这种情况下，采购机构有责任确保早期的签约和采购过程不仅能满足采购机构的短期需求，更要能满足最终用户的需求。在这种情况下，采办机构须响应用户组织（作为客户），生产商或工业公司（见图 7.1）须响应采办代理（作为客户），供应商必须响应生产商（作为客户）。问题如下：谁是最终客户？谁是您的客户？与后者相关的要求是否支持前者指定的目标？在系统规划和开发时，须解决组织实体的整体"链"问题。

在设计和开发新系统时，会涉及各种方法和相关的组织关系。目标是确定总体"项目经理"并明确系统工程管理责任。过去，在许多情况下，采办机构（见图 7.1 中的"客户"）会与工业公司（如"生产商"）就设计和开发和/或大型系统的再设计签订合同，但不会授予系统工程管理的全部责任（或相应的权限）。该工业公司全程负责系统设计、开发、生产和交付以响应某些特定要求。然而，有时客户可能无法向生产商提供必要的数据和/或控制，以便按照良好的系统工程实践进行开发工作。同时，客户未履行系统工程管理中的必要职能。最终导致在系统开发中难以考虑到第 3 章所讨论的许多特性；也就是说，系统不可靠、不可维护、不支持、不具成本效益，并且不能响应用户最终需求。

系统工程目标实现高度依赖自上而下的承诺。客户须从一开始就对这些目标有清晰的认知，并需要建立一个组织实体来确保这些目标得以实现。项目经理须率先了解并相信系统工程概念和原则，然后创造适当环境，带头启动以下任何一个行动方案：

（1）完成客户组织结构中的系统工程职能（见图 7.1）。这可能包括完成图 1.13 所示和表 6.1 中所述的基本活动，即需求分析和可行性研究、运行要求和维护概念的开发、TPM 的识别和优先级排序、功能分析和分配，综合、设计优化等。换言之，客户（或采购代理）需准备系统规范（类型 A）、执行系统层级所需的所有任务并将要求分配给子系统及其以下层级。

（2）完成工业公司或生产商组织结构中的系统工程职能（见图7.1）。这可能包括完成反映在图1.13中并列举在表6.1中的系统工程任务；即规定运行要求及维护概念、功能的分析和分配，综合，设计优化等。尽管客户将以工作说明书（SOW）形式确定项目需求，但所有系统工程任务和相关管理功能都将委托给生产商完成。

以上是两种极端情况，但可能存在模型的任何组合，其中实现系统工程管理职能的责任被分割。在这种情况下，须从一开始就建立系统工程责任。客户须明确系统目标和项目功能，并明确系统工程需求。至关重要的是，第2章中所描述的过程须正确实施，应不受组织分解、责任分散或其他任何条件影响。

如果将系统工程的责任委托给生产商（即前面提到的第二个选项），则客户须提供必要的自上而下的指导与管理，以全力支持这一决定。各方责任须明确界定，客户应该向生产商提供早期活动与调研所产生的系统级数据（如可行性分析结果，运行要求相关文件），且须授予生产商必要权限来权衡系统层面的决定。客户所面临的挑战是为生产商准备一份优质、全面、编写良好、清楚明了的工作说明书，重点应强调生产商绩效，指明生产商须完成的任务及完成时限，而非限定生产商如何完成任务。此外，图7.1中所示客户和生产商间的各种沟通线路须始终支持统一连续的方法。

7.4 生产商组织和职能（承包商）

为了便于讨论，假设图7.1中的生产商（或承包商）将承担大量与设计、开发大规模系统相关的系统工程活动。客户将通过准备需求建议书（RFP）或投标邀请书（IFB）来明确必要的系统级要求和项目需求，各工业公司将通过提交正式建议书作出响应。响应可能是代表指定数量的工业公司和组件供应商的团队安排的结果。由于可能会收到许多建议，因此须启动正式竞争，审查、评估每一个建议，完成合同谈判，并做出选择。之后，中标承包商（即生产商）将继续努力并提升建议水平。

在满足项目需求时，成功的承包商须能访问所有需求建议书（RFP）/投标邀请（IFB）明确的技术信息和数据。在某些情况下，FRP 将包括涵盖系统开发技术方面的系统规范、针对项目任务及项目管理方面的工作说明书（SOW）。规范的编制将在完成 2.1~2.7 节所述的活动后完成。换言之，当承包商加入项目时，客户已完成表 6.1 中所示的前三个任务。这里的主要目标是确保客户完成活动过渡至承包商执行活动的连贯性。

该过渡过程是项目中非常关键的一环。首先，需维持第 2 章中所述的过程，客户和承包商对这些过程的全面了解至关重要。其次，客户准备的系统规范和工作说明须完整且易于理解；它们必须"相互交谈"，共同推进系统工程进程。通常，为了满足时间表安排，会在没有完整的审查、适当的集成时就匆忙将规范与工作说明书组合在一起。结果往往是灾难性的，后续活动反映出它们的不一致，缺乏对第 3 章所述活动的适当集成。最后，给定一份良好的规范和工作说明书，关键的系统活动不得在客户和承包商合同协议制定过程中进行谈判（即合同工作分解结构的开发，见 6.2.4 节）。有时可能会有因为节省资金而减少系统工程任务的倾向，这反映了对流程及其目标的理解不够，这种情况决不允许发生。

鉴于系统级需求已正确定义，并已选择了一个主承包商来完成设计和开发工作，下一步是在承包商的组织结构的背景下解决系统工程问题。组织结构从纯职能变化为项目、项目-职能组合、矩阵等。因为这些组织模式与系统工程目标密切相关，所以将在后面章节讨论。

7.4.1 职能组织结构

大多数组织模式的主要组成部分是职能结构，如图 7.2 所示。这种方法有时被称为"经典"或"传统"方法，涉及将专业或学科分组为可单独识别的实体。目的是在一个组织组件内部执行类似的活动。例如，所有工程工作将由一位高管负责，所有生产或制造工作都将由另一位高管承担，等等。图 7.3 显示了工程组织活动分解图。

如图 7.3 所示，组织内个体要素的深度随项目类型及重要程度而不同。涉及新系统的概念设计和（或）初步设计的项目，将非常重视营销和工程。在工程中，与某些独立设计学科相比，系统工程组织将高度影响设计决策过程。随着开发过程逐步进入详细设计，单独的设计学科将更加重要，对生产和制造

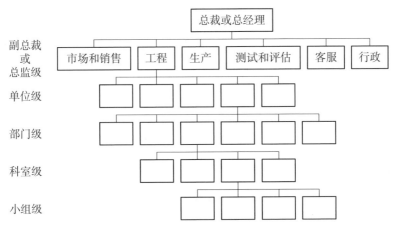

图 7.2　生产商组织（传统的职能导向结构）

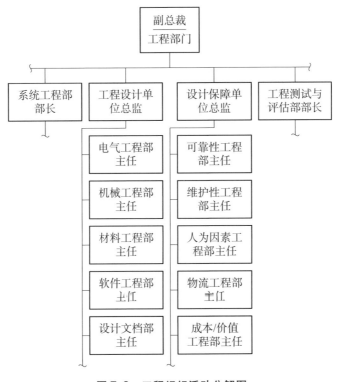

图 7.3　工程组织活动分解图

的关注也将增大。

　　与任何组织结构一样，该结构有其优缺点。表 7.1 列出了图 7.2 中所示的纯职能导向组织结构的一些利弊。总裁（或总经理）掌控系统所需的所有设计与开发、生产、交付及支持的职能实体。由于每个部门都高度关注其技术专长，因此项目能从该领域的最先进技术中受益。此外，明确界定了每个层级权力与职责，沟通渠道结构合理，比较容易建立对预算和成本的必要控制。通常，这种组织结构非常适合于单个项目运作，无论大与小。

表 7.1 职能导向结构的优缺点

职能导向结构	内　　容
优点	（1）使组织能获得更专业的能力。可通过专家分组来分享知识。从一个项目中获得的经验可通过人员交流传递给别的项目。交叉训练相对容易。 （2）细致的人员分配（或再分配）可使组织对特定需求的响应更加迅速。组织中有大量具有特定技能的人员。管理者们在使用人员方面具有更大的灵活性，并拥有更广泛的人力资源基础以分配工作。可维持对技术更好的掌控。 （3）由于专业领域的集中化，预算和成本的控制更加容易。集成不同项目的常见任务，不仅更容易估算，而且更利于监管和控制成本。 （4）良好的沟通渠道已建立。汇报结构是垂直的，避免出现不知道谁是"老板"的情况
缺点	（1）很难使特定的项目从上至下保持一致。没有人对整个项目或活动的整合负责。难以界定具体项目责任。 （2）概念和技术往往以职能为导向，很少考虑项目要求。不鼓励"定制"指定项目的技术要求。 （3）客户导向和关注的焦点较少。对特定客户需求的响应很慢。将根据行动中最强的职能领域作出决策。 （4）在特定的专业领域以团队为导向，个人追求卓越的动机较弱，缺乏产生新概念的创新

但是，对于大型多产品公司或机构来讲，纯职能组织可能并不合适。如果有很多不同的项目，每一个都在争夺特别的关注和可用的资源，那么就可能会存在一些不足。主要问题是缺乏强大的中心机构或个人负责整个项目。因此，跨职能部门的活动整合变得困难。当每一个职能活动都在争夺权力和资源时，就会发生冲突，而决策往往是基于什么对于职能小组最有利，而不是对项目最有利。此外，所有沟通与交流都须通过上层管理进行，决策过程有时缓慢而乏味。基本上，在传统职能组织结构中，项目可能会落后或受挫。

7.4.2 产品线/项目组织结构

随着工业企业发展和越来越多的产品开发，将这些产品分为普通组并开发产品线组织结构，通常很方便，如图 7.4 所示。公司可能参与通信系统、运输系统及电子测试和配套设备的开发。若存在功能共性，可将公司划为三个部门，分别对应一个产品线。每个部门将在系统设计和支持中自给自足。此外，这些部门在地理位置上可能是分开的，每个部门都可作为一个职能实体，其运作类似于 7.4.1 节所述。

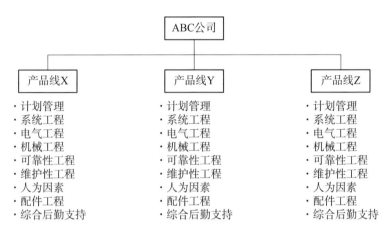

图 7.4 传统的项目/产品线组织结构

在开发大型系统的部门中，产品线责任归属可细分项目，如图 7.5 所示。项目是最底层独立实体。

项目组织全权负责单个系统或大型产品的规划、设计和开发、生产和支持。它有时间限制，直接面向系统的生命周期，人员和材料投入是为了全力完成系统特定任务。每个项目都有自己的管理结构、工程职能、生产能力、支持职能等等。项目经理无论项目成功与否，都对项目的各个方面承担责任，同时也拥有相应的权力。

在产品线和项目组织结构中，组织活动如图 7.4 所示。一方面，明确了项目中的权力和责任界线，没有优先级问题。另一方面，公司内部活动可能会重复，导致成本巨大。与图 7.2 中所示的整体职能性组织方法相比，它更注重各独立项目。表 7.2 中列举了产品线/项目结构的一些优缺点。

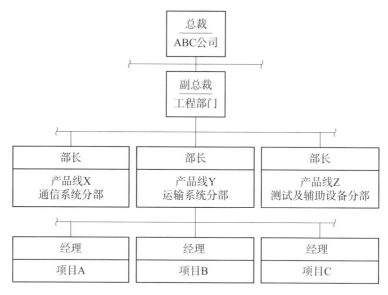

图7.5　具有子项目的产品线组织

表7.2　项目/产品线组织的优点和缺点

项目产品线组织	内　容
优点	（1）明确规定了给定项目的权力和责任。项目参与者直接为项目经理工作，项目内的沟通渠道很强，不存在优先级问题。它提供了良好的项目定位。
	（2）有很强的客户导向性，很容易确定公司的焦点，客户和承包商之间的沟通过程相对容易维护。实现了对客户需求的快速响应。
	（3）分配到该项目的人员通常表现出高度忠诚，有很强的动机，个人士气通常会因产品识别和隶属关系而提高。
	（4）所需的专业人士可专门分配和保留在项目上，而无须职能方法中通常需要的时间共享。
	（5）相较于所有项目活动，其可见性都更高。容易监控成本、计划和执行进度，并且可更早确定潜在的问题区域（并采取适当的后续纠正措施）
缺点	（1）如果强大的职能团体和项目之间没有进行技术交流的机会，新技术应用往往会受到影响。随着项目的进行，在项目开始时适用的技术将继续重复应用。技术并不会永久存在，往往不鼓励采用新的方法和程序。
	（2）在有许多不同项目的承包商组织中，通常存在重复的工作、人员以及设施、设备的使用。整体运作效率低下，结果可能消耗巨额成本。有时，完全分散的方法不如集中化有效。

项目产品线组织	内　容
	（3）从管理的角度来看，在从一个项目向另一个项目转移时，很难有效利用人员。项目经理会尽可能长时间（无论他们是否得到有效利用）留用项目的合格员工，而这些人员的调动通常需要上级主管部门的批准，这通常非常耗时。根据短期需求调动人员基本上是不可能的。
	（4）当一个人被分配到一个项目上很长时间时，其职业生涯、成长潜力和晋升机会的连续性往往没有那么好。对新技术和相关工艺应用的创新机会也有限。任务的重复有时会导致停滞

7.4.3　矩阵组织结构

矩阵组织结构是纯职能组织与纯项目组织优势结合的尝试。在职能组织中，通常会强调技术的作用，但这往往会牺牲面向目的的任务的时间进度和时间约束。在纯项目组织中，技术往往会受影响，因为没有一个团队负责规划和开发。矩阵管理是一种试图获取最大数量技术的尝试，以符合项目计划进度、时间和成本控制、相关客户要求。图7.6显示了一个典型的矩阵组织结构。

每个项目经理都向副总裁汇报，肩负各自项目全部职责，对项目成功负责。同时，职能部门负责维护技术优势，确保项目之间交换所有可用的技术信息。职能经理也向副总裁报告，负责确保其员工了解各自领域最新成就。

最简单形式的矩阵组织，可视为一个二维实体，项目代表潜在的利润中心，职能部门为成本中心。对于小型工业企业而言，二维结构可能是首选的组织方法，因为它具有一定的灵活性。人员共享和来回转换的能力往往是其固有特征。对于拥有众多产品部门的大公司来讲，矩阵便成为一个多维结构。

随着项目和职能部门数量增加，矩阵结构会变得愈加复杂。为了确保成功实施矩阵式管理，须在公司内部创造高度合作和相互支持的环境。管理人员和员工都须致力于矩阵管理的目标实现。以下是4个要点：

（1）须建立良好的沟通渠道（纵向和横向），以便促进项目与职能部门之间的信息自由和持续流动。还须建立项目之间的良好沟通。

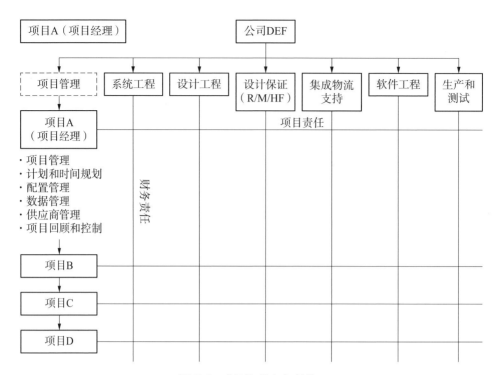

图 7.6　典型矩阵组织结构

（2）项目经理和职能部门经理一开始就参与制定公司范围和项目导向的目标。此外，每个人都必须投入，并直接参与规划进程。目的是确保双方做出必要承诺。此外，项目和职能管理人员都须愿意协商资源。

（3）须建立快速和有效的冲突解决方法，在分歧时使用。须在项目经理和职能管理的参与和承诺下制定程序。

（4）对于代表技术职能并被分配到项目中的人员，项目经理和职能部门经理应在人员分配期限、需完成的任务、人员的评估依据方面达成一致。每位员工须知道上级对自己的期望、评价标准、哪个管理人员将进行年度绩效审查（或如何进行绩效审查）。否则，可能出现"双老板"情况（每个老板都有自己的目标），而员工被夹在中间。

矩阵结构提供了一个最好思路，即纯项目和传统职能的组合。主要优势在于提供技术和项目活动的恰当组合。同时，一个主要的缺点是，项目和职能管理人员之间的"权力斗争"、优先级变化等可能产生冲突（往往是持续的）。表 7.3 列出了矩阵组织进一步的优点和缺点。

7.4.4 集成产品和过程开发

考虑到并行工程的目标，美国国防部（DOD）在20世纪90年代中期提出了集成产品和过程开发（IPPD）的概念。虽然今天的术语和定义可能不同，但7.4.4节和7.4.5节提出的概念值得研究，在此可能值得根据需要加以实施。

表7.3 矩阵组织的优缺点

矩阵组织	内　　容
优点	(1) 项目经理可以为项目提供必要的强有力的控制，同时能从许多不同的职能部门获取资源。
	(2) 各职能组织的存在主要为项目提供支持，可迅速开发和提供强大的技术能力以响应项目要求。
	(3) 可以最少冲突在项目之间交换专业技术知识。所有项目均可平等获取知识。
	(4) 项目经理和职能经理共享项目任务成果的权力和责任。在满足项目要求方面有相互承诺。
	(5) 可以共享关键人员，并指派他们处理各种问题。从公司高层管理角度来看，可提高技术人员利用率，从而最大限度降低项目成本
缺点	(1) 每个项目组织都独立运作。为保持身份，制定独立的操作程序，确定了单独的人员要求等。须格外小心，防止出现可能的重复努力。
	(2) 从公司角度看，矩阵结构在行政要求方面成本可能更高。项目和活动的职能领域都需要类似的行政控制。
	(3) 项目和职能组织之间的权力平衡须在最初明确界定，并在之后密切监测。根据个别管理者的优势（和劣势），权力和影响会在整个公司组织内造成不利影响。
	(4) 从工人个体角度来看，出于报告目的，指挥链条往往会断。个人有时会在项目主管上级和职能主管上级之间被"拉扯"

IPPD 可以定义为一种管理技术，通过使用多学科团队来优化设计、制造和支持过程，同时集成所有必要的采购活动。* 这一概念促进了关键职能领域的沟通和整合，因为它们适用于从概念设计到详细设计与开发的项目活动的各

345

---

　　* DOD 5000.2-R，主要国防采办计划（MDAPS）和主要自动化信息系统（MAIS）采办计划的强制性程序（华盛顿特区：国防部长办公室）。

个阶段。尽管随着系统设计及开发的推进，所涉及活动的具体性质和其重要程度会有所改变，但图 7.7 中传达的理念始终保持不变，以确保适当的集成。在这方面，IPPD 的概念直接符合系统工程目标，即使设计的各种特征与设计过程中相关的组织结合。

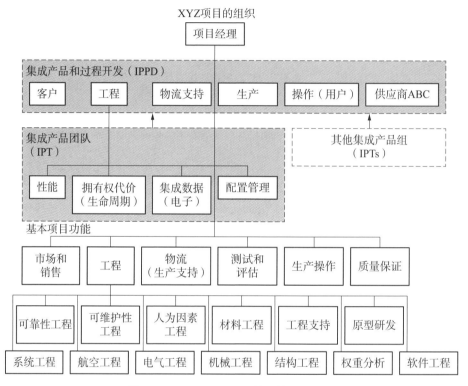

图 7.7　显示 IPPD/IPT 的职能组织结构

7.4.5　集成产品/过程团队

IPPD 概念的本质是建立集成产品团队（IPT），目的是解决某些指定和清晰定义的问题。* 可建立一个 IPT，由来自适当学科的人员组成，以调查设计的特定部分、一些问题突出的解决方案、对高优先级 TPM 有重大影响的设计活动等。目标是创建一个由合格人员组成的团队，他们能有效合作解决一些问

---

　　* IPT 也被用作集成过程团队的指示者，在类似的上下文中使用的另一个术语是流程行动团队（PAT）。

题，以满足特定需求。此外，可能还设立了一些不同的团队，解决整个系统结构中不同级别的问题，即系统级、子系统级、组件级的问题。如图 7.7 所示，可以建立 IPT 专注于那些选定的性能因素、拥有的成本和构型管理有重大影响的活动。可能会指派另一个 IPT 来"跟踪"集成数据环境问题。其目标是在关键领域提供必要的重点，并在实现最佳解决方案时获益于团队方法。

IPT 通常由项目经理或组织中指定的某一高级别机构建立。代表性团队成员须具备各自专业领域的良好资质，有权在必要时做出现场决策，积极主动参与团队，以成功为导向，并决心解决分配给他们的问题。项目经理须明确定义团队目标、结果期望，团队成员须保持持续"在线"沟通。IPT 的存在周期取决于问题性质及团队实现其目标的有效性。须注意避免建立太多的团队，有许多团队时，沟通和界面会过于复杂。此外，当涉及重要问题时，往往存在冲突，会对关键问题进行权衡。此外，团队在实现目标方面不再有效时，就应解散。一个已建立的团队如果不再起作用，可能适得其反。

7.4.6 系统工程组织

7.4.1~7.4.5 节概述了系统工程职能、项目和矩阵组织结构的主要特征。确定了每种方法的优缺点。在开发涉及系统工程的组织方法时，须彻底了解并考虑这些特征。更具体说，考虑系统工程目标时应注意以下几点：

（1）系统工程的职能须以有效和高效方式实现系统目标为导向。在这方面，与组织结构的项目类型关系密切。系统工程在整个开发、生产和运营过程中，大量参与了需求的初步确立，以及设计工程和支持活动的后续集成。系统工程在很大程度上影响设计，这最好通过项目组织结构来实现。

（2）系统工程职能的性质、设计集成方面的目标、与其他项目活动的诸多接口等，都需要有良好的沟通渠道（纵向和横向）。系统工程组织内的人员须与其他所有项目组织要素、许多不同的职能部门、各种供应商以及客户保持有效沟通。项目组织方法的实施有助于促进这些需求的实现。

（3）系统工程目标的成功实现需要规范系统技术要求、进行权衡研究、选择合适的技术等。系统工程组织内的人员须与最新技术应用相关（不过时的），须具备相应技术专长，须具有强的技术推动力，须与职能部门建立良好沟通（视情况而定）。因此，除了项目导向外，首选的组织结构还考虑选定的职能要素。

尽管系统工程需求可通过若干组织结构中的任何一种来实现，但首选方法应考虑三个主要因素。最佳的组织结构包括项目需求和职能要求的结合。虽然需要针对客户需求定位重大项目，但仍需进行功能定位，以确保考虑到最新的技术应用。根据工业公司的规模，项目与职能组合方式会不同。图 7.8 所示的组织结构可能适合大型公司，其中项目活动的范围（和人员负荷）相对较大，支持的职能活动涵盖所选专长领域合理的集中化管理。对于规模较小的公司，职能部门相对较大，它们根据项目需求提供支持。这种支持按任务分配。图 7.9 描述了一个组织结构，其重点在功能端。本质上，"项目"和"职能"强调程度前后经常变化，这取决于公司规模和活动性质。也就是说，其与概念设计、初步系统设计、详细设计和开发活动是否在进行等因素无关。

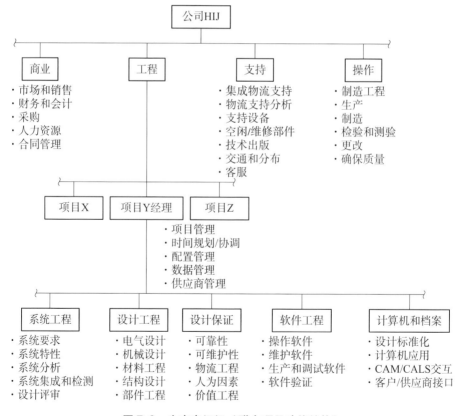

图 7.8　生产商组织（联合项目功能结构）

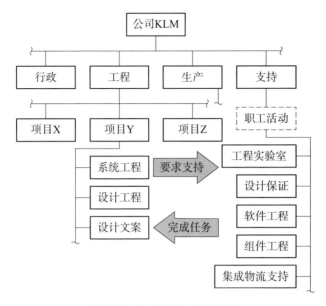

图 7.9 生产商（工作流程）

在图 7.10 中，当今许多与软件开发相关活动的方向可能略有不同。在图 7.8 中"软件工程"和图 7.9 中"软件工程师"模块的下面展示了"功能"元素。此外，图 7.10 中的"项目 B 项目经理"下显示了特定的"项目"活动。在项目生命周期内，职能组织将这些与项目相关的活动分派给项目组织的开发人员来进行支持。从真正的"系统工程"角度看，须全面开展适当的集

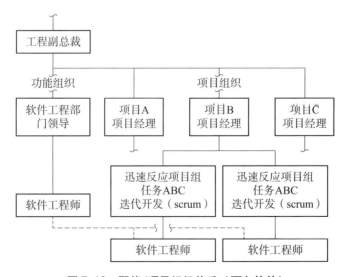

图 7.10 职能/项目组织关系（面向软件）

349

成和横向的协调与沟通。换言之，须熟悉和通晓责任重大的给定项目系统工程活动相关的软件开发活动。

同一公司内可能有多种方式。可能存在一个或两个大型项目及许多较小项目。大型项目倾向于适用类似于图7.8所示的组织结构，较小项目可能会遵循图7.9中的格式。如果较大项目使用大量人员，较小项目则只能使用有限兼职人员。具体要求由项目组织生成的项目任务确定；也就是说，由项目经理发起协助请求，任务在职能部门内完成。

项目规模不仅随着开发的系统类型和性质而不同，而且会随着具体开发阶段起变化。如图7.9所示，处在概念设计早期阶段的大型系统可由一个小型项目组织表示。随着系统开发进入初步系统设计和详细设计与开发阶段，组织结构可能会有一些变化，仿照图7.8中的配置。换言之，组织的特征和结构往往是动态的。组织结构须适应当时项目需求，这些需求可能会随系统开发进展而改变。

关于系统工程，表6.1（第6章）中确定的任务可按阶段分配，具体如下：*

（1）概念设计阶段。

a. 执行需求分析和可行性研究。

b. 定义业务需求、系统维护概念、技术性能测量，完成系统级功能分析。

c. 完成系统集成。

d. 准备系统规格（A类）。

e. 编写测试和评估主计划（TEMP）。

f. 编制系统工程管理计划（SEMP）。

g. 规划、协调并进行概念设计审查。

（2）初步系统设计阶段。

a. 完成功能分析和需求分配。

b. 完成系统分析、综合和权衡研究。

c. 完成系统集成，即设计学科、供应商活动和数据的集成。

d. 规划、协调和执行系统设计审查。

---

　*　这并不是意味着系统工程组织要做一切，这里的重点是在系统的设计和开发中提供一个技术推力和承担一个技术领导角色。当然，项目/项目经理必须从整体组织的角度来看，提供必要的领导能力。

（3）详细设计和开发阶段。

a. 完成系统分析、综合和权衡研究。

b. 完成系统集成，即设计学科、供应商活动和数据的集成。

c. 监控和审查系统测试和评价活动。

d. 规划、协调、实施和控制设计变更。

e. 规划、协调和执行设备/软件设计审查和关键设计评审。

f. 发起和维持生产和/或建筑联络和客户服务活动。

（4）生产和/或施工阶段。

a. 监测和审查系统测试和评价活动。

b. 规划、协调、实施和控制设计变更。

c. 保持生产和/或建筑联络，开展客户服务活动（即现场服务）。

（5）系统应用和生命周期支持。

a. 监控和审查系统测试和评价活动。

b. 规划、协调、实施和控制设计变更。

c. 开展客户服务活动（即实地服务）。

d. 收集、分析和处理实地数据。在用户环境中准备有关系统操作的报告。

（6）系统报废和材料处置。

a. 制定系统报废计划。

b. 监控材料处理和回收活动。

c. 编写环境影响报告。

如 6.2.2 节所述，这些任务反映了成功实施系统工程过程至关重要的设想。这并不意味着要付出巨人努力。这些任务必须针对特定的应用进行调整，其中许多任务的完成需其他组织的大量投入。主要目标是提供一种集成机制，而且系统工程和其他组织之间有广泛的接口和联系。例如，作为整个系统分析任务的一部分，生命周期成本分析涉及与所有项目相关的工程组织、财务和会计、物流支持、生产、客户等进行数据交换。系统工程组织的目标是提供必要的技术管理和指导，以确保及时完成这些活动。

为了进一步说明存在许多接口，图 7.8 中的联合项目职能组织结构已经扩展，包括在系统工程职能和其他组织要素间建立渠道沟通的样例。这些沟通如

图 7.11 所示，表 7.4 展示了涵盖必要自然沟通的简短说明。作为系统工程的集成职能，不仅需要在整个系统开发活动中进行技术领导，还需要建立并保持开放和自由的全方位沟通。

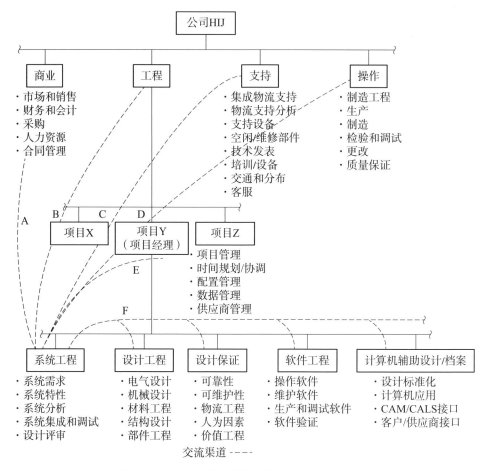

图 7.11　主要系统工程通信链接（生产商组织）

　　当然，系统工程目标的最终成功实现高度依赖自上而下的管理支持。总裁（或总经理）、工程副总裁、Y 项目经理和其他高层管理人员须理解和相信系统工程理念和目标。如果系统工程经理要取得成功，须始终获得这些高层管理人员的直接支持。在很多情况下，可能会有个别设计工程师和中层管理人员自行离开，做出与系统工程目标相抵触的决定。发生这种情况时，系统工程经理须提供必要支持，确保采取行动"让事情重回正轨"。

表 7.4 主要项目接口要求说明

交流渠道	支持组织（接口要求）
A	（1）市场营销和销售：获取并维持与客户的必要沟通。需要与客户需求、系统运营和维护支持要求、需求变化、外部竞争等相关的补充信息。这超出了正式"合同"沟通渠道。 （2）会计：获取预算和成本数据，以支持经济分析工作（如生命周期成本分析）。 （3）采购：在技术、质量和生命周期成本影响方面，协助识别、评估和选择组件供应商。 （4）人力资源：协助完成合格的系统工程人员的初步招聘和任用，以及人员技能培训和维护，并为所有项目人员提供培训。 （5）合同管理：及时了解客户与承包商之间的合同要求（技术性的）；确保与供应商建立和保持适当关系，以满足系统设计和开发技术需求
B	建立和保持与其他项目的持续联络和密切沟通，以传递可用于 Y 项目的知识；在支持系统设计和开发的新技术应用方面，寻求其他面向职能的工程实验室和部门的帮助
C	为系统支持提供与项目需求相关的输入，并在整个计划的系统生命周期内，寻求与设计、开发、测试和评估、生产和持续维护支持能力相关的职能方面的帮助
D	提供与生产项目要求（即制造、制作、组装、检验和测试、质量保证）相关的输入，并寻求在生产设计和质量实施方面的帮助，以支持系统设计和开发
E	建立与项目活动的密切关系和必要的持续沟通，如调度（通过网络调度方法监测关键项目活动）、构型管理（各种构型基线的定义、变更/修改的监视和控制）、数据管理（监测、审查和评价各种数据包，以确保兼容性和消除不必要的冗余）、供应商管理（监测进度并确保供应商活动的适当整合）
F	提供与系统级设计要求相关的输入，并监控、审查、评估和确保系统设计活动的适当集成。包括在定义系统需求、功能分析成效、系统级权衡研究执行、如表 6.1 所示的其他项目任务方面提供技术领导

7.5 定制流程

成功管理复杂多学科、成本和时间敏感的项目，就须了解基本的系统开发过程。在正常、理想的条件下，学习系统开发过程是传达这种理解的最佳方式。这就是为什么本文介绍系统工程的管理，从传统的自上而下的分解，到自下而上的集成过程，如 V 型图（见图 1.11）所强调，这种方法的目标是为新加入工程师和管理者提供最佳环境，以掌握系统工程基本概念、术语和技术。

本文中的重点是图 1.11 中的阴影区域，即前端需求分析活动。这种方法受到青睐，因为需求从一开始若没有很好地定义，将导致在最终集成和测试活动中付出相当广泛和高昂的代价。

系统工程生命周期的每个阶段都由 1.3.2 节提到的一组迭代步骤组成：需求分析、功能分析/分配、设计集成及验证、系统分析和控制（见图 7.12）。这些步骤从系统级定义迭代到子系统级、详细级，然后再迭代到组件。此外，这些步骤不一定串行完成，而是在过程中的每一步都与适当的反馈互动。

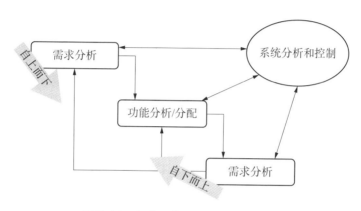

图 7.12　经典四步系统工程迭代过程

自上而下的分解与自下而上的集成过程相结合，非常适用于所有系统的基本系统工程方法的授课。然而，除了从零开始、规模非常大、资金充足的项目外，大多数系统工程的实施既没有时间，也没有资源遵循理想化的方法。在没有重大限制的情况下，能够孤立设计一个系统已经成为例外，这可能是因为我们的系统和技术世界相互关联并日益复杂。

这就是为什么基本的、从零开始的系统工程方法须经常进行调整，以适应行业典型项目的特点。但对于如何完成裁剪定制过程，几乎找不到指导方法。

一种特殊类型的定制活动有规律地发生，以至于该领域从业人员给它起了一个特殊名字，通常是"由中至外"或偶尔"由内至外"的系统工程。这两个名称都源于这一过程在与传统自上而下和自下而上方法的内在衍生。

7.5.1　定制流程

定制系统工程方法需要了解自上而下和自下而上的流程。在前者中没有任何强加限制，这些限制来源于先前工作及历史系统的集成需要。这样的新的前所未有的活动有时被称为"空白页面"或"绿地开发"。后者类指开放绿地上的物理建筑，不受现有建筑物或基础设施的影响。这类项目被认为风险较高，因为它们往往需要新的和未经测试的架构、材料、基础设施、客户和用户。

相反，传统的工程学科往往采用自下而上的方法传授，在这种方法中，组件级别最终被设计为适合更大的子系统。这种方法倾向于从特定学科角度看待所有问题。不幸的是，这导致了所谓的"锤-钉"综合征，即对于锤子来说，所有的解决方案都涉及钉子。这是特定领域工程中的一个问题，也就是说，电气工程寻找电气或电子解决方案、机械工程具有提供机械解决方案的工具和背景等。这就是为什么系统工程需要在找到解决方案之前，将注意力集中在要解决的问题、须满足的要求和功能上。

虽然学习系统工程最好从上到下，但一旦进入这个领域，大多数从业者都会面临项目需要升级或向当前遗留系统添加新功能的问题。这种项目有时被称为"棕地开发"，指的是在已经开发的基础上进行建设。现有系统的存在将给体系结构、要求、测试方法和实际实现方面增加额外约束。

正如人们可能想象的那样，很难在中期为现有的、不断发展的系统升级，建设纯粹自上而下的系统工程。这样的项目面临的挑战是功能和物理实现很大程度上是预设的，在许多情况下，原始体系结构和设计决策可能未知。逆向工程的确可能提供帮助，但这需要投入大量时间和精力，而且几乎无法保证成功。

虽然现有系统对未来的设计构成了制约，但它们确实提供了详细设计的信息优势。现有物理实现的规范为人所熟悉，如软件的代码、芯片硬件的详细信息、桥接元件的负载容差等。在使用现有系统的情况下，自下而上是常见的开发方法，能很好地定义和理解基础构建块元素。将这些元素链接在一起形成更大的子系统，然后将子系统链接到多个层次，直到理论上形成一个完整的顶层系统。

7.5.2　中间向外法

如前所述，行业中的大多数系统工程都工作于存在遗留组件和子系统的项目。然后，这些部件将与内部、第三方、货架产品（COTS）或知识产权要素相结合。要成功管理这些类型的项目，系统工程师须仔细了解在添加、删除和更改新需求方面，在功能和设计实现方面变更所带来的影响。如今，这一过程依赖于知识、与有经验的人的交谈、从有用但不同的模型中获得的洞察。人们可以想象，如果原始系统架构的设计能适应未来的变化和所需的更新，则此任务就更容易，但这种情况并不常见。

一般来说，很少有系统从零开发，而是须处理现有遗留系统和与其他系统的连接。这种类型的项目需要定制自上而下或自下而上的流程，通常称为"中间向外"或"由内至外"的系统工程（见图 7.13）。

图 7.13　"中间向外"的系统工程

顾名思义，"中间向外"的系统工程方法由并行的自下而上和自上而下的系统工程活动组成。自下而上的任务建立在对组件和子系统的详细了解基础上，这将有助于最大限度降低设计风险。并行的自上而下的活动将保留以客户为中心、以需求为驱动的核心，使系统开发保持在优化实施选择的一个功能域中。

新兴的基于模型的系统工程（MBSE）范式（见第 7 章）支持"中间向外"的系统工程方法。模型既可用于自上而下、多领域的体系结构和需求设计，也可用于初步系统、子系统、组件评估和验证的自下而上原型仿真。这些模型共同提供了一个平台，将高级系统模型与特定组件、面向子系统的可执行模型结合起来。

中间向外法主要优点之一是将迭代的顶层"需求-功能-综合"过程与底层系统元素的已知需求和功能相结合，提供可追溯性（见图 7.14）。执行层和组件子系统工程师都参与进来，以确保需求可追溯。来自两个组的关键成员将参与设计和集成决策。

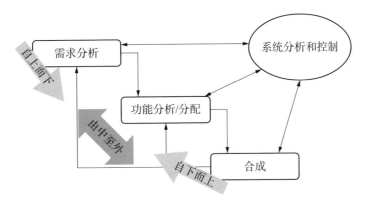

图 7.14 在迭代需求-功能-合成过程中与自上而下和自下而上活动的连接

中间向外法适用于 V 型图的前端、设计分解这一侧。架构、需求和功能的升级和影响将可追溯到受影响的测试、验证和确认活动（见图 7.15）。

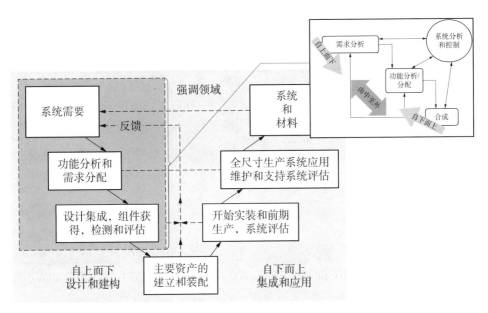

图 7.15 中出型方法使用系统工程固有的迭代特性，将自上而下的基于需求的方法和自下而上的细节结合起来，为现有系统添加新功能

中间向外法的双向箭头强调：需将当前的开发活动与现有的高级需求建立联系，同时确保与现有的遗留子系统和组件的设计连接。每一个向上和向下的活动可能都没有明确的边界或起点。此外，高级需求可能定义不清，或没有分解为可直接链接至低级需求的详细程度。相反，低级子系统可能缺乏足够的文档化需求来显得有用。例如，如果组件是一个重要软件的大块，它可能包含像"意大利细长面"一样不可理解的代码。尽管逆向工程可能有助于解开"意大利面"，更深入地理解程序员的初衷，但它不太可能提供一套完整的标准和设计细节。

在大多数系统工程的集成任务中，定义不当的遗留系统很常见。这就是为什么自下而上的方法通常需要逆向工程活动来确定"现状"架构，即：传统组件或子系统的原始设计意图、需求和功能。另一种方法是将组件或子系统视为黑匣子，这是一个未知量，已知条件为最基本的集成需求，如大小、形状、输入和输出接口等。

中间向外法通常应用于进度落后项目的中间。在通常情况下，设计团队已经到了项目巨复杂、预算超支、时间拖期的地步。没有时间回去进行适当的自上而下的分析，甚至是自下而上的分析，将各部分整合在一起，希望能奏效。虽然有时需要，但若项目经理急需推进一个项目，他可能不会对重新开始或长时间的重新评估感兴趣。

对于中间向外法来说，最大的挑战可能是它须将不同的系统工程过程（自上而下）与领域特定的工程和业务过程（自下而上）连接起来。管理一个中间过程需要对系统工程过程进行定制裁剪，最终目标是实现一个解决具体的细节和解决更大的概念问题的系统或产品。许多这类活动的时间限制往往会阻止引入重量级或复杂的新过程，而这些过程需要时间来解释并产生有用的结果。

7.5.3 由中至外开始管理

让我们考虑在"由中至外"方法中常见的三种不同场景。每个场景都将突出成功的中庸之道的一个重要方面，即获取子系统的认可、集成并链接到高层次需求（见表 7.5）。

表 7.5 比较自上而下、由中至外和自下而上的系统工程流程

流程	项目种类	优点	缺点
自上而下	安全，生存力至关重要的主要防御系统或系统体系；经典系统工程或"绿地工程"	以需求为重点，行政支持，培训系统工程员工	前所未有的设计高风险，往往将重点放在技术研究和开发上，通常成本高昂和耗时，自下而上的流程所有者可能不会参与

流程	项目种类	优点	缺点
由中至外	系统改进，系统体系，产品升级和变型难以满足高级别要求，现代化努力	重新关注最新的运营场景：在详细的产品和执行层面提高可见性	选定的低级过程可能不是组织的最高优先关注，可能没有最低或最高水平的关注
自下而上	再造工程或逆向工程，升级或替换遗留系统的项目	对产品的详细关注，在系统的整个生命周期内增加升级和修复	改进可能并不广泛，高管意识或关注对组织的影响通常有限，子系统优化会影响整个系统性能

　　确保组件级详细工程团队的支持是成功的关键。例如，在应用软件开发中，在提供所有所需系统功能的同时，创建最终用户接口通常很困难。一种方案是使用出错跟踪过程，该过程通常用于修复错误代码，作为解决所需设计问题的工具。出错跟踪工具和技术在软件世界中很常见，因此很容易将这种方法扩展到处理设计更新和集成于新系统。

　　在软件编码中，列出了所有出错，并为其分配了从最严重到最不严重的优先级。出错被分配给适当的团队成员。修复后，将进行回归测试，以确保问题修复，而不会破坏任何其他内容。出错修复将被记录并重复直至所有的关键问题都得到解决。

　　将典型的出错跟踪过程调整到设计工作中，好处是这些活动可帮助指导设计。此外，设计缺陷跟踪过程涉及整个团队，从高层架构到低层代码编写人员和验证工程师，以进行持续决策。它为讨论和解决争论提供了一个熟悉的机制。

　　集成是成功的"由中至外"项目须管理的另一项活动。让我们考虑硬件一个密集型芯片设计领域的例子。按照摩尔定律，半导体行业能每两年将基本设计元素（即晶体管）缩小到纳米尺寸。这种巨复杂性允许将整个芯片系统（SoC）集成在单个芯片中。SoC 成为所有未来设计的平台。

359

　　由于 SoC 的复杂性，使其很难集成到更新的设计中。这就是半导体行业采用复用模式的原因，在这种模型中，附加功能被添加到内部或外部开发的硬件子系统中，称为知识产权（IP）核心。从系统工程管理的角度来看，面临的挑战是决定选择哪些供应商，然后管理复用活动。这是一个中间向外的活动，需要清楚地了解现有 SoC 需求，认可新的功能集，重用公司内部或执行第三方新功能的设计元素，然后集成和验证一切是否能正常协同工作。最后一部分最关键，这就是为什么复用需要在设计过程中大量建模，然后在生产过程中进行集成测试的原因。

第三个关键的中间开始管理的挑战涉及自上而下和自下而上过程的实际联系，通常是为了证明正在进行的低层工作是合理的。这样的任务具有工程、商业和政治影响。从系统工程管理的角度，重点是连接顶层和底层。通常，该任务涉及将高级目标链接到低级需求。从目标到需求的分解可能会迫使创建几个看似人工的需求层和功能分解。这种努力对于那些在较低级别工作的人来说，可能看上去毫无意义，这是其中的风险所在。例如，一个高级目标是在所有系统中使用清洁的可再生能源，但这一目标可能难以分解为芯片功率岛激活时以1.8v 运行的需求。

通常，将高级（自上而下）与低级（自下而上）联系起来的第一项任务是第 2.4 节所述的全面运营场景或经营理念（COP）文档。使用此技术，为新升级的系统或集成活动定义运营的场景。正如在自上而下的系统工程活动中一样，运营场景提供了定义高级系统需求的良好来源。运营场景还须匹配低级实现，从而提供指向子系统和组件规范的链接。使用运营场景开发新系统需要"由中至外"开发团队不断参与维持组织的执行和工程级别。

随着由中至外过程的开始，将系统工程检查和方法纳入现有的工程程序（如接口协调、需求可追溯和架构选择）非常重要。

7.6　供应商组织和职能

如 6.3 节所定义，"供应商"是指向生产商（即主要承包商）提供各种材料和/或服务的各类组织。范围从主要子系统的设计和开发到一个小型现成部件的交付，这个小型现成部件来自现有库存或某些服务的履行成果。第 6 章介绍了外包要求识别、潜在供应来源确定、合格供应商选择、后续合同活动。考虑到供应商组织的情况，本章对第 6 章的讨论进行了扩展。

对于相对较大的项目（涉及设计和开发、制造和生产等），可在不同层次建立系统工程职能。如图 7.1 所示，客户可以建立一个系统工程团队，生产商的组织（即承包商）也可以包括类似的职能。如果外包要求很重要，并且选择供应商来完成子系统和/或主要组件的设计、开发和制造，则须扩展系统工程能力，并将其作为供应商组织内也可识别的职能。为进一步讨论，假设主要供应商的组织结构采用图 7.16（见图 7.1 的扩展）所示的形式。重要的是系统工程需求须从客户一直追溯到主要供应商。

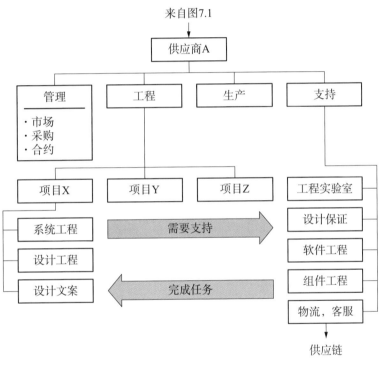

图 7.16　大规模的供应商组织

参照图 7.12，系统工程活动不必很大，可能只包括一个或两个关键人员。无论如何，供应商组织中须有一个协调核心，以确保及时有效执行适用的系统工程任务。此类任务可能包括以下内容：

（1）可行性研究，并为正在开发的系统组件确定具体的设计准则。此信息基于系统操作需求、维护概念、功能分析以及适用于供应商生产对象的需求分配。此实例中的供应商需求包含在开发规范（类型 B）中，如图 3.2 所示。

（2）准备供应商工程计划（或同等计划）。它是 SEMP 的扩展，须反映出支持系统工程目标的需求。

（3）完成综合、分析和权衡研究，以支持组件设计决策，并影响更高层次的系统要求。

（4）完成设计集成活动，这就是设计学科、活动和数据的持续协调与集成。

（5）准备并实施测试和评估计划，包括正在开发的系统组件。在可行的情况下，将测试活动集成到系统级测试需求中。监测、审查和评估在生产商工厂进行的组件测试活动。

（6）参与设备/软件设计审查和关键设计评审，即正式的设计评审，涵盖正在开发的系统组件、与系统其他元素的接口。

（7）审查和评估建议的设计更改，因为更改应用于组件并对整个系统产生影响。

（8）启动并维持与支持系统组件的生产/制造活动的联系。

（9）在供应商活动进行期间，在项目所有阶段，启动并维持与生产商（即主要承包商）的联系。

尽管大型项目可能需要供应商完成所有这些任务，但对于小型项目，活动水平显然会降低。须强调的是，系统工程师不应亲自完成所有这些活动，而是需要承担领导角色，以确保在供应商的整体组织结构中完成这些工作。

对于仅参与生产或制造的供应商，系统工程主要针对全面质量管理（TQM）。确保在后续的批量生产中，最初设计为系统组件的特性得以保持，这一点至关重要。由于生产过程可能高度动态化，并且经常发生材料替换，因此须保证所生产的每个组件确实反映最初通过设计指定的质量特性（见3.4.10节）。因此，须与供应商的质量控制或质量保证组织建立密切的沟通。

在与标准的现货组件供应商打交道时，为这些初始采购准备好规范非常重要。规范中要详细描述：输入输出参数、尺寸和重量、形状、密度和其他关键性能参数、允许的公差。组件特性的非可控方差可能对系统的整体效能和质量产生深远的影响。在适用的情况下，须保持完整的电气、机械、物理和功能互换性。虽然目前库存中有许多不同的组件，并且属于货架产品（COTS）类别，但须格外小心，以确保相同的组件（即具有相同部件号的部件）实际上是以相同的标准制造出来的。此外，关键参数允许偏差须最小化。

还必须牢记，有许多不同类别的供应商，通常存在分层效应，如图 6.26 所示。许多供应商可能分布在美国、加拿大、墨西哥、欧洲、非洲、亚洲、澳大利亚和南美（见图 6.25）。预计供应商组织结构会因情况不同而异。因此，目标是确定负责完成系统工程任务的特定组织团队（或个人），并建立必要的沟通和工作关系，以产生有效结果。

最后，应该注意：组织结构通常会对组织能否成功开发产品产生影响。有些公司可能会改变他们的结构，以确保成功。在其他情况下，有公司试图在收购过程中"博弈"，以展示特定产品线的竞争能力。此外，可能有第三种情况，公司可能没有意识到其组织结构限制了所能生产的产品种类。无论如何，在评估过程中对供应商最终选择时，须注意确保正确的"映射"（期望的产品生产与组织形式的匹配），因为这将有成功的结果。

7.6.1 映射组织和系统结构

如前所述，组织结构会影响成功开发的系统和产品的类型。这是一个结构上的挑战，超出了本组织的环境、领导力和沟通能力，尽管这三要素确实发挥了关键作用。[*]

系统工程和项目经理都应该将组织结构视为潜在的设计约束。因此，值得了解并尽可能优化产品和组织结构间的映射。至少，这有助于增加所有开发团队的沟通。

过去，在各种系统中，主要是通过与职能、矩阵和混合型组织合作的经验来实现（见附录 C 中 C.8）。理解组织在系统产品开发方面可能会遇到的挑战，这些经验至关重要。然而，功能建模技术可为组织结构和产品开发的协调方式提供有价值的见解。与所有建模技术和工具一样，使用此类模型所需的成本和时间须与总成本和总时间表进行权衡。

在各种应用领域中，设计结构矩阵（DSM）是表示和分析系统模型的通用方法。它类似于传统的 N2 图表和美国国防部（DOD）架构体系框架中的

---

[*] Brooks 在《人月神话》一书中指出，产品质量受到组织结构的强烈影响。后来，康威定律规定，设计系统的组织……只能生产作为这些组织通信结构的复制品的设计。微软最近的研究证实了这些早期的发现。

"系统-系统"矩阵（SV-3）。DSM 是一个方形矩阵，显示系统元素间的关系，如图 7.17 所示。它是可视化分析和改进系统（包括产品架构、组织结构和过程）的有用工具。通过检查功能间的依赖关系分析 DSM，可以揭示更模块化的系统架构。添加时间基准使人们能够开发更快、更低风险的生命周期过程。

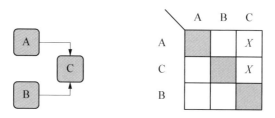

图 7.17　基本矩阵表示形式，由三个子系统元素（A、B、C）和两个依赖项（AC 和 AB 之间）组成

DSM 与传统项目管理工具不同，它侧重于代表项目的信息流而不是工作流。这意味着复杂的开发过程通常可在单个页面上表示，而传统的 PERT 或甘特图可能会需要 10~100 倍的页面来显示类似的信息集。

与任何建模方法一样，系统工程师不能陷入工具中。许多过程建模者都曾经倾向于"陷入建模"，就像软件工程师曾"陷入编码"一样。模型仅仅是通向终点的工具。系统工程要求在选择模型之前理解和定义问题，然后将建模限制在特定时间框架和成本内。*

7.7　人力资源需求

在考虑与系统工程相关的组织要素时，有必要考虑人力资源需求、系统工程组织的人员配置、领导特征、激励因素、人员发展。虽然每种情况都会不同，但从雇主/员工的角度来看，也有一定的共同目标。

7.7.1　创建适当的组织环境

正如吉布森（Gibson）、唐纳利（Donnelly）、伊万切维奇（Ivancevich）、

＊　参考 Tyson R. Browning，Ernst Fricke 和 Herbert Negele，建模产品开发过程中的关键概念，威利国际科学，www. interscience. wiley. com。

科诺帕斯克（Konopaske）等所述，组织的研究应涉及结构、过程和文化。* 因此，结构是组织人员和工作分组的正式模式。结构通常以组织结构图的形式表达，如7.4节和7.5节中的描述。此外，过程是赋予组织结构图生命力的活动。沟通、决策和组织开发是组织过程的一些例子。

在本书的前面几章中，已强调和介绍了这些过程。第三个要素是文化，它涉及一个组织的个性、氛围、环境等。组织的文化定义了适当的行为和纽带，它激励着个人，并影响着公司信息处理、内部关系和价值流动的方式。它作用于从潜意识到可见的所有级别。文化对组织的影响可以是积极的或消极的。如果组织的文化有助于提高生产力，那就是积极的。消极的组织文化会阻碍行动，降低团队效率，妨碍精心设计的组织影响力。

在这一点上，重要的是通过组织设计和开发来解决"文化"问题，并确立其人力资源需求、领导特征、人员配置、激励因素和人员发展等。关于系统工程，成功完成本书所描述的目标和具体任务，高度依赖于组织内所创造的总体能力和环境。一方面，在许多情况下，组织已建立并被指定为"系统工程部"或"系统工程组"，但没有满足这些组织的要求。另一方面，在其他情况下，这样的组织也非常成功。关键是建立一个结构及其过程，并创造一个积极的环境。这就需要在给定的项目结构中促进交流，在技术能力方面给予必要的尊重，并承担项目的领导角色，持续影响系统的设计和开发过程。这特别具有挑战性，因为系统工程组织须完成大量工作，而无法控制完成这些工作所需的资源。

系统工程活动性质要求在开发组织结构时考虑以下特点：

（1）系统工程团队所选人员通常须具有不同背景和广泛知识的高度专业的高级人员，如理解在研究、设计、制造和系统支持领域的应用。重点是总体的系统级的设计和技术应用，掌握用户操作知识，并铭记生命周期维护和支持。

（2）系统工程团队须具有"远见"，在设计、制造和支持应用的技术选择方面具有创造性。团队人员须不断寻找新的机会，具有创新精神，为解决特定技术问题，经常开展应用研究。

---

* J. L. Gibson，J. H. Donnelly，J. M. Ivancevich 和 R. Konopaske，《组织：行为，结构，过程》，第14版。纽约：Mc Graw-Hill Irwin，2011。

（3）须在系统工程团队中启动团队合作的方法。分配的人员须致力于本组织目标；需要一定程度的相互依靠，须相互信任和尊重。

（4）在系统工程团队内部，在与项目相关的许多其他职能部门之间，须进行高度的沟通（见图7.11）。沟通是一个双向过程，可通过书面、口头、非语言方式完成。良好沟通须首先存在于系统工程组织内部。一旦建立好良好沟通，有必要在外部开发双向沟通，根据需要使用垂直和水平通道。

鉴于本书所述目标，并考虑到上述因素，须建立适当的"环境"，以便有效完成系统工程任务。在这种实例中，环境指：①系统工程职能外部、承包商组织结构内部的工作环境；②系统工程组内部自身的工作环境。

在承包商的组织内或正在处理的任何其他组织结构中创造有利环境，须自上而下开始。总裁或总经理首先要相信并支持系统工程概念和目标。在许多场合，权力斗争将会发生，组织目标会发生冲突，关键组织实体之间会缺乏沟通。反过来，这通常又会导致裁员，雇用不合格的人员，支出不必要的资源，造成浪费。须建立一个机制，快速解决冲突，所有项目人员都须知道，无论个人利益如何，系统工程思想都将占上风。高层管理人员须从一开始就要有这种领悟。

此外，须从顶部，通过工程副总裁和项目经理，向系统工程部门经理（见图7.8）委派适当的职责和权限。须确定责任，并赋予相应级别的权力，以控制和指导需要完成的系统工程活动。通常情况，经理愿意将特定活动的责任委派给下属，但保留控制任务完成所需资源的权力。在这种情况下，当事情出错时，尽管已经充分利用可用的资源，有责任的个人往往无能为力，无法对启动纠正措施作出响应。从而气馁，失去动力，最终导致生产力水平下降。本质上，系统工程经理须有责任、权力和资源来完成分配的工作。

如图7.8所示，在工程副总裁、项目经理和系统工程经理之间建立适当的关系同样重要。当然，这种关系高度依赖于这些职位上个人的管理风格。虽然有很多不同，但常讨论的两种方式是专制与民主。

专制做法基本上是独裁，而且具有限制性，因为决策通常是单方面的；也就是说，决策从上往下做出，而不需要考虑执行这些决策的人的意见。管理者控制、引导、胁迫甚至威胁员工，迫使他们朝着特定的组织目标努力。民主做法是参与性的、没有威胁的、以组织利益为中心的。总原则：在直接影响他们的事情上，团队中的个人有发言权。*

虽然这两种管理方式在某些情况下都普遍存在，但从激励角度来看，民主方式更有效。一般而言，如果人们觉得自己对结果有某种影响，人们工作更努力，更合作，更愿意接受改变。民主领导意味着一种组织环境，员工有机会成长和开发自己技能，在这种情况下，正式监督是为整体着想的，不任意发号施令，征求并尊重个人意见。相比专制方式，民主方式的管理层更致力于承认员工是高层次专业人员，而不仅仅是生产计划中的要素。**

在系统工程方面，须创造一个环境，允许个体主动性、创造力、灵活性的激发，促进个人成长等。在实现所述目标方面，民主和参与的方法似乎是恰当的。虽然经理须保持权威，并提供必要的指导和控制，以有效实现组织的目标和目的，但经理也可以引入一些直接支持民主风格的做法。选择的风格有助于创造一个良好环境，以完成系统工程任务。这不仅受系统工程团队内部管理风格的影响，还受高级管理层所采用的管理风格的影响。创造这样一个环境对本书所述的目标至关重要。有一些例子表明有两个（或更多）类似组织具有相同的基本目标、相同的结构、相同的职位头衔等等的例子，但一个是有效率的，另一个则不是。高水平的生产力与良好的工作环境成正比。

7.7.2 领导特征

系统工程组织由一群不同能力、不同角色和期望、不同个人目标和不同行为模式的个体组成。虽然组织内的个人彼此高度依赖，但由于其中一些因素，他们往往会向不同的方向前进。系统工程经理面临的挑战是将这些不同的品性整合成一股凝聚力，从而实现组织目标。经理不仅要确保工作圆满完成，而且希望能激励下属出色实现组织目标。显然，经理须创造一种氛围，让组织中的个人接受任务挑战（而不是威胁）。

---

* 这些概念与 Douglas McGregor 在他的经典著作《企业的人的一面》（纽约：McGraw-Hill，1960年）中所描述为 "X 理论" 和 "Y 理论" 的管理观点有关。建议您阅读，以便更深入地了解20世纪40年代发展起来的人际关系运动。

** 目前，建议回顾一下有关人类动机的文献，有3个很好的参考文献：

（1）A. H. Maslow，《人类动机的理论》和《心理学评论》，1943 年 7 月。

（2）F. Herzberg，B. Mausner 和 B. Snyderman，《工作的动机》（新泽西州霍博肯：John Wiley & Sons，1959 年）。

（3）M. S. Myers，《谁是你的动机工人》和《哈佛商业评论》，1970。

为促进这一目标，管理者应采取一些既响应组织要求又满足组织内部个人需求的做法。首先，在 7.7.1 节中讨论的民主领导风格倾向于为组织营造必要的环境。在这个框架内，经理应鼓励个人参与目标制定和决策，并促进交流。这样做，不仅有助于提高内部人员积极性，还能更好地了解组织中的每个人。通过以下步骤可促进这种理解：

（1）认识组织中每个人的个人特征，以便更好地满足个人工作要求。一个人可能在某种情况下表现出众，但在另一种情况下或许表现平平，尽管两种情况的个人能力和整体组织氛围都相对稳定。实质上，经理须为员工分配最适合他们的工作类型。如果系统工程组织要获得尊重并在项目中保持领导角色，那么高质量的输出必不可少。

（2）通过营造个人兴趣氛围，激励每个人在工作中脱颖而出。如果员工知道主管对个人感兴趣，则会表现更好。通过员工层面的参与，培养个人兴趣。

（3）对与工作相关的员工问题保持敏感，以便每个问题都能以个性化的方式处理。如果可能，那么解决问题的办法应该考虑对员工个人的影响。

（4）以个人表现评估员工，并在需要时及时奖励。晋升和表彰不应单独给予组织层级，而应针对表现最佳者。

良好的沟通和良好的人际关系应从一开始就建立。获得理想的组织环境不仅取决于经理最初建立这种实践的意图，而且高度依赖于经理长期指导组织活动的个人领导力。除非实施阶段采取的行动是直接支持的，否则即使规划再好，也难以得到好处。作为目标，经理应努力具备表 7.6 中列出的特点。

表 7.6　领导者特征表

序号	领导者特征	
	特征	详　细　描　述
1	接受	赢得尊重并获得他人信任
2	成效	有效利用时间实现目标
3	敏锐	精神警觉，乐意理解指令、解释和异常情况
4	行政	组织本职工作和下属工作，委派责任和权力，度量、评估和控制职位活动
5	分析和判断	对潜在和当前问题领域进行批判性评估，将问题分解为几部分，权衡备选方案，关联性，并得出合理结论

序号	领导者特征	
	特征	详细描述
6	态度	热情，乐观，忠于公司/机构，上级，职位和同事
7	沟通	促进与组织要素之间的沟通
8	创造性	有探究思维，发展原创思想，开创新的解决问题方法
9	果断	必要时作出迅速决定
10	可信赖	一致满足时间表和期限，并遵守机构的政策和程序
11	培养其他人	培养称职的继任者和替代者
12	灵活性	适应性强，快速适应不断变化的条件，应对意想不到的事情
13	人际关系	对人际交往敏感并理解；对个人有"感觉"，并认识到他们的问题；为他人着想；能够激励他人并让人们一起工作
14	主动性	自我驱动，执行力强、善于寻求和把握新机会，在工作中精力充沛，不容易气馁，有做成事的基本动力
15	知识	具备履行岗位要求所需的职能技能知识（广度和深度），使用其他相关知识领域的信息和概念，总体上有大局观
16	客观性	有开放的心态，在没有个人或情感利益的影响下做出决定
17	规划	展望未来，开发新项目，制订计划，调度需求
18	质量	工作的准确性和完整性，始终保持高标准
19	自信	自我保证，内部安全，自力更生，从容应对新发展
20	自控	在压力下保持镇静和镇定
21	自我激励	有良好计划的目标，有意愿承担更多
22	社交能力	交友容易，与他人相处融洽，对人真诚
23	语言能力	善于表达，乐于沟通，并在所有组织层面上普遍被人理解
24	愿景	具有前瞻性，看到新的趋势和机会，预见未来事件，不受传统或习俗束缚

7.7.3 个体需求

到目前为止，讨论主要涉及组织环境和所期望的领导品质，重要的是要关注员工个人的需求。如果经理要鼓舞、激励员工，并成功与下属打交道，那么就须充分了解这些需求。

作为起点，读者应首先了解马斯洛关于需求层次的理论。该理论可用来识别相对独立和确切的驱动力，这些驱动力从总体上激励个人，确定了以下5项个人基本需求：*

（1）生理需要，如口渴、饥饿、性、睡眠和活动。这些生理需求是个人行为的主要影响因素。

（2）安全和安保方面的需求，包括免于危险、防止威胁和避免损失。在满足生理需求的同时，安全和安保需求成为主要目标。

（3）对他人的爱和自尊的需要，或社会需要。这包括团体归属感、给予和接受友谊等。

（4）自尊的需要，尊重他人（即自我需要）。个人希望自己强大、能干、称职，并且基本上符合自己的价值标准。

（5）通过自我开发、创造力和自我表达来实现自我和潜力发挥。这关系到人类渴望成长、开发充分潜能，最终达到可能的最高水平。

这些需求相互关联，并以一种激发意识和活动的方式进行排序。当需求得到满足，活动重点转移到下一个需求类别。换言之，满足需求不再是激励因素，下一个需求才是驱动因素。

尽管马斯洛从总体角度阐述了需求总体层次，但赫茨伯格（Herzberg）的研究产生了"动机-卫生"理论，确定了通常被称为"满意"因素和"不满"因素。这一理论是从 200 个工程师和会计师的工作态度研究中得出来的，并基于两个问题：①您能详细描述工作特别满意的时候吗？②您能详细描述工作特别糟糕的时候吗？结果分为以下两类：**

（1）满意因素。

a. 成就——在工作完成和解决问题方面的个人满意度。

b. 认可——对个人成就的认可（如工作做得很好）。

c. 工作本身——工作的实际内容及其对员工的正面/负面影响。

d. 责任——与工作有关的责任和权限。

e. 发展空间——工作晋升。

f. 成长——学习新技能提供更大的晋升可能性。

（2）不满因素。

---

* A. H. Maslow，《人类动机的理论》和《心理学评论》，1943 年 7 月。

** F. Herzberg，工作与动机，人事政策研究编号 316：行为科学、概念与管理应用（纽约：国家工业会议委员会，1969 年）。

a. 公司政策和行政管理——对公司组织和管理、政策和程序等的充分或不充分的感觉。

b. 监督——能力或技术监督能力。

c. 工作条件——与作业相关的物理环境。

d. 人际关系——与上司、下属和同事之间的关系。

e. 薪资——报酬和附加福利。

f. 身份——办公室大小、有个秘书和一个私人停车位等。

g. 工作安全——任期、公司稳定或不稳定。

h. 个人生活——影响工作的个人因素（如家庭问题、社会问题）。

大多数因素都有两极效应。例如，"进步"发生时当然是一种满足，当没有发生时，可能就有些不满足因素。然而，这一类别的满意度更高。"工资"在较差时，肯定会成为一个不满因素，然而当薪酬较高时，它则成为一个适度的满意因素。在这种情况下，工资分类在不满意因素中。在任何情况下，列出的所有因素都代表个人的需求，应由管理层予以考虑。

1961 年迈尔斯在得克萨斯仪器公司对 282 名受访者（包括工程师、科学家和技术员）进行了研究。所用的类别是"激励因素"和"不满足因素"，与工程师有关的结果如表 7.7 所示。列出并标有"M"的项显然是激励因素，标有"D"的项是不满足因素。例如，如果认为"薪酬"不足，那么显然是一种不满意因素，而"晋升"发生时无疑是一个激励因素。再一次强调，有两极效应；这一分类确实指出了影响最大的地方。[*]

（1）工作本身（M）。

（2）责任（D）。

（3）公司政策与管理（D）。

（4）薪酬（D）。

（5）发展空间（M）。

（6）认可（D）。

（7）成就（M）。

（8）监督能力（D）。

---

[*] M. S. Myers，《谁是你的激励员工》和《哈佛商业评论》，1970。这项研究采用了与赫茨伯格使用的因素相比较的因素。

（9）监督的友好性（D）。

总而言之，每个员工的需求会有所不同，这取决于员工自身情况。如果一个需求得到满足，那么另一个需求就会成为主导，等等。这些需求通常与公司的商业地位有关（或整个组织的成功）。如果公司处于增长态势，个人感知的需求可能会与公司业务下滑的情况有所差异。业务不行，裁员显而易见。最后，经理的工作是双重的。他必须：①了解组织中的个人需求，为员工激励创造必要的条件；②尽可能持续满足这些需求。人的动机是组织成功的关键，理解本节中的概念应有助于实现这一目标。[*]

7.7.4 组织人员配置

组织的人员配置要求最初源于第6章所述的系统工程规划活动的结果。任务从短期和长期预测中确定（见图6.20），并合并到工作包和工作分解结构（WBS）中，对工作包分组并与特定职位要求相关。这些职位反过来安排在被认为最适合需要的组织结构内（见图7.2~图7.11）。

关于确定一个系统工程组织的具体职位要求，首先应充分了解组织的基本职能。这些内容在本书前面各章节都有论述，特别是在第6章也有讨论。对分配的任务、组织结构的性质和挑战等的回顾表明：一般来说，入门级"系统工程师"应具备以下条件。

（1）在一些公认的工程领域的本科和研究生阶段接受过基本的正规教育，即工程硕士或同等学历。[**]

（2）在组织、项目等所跟进的工程领域具有高水平的通用技术能力。

（3）在适当的活动领域的相关设计经验。例如，如果公司参与了电气/电子系统的开发，那么候选人最好在电气/电子设备方面有过一些设计经验。航空系统、民用系统、液压系统、软件程序等领域分别需要不同类型的经验。

（4）基本了解可靠性工程、可维修性工程、人为因素、安全工程、保障工

---

[*] 比较了4种"动机的内容理论"，J. L. Gibson，J. H. Donnelly，J. M. Ivancevich 和 R. Konopaske，《组织：行为、结构、过程》第12版（纽约：麦格劳-希尔·欧文出版社，2005年）。这包括对 Maslow 的需求层次结构、Alderfer 的 ERG 理论（存在、亲缘关系和增长）、Herzberg 的双因素理论和 McClelland 的学习需求理论（成就、权力和从属关系）的讨论。

[**] 认可的工程认证项目由工程和技术认证委员会（ABET）定义，联合工程中心，东47街345号，纽约，纽约10017。请参考最新的年度报告。

程、软件工程、质量工程、可持续性和价值/成本工程等领域的设计要求。

（5）了解系统工程过程与可有效用于建立系统的方法/工具，如系统需求的定义、功能分析和分配。

（6）了解组织职能之间的关系，包括营销、合同管理、采购、综合后勤支助、构型管理、生产（制造）、质量控制、客户和供应商运营等。

由于系统工程师的具体定义通常因组织而异，因此个人对必备条件的看法将有所不同。根据经验，良好扎实的技术工程教育是必要基础；一些设计经验必不可少；需要了解客户（用户）环境，全面了解系统生命周期及其要素；了解许多设计接口知识是需要的。如果一个人要成功实现第6章（见表6.1）中确定的职能，那么我们强烈建议此人在这些领域有一些经验。

考虑到基本要求，系统工程部经理将为组织中的每个空缺职位准备一个单独的职位描述。表7.7描述了职位格式，应明确标识：职位名称、负责主管、职责范围和工作目标、背景要求和需求日期。已完成系统工程职位要求，并转交人力资源部（或同等部门），以便进行必要的招聘和就业步骤。

表 7.7　职位描述举例

需要的日期：

职位名称：　　　　　　　主管：

高级系统工程师-通信　　系统工程

　　　　　　　　　　　　部门负责人

总体职能：

负责通信产品设计和开发中系统工程职能的执行。

职能目标：

1. 执行系统可行性研究并评估替代技术应用。
2. 为新的通信系统/设备开发运营要求和维护概念。
3. 解释并将系统级要求转换为功能设计需求。
4. 准备系统和子系统的规格和计划。
5. 完成系统集成活动（包括供应商职能）。
6. 确定需求并对所有系统元素进行正式的设计审查。
7. 准备系统测试和评估要求，监控测试功能，并根据需要评估纠正措施和/或改进。
8. 在产品销售活动中协助市场营销，必要时满足客户服务要求。

要求：

电气工程学位（硕士或以上学历，管理技能和实践方面的培训），外加至少10年的通信系统设计经验在组织人员配置方面，可能的来源：①来自公司内部的合格人员和准备晋升的人员；②通过公开市场招聘的外部人员。系统工程部经理有责任与人力资源部密切合作，确定人员的初始要求，制定职位描述、准备广告材料、招聘和面试，选择合格候选人、在系统工程组织内最终雇用新员工。在访谈和甄选系统工程人员的过程中，应牢记表7.6中确定的特征。*

7.7.5 人员发展和培训

几乎每一个工程师都想知道每天的工作情况，成长的机会是什么。第一部分问题的答案来源于"正式业绩审查"、与主管的日常"非正式沟通过程"两者的结合。前者通常是定期进行的（无论是每半年还是每年）。工程师被赋予责任，并寻求主管的认可和批准。如7.7.2节所述，必须进行密切沟通，主管须提供一些证据，证明员工的工作做得好。员工还需要尽快了解自己的工作是否令人满意时，从而判断是否需要改进。等到进行正式的绩效评估，才表明员工的工作不令人满意，这是一个糟糕的做法。这也使士气低落，因为由于此前没有听到负面的评论，员工认为一切都很好。在系统工程组织中，从一开始就建立适当的密切沟通模式尤为重要。

第二部分问题，关于成长的机会，取决于：①在组织内提供的工作氛围和经理允许个人发展所采取的行动；②工程师抓住经理所提供机会的主动性。在系统工程部门内，如果该部门有效运作，个人成长至关重要。工作氛围（或环境）须允许个人发展，每个系统工程师须相应地寻找机会。系统工程部经理应与每位员工一起为他量身定制个人发展计划。个人发展计划根据每个人具体需求进行调整，为允许（和促进）个人发展，计划应提供以下4个因素的组合：

（1）正式的内部培训，使工程师熟悉适用于整个公司的政策和程序，以及其自身组织的详细运作程序。这种类型的培训让工程师熟悉在工作中将遇到的各种工作接口，以使个人能在整个组织架构内更有效地发挥作用。

（2）通过选择性项目分派进行在职培训。虽然从一份工作到另一份工作

---

* 大多数公司的人力资源部门负责建立工作分类、工资结构、招聘人员、启动员工福利保险、为员工提供教育和培训的机会等。系统工程部经理有责任确保其组织要求通过招聘、就业和培训活动最初得到理解，并随后得到满足。

（或一个项目到另一个项目）的人员大范围调动可能是不利的，但有时适当重新分配一个人工作，在某个岗位员工可能更有积极性。每一位员工都需要获得新技能，如果不影响组织整体生产力，偶尔调动可能是有益的。

（3）正式的技术教育和培训，目的是提升工程师在其专业领域应用新方法和技术的能力。这关系到工程师须通过以下方式来掌握前沿技术（并避免技术陈旧）：①继续教育短期课程、研讨会和讲习班；②在地方一级（可获得高级学位）提供的正式的校外研究生工程项目；③长期培训，包括大学或大学校园进行研究和高级教育的机会。随着互联网、在线学习计划和课程、卫星电视、双向压缩视频节目、录像带和基于计算机的信息传输能力的普及，在职期间，获得持续和高等级（研究生学位）教育的机会比以往任何时候都要多。如果一个人主动，那么他或她在这个领域可获得大量学习机会。*

（4）通过参与技术社会活动、行业协会活动、座谈会和大会等，与该领域的其他人进行技术交流。

系统工程经理须认识到在其组织中人员不断发展的需要，并应鼓励每一个人寻求更高水平的绩效，不仅提供具有挑战性的工作任务，还要通过教育和培训提供成长机会。这样一种组织的长期生存能力高度依赖于人员发展。反过来又会提高个人的积极性，并最终实现最高质量标准的系统工程职能。

7.8 小结

应注意的是，系统工程需求的成功实施不依赖于任何一个特定的组织结构。虽然各种组织"结构"都有其优缺点，如图7.2~图7.11所示，但一个成功的系统工程项目可通过其中任何一个来实现。然而，实现这一目标取决于：①提供自上而下适当的"环境"，使系统工程原则和概念得以有效和高效实施；②具有正确的领导力，理解和相信系统工程及其实施后带来的好处；③在整个组织中与客户、供应商建立良好沟通能力；④结合有效反馈和控制能力，允许定期评估和持续过程改进。

一方面，从经验看，已有无数次出现：指定一个"系统工程"组织，并

---

* 有了目前的计算机技术，一个人可以通过互联网获得系统工程和其他领域的硕士学位，而不必长途跋涉。许多软件系统目前已经到位，通过它可以提供课程材料（如黑板）。

指派执行系统工程的职责和要求，但却失败。换言之，已建立系统工程组织，但由于一个接一个原因而失败（如没有得到管理层适当的理解和支持、尚未建立全面适当的沟通水平、在项目中没有"教育"好其他人关于系统工程的目标和好处等）。另一方面，在有些情况下，单独确定的组织实体职能并不太明显，但非常成功地实施了系统工程需求，原因主要是高层管理的支持、良好的沟通、对高质量产品的渴望、整个项目/公司良好系统工程实践的好处。

最后，应该强调：系统工程需求的成功实施不依赖于任何单一组织实体，而是整个项目范围（或全型号范围）的职责。如图 7.11 所示，虽有一个确定"牵头"系统工程组，但系统工程需求的成功实施高度依赖于所有其他组织实体的沟通与合作。在这种情况下，系统工程团队将担任领导角色，但大部分工作发生在其他组织团队。同样，这是团队管理的一个至关重要的方法。

习题

7-1 描述组织的含义。它的特点和目标是什么？须具有哪些因素才能确保成功实现其目标？

7-2 有各种类型的组织结构。确定至少四种类型，分别简要描述每种类型，并讨论其优缺点。

7-3 请参阅图 7.1。系统工程在哪里完成？谁负责完成系统工程职能？确定与图中所示的组织关系相关的一些关注事项。

7-4 根据自己的经验，从系统工程的角度来看，哪种类型的组织结构更可取？为什么？在公司（即生产商/承包商）组织结构的背景下，构建一个显示系统工程组/部门/部分的组织图。确定系统工程与公司内其他主要活动之间的主要组织接口。

7-5 请参阅问题 4。对于开发的组织结构，描述要完成的系统工程任务，并确定每个任务的输入要求和预期的输出结果。

7-6 从组织的角度，确定并描述必须存在的一些条件，以有效和高效地完成系统工程目标。

7-7 在组织环境方面，必须考虑哪些因素才能确保系统工程要求的成功实施？

7-8 描述与供应商组织管理和相关活动相关的一些重大挑战。

7-9 相对于管理风格，理论 X 和理论 Y 意味着什么？哪个是系统工程组织的首选？

7-10 组织文化意味着什么？为什么组织文化很重要？为什么在国际环境下工作特别重要？

7-11 假设你作为工程副总裁，计划聘请一个新的系统工程部经理。你会确定哪些领导特征是至关重要的（按重要性顺序确定）？

7-12 请参阅表 7.5。根据自己的经验，按重要性顺序选择和列出前 10 个特征。

7-13 什么是 IPPD 和 IPT？描述每个目标和目的。

7-14 请参考 Herzberg 在 7.6.3 节中的研究结果。根据自己的经验，列出满足因素和不满足因素的重要性顺序。列出一些额外的因素，并用双极性关系的条形图展示你的想法。

7-15 从你自己的角度，描述一个系统工程师的特点（背景、经验、个人特征、动机因素等）。

7-16 作为系统工程部门的经理，您将采取哪些步骤来确保您的组织保持相对领先的技术能力？

7-17 请参阅图 7.11。您将采取哪些步骤来确保与设计工程的最大合作（和支持）？

第8章　系统工程项目评估

整个系统工程管理的固有活动包括 4 个步骤：①系统需求初始定义；②通过良好且有效的系统设计和开发来满足这些需求的持续活动；③结果的测量、评估和判定；④提供反馈并采取必要纠正措施以达到或超过最初规定的目标。

第 2 和第 3 章展开了需求描述。具体来说，在 2.4~2.6 节中阐述的系统运营需求的开发、维护概念以及技术性能指标的识别和优先级，构成了定义系统需求所涉及的步骤。这些需求（第 3 章的各个设计相关的章节进行了描述）被分配到各个子系统及以下，并被涵盖在相应的规范中（见 3.1 节）。通过这种分配过程以及与外部相关的决策可以确定对每个供应商不同的要求。本质上，这是流程的初始，即定义需求。

下一步要明确须完成的任务以及必须实现的组织方法，以满足在需求定义中确定的总体目标。第 3~6 章讨论了须完成的任务及对促进该工作的有帮助的技术应用。第 6 章深入介绍了最初的计划过程——启动了项目的任务计划和成本预测、明确了供应商要求、协商了合同的要求、建立了项目审查和报告的要求。第 7 章描述的重点是"组织"以及为实现所要求目标而提出的实现目标的方法。确定了"什么"（即必须完成什么？），以及"如何"（即如何才能最好地实现这一点？）。第 6 章和第 7 章深入讨论了规划和组织活动，它们主要处理了上文提到的四步流程中的前两步。

下一个问题是衡量、评估、反馈，并根据需要采取纠正措施（即过程中的第三和第四步）。衡量意味着通过非正式和正式报告，确定目标（需求）实现进度。图 5.3 中的 TPM 状态评估和报告以及图 6.23 中的成本—进展报告是正式报告的一个示例。此外，覆盖正式设计评审结果的报告也是确定进展状态的另一个来源。评估用于确定当规划执行出现显著偏差时的原因和可能采取的措施。反馈和纠正措施包括制定和实施纠正任何可能存在缺陷的计划。此类计划必须与 6.7 节中描述的风险管理计划的制定相协调。

图 8.1 说明了包括系统需求初始定义、需完成的工作（任务）识别、SEMP 的开发和执行，及随后对项目工作（任务）完成度衡量和评估在内的整个流程。定义需求功能和项目规划和执行活动在前几章已有论述。本章主要讨论与实现系统工程计划相关的衡量和评估。重点在于组织和管理系统工程部门/小组以实现预期功能和目标。具体来说，其中涵盖了组织需求和标杆学习、系统工程组织的总体评估以及独立项目的报告、反馈和控制。

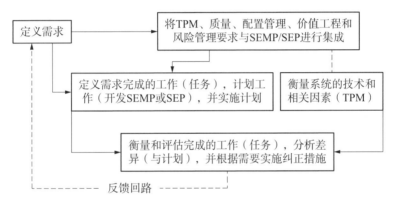

图 8.1　系统需求、审查与评估、反馈与纠正活动流程

8.1　评估要求

虽然本章导言指出了评估与单个系统或特定项目设计和开发相关的要求，但应注意的是，一个已建立的系统工程组织可能同时参与多个不同的项目；例如，大型系统的设计与开发、不同子系统的设计、大型系统元件的制造、测试和/或多种供应商活动的监控，如图 6.31 所示。由于需求和系统工程任务的变化，系统工程的组织须能同时且全面响应第 6 章（见表 6.1）所描述的所有功能。

因此，为使系统工程组织能够响应各种情况，重点应放在组织发展和能力建设上。首先，系统工程经理（在其组织内部和外部的关键高级人员的支持下）需要确定组织目标、目的和职责。为此，应恰当建立衡量、评估组织及其运作的标杆学习能力和模式。基本问题是今天我们处在哪个位置？我们和竞争对手的（相关产品及组织）相较如何？我们希望未来能处于什么位置？

8.2 标杆学习

依据不同的个人背景、经验，可以不同方式定义标杆学习。韦伯斯特大学词典（第10版）将标杆学习定义为：可据此进行测量的参考点，某些作为测量其他东西标准的事物。虽然这个定义主要指的是测量员的标记或参考点，但该术语也用于制定和衡量与产品特征及组织绩效相关的测量标准。20世纪70年代初，施乐公司（和其他公司）将标杆学习的概念作为一种"商业实践"来推广。根据坎普的说法，标杆学习可以被定义为"针对最强劲的竞争者或被公认为行业领导者的公司衡量产品、服务和实践的持续过程"。* 巴姆（Balme）提供了一个更全面的定义，即标杆学习是"将自己的过程、产品或服务与最著名的类似活动进行比较的持续性活动，通过挑战可实现的目标，以实施切实可行的行动方针，以便在合理的时间内有效地达到并保持最佳状态"。** 该定义中包含时间因素，如果希望改进以具有竞争力，时间因素是至关重要的。维基百科将标杆学习定义为"将自己的业务流程、性能指标与其他公司的行业最佳或最佳实践进行比较的过程"。在绩效指标的背景下，前文讨论了技术性能指标。

在系统工程方面，已有许多标杆学习研究，一些按照本文所述概念、原理实践的公司已经积极在内部实施标杆学习。*** 在大多数情况下，这些实例重

---

* Robert C. Camp，《基准——寻找能带来卓越性能的行业最佳实践》（Milwaukee: ASQ Quality Press，1993）。

** Gerald J. Balm，《基准：成为并保持最佳中的最佳的从业者指南》（Schaumburg, IL：QPMA 出版社，1992 年）。

*** Kenneth Jones，《美国工业中的基准系统工程》（弗吉尼亚州布莱克斯堡：弗吉尼亚理工学院和州立大学系统工程设计实验室，1994 年）。来自 21 家不同公司的 40 名个人参与了本项目研究，他们之前曾表示正在实施系统工程的概念和原则。其他参考文献：

（1）G. C. Thomas 和 H. R. Smith，《使用结构化基准来快速跟踪 CMM 过程改进》（IEEE 计算机学会出版社，2001 年，华盛顿特区）。

（2）M. Zair 和 P. Leonard，《实用基准：完整指南》（Chapman & Hall，1994 年，英国）。另请参阅 K. R. Crow（DRM Associates，1999）的"改进产品开发的基准最佳实践"。

点直接指向组织及其完成日常功能的流程。虽然这样做是正确的，但是必须注意首先要确定公司产品输出的目标，然后采取措施，实施那些被认为是实现产品总体目标所必需的组织特征。这通常倾向于启动组织的有效性评估，采用一些可能与最终目标相关或不相关的措施，然后发起变革。这些变化可能会带来负面结果，因为一开始时没有确立正确的目标。

如图 8.2 所示，通常标杆学习始于实施计划的制定（参考方框 2）。这是基于产品目标相关的组织目标定义。产品目标可由给定系统的技术性能指标或针对一个或多个产品的一些等效度量集合来指定。例如，表 2.2 标识了由质量功能展开（QFD）分析产生的系统/产品技术性能指标。假设第三列中的定量需求代表当前状态，直接目标包括逐步满足第二列的指定要求，则需要制定一个涵盖从当前状态逐步达到最终目标水平的步骤计划。这些步骤涉及组织结构、当前为支持面向产品目标的执行流程。本章包括 6.2.2 节中描述的系统工程的功能和任务。

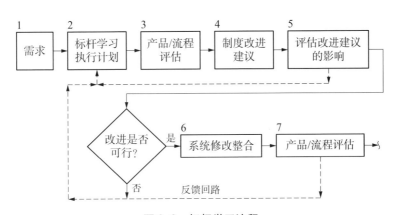

图 8.2　标杆学习流程

在图 8.2 的方框 3 中，第一步是定义系统工程含义、系统工程内容、必须完成的任务，以正确实现本文所述的与产品相关的概念和原则。这可能要求制定一份促进过程评估调查问卷或一系列检查清单。要完成对当前进度评估，需指出可能发生问题的领域，制定流程/产品提升建议（方框 4），评估这些建议带来的潜在影响（方框 5），如果可行的话，酌情进行修改。这可能是一个持续过程，直到达到期望的性能水平。

图 8.3 展示了一个标杆学习的实施计划，它显示了某些绩效水平的当前状

态、主要的竞争状况以及预期目标。可以假设竞争对手也努力学习标杆，并设立了一些更高目标。因此，对于所讨论的系统/产品必须制定一个能沿路径 A－B 而非路径 C－D 发展的计划。*

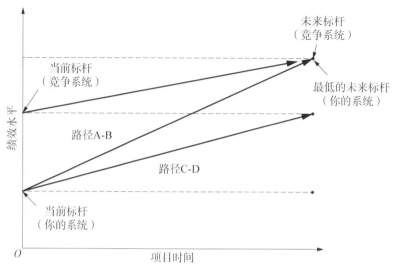

图 8.3　标杆学习的实施计划

8.3　系统工程组织的评估

　　某些公司/政府机构/科研院所的目标已经确立，下一步是研究系统工程组织在实现这些目标方面取得的进展，即衡量组织达到预期绩效水平的能力。考虑到系统工程目标和被推荐执行的任务，须设法解决一些问题：组织在多大程度上能有效且高效地完成相关任务？管理层是否理解系统工程的原理和概念？是否自上而下都承诺实施系统工程过程？如果是，那么当前有哪些政策支持它？是否为成功实现系统工程目标建立标准、可测量的目标和合适的流程？组织是否制定了持续改进计划？

　　尽管可提出许多此类性质的问题，但目的始终是：确定组织成熟度，相比于其他类似组织，本组织"适合"于层次结构在哪个位置，需要解决的薄弱

---

　　* 应再次强调，第一步是建立组织"能力"目标，这些目标源于组织希望承担的项目（及其各自的要求）；第二步是确定发展组织所需的步骤，以便组织能够有效地应对这些目标并且高效。

环节有哪些。换言之，虽然学习标杆有助于建立具体目标，但仍需开发一个模型帮助评估组织当前能力。

对此，20 世纪 80 年代末以来，人们一直致力于开发一种解决组织评估问题的模型。尽管多年来已在不同程度上使用了多种模型，但最近开发的一系列特定项目/模型依然值得关注。通过卡内基梅隆大学软件工程研究所（SEI）前期努力，1989 年首次引入了一项面向软件开发过程的改进模型——软件能力成熟度模型（SW - CMM）。由于经验积累和不断升级，1993 年发布了 SW - CMM1.1 版。基于此，在工业界、政府和学术界共同努力下，系统工程能力成熟度模型（SE - CMM）于 1994 年被开发出来并投入使用。[*] 与此同时，在国际系统工程协会（INCOSE）的协调和支持下，1994 年发布了系统工程能力评估模型（SECAM）。[**] 1998 年经过 EIA（电子工业联盟）、EPIC（企业流程改进协作）和 INCOSE 努力协作，这两个模型被成功合并入 EIA/IS - 731。[***]

继 EIA/IS - 731 首次发布后，相继出现了针对不同用途开发的类似模型。除涵盖软件开发和系统过程模型之外，还致力于发展用于集成产品和流程开发（IPPD）的模型。此外，还努力解决衡量其他关键领域的组织成熟度的问题。考虑到一系列目的个性化的不同模型的开发趋势，1998 年 SEI 开始研究开发一个综合模型的可行性，该模型合并 SW - CMM、SE - CMM、SECAM 和 IPPD 模型能力作为一种集成方法的代表。这项努力产生了一种新产品，即能力成熟度模型集成（CMMI）。其目的是消除"烟囱"模型，并使 CMMI 成为各关注领域的终极衡量工具。[****]

鉴于本章中的重点是系统工程，为了解详细实施方法，应考虑 EIA/IS -

---

[*] SEI，SE - CMM，1.1 版，SECMM - 95 - 01（宾夕法尼亚州匹兹堡：卡内基梅隆大学，1995 年）。

[**] 为 SECAM 及其应用提供历史基础的一个很好的参考文献：B. A. Andrews 和 E. R. Widmann，"使用 INCOSE SECAM 进行的系统工程过程评估的度量和观测概要"。载于第六届国际研讨会论文集《国际贸易术语解释通则》，第 1 卷（华盛顿州西雅图：国际贸易术语汇编，1996 年），第 1071 页。其他参考文献包括在早期 INCOSE 研讨会的会议记录中。

[***] GEIA（政府电子和信息技术协会），EIA/IS 731：系统工程能力模型（SECM）（华盛顿特区，2001 年），网站：http://www.geia.org/sstc/G47/page6.htm，2001 年 10 月。

[****] 系统工程：国际系统工程理事会期刊，第 5 卷，第 1 期（2002 年），由 John Wiley & Sons，股份有限公司出版。本期刊中有一系列文章涉及 CMMI、EIA/is - 731 的现状和相关主题，这些都是很好的参考，涵盖了导致 CMMI 发展的历史和背景。此外，犹他州希尔空军基地软件技术支持中心出版的 CrossTalk：The Journal of Defense Software Engineering 中也有许多关于 CMMI 模型和目标的文章。在政府、行业和卡内基梅隆大学的共同努力下，CMMI 流程的发展仍在继续。

731 中涵盖的系统工程能力模型（SECM）。当然，其开发第一步是定义系统工程组织的目标和目的。之后，组织须执行必要的系统工程过程及管理任务以确保成功识别成果，并纳入三个基本焦点领域类别（技术、管理及环境）。焦点领域类别建立导致特定重点领域划分，特定焦点领域划分引出主题概念，从而形成对特定实践的描述。这一进程的主要结果总结在表 8.1 的主要议题展示中。

表 8.1　SECM 重点领域和类别（EIA/IS‑731）

重点领域类别		
技术	管理	环境
定义相关方及系统等级要求	计划和组织	定义及提升系统工程流程
定义技术问题	监测和控制	管理资质
定义解决方案	整合设计科目	管理技术
评估和选择	协调供应商	管理系统工程的支持环境
集成系统	管理风险	
校验系统	管理数据	
验证系统	管理配置	
	保障质量	

给出对所需实践的描述后，下一步是识别不同的能力成熟度水平或组织应尽力达到的能力水平，包含当前能力至未来水平的提升演变，即增长的潜力。设立六个能力级别并与焦点领域相关。焦点领域描述包含组织成功须执行的活动实践列表。在图 8.4 中，能力等级（从 0 到 5）* 被称为启动、执行、管理、定义、测量和优化。这些级别由满足给定级别要求的特定实践支持。当然，目标是提升至五级。

在将此模型应用于组织能力评估（或测试）时，存在不同的阶段：预评估、现场评估和后期评估。在预评估阶段须征求待评估组织的管理支持，并制定评估流程。这一阶段包括制定一份内容相当广泛的问卷（包含 EIA/IS‑731 中要求的许多不同问题，或至少 40 个与第一级相关、91 个与第二级相关、

---

* S. Alessi，"用于能力成熟度模型的简单统计"，系统工程：国际系统工程理事会期刊，第 5 卷，第 3 期（2002）：242—252（新泽西州霍博肯：John Wiley & Sons）。

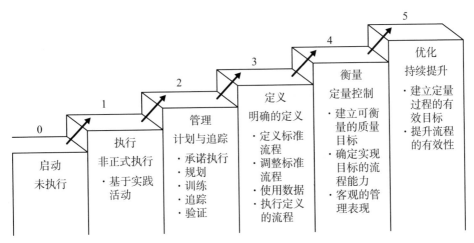

图8.4 系统工程流程能力的改进路径

156个与第三级相关、56个与第四级相关和83个与第五级相关的问题）。现场评估阶段包括以下步骤：管理问卷、分析结果、提出一些额外探索性问题、采访重点小组、分析探索性数据、总结结果并与管理层进行协商、准备最终的评估报告。这个阶段工作通常在一周内由3~5人团队完成，他们与部门经理、项目负责人、从业员工一起工作和快速反馈，最大限度减少对内部项目和日常工作的影响。后期评估阶段包括形成管理简报和根据需求制定未来行动计划。

利用SECM评估的结果应该包含一个摘要图表/图形，以显示不同重点领域和每个领域达到给定"能力级别"。在图8.5中，"管理"类别中的焦点领域1达到"能力"级别3，焦点领域2（同一类别）仅处于1级。鉴于这些结果，最终评估报告（及未来行动计划）应提出一些具体的、特别是关于焦点领域2的改进建议，以及进入下一更高层次所采取的行动。当然，其目标是在所有焦点领域取得进展，并实现各方面平衡。

前面的描述仅提供了关于系统工程能力模型（SECM）目标和内容的粗略概念。如需更深入地了解，建议对EIA/IS-731进行详细研究。关于未来，这种模型虽然可能会继续应用于指定领域并作为一个实体面向系统工程组织评估，但也希望对能力成熟度模型集成（CMMI）有良好的理解，因为它是更普及、更全面的模型。

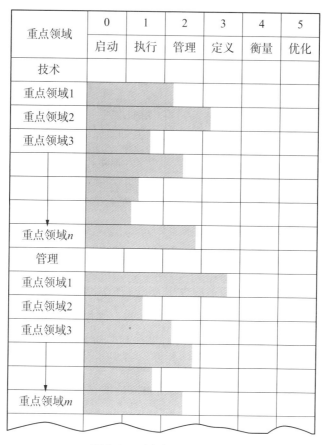

重点领域	0	1	2	3	4	5
	启动	执行	管理	定义	衡量	优化
技术						
重点领域1						
重点领域2						
重点领域3						
重点领域n						
管理						
重点领域1						
重点领域2						
重点领域3						
重点领域m						

图8.5　重点领域能力测试

　　在比较 SECM 和 CMMI 时，两者基本架构显然非常相似。[*] SECM 包括焦点领域和类别；CMMI 采用相同基本方法，尽管具体主题和术语不同。在表8.2中，有4个过程领域类别：过程管理，项目管理，工程和支持。在每个类别中，都有一些特定过程领域，其中为评估目的准备了详细问题。注意，CMMI 中的活动范围比 SECM 范围更广。CMMI 建立了6个关于"能力水平"的级别（即"级别0"到"级别5"），包括不完整、启动、管理、定义、量化和优化。

---

　　[*] I. Minnich，"EIA/IS‑731 与 CMMI‑SE/SW 的比较"，系统工程：国家间系统工程委员会期刊，第5卷，第1期（2002）：62—72（新泽西州霍博肯：John Wiley & Sons）。

表 8.2 CMMI 流程的区域和类别

流程区域类别			
流程管理	项目管理	工程	支持
组织流程关注	项目规划	需求管理	配置管理
组织流程定义	项目监测和控制	需求开发	流程和产品质量保障
组织创新和调度	供应商管理	技术解决方案	衡量及分析
	项目集成管理	产品集成	决策分析与改革
	风险管理	校验	非正式分析与改革
	定量项目管理	验证	

　　为了评估，过程改进标准 CMMI 评估方法通过问卷调查、当地走访等来完成。每个能力级别都使用特定评分规则，所得到的最高评分反映过程领域"能力级别"。无论如何，这里的方法总体上与之前 SECM 中描述的类似。

　　应该特别指出：CMMI 开发工作仍在继续，正在考虑纳入将其他关键领域活动（如本文的出版）。因此，建议读者更加与时俱进地研究这个领域。因为 CMMI 将来可能应用于所有项目组织评估。无论如何，人们相信本节中描述的方法非常优秀，并且在系统工程组织评估中行之有效。

8.4 项目报告、反馈和控制

　　本章前几节探讨了主要适用于大型生产者组织（即主承包商）内运行的系统工程活动评估。与任何活动一样，在 8.2～8.3 节中描述的流程必须针对被评估具体组织进行定制。如图 7.1 所示，系统工程目标的成功实施不仅取决于生产者的活动，还取决于客户组织的相关活动以及参与该计划的各主要供应商的活动。因此，必须同时考虑"向上"和"向下"的影响。

　　SECM、CMMI 或等效评估的结果凸显了弱势区域以及可实现的改进流程。在确定待改进潜在领域后，需实施两个步骤：*

　　（1）确定改进系统工程组织内部流程的方法。包括评估业务替代方法、确

---

　　* 在确定改进方法时，应参考 8.2 节确立的"基准"。发起变更的目标是达到（如果不超过）指定的基准目标。此外，需要从风险和风险管理计划的角度评估变革的影响（见 6.7 节）。当然，目标是降低变革带来的风险。

定更改现有步骤和流程要求以及评估此类变更对其他流程的影响。一个流程的改变不应负面影响任何其他流程。

（2）确定系统工程组织实施的流程变更对所有外部和相关组织结构（包括客户、生产者运营中的其他组织团体、主要供应商等）的可能影响。必须面向整个组织基础设施建立适当的环境，以便改进第 1 项中描述的提议变更。

系统工程组织内提出的更改不能在封闭状态启动。整个组织，特别是项目经理及其员工须有共同承诺。在任何情况下，须有可以启动组织改进的工具。

鉴于"变更"（或变更组）的批准与合并，修订流程/步骤须被记录和报告，并作为下次组织评估的基准。虽然不存在明确评估频率，但建议将本章中探讨的方法与步骤作为整个系统工程组织范围内的持续活动。

8.5　小结

在探讨诸如系统工程管理之类的问题时，首先需要明确所需管理的活动。本书前五章通过描述系统工程在主要系统设计与开发中的原理与概念、流程以及实现的支持要求。为实现开头所描述目标，下一步涵盖了须实施的必要功能/任务。因此，第 6~8 章讨论了实施的必要步骤：系统工程规划、系统工程组织、系统工程需求实施后续评估和反馈。单独完成计划和组织活动仅是整个过程的一部分，若没有后续评价和反馈的好处，对于获取过去经验和实现未来增长无疑是一种阻碍。

本章强调评估和反馈的重要性。这里涉及的很多材料都涉及一系列当前正在开发或使用的系统工程组织评估模型。本章介绍了与 SECM、CMMI 等模型相关的众多参考文献，以提供在组织"能力"模拟与测试领域可实现的示例。随着未来进一步发展，很有可能出现一套用于评估的新工具。无论如何，确保在任何类型系统工程项目中都内置评估和反馈机制十分重要。*

＊ 再次强调，本章所述的系统工程评估、反馈和控制方法主要面向整个系统工程组织及其在实现本书所述目标方面的有效性。

习题

8-1 为什么系统工程的评估和反馈很重要？描述这种措施的益处。如果没有这些措施，可能会发生什么？

8-2 标杆学习是什么意思？如果你作为项目经理，那么为项目开发并执行一项标杆学习能力，该实施哪些步骤？

8-3 在开发标杆学习能力时，如果你作为项目经理，会尝试选择哪些具体因素作为适当的项目目标？

8-4 回顾与 SECM 和 CMMI 工具及其应用相关的文献。每个项目基本目标是什么（它们有何不同）？衡量了哪些因素？简单描述每个实施过程中应遵循的步骤。

8-5 假设你作为系统工程部门经理，使用 SECM 方法（或等效方法）完成对组织的评估后，接下来你将启动什么步骤？

8-6 假设你作为系统工程部门经理，需要了解组织运转如何。你会要求组织提供什么样类型的报告（或报告要求）？需要多久进行一次？

8-7 假设你作为系统工程部门经理，需要了解许多主要供应商业绩。你将采取什么步骤（以及步骤中应该包括什么）建立供应商评估要求？

8-8 作为供应商评估工作的一部分，你计划参观主要供应商工厂。你会做哪些准备？在现场走访期间你会收集哪些信息？

8-9 在你看来，应多久评估系统工程组织一次？为什么？

8-10 评估后推荐整改流程时应该考虑些什么？

8-11 为供应商制定评估清单（见图 6.28），并为清单中每个检查项目提供细分因素（见附录 E）。

附录 A　功能分析（案例研究范例）

完成功能分析，用"功能"术语定义系统是执行系统工程过程中至关重要的一步。功能最早被认为是定义系统需求和基本要求的一部分（见图1.13，区块0.1）。系统运行要求和维护方案已经确定时，功能分析会具体到建立识别系统资源需求的基准（如设备、软件、服务、人、数据、维护和支持的不同要素等）。功能分析始于概念设计阶段，第2章2.7节进行了详细的描述。

参考2.7节的讨论，功能流程图（FFBD）的开发可以有效促进功能分析的完成，如图2.10所示。功能流程图主要用于将系统需求构造和转化成功能术语。开发过程在2.1节涉及，并在图2.10~图2.16中予以举例。为进一步说明功能流程图的开发，图A.1~图A.6将会呈现一些简单应用。

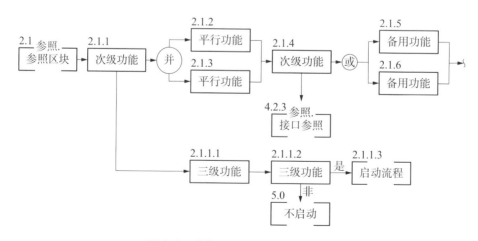

图 A.1　功能流程图开发的一般形式

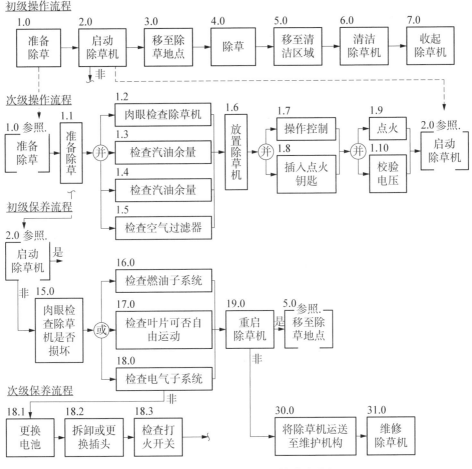

图 A.2　除草系统的操作与维护功能流程图

（1）图 A.1 提供了一般用于开发功能流程图的基本格式示例。这是图 A.12 的扩展。

（2）图 A.2 显示了两个级别的操作流程图和两个级别的基本割草系统的维护流程图。

（3）图 A.3 显示了汽车系统的三个级别的操作流程图和一个级别的维护流程图。

（4）图 A.4 显示了雷达系统的两级操作流程图和两级维护流程图。

（5）图 A.5 显示了航天系统的两个级别的操作流程图。

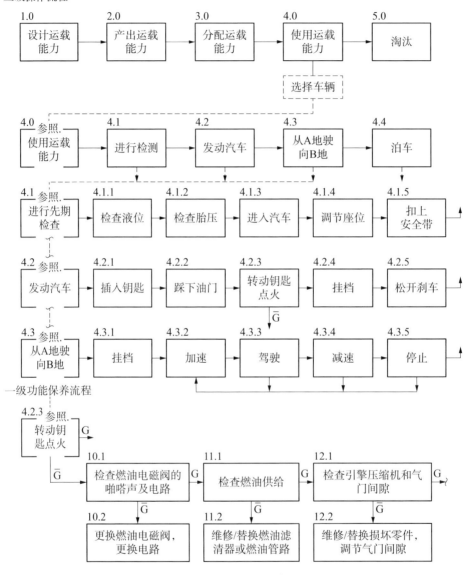

图 A.3　汽车的操作与维护功能流程图

（6）图 A.6 显示了从图 A.5 中的操作流程图演变而来的航天系统的维护功能流程图。

虽然这些样本框图并未完全涵盖所选系统，但希望材料足够详细，能够为其他适用系统开发 FFBD 提供适当的指导。

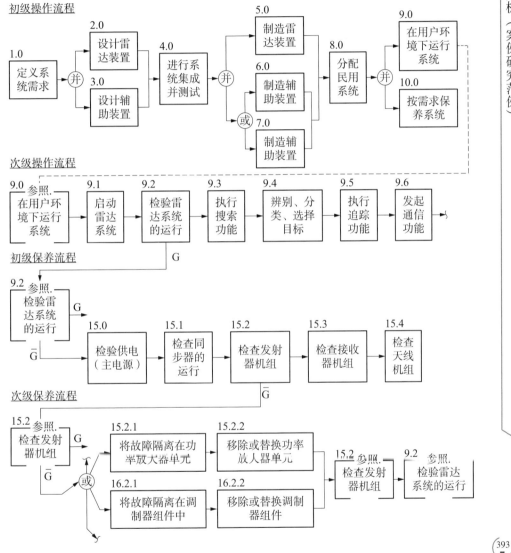

图 A.4　雷达系统的操作与维护功能流程图

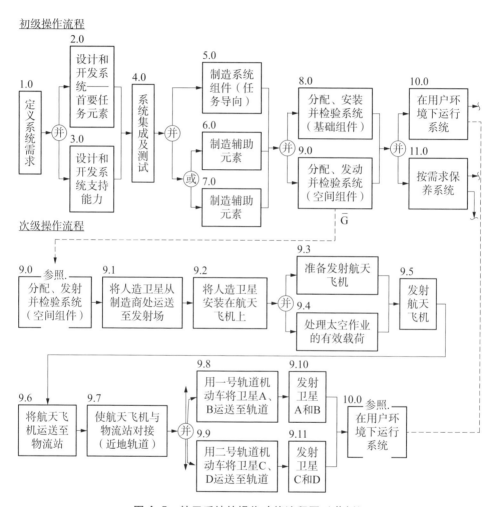

图 A.5 航天系统的操作功能流程图（范例）

保养流程

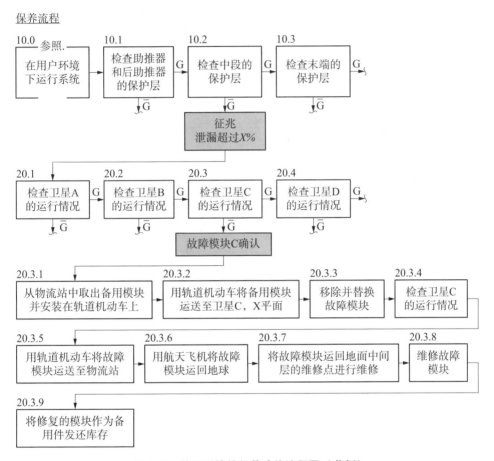

图 A.6 航天系统的保养功能流程图（范例）

附录 B 成本过程和模型

B.1 生命周期成本分析过程

由于涉及新系统的设计和开发以及现有系统的再造，因此我们的许多日常决策只建立在技术性能相关因素上。如果全部解决，则经济方面的考虑主要涉及初始的采购和购置成本，而不是与系统运行和维护支持相关的下游成本。然而，这些通常构成系统总生命周期成本重要部分的下游成本，很大程度上受到系统开发的早期阶段做出的决策的影响。换句话说，如果要获得长期经济利益，早期决策过程必须考虑总成本范围。如1.2节所述，总的来说，过去经常采用的短期方法造成的后果是十分有害的。如果要正确评估与决策过程相关的风险，那么总体成本必须透明（见图B.1）。

生命周期成本包括与研发（即设计）、建造、生产、分配、系统运行、维持和维护、系统退役以及材料处置和（或）回收相关的所有未来成本。它涉及整个系统生命周期中所有技术和管理活动的成本，即客户活动、生产者和（或）承包商活动，供应商活动以及消费者或用户活动。如图B.2所示，尽管新系统开发的早期阶段是获利的最佳时期，但对于已在使用的现有系统，通过识别和评估高成本贡献者也可以获得收益。

执行生命周期成本分析需要遵循一系列步骤。这些步骤会在图3.38中作简要介绍，并在图3.41中详细展开。本附录提供了一些与图3.38中标识的每个步骤相关的额外解释。

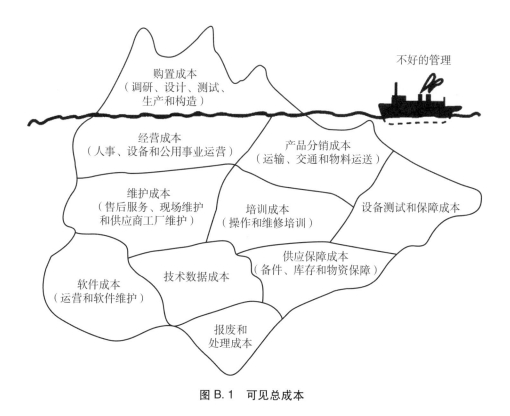

图 B.1　可见总成本

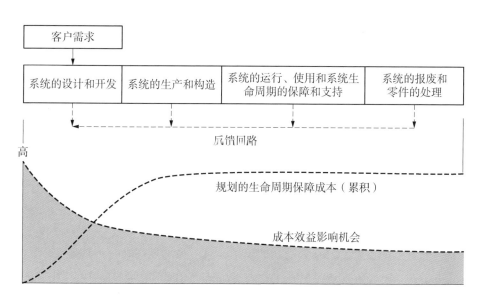

图 B.2　在系统生命周期中影响成本效益的机会

B.1.1 定义系统要求

执行生命周期成本分析的第一步是找出问题，提出技术解决方案，描述系统的操作要求和维护概念，确定关键技术性能测度数据，并描述功能方面的系统配置，也就是在 2.1~2.7 节中描述的过程。根据系统生命周期中的位置，定义可能会相当粗略或更为深入。但无论如何，定义基本系统要求始终是必要的，这为分析提供了必要的结构，且此阶段所做的假设可能对最终结果产生重大影响。

在图 B.3 中，假设正在开发的地面车辆需要结合通信能力。将不同数量的车辆部署到三个不同的地理位置（如分别在每个位置投入 20，20 和 25 件设备）执行各种任务。尽管不同的位置存在变化，但假设每辆车平均每天使用 4 小时，每年 360 天。该设备必须能够与至少 200 英里范围内的其他车辆、海拔高达 10 000 英尺的高架飞机以及集中区域通信设施进行通信。系统必须具有 450 小时的可靠平均故障间隔时间（MTBF），30 分钟或更短的校正维护停机时间，每个工作小时维护工时（MLH/OH）要求为 0.2 或更低，且单位生命周期成本不超过 20 000 美元。设备将以单元级别按功能包装（如单元 A，B 和 C），并且在发生故障时，问题将以单元级别隔离，故障单元将被移除并替换为备件发送回中间维护阶段进行纠正等。

在图 B.3 中，系统操作要求和维护概念已经被深度定义为允许在后期概念设计或早期初步设计阶段完成生命周期成本分析。下一步将通过完成顶级功能分析来描述系统以及要执行的任务（以功能方式执行）。如图 2.11（第 2 章）所示。通信系统可以用类似的方式描述，通过评估每个功能块来确定将为功能成本计算提供基础的资源需求（见图 2.15）。

B.1.2 描述系统生命周期并确定每个阶段的主要活动

考虑到系统要求的定义和功能的识别，就生命周期而言，为这些要求提供时间表是合适的。在图 B.3 中，计划生命周期为 12 年。换句话说，图中假设是，通信系统的存在是有必要的并且将要执行 12 年的功能。虽然此计划范围可能会发生变化（随着需求变化），但基准必须建立。因此，图中会对 12 年

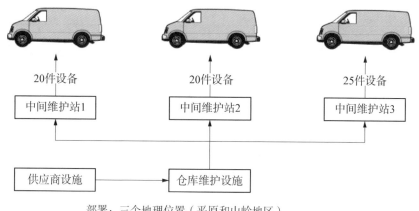

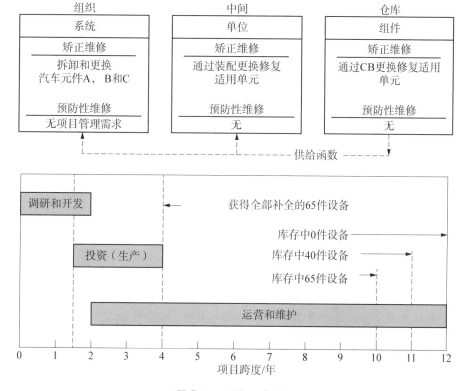

图 B.3 通信系统需求

的期限和主要活动做出假设。图中确定的活动类别（即研发、投资/生产、运营和维护）构成了成本分解结构（CBS）的基础。

B.1.3 制定成本分解结构

通过功能分析，功能可以分解为子功能、工作类别、工作包，最终确认物理元素。从规划和管理的角度来看，建立一个自上而下、允许初始分配和随后的收集、累积、组织和计算成本的框架是有必要的。对于常规项目，这可能最终会发展为开发工作分解结构（WBS），该结构以层次化方式展示完成给定程序所需的所有工作元素。如6.2.4节（见图6.9）所示，可以先开发总体工作分解结构（SWBS），再开发一个或多个旨在解决某些工作中涉及以合同安排形式出现的特定工作要素的独立合同工作分解结构（CWBS）。SWBS 为生命周期成本分析中使用的成本分解结构（CBS）的开发提供了良好的基础，主要是因为它涵盖了所有未来的活动和相关成本，即研发、建设/生产、分销、运营和维护支持以及退休活动。

CBS 通过分类提供适当程度的可见性，根据相关系统配置进行定制，旨在展示所有未来的功能/活动。最终，CBS 将进行产品和/或过程的确认以建立一个结构，可先用于概念设计阶段自上而下的成本分配（见2.8节），后用于为自下而上的成本收集的结构为目的，以进行生命周期成本分析。图 B.4 展示了样本成本分解结构（CBS）的图示，图 B.5 显示了根据所包含的内容如何计算成本、如何计算 CBS 的每个类别以及实现这一目标的基础的简要示例。CBS 是一个从功能角度考虑成本的有效工具。进行生命周期成本分析时，每年计划生命周期中的成本需要估算并在 CBS 中对每个类别进行总结。

B.1.4 估算生命周期每个阶段的成本

下一步是按系统生命周期中的每一年及 CBS 中的类别估算成本。估算必须考虑到通货膨胀、重复过程或活动发生时的学习曲线，以及可能导致成本变化的任何其他因素，无论是向上还是向下。成本估算可以从会计记录、成本预测、供应商建议和预测的组合中得出。

在图 B.2 中，系统生命周期的早期阶段是开始估算成本的首选时间，因为此时可以实现对整个系统生命周期成本的最大影响。但是，大多数组织在此时几乎不存在良好的历史成本数据，特别是与过去的操作和类似系统的下游活

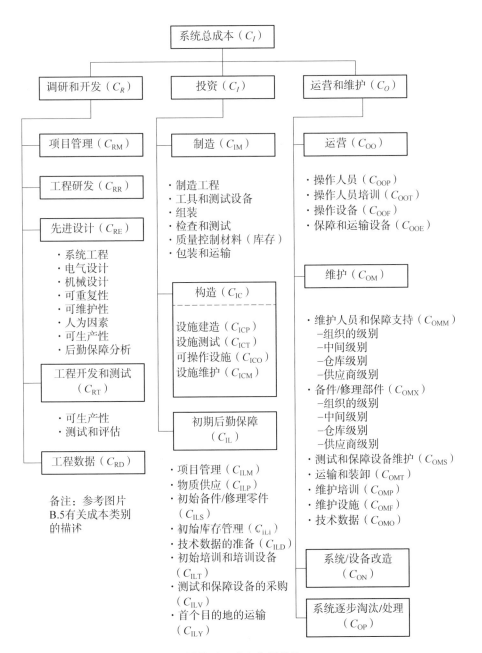

图 B.4 成本分解结构

表 B.1　（部分）成本类别描述

成本类别（见图 B.4）	测定方法（定量表达）	成本类别的描述和理由
系统总成本（C）	$C = C_R + C_I + C_O$ C_R = 研发成本 C_I = 投资成本 C_O = 运营和维护成本	包含未来所有与系统/设备的购置、使用和随后的处理有关的成本
研发成本（C_R）	$C_R = C_{RM} + C_{RR} + C_{RE} + C_{RT} + C_{RD}$ C_{RM} = 项目管理成本 C_{RR} = 先进的研发成本 C_{RE} = 工程设计成本 C_{RT} = 设备开发/测试成本 C_{RD} = 工程数据成本	包含所有与成本概念/可行性研究、基础研究、高级研发、工程设计、生产和工程原型模型的测试（硬件）以及相关文件有关的成本，并且涵盖所有相关项目管理功能的成本。这些成本基本上不会重复发生
投资成本（C_I）	$C_I = C_{IM} + C_{IC} + C_{IL}$ C_{IM} = 系统/设备制造成本 C_{IC} = 系统构造成本 C_{IL} = 初始后勤保障成本	包含所有与系统/设备的购置（设计和开发被完成时）相关的成本。明确来讲，这些成本包含了制造（复发的和非复发性的）、制造管理、系统构建和初始的后勤保障
运营和维护成本（C_O）	$C_O = C_{OO} + C_{OM} + C_{ON} + C_{OP}$ C_{OO} = 系统/设备生命周期的运营成本 C_{OM} = 系统/设备生命周期的维护成本 C_{ON} = 系统/设备生命周期的修正成本 C_{OP} = 系统/设备的初步淘汰和处理成本	包含所有与从系统生命周期到现场设备交付之间的运营和维护保障相关的成本。成本的特定范围涵盖系统运行、维护、持续的后勤保障以及系统/设备的初步淘汰和处理。在整个生命周期中，成本一般是每年计算决定的
运输和装卸成本（C_{OMT}）	$C_{OMT} = [\, (C_T)\ (Q_T) + (C_P)\ (Q_T)\,]$ C_T = 运输成本 C_P = 包装成本 Q_T = 单程装运量 $C_T = [\, (W)(C_{TS})\,]$ W = 物品重量（磅） C_{TS} = 运输成本（美元/磅） C_{TS} 将会根据单程装运的距离	初始（第一个目的地）运输和装卸成本包含在 C_{ILY} 里面。这个类别包括在组织、中间站、仓库和供应商设施之间的、所有的持续运输和装卸（或者包装和运输），以保障维护运行。这包括将材料物料退回至较高层级、运输物料到较高层级以进行预防性维修（大修、校准），以及从供应商运送备件/维修件、人员、

成本类别（见图 B.4）	测定方法（定量表达）	成本类别的描述和理由
	（英里）而变化 $C_P = [\ (W)\ (C_{TP})\ ]$ $C_{TP} =$ 包装成本（美元/磅） 包装成本和重量将会根据是否使用可回收的集装箱而变化	数据等到前面的层级
维护培训成本 （C_{OMP}）	$C_{OMP} = [\ (Q_{SM})\ (T_T)\ (C_{TOM})\ ]$ $Q_{SM} =$ 维修学徒的数量 $C_{TOM} =$ 维修训练的成本（美元/学生/每周） $T_T =$ 培训项目周期（周）	初始维修培训的成本包含在 $C_{II.T}$ 里面。这个类别涵盖了为维护主要设备、测试和培训设备而指派的人员的正式培训。这样的培训在整个系统生命周期中定期完成以弥补损耗的人员。总成本包括指导人员时间、监督、在校期间学生工资和津贴、培训设施（专为正规培训所需部分的设备分配）、培训援助和数据，以及适当的学生交通补贴
操作设施成本 （C_{OOF}）	$C_{OOF} = [\ (C_{PPE}+C_U)\ (分配\%)\ \times (N_{OS})\ ]$ $C_{PPE} =$ 操作设施保障的成本 $C_U =$ 公用事业的成本（美元/） $N_{OS} =$ 操作的数量（周） 可替代的方案 $C_{OMP} = [\ (C_{PPE})\ (N_{OS})\ (S_O)\ ]$ $C_{PPE} =$ 操作设施保障的成本（美元/平方英尺/场所）。公用事业成本分配包含在内 $S_O =$ 设施空间需求（平方英尺）	初始购置成本包含在 C_{ICO} 中。这个类别涵盖与在系统生命周期中操作仪器的占用和维护（修理、涂漆等）有关的年度经常性成本，公用事业成本也包含在内，设施和公用事业成本按比例分配给每个系统

动有关的数据类型。因此，人们在很大程度上依赖使用各种成本估算方法来实现最终目标。

如图 B.5 所示，一方面，随着系统配置在开发工作中变得更好，基于过去经验的直接工程和制造标准因素可以应用起来，就像任何"成本完成"对今天典型项目的预测（如每工时成本）。另一方面，在生命周期的早期阶段，当系统配置尚未明确定义时，分析人员必须依赖于使用类似和/或参数方法的组合，这些方法是根据与类似系统的经验开发的。目标是收集"已知实体"的数据，确定已完成的主要功能以及与这些功能相关的成本，根据系统的某些功能或物理参数将成本联系起来，然后使用试图估计新系统的成本。目标是确定相关系统的适用技术性能指标，并估算每个特定性能水平的成本（如每单位产品成本、每英里范围成本、每单位重量的成本、每单位容量的成本、每单位加速的成本、每功能输出的成本等）。成本可以与系统功能描述中的适当块相关。图 B.6 和图 B.7 提供了一些成本估算考虑因素的简单说明。但是，必须注意确保成本估算关系（CER）开发中使用的历史信息与当前评估的系统配置相关。即使配置在物理意义上是相似的，基于成本估算关系的系统任务和性能特征可能不适合另一个系统的配置，因此，成本必须从功能的角度来看。

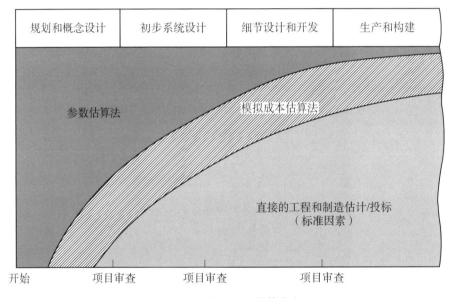

图 B.5　按计划阶段估算成本

为了有效地进行总成本管理（以及完成成本效益分析），需要全面的成本可见性，以便将所有成本追溯到产生这些成本的活动、流程和/或产品。在大多数组织采用的传统会计结构中，总成本的很大一部分不能追溯到"原因"。例如，间接成本（通常占总成本的 50% 以上）包括许多管理成本，支持组织成本以及难以跟踪和分配给特定对象的其他成本（见图 6.22 中的间接成本）。

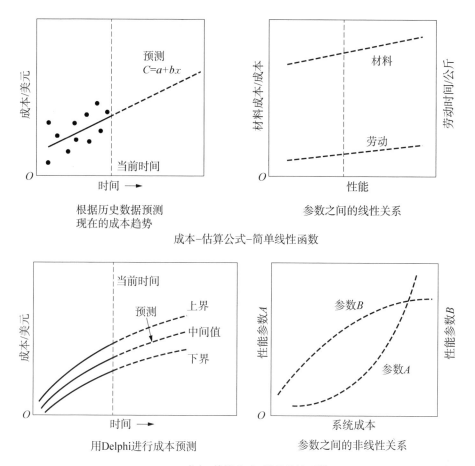

根据历史数据预测
现在的成本趋势

参数之间的线性关系

成本-估算公式-简单线性函数

用Delphi进行成本预测

参数之间的非线性关系

成本-估算公式-简单线性函数

图 B.6　成本估算关系

由于这些成本是全面分配的，因此无法确定实际的"原因"并确定真正的高成本贡献者。因此，引入了基于活动的成本计算方法（ABC）的概念。

　　基于活动的成本核算是一种方法，用于详细说明和分配导致它们发生的项目的成本。目标是使产生这些成本的过程或产品的所有适用成本可追溯。ABC方法允许按功能进行初始分配和随后的成本评估。它的开发是为了解决传统管理会计结构的缺点，即将大量的开销因素全面分配给企业的所有部门，而不考虑它们是否直接相关。更具体地说，ABC的原则包括以下6个因素：

　　（1）成本可直接追溯到适用的成本产生过程，产品和/或相关对象。在成本因素和特定过程或活动之间建立因果关系。

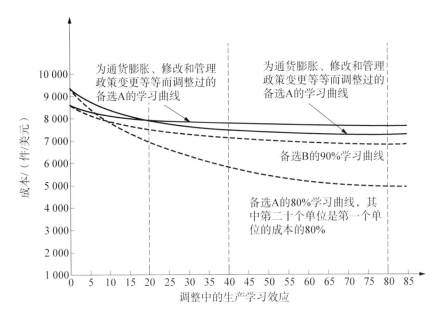

（a）学习曲线

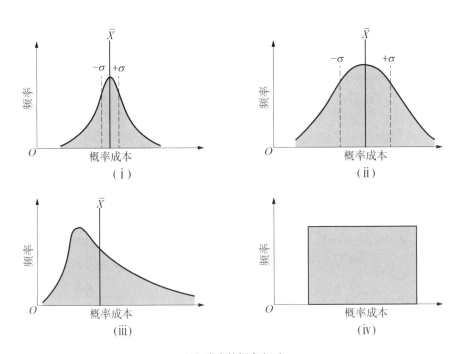

（b）成本的概率方面

图 B.7 学习曲线和基于概率方面的成本

（2）直接和间接成本（或间接费用）之间没有区别。通常，所有成本的80%~90%都是可追溯的，并且不可追溯的成本不是全部分配，而是直接分配给项目中涉及的组织单位。

（3）可以在功能基础上轻松分配成本，也就是说，根据图 2.12 和图 2.15 中确定的功能。根据每个活动量度的活动成本（即每单位产出的成本），开发成本估算关系相对容易。

（4）ABC 的重点是资源消耗（与支出相比）。流程和产品消耗活动，活动消耗资源。以资源消耗为重点，ABC 方法有助于评估日常决策对下游资源消耗的影响。

（5）ABC 方法促进了因果关系的建立，因此，可以识别"高成本的贡献者"。风险领域可以通过一些特定的活动和决定来确定。与此活动相关联。

（6）ABC 方法倾向于消除一些成本加倍（或重复计算），这些成本加倍（或重复计算）在尝试区分什么应该包括为直接成本或间接成本时发生。如果没有必要的可见性，那么可能在两个类别中包含相同的成本。

为了做好总成本管理，必须实施 ABC 方法或同等性质的方法。成本与对象关联，并长期观察，这种做法有利于生命周期成本分析过程。未来的目标是说服各公司/机构的会计组织在当前的年终财务报告结构中补充 ABC 的目标。

B.1.5　选择基于计算机的模型以促进分析过程

在选择基于计算机的模型时，必须确保所选工具完成预期的工作，对手头的问题敏感，并允许将系统作为一个实体及其任何主要组成部分所需的可见性。该模型必须能够对许多不同的替代品进行比较，并有助于快速有效地选择其中最好的替代品。该模型必须是全面的，允许集成许多不同的参数；结构灵活，使分析人员能够将系统视为整体或系统的任何部分；可靠，意味着结果是可重复的；方便用户使用。通常，人们仅根据广告手册中的材料选择计算机模型，购买必要的设备和软件，使用模型操纵数据，并相信输出结果，而不知道模型是如何组合在一起的，建立内部分析关系，是否对输出参数在输出结果方面的变化敏感，等等。最近的一项调查结果表明，商业市场上有许多基于计算机的工具，可用于完成不同级别的分析。根据所选平台，使用的语言，输入数

407

据需求和接口要求，每个都是在相对"独立"或"隔离"的基础上开发的。通常，模型并不"相互通信"，对用户不友好，并且太复杂，不能用于早期的系统设计和开发。

在使用模型时，分析师必须彻底熟悉该工具，了解它是如何组合在一起的，并了解它可以做什么。为了完成生命周期成本分析，选择一组模型可能是合适的，如图 B.8 所示，并以这样的方式集成，使分析师不仅可以查看整个系统的成本，还可以查看代表潜在的高成本贡献者的一些关键功能领域。模型必须围绕成本分解结构（CBS）进行构建，并使分析师能够查看与每个主要功能相关的成本。此外，它必须适用于概念设计的早期阶段以及详细设计和开发阶段。

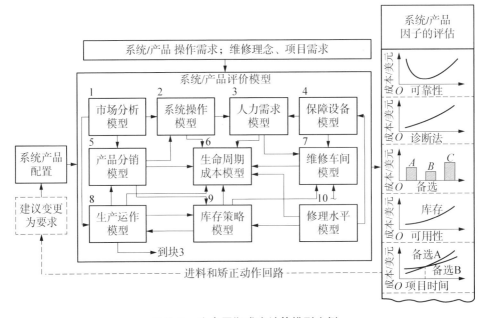

图 B.8　生命周期成本计算模型实例

B.1.6　制定基线成本概况

通过应用各种估算方法，每个 CBS 类别和系统在生命周期中每年的成本都以成本计算的形式进行预测。图 B.9 的工作表格式可以作为记录成本的工具，图 B.10 中显示的项目可以代表预期的成本流。

项目活动	成本类别命名	一个项目年中的成本/美元												总成本/美元	占比/%
		1	2	3	4	5	6	7	8	9	10	11	12		
备选A 1.研发成本 a.工程设计 b.电气设计 c.工程数据 2. 3. 其余	C_R C_{RM} C_{RE} C_{RED} C_{RD}														
实际总成本	C														
总P.V.成本（10%）	$C_{(10)}$														
备选B 1.研发成本 a.工程设计 b.电气设计 等	C_R C_{RM} C_{RE}														

图 B.9 成本收集工作表

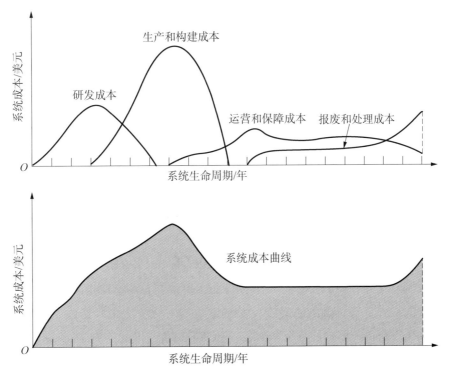

图 B.10 成本曲线的发展

在开发项目时，可能可行的方法是先以不变美元（即以今天的美元计算的未来每年的成本）表示，再通过添加适当的项目来开发第二个项目。每年影响预算流的因素。在比较替代方案时，必须采用适当的经济分析方法将各种替代成本流转换为现值或在选择优选方法时作出决定的时间点。有必要在某种形式的等价基础上评估替代方案。

B.1.7 制定成本摘要并确定高成本贡献者

为了获得关于 CBS 中每个主要类别的成本的一些见解并且容易识别高成本贡献者，可能适合以表格形式查看结果。在图 B.11 中，确定了每个类别的成本以及每个类别的贡献百分比。注意，在该示例中，高成本区域包括与"设施"和"资本设备"相关联的初始成本以及与在生产过程中完成的"检查和测试"功能相关的操作和维护成本。出于产品和/或工艺改进的目的，应进一步研究"检查和测试"区域。在计划的生命周期中，总成本的 17% 归因于该功能活动领域的运营和支持，分析师应该着手确定这种高成本的一些原因。

B.1.8 确定与高成本区域有关的因果关系

鉴于如图 B.11 所示的成本（和贡献百分比），下一步是确定这些成本的可能"原因"。分析师需要重新审视 CBS，这些假设导致了决策成本，以及过程中使用的成本估算关系。希望使用基于活动的成本计算（ABC）方法，或者具有同等性质的方法，以确保适当的可追溯性。图 C.4（见附录 C）中所示的 Ishikawa 因果图的应用可用于帮助查明实际的"原因"。问题可能涉及需要大量维护的不可靠产品，查明是程序不当或流程不当，供应商问题或其他此类问题。

B.1.9 进行灵敏度分析

为了正确评估生命周期成本分析的结果，图 B.11 中所示数据的有效性以及相关风险，分析师需要进行敏感性分析。可以挑战输入数据的准确性（即使用的因素和开始时做出的假设）并确定它们对分析结果的影响。这可以通过识别输入阶段的关键因素（即怀疑对结果产生重大影响的那些参数），在输入阶段引入指定范围内的变化，以及确定输出的差异来实现。例如，如果最初

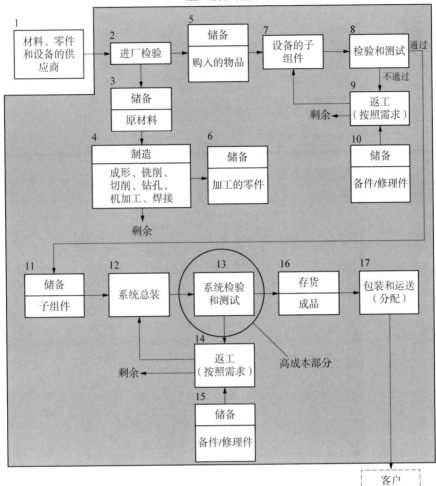

图 B.11　生命周期成本细分总结

成本类别	成本/美元×1 000	百分比/%
1. 建筑和设计	2 248	7
2. 建筑和设计	12 524	39
a. 设施	6 744	21
b. 资本设备	5 780	18
3. 未来的运行和维护	17 342	54
a. 入厂检验	963	3
b. 制造	3 854	12
c. 子组件	1 927	6
d. 总装	3 533	11
e. 检验和测试	5 459	17
f. 包装和运输	1 606	5
累计	32 114	100

预测的可靠性 MTBF 值是"可疑的"，则在输入级应用变化并确定输出的成本变化可能是适当的。目标是识别出哪些区域的输入阶段的微小变化会导致输出阶段成本大幅增加。反过来，这又可以识别潜在的高风险区域，这是在 6.7 节（见第 6 章）中描述的风险管理计划的必要输入。

B.1.10   进行帕累托分析以识别主要问题区域

为了实施持续过程改进计划，分析师可能希望根据相对重要性排列问题区域，排名较高的问题需要立即关注。这可以通过帕累托分析的传导和图表的构建来促进，如图 B.12 所示。

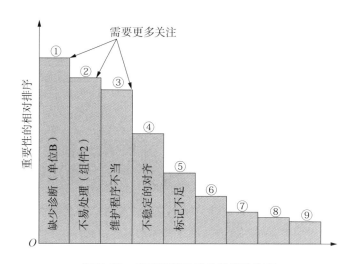

图 B.12   主要问题区域的帕累托排序

B.1.11   识别和评估可行的替代方案

在参考 A2.1 节中描述的通信系统要求时，通过可行性分析考虑了两个潜在供应商，即配置 A 和配置 B。图 B.13 显示了三种配置中每种配置的预算配置文件，其中配置 C 因不合规而被删除。为了在等价基础上进行比较，剩余的两个配置文件已经转换为反映现值成本。图 B.14 显示了按主要 CBS 类别划分的这些现值成本的细分总结，并确定了每个类别在总数中的相对百分比贡献。10%的利率用于确定现值成本。

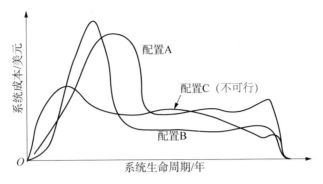

图 B.13　各选项的成本曲线

成本类别	配置 A		配置 B	
	当前成本/美元	百分比/%	当前成本/美元	百分比/%
1）研发	70 219	7.8	53 246	4.2
（1）管理	9 374	1.1	9 252	0.8
（2）工程	45 552	5.0	28 731	2.3
（3）测试和评估	12 176	1.4	12 153	0.9
（4）技术数据	3 117	0.3	3 110	0.2
2）生产（投资）	407 114	45.3	330 885	26.1
（1）构建	45 553	5.1	43 227	3.4
（2）制造	362 261	40.2	287 658	22.7
3）运行和维护	422 217	46.7	883 629	69.4
（1）运行	37 811	4.2	39 301	3.1
（2）维护	382 106	42.5	841 108	66.3
a. 维护人员	210 659	23.4	407 219	32.2
b. 备件/维修件	103 520	11.5	228 926	18.1
c. 测试设备	47 713	5.3	131 747	10.4
d. 运输	14 404	1.6	51 838	4.1
e. 维修培训	1 808	0.2	2 125	0.1
f. 设施	900	0.1	1 021	无
g. 现场数据	3 102	0.4	18 232	1.4
4）逐步淘汰和处理	2 300	0.2	3 220	0.3
累计	900 250	100	1 267 760	100

图 B.14　生命周期成本分解（两种备选配置的评估）

虽然对图 B.14 的回顾可能导致人们立即选择配置 A 作为优选，但在做出这样的决定之前，分析师需要根据生命周期预测两个成本流并确定时间点。配置 A 假定优先位置。图 B.15 显示了收支平衡分析的结果，看来 A 在未来大约 6.5 年后更可取。出现的问题是，在考虑系统类型及其使命、所使用的技术、计划生命周期的长度以及过时的可能性时，这个收支平衡点是否合理。对于需求不断变化，并且可能在 2~3 年过时的系统，配置 B 的选择可能是优选的。另一方面，对于具有较长生命周期（如 10~15 年或更长）的较大系统，配置 A 的选择可能是最佳选择。

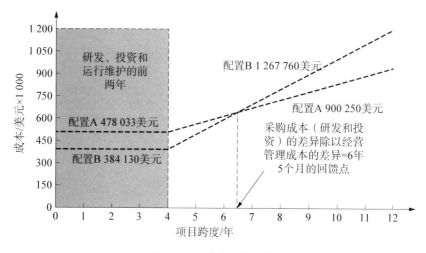

图 B.15　收支平衡分析

　　在这种情况下，假设配置 A 是优选的。但是，当将这种替代方案的成本概况转换回预算预测时，可以确定进一步降低成本是必要的。反过来，这导致分析师进入图 B.14 并确定潜在的高成本贡献者。鉴于很大一部分的系统总成本通常在维护和支持领域，人们可能会调查"维护人员"和"备件/维修部件"的类别，分别占总成本的 23.4% 和 11.5%。下一步是确定适用的因果关系，并确定造成这种高成本的实际原因。这可以通过能够将成本追溯到特定功能、过程、产品设计特征或其组合来实现。分析师还需要回顾 CBS 并重新评估最初得出的成本以及在投入阶段做出的假设。无论如何，问题可以追溯到资源消耗高的特定功能，系统的特定组件具有低可靠性并需要频繁维护，特定系统操作功能需要大量高技能人员，或者具有同等性质的东西。可以有效地利用各种设计工具来帮助发现原因，并帮助确定可以改进的领域，如故障模式、效果和关键性分析、详细的任务分析等。

作为最后一步，分析师需要进行敏感性分析，以正确评估与配置 A 选择相关的风险。图 B.16 展示了这种方法，因为它适用于维护人员和备件/维修部件优先解决的类别，目标是确定输入阶段的小变化将导致输出阶段的成本大增的那些区域。反过来，这又可以识别潜在的高风险区域，这是在 6.7 节中描述的风险管理计划的必要输入。

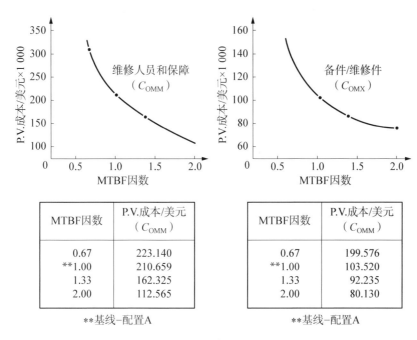

MTBF因数	P.V.成本/美元 (C_{OMM})
0.67	223.140
**1.00	210.659
1.33	162.325
2.00	112.565

**基线-配置A

MTBF因数	P.V.成本/美元 (C_{OMM})
0.67	199.576
**1.00	103.520
1.33	92.235
2.00	80.130

**基线-配置A

图 B.16　敏感度分析

B.1.12　选择首选设计方法

已经解决了成本问题，有必要在图 1.25（见第 1 章）中说明的总体成本效益平衡的背景下查看结果。虽然这里的重点是成本，但最终的决策过程必须考虑频谱的两个方面：成本和效益。例如，前面讨论的两种备选通信系统配置必须满足 B.1.1 节中描述的可靠性和成本目标。在图 B.17 中，阴影区域代表了允许的设计权衡"空间"，并且不仅在成本方面，而且在可靠性方面也要考虑替代方案。如 3.4.12 节所述，最终决策可能基于总体成本效益比或某种等效指标。配置 A 仍然是首选。

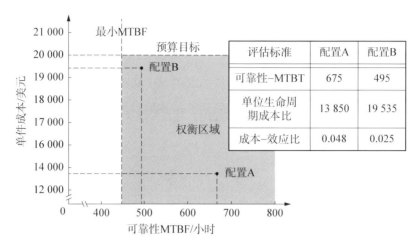

评估标准	配置A	配置B
可靠性-MTBT	675	495
单位生命周期成本比	13 850	19 535
成本-效应比	0.048	0.025

图 B.17　可靠性与单位寿命周期成本

B.2　成本模型和目标函数

B.2.1　做出决策

决策制定是在许多替代方案中选择最合适的结果的过程，是任何系统工程工作中最重要的方面之一。它也可能是最难的方面之一。决定是在许多不同类型的情况下做出的：

（1）概率确定的情况下的决策。众所周知，每个决策有且仅有一个结果。

（2）概率不确定情况下的决策。每种替代方案都有几种结果，取决于已知的概率。

（3）在未知且不确定的概率情况下的决策。每种替代方案都有几种结果，一些具有未知的概率。

（4）效用不确定情况下的决策。决策制定者明确表示要对各种结果的价值进行评级或比较。

（5）结果不确定情况下的决策。每种方案都有几种结果，一些具有未知概率，甚至一些结果也不准确。

此外，这些决策类型中的任何一种都可能在冲突下，或者当有多个决策者具有权限时生成。在系统工程计划的规划阶段做出的决定可以是上述类型中的任何一种。举例如下：

（1）概率确定的情况下的决策。特定硬件和软件的成本是确定的，并且为特定品牌的硬件或软件选择最佳价格非常简单。

（2）概率不确定情况下的决策。在计划网络容量时，通常可以给出具有相当准确概率的排队模型。这些可以用于适当地"调整"网络的大小，这样用户的等待时间不会太长。

（3）在未知且不确定概率的情况下的决策。特定硬件和软件的未来成本和可用性是不确定的。虽然主要公司比小公司更有可能提供持续支持，但不可能确切地预测哪些产品将长期得到支持。

（4）效用不确定情况下的决策。面向对象技术可以为应用程序开发工作提供多种好处，但是在开始时测量这些好处可能很困难。

（5）结果不确定情况下的决策。在新平台上使用新工具和新软件团队在应用程序开发过程中发现的具体的兼容性很难预测。

与所有决策一样，设计决策可能涉及冲突。例如，制定决策的过程总是涉及不止一个人，即使名义上只有一个人负责，实际上也会有摩擦，因为个别团队成员试图追求自己的目标。

这些类型的决定如何解决？第 1 类是直截了当的，涉及列出备选方案和确定最佳备选方案的确定性程序。不幸的是，这种决定在现实世界中很少见。我们相同品牌硬件和软件成本的示例仅适用于单个时间点和单个品牌。某些硬件（如处理器）的价格随着时间的推移往往会降低成本，而软件可能会根据行业内的各种竞争因素而大幅波动。此外，一旦将不同类型的可能等效的硬件和软件视为替代品，则决策涉及不确定性，因为"等效"硬件和软件很少可以完全互换。

第 2 类，概率不确定情况下的决策，稳固地基于数学，并且最适合数学解决方案，但遗憾的是，由于缺乏信息，解决方案并非总是可行。在现实生活中，第 3 类肯定比第 2 类更常见，未知且不确定概率情况下的决策往往基于数学技术和设计师偏好的组合。对于类别 4 存在已建立的解决方案技术，这在现实生活中也很常见，但除非对实用功能有更多了解，否则"解决方案"可能具有很小的价值。第 5 类在现实生活中也很常见，但除了忽略它们或在决策模型中定义"未知"结果外,对未知结果的处理很少。以下部分以一些数学严谨性描述了在类别2~类别4中使用的技术。冲突下的决策制定需要借助数学方法、博弈论,并且复杂性超出了本课程的范围。在理想情况下,这些决定并不属于特定范畴,而是从较低的特定范围转移到更具体的范围,如图 B.18 所示。随着更多具体细节的增加,这一进展加强了每项决策的结果。

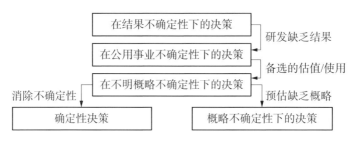

图 B.18　决策类别:趋向确定性

B.2.2　决策模型

大多数的决策模型包含6个元素:

(1) n 个可能发生的行为 $A = \{A_1, A_2, \ldots, A_n\}$。

(2) m 个自然事件或自然状态 $E = \{E_1, E_2, \ldots, E_m\}$。

(3) 与每个行为对应的 nm 结果 $Q = \{q_{11}, \ldots, q_{ij}, \ldots, q_{nm}\}$ 对应每个行为-事件对 A_i, E_j。

(4) nm 条件概率 $P = \{p_{11}, \ldots, p_{ij}, \ldots, p_{nm}\}$ 对应每个动作-事件对。也就是说,p_{ij} 表示已知 A_i 时 E_j 的概率。

(5) 效用函数 U,其中 $u_{ij} = U(q_{ij})$ 具有与该结果的合意性成比例的值,如它可以用美元表示。

(6) 表示选择"最佳"替代方法的目标函数。

B.2.3　目标函数的类型

假设我们有第 2 类决策。且可以完全指定上面提到的六个元素,如图 B.19 所示。如果我们确定具有已知概率的决策,则典型的目标函数将是最大化期望效用函数的均值。

$$\max_i \left\{ \sum_j u_{ij} p_{ij} \right\}$$

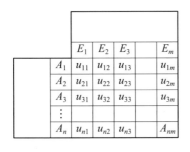 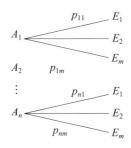

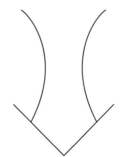

图 B. 19 决策模型的元素

它绝不是唯一可能的目标函数,但它是一个非常常见的函数。

我们已经看到了第 2 类决定的一个目标函数。现在让我们转到第 3 类,其中概率可能是未知的。问题当然在数学上是不明确的,但有如下几种常见的方法:

(1)拉普拉斯标准。假设所有未知概率都相等,即 $p_{ij} = 1/m$。因此,我们假设在没有真实信息的情况下,所有事件都是同样可能的。

(2)最大-最小(悲观主义者)标准。假设无论我们选择哪种替代方案,总会发生最坏的情况。因此,我们应该选择最大化最小效用值的替代方案。

(3)最大-最大(乐观主义者)标准。假设无论我们选择哪种替代方案,总会发生最好的情况。因此,我们可以选择最大化最大效用值的替代方案。

(4)α 组合标准。设 $u_i^- = \min_i\{u_{ij}\}$ 和 $u_i^+ = \max_i\{u_{ij}\}$ 并计算每个 i 的 $\alpha u_i^- + (1-\alpha)u_i^+$ 并取最大值。此规则创建乐观主义者和悲观主义者规则的线性组合。

（5）最小-最大（遗憾）标准。通过让 $r_{ij} = u_j^+ - u_{ij}$ 来计算"后悔功能"，其中 $uj^+ = \max_i u_{ij}$，这标志着没有取得更好结果的"遗憾"。设 $r_i^+ = \max_j r_{ij}$，我们选择最小化最大遗憾 r_i^+ 的行为 A_i。

注意，效用函数通常以成本的形式给出，其中较高的成本具有较低的效用。在这种情况下，上述规则必须颠倒过来。我们将在成本模型部分中给出应用于系统工程决策的一些实用功能的示例。

现在假设存在某些效用函数未知的情况。这种类型的决策变得非常困难，因为我们已经取消了可以比较结果以做出决定的措施。在没有这样的效用值的情况下，一种决策技术是通过总结每种结果的优缺点并进行比较来对所有结果进行加权。例如，有利特性得到 11，不利特性得到 21，如图 B.20 所示。这与一个人在做出不完整信息的决策时可能经历的过程相对应。

精简		不采取措施	
优点	缺点	优点	缺点
（+1）新技术	（−1）初始成本	（+1）无其余成本	（−1）高维修费用
（+1）更好的性能	（−1）高维修费用	（+1）熟悉度	（−1）老技术
⋮	⋮	⋮	⋮
总和：x	总和：y	总和：a	总和：b
取胜决定：如果 $x>y$，那么 x		取胜决定：如果 $a>b$，那么 a	
如果 $y>x$，那么 y		如果 $b>a$，那么 b	

图 B.20　加权结果过程示例

决策者将继续列出每个替代品的优缺点，直到再也想不到为止。获胜的决定将是总计更高的决策。这虽然听起来很简单，但是一个有用的工具，因为它创建了一个问题列表，这些问题在决策过程中被平等加权，即使它们显然并非全部相等。量化此值会将决策过程移回类别 3，从而可以完成更多操作。

B.2.4　决策优化

上面讨论的决策模型利用一些众所周知的替代方案来捕捉决策过程的本质。例如，在大型化工作中，可以在对问题进行一些研究之后提出三种体系结构，然后选择最好的一种体系结构。但是，真正的决策通常涉及具有许多未知参数和特定约束的连续选择。即使是第 1 类决策也可能涉及困难的约束非线性优化，第 2 类问题可能转变为约束参数估计工作。鉴于项目的不确定性，这种困难的优化往往是不必要的，因为不确定性可能会超过努力带来的任何额外收益。然而，有一些技术在这些努力中确实有益：

（1）线性规划。该技术解决了线性约束和线性目标函数的问题。即使真正的问题是非线性的，通常也很容易通过线性问题进行近似，而不会有任何实际的精度损失。

（2）蒙特卡罗方法。该方法试图通过随机搜索进行优化。这在广泛的问题上非常有效，因为它们易于实施。但是，它们往往需要大量的计算机时间。

（3）排队建模方法。这些方法模拟典型的网络或服务功能，就像每个都是具有泊松分布的队列一样。然后，优化所需目标函数的期望值。目标函数将尝试平衡队列中等待的成本与更多服务的增加成本，即更多计算机、更快网络等。

（4）网络流量模型。这些模型试图找到从一个过程的一端到另一端的关键路径，从而识别不存在计划松弛的活动。因此，这种类型的优化可用于识别这种努力所需的最小时间或在旧系统内执行某些活动的最小时间与所提出的替代方案。

应用这些技术的例子将在后面的部分给出，并给出案例研究部分的学习模块。

B.2.5　成本模型

如果系统工程工作中涉及的项目带有写在上面的单个数字的价格标签，那将十分方便。实际上，诸如软件之类的单个项目不管是在最初阶段，还是随着时间的推移都会产生许多隐藏成本。例如，考虑切换到不同计算机操作系统的家庭用户可能必须将额外存储器、附加硬盘存储器和更快处理器的成本增加到操作系统升级的成本。他可能还想将他的一些应用程序升级到新的最新版本。原始操作系统升级的成本可能是增加的成本中的最小成本。

在开发整个计算机系统时，隐藏的成本会倍增。操作系统的变化不仅产生了对上述各种软件升级的需求，而且成本也在系统生命周期的每个部分内及时分散。新的计算机软件和硬件可能涉及开发成本，在此期间小型实验原型系统被组合在一起，并且应用程序被开发，以供整个公司使用。系统在整个公司进行部署时会产生生产成本。还会产生运营成本，如使用不可重复使用的物品（软件维护费、纸张、碳粉、维修等）。最后，必须增加不再有用的系统的处置成本。

因此，要评估系统成本随时间变化，需要计算总成本曲线，如图 B.21 所示（回想图 B.13），将生命周期各部分的成本相加。此成本配置文件与前面关于生命周期成本的部分显示的一致，只是早期配置文件表示累计成本，而不是随时间变化的成本。

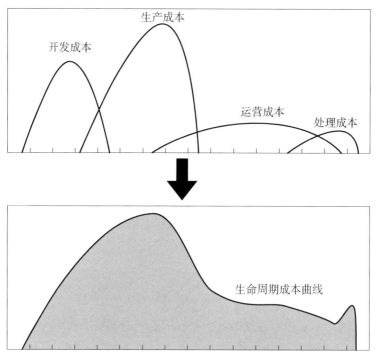

图 B.21　生命周期成本概况

考虑到未来货币因通货膨胀将随时间流逝而贬值，也是重要的事实。这涉及所谓的货币购买力的变化。随着时间的推移，现在的货币收益价值，因为它可以赚取利息；即，金钱也有所谓的时间价值。此外，还有货币的赚钱能力，即通过筹集现金和投资可以赚取的金额。因此，我们通常使用包含一段时间的成本、时间价值和收益能力的比率，将成本转换为当前价值。

在评估计算机系统的成本时，还有其他考虑因素。首先，让我们考虑一下计算机硬件。假设过去的工程工作确定只有一个组，需要计算机具有强大的计算能力。还假设时间价值的收益是每年 6%。因此，6 000 美元在 1 年后变为 $6\,000 \times (1+0.06)$ 美元，两年后变为 $6\,000 \times (1+0.06)^2$ 美元，三年后变为 $6\,000 \times (1+0.06)^3$ 美元等。在同一时期内，购买价格下降。如图 B.22 所示，原始 6 000 美元的价值相对于购买原始系统增长了 20 倍——相当于近 40% 的利率，而不是原来的 6%。因此，可能延迟购买九年的可行替代品的成本效益将很大。这种替代品通常在很长一段时间内都无法使用，但肯定会等待很短的时间才能出现新型号（这会迫使老款车型降价）是合理的。

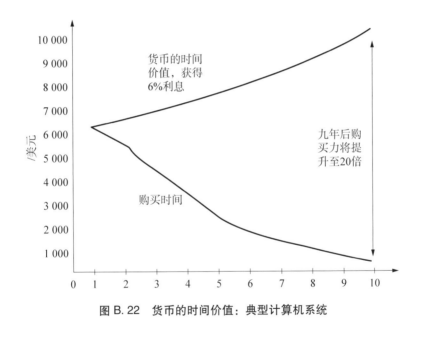

图 B.22　货币的时间价值：典型计算机系统

现在，让我们来看看软件。软件与许多其他商品不同，虽然它的开发成本可能很大，但其复制成本几乎为零。因此，软件价格通常严格依赖于市场的大小：通过将软件以每个 10 000 美元的价格出售给 100 个人或者以每个 10 美元的价格出售给 100 000 个人，可以收回 100 万美元的开发成本。因此，100 美元软件和 1 000 美元软件的质量和功能之间的差异可能很小。软件的寿命比硬件更无法确定，并且与硬件密切相关。虽然大多数商品随着时间的推移而失去价值，因为它们开始功能更差，看起来更老，或需要更多维修，但软件的功能相同，看起来相同，只要计算机的其余部分保持不变，就不需要维修。但是，使用新软件或更换硬件可能会改变环境，使软件不再起作用，当这种情况发生时，相关软件会立即失去价值。此外，为了运行而需要每年付维护费用的软件，应被视为租赁而非拥有的东西。

B.2.6 涉及成本、决策和优化的示例

试想一项系统工程工作，其中 10 人需要 10 个字处理软件包，每个 100 美元。两家公司 A 和 B 制造此类软件，它们基本相同。此软件的使用寿命为 5 年，每个软件将在 1~4 年结束时升级，预期价格为 50 美元。假设公司 A 有可能在第 2 年结束时停业，迫使购买 B 公司新软件。假设 B 公司也有同样的问题。问题是应该从各公司购买多少软件？由于公司难以区分，两种选择是从 A（A1）购买所有公司或从每家公司购买一半（A2）。因此，我们有两种选择。这 4 个事件：没有公司破产（E1），A 破产（E2），B 破产（E3），两个都破产（我们在这里不考虑），那么是 A1 的三个基本结果和 A2 的三个结果，费用如下。

	E1/美元	E2/美元	E3/美元
A1	3 000	3 500	3 000
A2	3 000	3 250	3 250

现在，使用目标函数类型部分中讨论的 5 种方法，我们得到以下结果：

（1）普拉斯准则适用于具有未知概率的情况，如上述情况所示。使用这种方法，我们假设所有事件都是同等可能的（概率为 1/3）。从而

A2 的成本 = $1/3 \times 3\,000 + 1/3 \times 3\,250 + 1/3 \times 3\,250 = 3\,167$（美元）

以及

A1 的成本 = $1/3 \times 3\,000 + 1/3 \times 3\,500 + 1/3 \times 3\,000 = 3\,167$（美元）

（2）最大值-最小值或悲观主义标准假设最差，因此选择 A2，因为其最高成本最低。

（3）最大值-最大值或乐观主义者标准将采用最佳，并且可以选择任一替代方案。

（4）α 组合标准将采用每种替代方案的最小和最大效用的线性组合。只要没有选择 α，那么标准等于最大值-最大值，就会选择 A2。

（5）最小-最大或遗憾标准将计算（负）遗憾函数，如表所示：

	E1/美元	E2/美元	E3/美元
A1	0	500	0
A2	0	250	250

请注意，这是通常的遗憾功能的负面因素，因为我们正在使用代替效用的成本。因此，最小化最大遗憾，选择 A1。

现在假设三个事件的概率确定为 E1 = 30%，E2 = 30%，E3 = 40%。众所周知，A 公司的产品每份需要 32 兆字节（MB）的磁盘空间，B 公司的产品需要 16 MB，但该公司的文件服务器只有 2 048 MB 的空间。然后两种替代方案都无效，我们想知道每种产品需要购买多少。有许多可能性，但问题可以用线性编程术语表示如下：

$$\min_{[n,\ m]} 0.3 \times 3\,000 + 0.3 \times (n \times 350 + m \times 300) + 0.4 \times (m \times 350 + n \times 350)$$

其中：

$$n,\ m \geqslant 0$$
$$n + m = 100$$
$$32n + 15m \geqslant 2\,048$$

式中：n 是 A 需要的产品数量；m 是 B 需要的产品数量。解是 $n = 28$，$m = 72$。

现在假设在将成本转换为现金之后，确定两年后的 100 美元成本相当于 50 美元现金，因为公司的资金收益率约为每年 41%（该公司表现非常出色），但维护费用仍然估计为每年 50 美元。然后，考虑到不变美元，新的最小化函数变为

$$\min_{\{n,m\}} 0.3 \times 3\,000 + 0.3 \times （n \times 300 + m \times 300） + 0.4 \times （m \times 300 + n \times 300）$$

于是现在的方案是从 B 公司购买所有的产品！

尽管该示例比在实际决策制定情况下遇到的任何示例更简单，但是这些技术可以应用于需要硬数据数学计算的现实问题中。

B.2.7 模型组合和总体目标函数

实际上，决策模型往往具有许多基本决策类别的方面。如何将具有完全不同单位、不同效用的函数组合成单个目标函数？作为一个例子，让我们采取以下模糊的目标：

增加成本节约，增加功能并提高可靠性。

$$w_1 U_1 （q） + w_2 U_2 （q） + w_3 U_3 （q）$$

式中：

U_1 表示结果 q 的成本节约效用；

U_2 表示结果 q 的增加的功能；

U_3 表示结果 q 的可靠性增加；

w_1，w_2，w_3 表示衡量每个效用函数对总体目标函数的相对贡献的权重。

如果成本节约在我们的结果集上从 0~1 000 美元不等，我们可以通过除以 1 000 将其效用函数标准化，使得 U_1 的范围在 0~1 之间。功能性最初可以用一般术语测量如下：

（1）没有增加功能。

（2）功能小幅增加。

（3）功能中等幅度增加。

（4）功能大幅增加。

（5）最大限度增加功能。

然后可以列出不同备选方案的各种特征，并且每个特征根据其对功能的贡献而分配给这些级别中的一个。要将 U_2 在 0~1 之间标准化，减去 1 并除以 4。可靠性最初可以像通常一样进行测量并且相似地标准化。

现在开始分配权重的任务。该任务的结果将成为所有项目决策的基础，因此它们真实反映设计团队的倾向性至关重要。另一种思考这种努力的方法是设计团队实际上将功能和可靠性附加在美元价值上。

由于权衡两个效用函数之间的相对利益比三个或更多效用函数更容易，因此一种好的技术是在组合它们之前估计效用函数对之间的相对益处。让我们从节省成本和功能开始。设计团队可能会对相对重要性做出具体说明，如节省成本的重要性是增加功能的两倍。或

$$w_1/w_2 = 2$$

如果不可能具体，并且比率未知，则可以如下填写相对利益表。选择代表性结果 q {1-4}，可节省 250 美元、500 美元、750 美元和 1 000 美元。选择代表性结果 q {5-8}，这将提供四个增加的功能级别。然后，将第一个列表中的每个结果与第二个列表中的一个进行比较，如果第一个更好则分配 11，如果第二个更好则分配 21，如下表所示。

	(0.25) q_1	(0.5) q_2	(0.75) q_3	(1.0) q_4
(0.25) q_5	+1	+1	+1	+1
(0.5) q_6	−1	+1	+1	+1
(0.75) q_7	−1	+1	+1	+1
(1.0) q_8	−1	−1	+1	+1

该矩阵立即提供比率 w_1/w_2 所在的范围。从第一列开始，$1 < w_1/w_2 \leq 2$，从第二列开始，$1.5 < w_1/w_2 \leq 2$。

因此，

$$1.5 < w_1/w_2 \leq 2$$

设计团队可以选择其他结果来优化或测试此比率，或者可以详细说明某个级别，并尝试优化功能的效用函数。实际上，这样的练习经常揭示的是，设计团队的效能函数偏好并不是呈线性的。因此，想要为目标函数使用线性模型的设计团队必须改变他们的偏好以适应非线性方法。

继续用这种方法，设计团队可以为每对效用函数提供近似的权重比，然后检查所有比率。仅仅因为 $w_1/w_2 = 2$ 且 $w_2/w_3 = 2$，并不意味着他选择了 $w_1/w_3 =$

4。如果存在很大的不一致，可能意味着重量比非常不确定或者选择线性模型是不合适的。也许效用函数不是相加独立的。例如，假设超过某一点，增加系统的功能使得额外的可靠性变得不那么理想，那么显然该模型是不合适的。

假设已经确定比率是 $w_1/w_2 = 2$，$w_2/w_3 = 3$，并且 $w_1/w_3 = 6$。然后我们将 $6:3:1$ 分配给 $w_1:w_2:w_3$，并除以总和，以使得权重之和为 1。由此给出了最终目标函数：

$$0.6U_1 + 0.3U_2 + 0.1U_3$$

B.2.8 实践决定

决策理论领域很大，本书提到的仅仅是入门。例如，我们没有在我们的模型中包含风险，并且只在传递时提到了极小值-极大值（后悔）准则。我们也忽略了影响决策的社会因素。但不管怎样，这里所涉及的技术非常有用。一些警告和实用建议也是适当的。

在完成复杂系统的工程设计过程中，一方面，只使用适合给定任务的正式决策技术，一个简单的决定不需要上述模型。另一方面，复杂的决策过程需要一种正式的方法，能够考虑所有替代方案以及数据中所包含的所有不确定性。了解工程模型中数字错误的粗略大小，对于避免花费太多时间"玩"数字而牺牲做出必要的决策至关重要。尽管如此，选择和使用决策模型需要记录所有决策标准，这将使参与决策过程的每个人都了解做出决策的依据。

附录 C 功能分析（案例研究范例）

在整个系统生命周期的早期阶段，不同工具作为系统工程过程中的固有部分，其众多的应用可以促进系统设计中的权衡研究。这里特别关注的是一些解决系统支持的下游方面，但可以更早地有效利用的工具。下面提到了 9 个具体应用，并在表 C. 1 中进一步描述。

表 C. 1 设计分析方法（案例研究应用）

分析工具	应 用 描 述
C. 1 失效模式、影响和危害性分析（FMECA）	确定潜在的产品和/或过程故障，预测故障模式和原因，故障影响和机制，预期频率、关键值和补救所需的步骤（即重新设计的需求和/或预防性保养措施的完成）。可以使用石川因果图进行原因的识别，帕累托分析能帮助识别需要立即重视的领域
C. 2 故障树分析（FTA）	一种演绎方法，涉及图形枚举和分析特定系统故障可能发生的不同方式及其发生的概率，可以为每个关键的故障模式或不希望发生的上游事故创建单独的故障树。关注这一上游事故以及与之相关的首要原因。接下来会对这些原因进行调查。FTA 的聚焦点比 FMECA 窄，并且不需要那么多的输入数据
C. 3 以可靠性为中心的维护（RCM）	根据生命周期对系统/过程进行评估，以确定最优的预防性（计划）维护的整体方案。其重点在于建立源自 FMECA 的可靠信息的具有成本效益的预防性保养方案，即贯穿预防性保养的故障模式、影响、频率、关键值及补救方案
C. 4 维护任务分析（MTA）	评估那些将被分配下去的维护功能。根据任务时间和顺序、人员数量及技术水平、所需的资源（即备件/维修部件及相关库存、工具及测试设备、设施、运输和搬运要求、技术数据、培训及计算机软件）分辨维护功能/任务。识别高资源消耗区域
C. 5 维修级别分析（LORA）	根据修复程度评估维护政策。也就是说，判断应维修或弃置的损坏的零件，如果进行维修，那么是应选择中级维修、返厂维修，

分析工具	应 用 描 述
	还是其他水平的维修？决定性因素包括经济、技术、社会、环境、政策。该方法注重的是生命周期中的成本因素
C.6 替代品的设计评估	使用多标准评估备选设计方案。权重因子被用于衡量重要性等级
C.7 生命周期成本分析（LCCA）（支持附录 B 中的材料）	确定系统/产品/过程的生命周期成本（设计和开发、生产和/或建设、系统使用、保养和支持、淘汰/弃置的成本）、造成高成本的原因、因果关系、潜在的风险区域、鉴别可改进（即降低成本）的地方

C.1 失效模式、影响和危害性分析（FMECA）

C.2 故障树分析（FTA）

C.3 以可靠性为中心的维护（RCM）

C.4 维护任务分析（MTA）

C.5 维修等级分析（LORA）

C.6 替代品的设计评估

C.7 生命周期成本分析（LCCA）（支持附录 B 中的材料）

C.8 组织结构对发展的影响

C.9 硬件实施对比软件实施

每个案例研究都以解释问题、分析过程和分析结果的形式予以呈现。

C.1 失效模式、影响分析及关键性

C.1.1 问题描述

汽车垫片制造商 ABC 公司遇到了与生产力下降和产品成本增加有关的问题。与此同时，竞争越发激烈，公司正在失去市场份额。因此，公司决定实施一个持续的流程改进计划，目的是识别出潜在的问题领域及其对公司内部运营和交付给客户的产品的影响和关键性。为了帮助实现这一目标，公司的制造业务使用失效模式、影响和危害性分析（FMECA）进行评估。

C.1.2 分析过程

初始步骤包括通过按照 2.7 节（见第 2 章）中描述的程序完成功能流程图，确定整个垫圈制造过程中执行的主要功能。在这种情况下，有 13 个主要功能需要评估。对于每个功能，需要确定所需的输入因子和预期输出以及适当的指标。基于公司人员对造成大多数问题的区域的看法，会从 13 个功能中作出最初的一项选择。在完成所选功能的 FMECA 之后，遵循图 C.1 中传达的步骤序列。

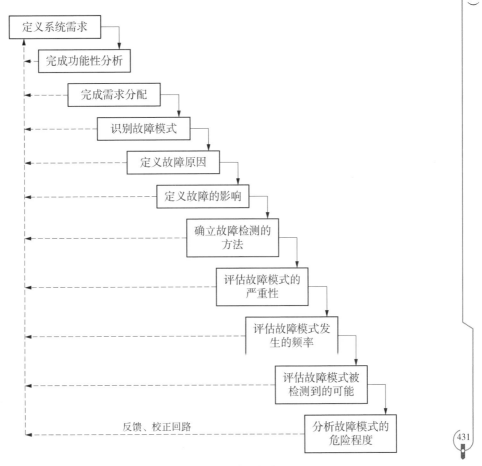

图 C.1 进行 FMECA 的一般方法

图 C.2 表示选择用于评估的功能或整个制造过程的一部分。请注意，虽然重点在于制造过程及其对垫圈的影响，但还必须考虑有缺陷的垫圈对汽车的影响。因此，FMECA 需要解决过程和产品问题。

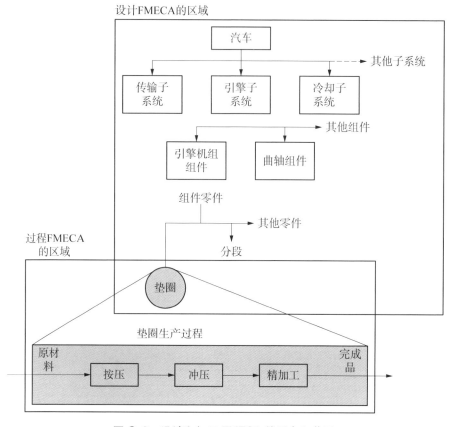

图 C.2　设计和加工 FMECA 的重点和范围

　　如图 C.1 所示，选择进行 FMECA 的方法需要与汽车行业的实际相符。其中包括如下内容：

　　（1）识别不同的故障模式，即系统元素无法完成其功能的方式。

　　（2）确定失败的原因，即导致每次失败发生的因素。如图 C.3 所示，利用 Ishikawa 因果关系或鱼骨图来帮助确定失败与其可能原因之间的关系。

　　（3）确定失败的影响，即对后续功能/过程、下一个更高级别功能实体以及整个系统的影响。

　　（4）识别故障检测手段，即当前的控制、设计功能或验证程序将导致检测潜在的故障模式。

　　（5）确定故障模式的严重性，即特定故障模式的影响或影响的严重性。严

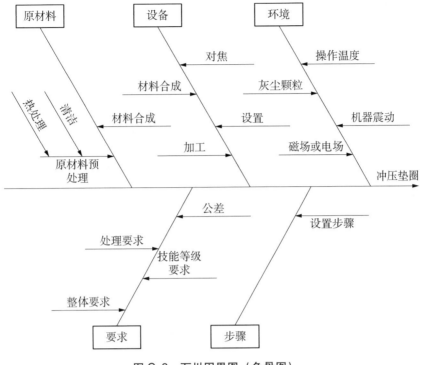

图 C.3　石川因果图（鱼骨图）

重程度按 1~10 的等级进行定量转换，轻微效果为 1，低等效应为 2~3，中等效应为 4~6，高等效应为 7~8，超高效应为 9~10。严重程度与安全问题和客户不满意程度有关。

（6）确定发生的频率，即每个单独的故障模式发生的频率或失败的概率。1~10 的等级分别对应：远程（故障不太可能）为 1，低（相对较少的故障）为 2~3，中等（偶然故障）为 4~6，高（重复故障）为 7~8，非常高（故障几乎是不可避免的）为 9~10。评级因子与每段操作时间的故障数有关。

（7）确定检测到故障的可能性，即设计特征/辅助和/或验证程序及时检测潜在故障模式以防止系统级故障的可能性。对于流程应用程序，指的是当前应用的一组流程控制能否在故障转移到后续流程或最终产品输出之前检测并隔离故障的可能性。这个概率仍然按 1~10 的等级评定，非常高的是 1~2，高的是 3~4，中等的是 5~6，低的是 7~8，非常低是 9，完全不能被检测到为 10。

（8）分析故障模式的临界值；即深度函数（第 5 项），故障模式的发生频率（第6项），以及及时检测到故障模式以排除其在系统级别的影响的概率（第7项）。因此风险优先级数（RPN）可以作为评估的度量单位。RPN可表示为

$$RPN =（严重等级）（频率等级）（检测等级的概率） \qquad (C.1)$$

RPN反映了故障模式的临界值。在检查时可以看出对系统性能具有显著影响并难以检测，且具有高频率发生的故障模式可能具有非常高的RPN。

（9）确定关键领域并提出改进建议；即识别具有高RPN的区域，评估原因以及启动过程/产品改进建议的迭代过程。

图C.4显示了用于记录FMECA结果的格式的部分示例。该信息来自功能流程图，并进行了扩展，以包括图C.1所示步骤的结果。图C.5按优先级

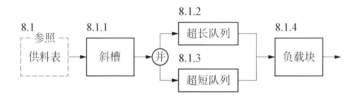

参照序号	过程描述	潜在的故障模式	潜在的故障原因	故障对同盟潜在的影响	故障对客户潜在的影响	现行控制	发生	严重性FM	严重性C	检测	风险优先数	推荐的行动和状态	责任活动
8.1.2	超长队列	A）自由传播的变化	1）传感器掉落	a）上行过程阻塞		a）机加车间	1	1		1	1		
				b）高度变化	c）安装引擎时轴承松脱	b）1件/5分	1	7		3	21		
						c）2件/半小时	1		7	5	35		
			1）传感器脏污	a）上行过程阻塞		a）机加车间	1	1		1	1		
				b）高度变化	c）安装引擎时轴承松脱	b）1件/5分	1	7		3	21		
						c）2件/半小时	1		7	5	35		
			1）设置不当	a）上行过程阻塞		a）机加车间	1	1		1	1		
				b）高度变化	c）安装引擎时轴承松脱	b）1件/5分	1	7		3	21		
						c）2件/半小时	1		7	5	35		
8.1.3	超短队列	A）错位	1）传感器掉落	a）上行过程阻塞		a）100%可视	2	1		1	2		
					b）圆角错位	b）5件/半小时	2		7	7	42		
			2）传感器脏污	a）上行过程阻塞		a）100%可视	2	1		1	2		
					b）圆角错位	b）5件/半小时	2		3		42		
			3）设置不当	a）上行过程阻塞		a）100%可视	2	1		1	2		
					b）圆角错位	b）5件/半小时	2				42		
		B）正/反面损伤	1）传感器掉落	a）上行过程阻塞		a）装配失败	3		5	4	60		
			2）传感器脏污	a）上行过程阻塞		a）100%可视	3		5	4	60		
			3）设置不当	a）上行过程阻塞		a）100%可视	3		5	4	60		
8.1.4	负载块	A）错位	1）"按住"的错误设置			a）5件/半小时	3	7		7	147		
						b）100%可视	3			7	21		
				a）碎裂		c）5件/半小时	3			7	63		
				a）上行过程阻塞		a）5件/半小时	2	7		7	96		
						b）100%可视	2		3		14		
					c）圆角错位	c）5件/半小时	2			7	42		
			2）负载块松脱	a）碎裂					5				
				a）上行过程阻塞	c）圆角错位	a）100%可视	4			4	80		
		B）正/反面损伤	1）推杆错位			a）装配失败							

图 C.4　FMECA 工作表的例子

顺序（相对于需要注意）列出了生成的 RPN，图 C.6 以帕累托分析的形式显示了结果。

原因	风险优先级数
断屑器接地角度错误	273
固定设置错误	210
小传感器损坏	200
小传感器脏污	200
小传感器放置位置错误	200
负载块松脱	161
尖锐的模具边缘	120
投射角度错误/冲压机重磨	108
大传感器损坏	105
大传感器脏污	105
大传感器放置位置错误	105
刀具打磨不当	93
推杆错位	80
刀具磨损	72
适配器转接尺寸错误	60
刀具松脱	60
适配器中有碎片	60
刀具错位	60
刀具磨损/松脱	60
冲压过程中产生毛刺	40
冲程过长	36
冲程过短	21
冲压机损坏/松脱	12
丝杠故障	12
夯击/冲压力不足	12
压力弹簧损坏	10
总计	2 475

图 C.5　风险优先数

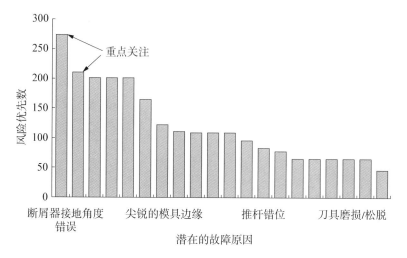

图 C.6　部分帕累托分析

C.1.3　分析结果

在完成图 C.2 中确定的功能的 FMECA 之后，公司 ABC 开始以类似的方式使用团队方法评估其他 12 个主要功能/过程。这项活动总体上非常有益，参与这项工作的个人更多地了解了他们自己的活动，并以改进为目的启动了许多变革。

C.2　故障树分析

C.2.1　问题描述

在系统设计过程的最初阶段，如果没有完成 FMECA 所需的信息（在 C.1 节中讨论），则进行故障树分析（FTA）可以深入了解系统设计的关键。故障树分析是一种有关图形枚举、分析特定系统故障可能发生的不同方式及其发生的可能性演绎方法。每个关键的故障模式或不希望发生的顶层事件都配备了一个独立的故障树。重点是这个顶层事件以及与之相关的第一层事件。接下来研究这些原因中的每一个，以此类推。这种自上而下的层次结构（见图 C.7）和相关的概率称为故障树。表 C.2 给出了开发这种结构时使用的一些符号系统。

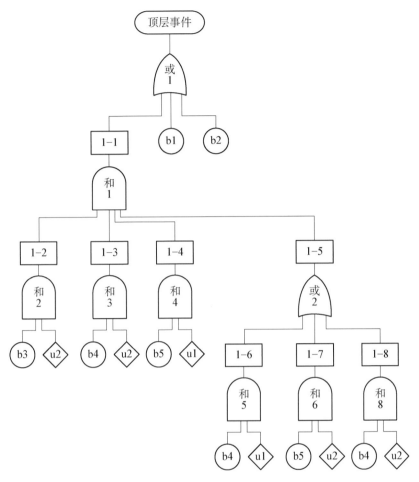

图 C.7 说明性故障树

C.2.2 分析程序

故障树分析的一项输出项是是否发生顶层事件。如果概率因素是不可接受的，则开发的因果层级为工程师提供了重新设计系统的指导意见或者提供补偿的方案。用于开发和分析故障树的逻辑来自布尔代数。在布尔代数中，公理用于将故障树的初始版本折叠为等效的简化树形图，目的是导出最小割集。最小割集是基本故障事件中可导致不期望发生的顶层事件发生的唯一组合。无论从定性还是定量角度评估故障树，最小割集都是必需的。进行故障树分析的基本步骤如下。

（1）明确优先事件。分析师能够清晰掌握事件非常关键。例如，它可以描述为"系统着火",而不是"系统失败"。此外,优先事件应该是可以清晰观察到的,并且可以清楚地被阐述和测量的。泛泛的、不具体的定义可能会使故障树范围太宽且缺乏中心。

(2)开发故障树。一旦清晰地确定了优先事件,下一步就是以故障树的形式构建初始因果层次结构。诸如石川因果图之类的技术又将派上用场(见图 C.3)。在开发故障树时,必须考虑合并所有隐藏的故障。

表 C.2　故障树构造符号

故障树符号	描　　述
⬭	椭圆表示顶层事件,总出现在故障树的最顶端
▭	矩形表示中间层故障事件。除了层次结构的最底层,矩形可以出现在树的任何部位
○	圆代表最底层的失败事件,也称为基础事件。基本事件很可能出现在故障树的最低级
◇	菱形代表一个未开发的事件。未发展的事件可以进一步分解,但不是为了简单起见。通常,复杂的未发展事件通过单独的故障树来分析。未发展事件出现在故障树的最低级
⌂	这个符号有时被称为房屋,代表一个输入事件。输入事件是指可能导致系统故障的信号或输入
⌒	该符号表示与门。它只有在收到所有相关输入后才能实现输出
⌓	该符号表示或门。它需要接收任何一个或多个输入以实现输出
⌒	该符号表示有序与门。它仅在以特定的预定顺序接收到所有相关输入之后才实现输出
⌓	该符号表示排他性或门。它需要接收一个且仅一个相关输入来实现输入

为了便于交流并保持统一，建议使用标准符号系统来开发故障树。表 C.2 阐述了符号系统，详尽地呈现了与一个具体优先事件相关的因果层次结构及关联性。在图 C.7 中，符号"或 1"和"或 2"代表两个或（OR）逻辑门，"和 1"到"和 8"代表八个逻辑门，1-1 到 1-8 代表八个中层故障事件，b1 到 b5 代表五个基础事件，u1 和 u2 代表两个未发生的失败事件。在构建故障树时，将每个分支拆解成合理且一致的级别十分重要。

（3）分析故障树。实施 FTA 的第三步是分析初始故障树。一个详细的故障树分析包括定量分析和定性分析。完成故障树分析的重要步骤如下：

a. 描述最小割集。作为分析过程的一部分，首先描述初始故障树中的最小割集。这些是从定性和/或定量角度评估故障树所必需的。此步骤的目的是将初始树形图简化为等效的简化版故障树。可以使用两种不同的方法导出最小割集。第一种方法通过初始树形图的图形分析，列举所有割集然后找出最小割集。第二种方法将故障树转换为等效的布尔表达式。然后通过消除所有冗余，将此布尔表达式简化为更简单的等效表达式。例如，图 C.7 中描述的故障树可以通过布尔缩减转换为更简单的等效故障树，如图 C.8 所示。

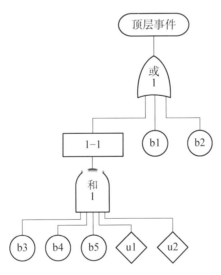

图 C.8　简化的等效故障树（见图 C.7）

b. 确定优先事件的可靠性。这是通过先确定所有相关输入事件的概率后根据树形图的基础逻辑合并概率来实现的。通过获取各个最小割集的可靠性的乘积来计算优先事件的可靠性。

c. 审查分析输出。如果导出的优先概率是不可接受的，则启动必要的重新设计或补偿工作。故障树的开发和最小割集的描述为工程师和分析师提供了做出正确决策所需的基础。

C. 2. 3 分析结果

FTA 可以在设计的早期阶段有效地应用于潜在可疑问题的特定领域。相较 FMECA，它更集中、更容易完成，需要更少的输入数据就能完成。对于高度软件密集且存在许多接口的大型复杂系统，通常优选 FTA 替代 FMECA。如果不是独立的，而是作为整个系统分析过程的一部分，那么 FTA 是最好的选择。

C. 3 以可靠性为中心的维护

C. 3. 1 问题描述

以可靠性为中心的维护（RCM）是一种系统方法，旨在为系统或产品制定集中、有效且具有成本效益的预防性维护计划和控制计划。这种技术最好在早期系统设计过程中运用，并随着系统的开发、生产和部署而发展。但是，该技术还可用于评估现有系统的预防性维护计划，目的是持续改进产品/流程。

RCM 技术主要通过商业航空业的努力，是在 20 世纪 60 年代开发的。该方法使用结构化决策树，通过"定制"逻辑引导分析师，从而描绘最适用的预防性维护任务（性质和频率）。实施 RCM 技术所涉及的整个过程如图 C. 9 所示。请注意，功能分析和 FMECA 是 RCM 的必要输入，并且存在权衡取舍，从而在预防性维护和完成纠正性维护之间取得平衡。图 C. 10 给出了一个简化的 RCM 决策逻辑，其中系统安全性是性能和成本的首要考虑因素。

C. 3. 2 分析过程

完成 RCM 分析的三个主要步骤如下：

（1）确定关键的系统功能和/或组件。例如，这些可能是飞机机翼、汽车引擎、打印机头、视频头等。该分析的临界值是故障频率、故障影响严重程度

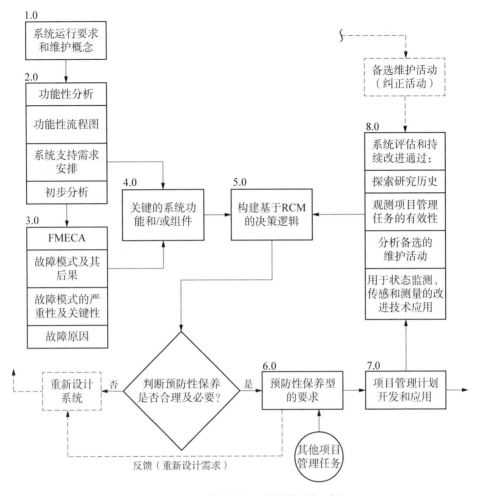

图 C.9 以可靠性为中心的维修分析过程

和相关故障模式检测概率的函数。临界值的概念将在 A3.1 节中详细讨论。系统功能分析（见 2.7 节）和失效模式、影响和危害性分析（FMECA）的输出结果可以促进这一步骤。这也在图 C.9 的模块 1.0~4.0 中描述。

（2）应用 RCM 决策逻辑和预防性维护程序开发方法。关键的系统元件遵从定制的 RCM 决策逻辑。目的是更好地理解与关键系统功能或组件相关的故障性质。在各种情况下，只要可行，这些知识就会转化为一组预防性维护任务或一组重新设计的要求。对 RCM 决策逻辑简化说明如图 C.10 所示。许多为更好地处理某些类型的系统而量身定制、和原始 MSG-3 逻辑略有不同的决策逻辑已经开发完毕，目前正在使用中。

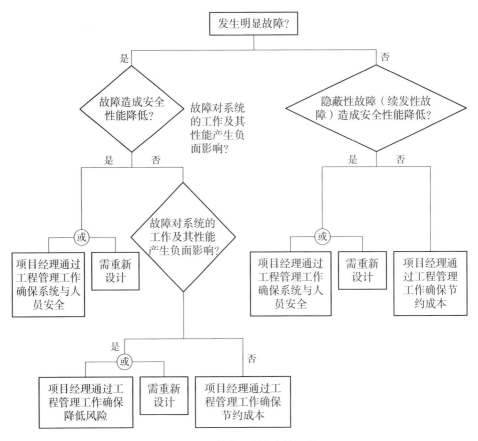

图 C.10　简化 RCM 决策逻辑

　　尽管有这些微小的变化（见图 C.10），但首要关注的是：失败是显性的还是隐性的。一方面，借助某些颜色编码的视觉仪表和/或警报，故障可能变得明显。如果它对系统操作和性能有明显的影响，它也可能变得明显。另一方面，如果没有适当警报，故障可能不明显（即隐性），且对系统性能没有直接影响，则更不易被发现。例如，泄漏的发动机垫圈不太可能反映汽车操作中的即时变化，但是它可能会及时在大多数发动机油泄漏之后引起发动机癫痫发作。如果故障不那么明显，则可能需要启动特定的故障查找任务作为整个预防性维护程序的一部分，或者设计警报以指示故障（或未决的故障）。

　　下一个问题是失败是否可能危及人身安全或系统功能。在决策逻辑中澄清此故障和其他可能的故障影响仍然存疑。FMECA 的结果可以促进整个过程中的这一步骤（见 A3.1 节）。目的是更好地理解所研究失败的基本性质。失败是否可能危及系统或人员安全？它是否具有运营或经济影响？例如，飞机机翼的故障可能与安全有关，而汽车发动机的某些故障可能导致油耗增加而没有任何操作降级并因此具有经济影响。在另一种情况下，失败的打印机头可能导致打印能力的完全丧失并且可能被认为具有操作影响等。

一旦将故障识别为某种类型，则其必然受另一组问题的影响。但是，为了充分回答下一组问题，分析师必须从失败的物理学角度彻底了解失败的本质。例如，如果飞机机翼出现裂缝，这种裂缝有多快传播？这种裂缝导致功能失效多久了？

这些问题的基本目标是划定一套可行的补偿规定或预防性维护任务。润滑或维修任务是否适用且有效，如果是，那么最具成本效益和效率的是什么？定期检查是否有助于排除故障，以及频率是多少？在一些虽然不会立即出现故障，但可能会随时间推移并按一定速率发展的情况下，定期进行检查或验证可能是最合适的选择。在状态监测的情况下，检查的频率可以从非常不频繁到连续变化。一些更具体的问题如图 C.10 所示。在每种情况下，分析师不仅必须回答是或否，还应该给出每个回复的具体原因。为什么润滑会产生或不产生任何差异？为什么定期检查是一项增值任务？可能当部件的磨损特性呈现出可预测的趋势时，采取预定的检查间隔可能反而阻碍相应的维护工作。丢弃和更换某些系统元件以提升整体固有可靠性是否有效？如果是这样，应该在什么时间间隔或在系统运行多少小时之后（如在行驶 3 000 英里后更换发动机油）？此外，在每种情况下，需要在利益/成本和对系统的总体影响方面进行权衡研究，从而确定执行任务与不执行任务之间的利弊。

如果描述了一套适用且有效的预防性维护要求，并将它们输入预防性维护计划开发过程然后实施，如图 C.9 的模块 5.0～7.0 所示。如果难以确定一项可行又具有成本效益的规定性或预防性维护任务，就可能需要启动重新设计工作。

（3）完成预防性维护计划的实施和评估。通常，最初划定和实施的预防性维护计划很可能未能考虑系统的某些方面，或描述了一组非常保守的预防性维护任务，或两者兼而有之。为了实现具有成本效益的预防性维护计划，必须持续监控和评估预防性维护任务以及所有其他（纠正性）维护措施。这将在图 C.9 的模块 8.0 中描述。此外，鉴于状态监测、传感和测量领域的技术应用不断改进，需要在必要时重新评估和修改预防性维护任务。

通常，当 RCM 技术在系统设计和开发过程的早期阶段进行时，决策是在没有足够数据的情况下做出的。作为整体预防性维护评估和持续改进计划的一部分，这些决策可能必须在合理的情况下进行验证和修改。通常进行年龄探索研究可以促进这一过程。对特殊系统元件或部件的样品进行测试，目的是在实际操作条件下更好地了解其可靠性和磨损特性。这些研究可以帮助评估适用的预防性维护任务，并帮助描绘与被监测组件相关的任何主要故障模式和/或组件寿命和可靠性特征之间的任何相关性。如果注意到并验证了年龄和可靠性之间的任何显著相关性，则可以修改相关的预防性维护任务及其频率以使其更有效。此外，启动重新设计工作可以解决一些主要组件故障模式（如果有的话）。

C.3.3　分析结果

在早期设计过程中，通常在选择系统组件时完全忽略维护问题。但是，如果解决了维护问题，设计人员可能会指定一些预防性维护的组件（通常由制造商推荐）。这种做法将预防性维护建议被视为是基于组件的物理特性、预期故障模式等实际知识。所需的预防性维护越多，可靠性越好。无论如何，考虑到可靠性问题，为以防万一，通常倾向于过度指定对预防性维护的需求，特别是如果组件的失效物理特性未知并且设计者采取保守的方法。

经验表明，虽然完成某些选择性预防性维护是必不可少的，但预防性维护活动的过度规范实际上可能导致系统可靠性降低，并且成本可能非常高。目标在于确定合适的预防性维护量，确保以适当的频率达到所需的程度，即不能太多或太少。此外，随着系统老化，所需的预防性维护量可能从一个级别转移到另一个级别。强烈建议持续应用 RCM 方法，特别是从生命周期成本角度评估系统时。

C.4　维护任务分析

C.4.1　问题描述

DEF 公司过去几年一直在生产产品 12345。成本高于预期，且国际竞争日益激烈。因此，公司管理层决定对整体生产能力进行评估，通过完成生命周期成本分析来确定"高成本"贡献者，并确定可以实现改进的可能问题领域。可能改进的一个领域是制造测试功能，因为在产品12345测试期间经常发生故障。通过降低维护成本，可以降低产品的总体成本并提高公司在市场中的竞争力。为了确定一些细节，完成了制造测试功能的详细维护任务分析。具体的改进意见还在征求中。

C.4.2　分析过程

作为回应，使用 B. S. Blanchard, *Logistics Engineering and Management*, 第6版附录5中包含的格式进行详细的维护任务分析（Upper Saddle River, NJ: Prentice Hall, 2004）。适合的评估格式包括以下一般步骤：

（1）检查涵盖制造测试能力性能的历史信息表明在产品12345的最终测试期间经常断电。由此，确定了典型的"故障症状"，如图 C.11 所示。

（2）在图 C.12 和 C.13 中，将在图 C.11 中识别出来的适用的"通过/不通过"功能转换为任务分析格式。功能会在确定任务要求（任务持续时间、并列序列关系、任务序列）、人员数量和技能水平要求、备件/维修部件要求、测试和支持设备要求、特殊设施要求、技术数据要求等基础上进行分析。图 C.12 旨在呈现所需的适用维护任务，确定预期的发生频率，并确定执行所需维护可能需要的后勤支持资源。反过来，该信息可以基于成本来评估。

（3）鉴于分析在预期维护功能/任务布局方面的初步结果，下一步是评估图 C.12 和图 C.13 提供的信息，并提出可能改进的领域。

C.4.3　分析结果

对图 C.12 和图 C.13 提供信息的审查表明，将进一步调查以下7个方面：

（1）由于维修 A-7 组件所需的大量资源（如各种特殊测试和支持设备，需要维护一个"洁净室"设施，对于 CB-1A5 等需要大量的时间进行拆卸和更换），将组件 A-7 识别为不可修复的可能是可行的。换句话说，分析师应该调查 B 单元组件被归类为"可修复"或"失败时丢弃"的可能性。

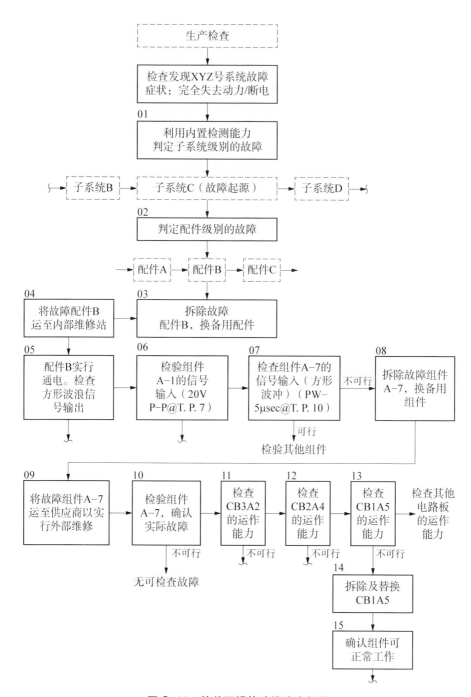

图 C.11　简单逻辑故障排除流程图

图 C.12　维修任务分析（第 1 部分）

系统XYZ	2.物品名/部件号 生产测试/A4321	3.更高级组件：组件与测试	4.需求描述：在产品 2345（序列号 654）的生产与制造过程中，系统 XYZ 失效。症状描述：无动力输出。需要诊断并修复系统。
5.需求编号：01	6.需求 诊断/维修	7.需求频率 0.00450	8.维护等级　　9.维修代码：A12B100

10.任务编号	11.任务描述	12.经过时间 - 分（2 4 6 8 10 12 14 16 18 20 22 24 26 28 30 32 34 36 38）	13.总时间	14.任务频率	15.B	16.I	17.S	18.总和
01	隔离故障列子系统 子系统C故障		5	0.00450	5	·		5
02	隔离故障到独立元件（单元B-受损）① ②		25	·		25		25
							25	25
03	从系统移除单元B并使用备件替换（第二周期）		15		15	·		15
04	转移故障单元到维修站		30		30	·		30
05	向故障单元通电，检查输出方波信号。（第三周期）		20		·	20		20
06	检查组立A-1的输入信号（20V 波峰-波谷）		15		·	15		15
07	检查组立A-7的输入信号（方波，脉冲宽5微秒） （第四周期）		20		·	20		20
08	移除受损的A-7并替换		10		·	10		10
09	转移A-7至供应商仓库维修站（中途的第14天）		25		·		25	25
10	检查A-7并验证损毁状况（第五周期）		25		·	15		15
11	检查操作CB-3A2		15		·	15		15
12	检查操作CB-2A4（第六周期）		10		·	10		10
13	检查操作CB-1A5		20		·	20		20
14	移除并更换CB-1A5（第七周期） 废弃损坏零件		40		·	40		40
15	验证组件的功能性并加入库存		15		·	15		15
		总计	265	0.004 50	60	120	110	290

图 C.12　维修任务分析（第 1 部分）

图 C.13　维修任务分析（第 2 部分）

1.物品名/部件号 生产测试/A4321	2.单号：01	3.要求：故障检测和维修		4.需求频率 0.00450	5.保养等级：组织、中转站、仓库	6.维修代码：A12B100
7.任务编号	8.一个组件的数量	替换零件 9.零件命名 / 11.零件数量	10.维修频率	12.数量	测试、支持/装调设备 物件零件命名 / 15.物件零件数量	14.使用时间/分	16.仪器的要求描述	17.特殊技术资料描述

任务编号	组件数量	替换零件命名/数量	维修频率	数量	物件零件命名/数量	使用时间/分	仪器要求描述	特殊技术资料描述
01	·	·	·	1	内置测试设备　A123456	5	·	组织保养
02				1	特殊系统测试设备　0-2310B	25	·	
03	1	元件B B180265X	0.018 66	1	标准工具套装　STK-100-B	15	·	
04				1	标准运输车　(M-10)	30	·	中转站保养
05				1	特殊系统测试设备　I-8891011-A	20	·	
06				1	特殊系统测试设备　I-8891011-A	15	·	
07				1	特殊系统测试设备　I-8891011-A	20	·	
08	1	组件A-7 MO-2378A	0.009 95	1	特殊提取工具　EX20003-4	10	·	参考特殊移除指令
09				1	容器、特殊装卸工具　T-300A	14天	·	常规运输环境
10				1	特殊系统测试设备　I-8891011-B	25	洁净的室内环境	供应商（仓库）保养
11	·		·	1	C.B.　测试装置 D-2252-A	15	·	
1?	·		·	1	C.B.　测试装置 D-2252-A	10	·	
13	·		·	1	C.B.　测试装置 D-2252-A	20	·	
14	1	CB-1A5 GDA-221056C	0.004 50	1	特殊提取工具　EX45112-63 标准工具套装　STK-200	40	洁净的室内环境	
15	·	·	·	1	特殊系统测试设备　I-8891011-B	15		将组件返回库存

图 C.13　维修任务分析（第 2 部分）

　　（2）对于任务 01 和 02，组织级别存在"内置测试"功能，以便与子系统进行故障隔离。但是，对设备的故障隔离需要一个特殊的系统测试仪（0-2310B），并且需要 25 分钟的测试和高技能（监督技能）个人来完成该功能。从本质上讲，应该研究将内置测试扩展到单元级别的可行性，并消除对特殊系统测试人员和高技能级别人员的需求。

（3）从系统中物理移除 B 单元并将其更换需要 15 分钟，这似乎相当广泛。虽然可能不是主要项目，但是否可以减少移除/更换时间是值得研究的（如少于 5 分钟）。

（4）在任务 10 至 15 中，需要一个特殊的洁净室设施进行维护。假设 B 单元的各种组件已经修复（而不是被归类为"故障时丢弃"），那么研究更改这些组件的设计是值得的，这样就不需要维护洁净室的环境。换而言之，就是是否可以消除昂贵的维护设施要求。

（5）显然需要一些新的"特殊"测试设备/工具项目；即特殊系统测试仪 0－2310B，特殊系统测试仪 I－8891011－A，特殊系统测试仪 I－8891011－B，CB 测试仪 D－2252－A，特殊提取器工具 EX20003－4，以及特殊提取工具 EX45112－63。通常，这些特殊项目仅限于其他系统的一般应用，且获取和维护成本高。首先应该调查是否可以消除这些项目；如果需要测试设备/工具，可以使用标准物品（代替特殊物品）吗？此外，如果需要各种特殊测试仪，它们是否可以整合到"单一"要求中？即，是否可以设计单个项目来替换三个特殊测试人员和 CB 测试集？降低特殊测试和支持设备的总体要求是一个主要目标。

（6）任务 09 是一个特殊的处理集装箱，用于运输 A－7。这可能会在需要的时间和地点给容器的可用性带来问题。如果可以使用正常的包装和处理方法是最好的。

（7）对于任务 14，CB－1A5 的拆卸和更换需要 40 分钟，并且需要高技能人员来完成维护任务。假设组件 A－7 是可修复的，通过合并插件组件来简化电路板的拆卸/更换过程是恰当的，或者至少简化任务以便让具有基本技能水平的人员能够完成它。

C.5 修理级别分析

C.5.1 问题描述

在系统组件的设计中，其中一个决策因素与这个问题有关：组件应该设计为可修复的，还是设计成在发生故障时丢弃的？如果它的设计是可以修复的，那么在维修的哪个阶段应该完成修理？虽然这些问题可以应用于系统的任何组件（如设备、单元、组件、模块和软件元件），但是该案例研究适用于组件A-1的设计。该组件是XYZ系统B单元中的15个组件之一。目标是根据经济标准评估装配设计备选方案，如表C.3所示。

表C.3 修复与废弃评价（装配A-1）

评估标准	中间维护的费用/美元	仓库维护的费用/美元	失效废弃的费用/美元	描述和评判
1. 估算组件A-1的收购费用（包括设计、开发、生产费用）	1700/组件，102000（47.8%）	1700/组件或102000（54.7%）	1600/组件，或96000（19.5%）	基于60个系统的购置成本。装配设计和生产成本低于弃置方案（简化配置）
2. 维护的劳工费用	12240（5.7%）	18360（9.8%）	不适用	基于452600小时的运营时间和0.00045的维护率，预计维修量为204。在维修完成后，将分配一名全职技术人员。平均校正维护时间为3小时。中间劳动力为20美元/小时，仓库劳动力为30美元/小时
3. 供应支持-备用组件	8500（4%）	17000（9.1%）	326400（66.4%）	为中间级维护准备5个周转备用组件以抵消排队等待维护的时间，等等。仓库维护需备10个。弃置方案需要100%的备用件
4. 供应支持-备用零件	10200（4.8%）	10200（5.5%）	不适用	假设50美元一次保养活动
5. 供应支持-保持库存	3740（1.8%）	5440（2.9%）	65280（13.3%）	假设20%的屋子储备值（备用组件和零件）
6. 特殊测试及支持设备	60000（28.1%）	12000（6.4%）	不适用	在维修情况中需要特殊测试设备。一套装置的购置成本为12000美元。中间级需5套，弃置级需1套

（续表）

评估标准	中间维护的费用/美元	仓库维护的费用/美元	失效废弃的费用/美元	描述和评判
7. 运输及装卸	忽略不计	12 240（6.6%）	不适用	中间级维护的运输费用可以忽略不计。单程运输 408 件弃置维护件需 150 美元/100 磅
8. 维护训练	4 500（2.1%）	900（0.5%）	不适用	假设 10 个学生接受 3 天中间级维护训练及 2 名参加 3 天弃置级维护训练的学生每人每天需 150 美元
9. 维护设施	5 612（2.6%）	1 918（1%）	不适用	假设中间级别的直接维护需 1.00 美元/工时，弃置需 1.50 美元/工时，以及，假定每套装置需要 1 000 美元的初始维修费用
10. 技术数据	6 100（2.9%）	6 100（3.3%）	不适用	假设在维修情况中，编制维护指令的成本为 1 000 美元。另外，假设在每次的维护活动中，维修数据需花费 25 美元
11. 弃置	408（0.2%）	408（0.2%）	4 080（0.8%）	假设废弃一个组件的成本为 20 美元，废弃一个零件的成本为 2 美元
总预算	213 300	186 566	491 760	

C.5.2 分析过程

完成维修级别分析需要根据系统操作要求、维护概念和程序计划来表示所评估的项目。在这种情况下，假设系统 XYZ 安装在飞机中。当需要维护操作时，飞机内部具有内置测试功能，允许人们将故障隔离到单元 A、单元 B 或单元 C。拆除使用中的单元，更换为备用的，故障物品被运送到中级维修店进行纠正性维护。在维护车间，故障以单元进行隔离直到维护至装配级别。拆除故障组件，更换备件，然后检查设备并作为备用设备返回到库存。基本问题在于装配的处置。

在解决这个问题时，第一步是对装配 A‑1 作为一个单独的实体进行修复水平分析。随后，必须在整体的背景下看待这部分分析的结果；即包括组件 A‑2，A‑3，…，A‑15 的类似分析的结果，以及单元 A 和单元 C 的适用组件。单个装配分析、单元级分析以及整个系统的整体维护概念通常存在反馈效果。

为了完成装配 A‑1 的修复水平分析，提供以下信息：

（1）系统 XYZ 安装在 60 架飞机中，每架飞机在 8 年时间内分布在 5 个作业现场。系统利用率平均为每天 4 小时，所有系统的总运行时间为 452 600 小时。

（2）如前所述，系统 XYZ 包括 3 个单元：单元 A、单元 B 和单元 C。单元 B 包括 15 个组件，其中一个是组件 A‑1。如果组件设计为可修复的，则组件 A‑1 的估计购置成本（包括设计开发成本和生产成本）为每个 1 700 美元，如果组件设计为在故障时丢弃的，则每个为 1 600 美元。可修复性设计考虑了诊断规定、可访问性、内部标签等综合因素，这在设计和生产成本方面往往更加昂贵。

（3）组件 A‑1 的估计故障率（或校正维护率）为每小时系统运行 0.000 45 次故障。发生故障时，由单个技术人员完成维修，该技术人员在分配的有效维护时间内分配。估计的维修停机时间为 3 小时。对于中级维护，装载的人工费为每工时 20 美元，而对于基于级别的维护则为每工时 30 美元。

（4）供应支持包括 3 类成本：库存中备件组件的成本、用于修复故障组件的备件组件的成本，以及库存管理和维护的成本。假设在中间层进行维护时，库存中将需要 5 个备用组件，并且在仓库级别完成维护时将需要 10 个备用组件。对于组件备件，假设每次维护操作所消耗的材料的平均成本为 50 美元。假设库存维护成本估计为库存价值的 20%（装配和零部件备件成本的总和）。

（5）完成装配修复后，需要通过特殊的测试和支持设备进行故障诊断和装配检查。每个测试站的成本为 12 000 美元，其中包括购置成本和摊销维护成本。该成本是总成本的一部分，是因组装 A‑1 的维护要求而产生的，并且中级维护需要 5 个测试站。

（6）当在中间水平完成维护时，运输和处理成本被认为是微不足道的。但是，在仓库级别完成的装配维护将涉及大量的运输。对于仓库维护，假设每单程行程每 100 磅 150 美元（与距离无关），并且包装组件重 20 磅。

（7）装配 A－1 时和维护设施相关的成本按照初始固定成本和与设施利用要求成比例的持续经常性成本进行分类。初始固定成本为每次安装 1 000 美元，假设的使用成本分配为中间级每个直接维护工时 1.00 美元，仓库级每个直接工时 1.50 美元。

（8）技术数据和维护软件要求包括包含在技术手册中以支持装配维修活动的维护说明，以及涵盖现场每个维护操作的故障报告和维护数据。假设准备和分发维护指令（以及支持计算机软件）的成本为 1 000 美元，现场维护数据的成本为每次维护操作 25 美元。

（9）在考虑装配修理选项时，维护人员会有一些初步的正式培训费用。假设 30 个学生日进行中级维护（总共 5 个站点）的正式培训，用 6 个培训日进行基地级维护。培训费用为每学生每天 150 美元。由于减员或更替重新培训的要求可忽略不计。

（10）如果进行维护，再利用/回收材料会有所要求。假定的处置成本为每个组件 20 美元，每个部件 2 美元。

目标是根据提供的信息评估装配 A－1。组装 A－1 是否应设计用于：①维修的中间维修；②维修站维修；③故障时丢弃？

C.5.3　分析结果

表 C.3 给出了一个工作表，其中包含了对装配 A－1 的评估结果。根据显示的信息，建议在维修站维修时修理组件。

然而，在做出最终决定之前，应该根据"高成本"贡献者和各种输入因素的敏感性来审查表 C.3 中的数据。一些初步假设可能对分析结果产生很大影响，可能需要重新考虑。分析师还有可能会希望查看涵盖可靠性、可维护性和一些输入成本因素的预测数据的来源。

考虑到 A－1 组件的维修政策，决定是根据其"孤立"意义上的评估来验证的（即需要根据表 C.3 中的单个分析的结果作出决定），那么必须根据系统 XYZ 的其他组件和维护概念来审查此决策。表 C.4 反映了 B 单元中每个主要组件完成的单个修复水平分析的结果。用于评估组件 A - 2~A - 15 与用于组件 A - 1 的方法相同。

表 C.4 修理水平判断总结

组件编号	维修政策			决定
	中转站维修/美元	仓库维修/美元	弃置维修/美元	
A - 1	213 300	186 566	491 760	维修——仓库
A - 2	130 800	82 622	75 440	丢弃
A - 3	215 611	210 420	382 452	维修——仓库
A - 4	141 633	162 912	238 601	维修——中转站
A - 5	132 319	98 122	121 112	维修——仓库
A - 6	112 189	96 938	89 226	丢弃
A - 7	125 611	142 206	157 982	维修——中转站
A - 8	99 812	131 413	145 662	维修——中转站
A - 9	128 460	79 007	66 080	丢弃
A - 10	167 400	141 788	314 560	维修——仓库
A - 11	185 850	142 372	136 740	丢弃
A - 12	135 611	122 453	111 502	丢弃
A - 13	105 667	113 775	133 492	维修——中转站
A - 14	111 523	89 411	99 223	维修——仓库
A - 15	142 119	120 813	115 723	丢弃
政策成本	2 147 905	1 920 808	2 679 555	维修——仓库

如表 C.4 所示，有两个主要选择：①对每个组件采用单独的修复策略（即"混合"整体策略）；②对所有组件采用统一的总体策略最低总政策成本（即在仓库维修）。必须根据发生的反馈效应、生命周期成本影响和相关风险来审查这两个选项。

图 C.14 说明了此处讨论的基本过程。有许多候选项目可以根据修复与丢弃决策进行评估。通常，这些决定会基于非经济标准。在中间层修理项目可能在技术上不可行。安全标准和/或对专用维修设施的需求决定了必须在仓库级别完成维修。产品的专有方面要求，物品必须在生产者的工厂（即仓库）修理物品。本例中使用的方法涉及经济评估可行的那些组件。如图所示，有些决策最初可能是明确的，还有其他决策需要进行更深入的分析。

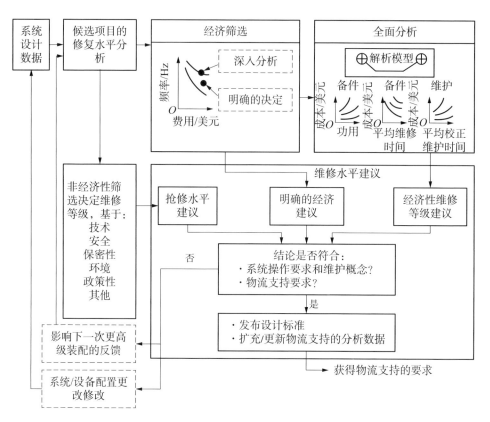

图 C. 14   维修分析过程的水平

C.6   替代品的设计评价

C.6.1   问题描述

公司 DEF 负责主要系统的设计和开发，而主要系统又包括许多大型子系统。子系统 XYZ 将从外部供应商采购，有 3 种不同的配置被评估用于选择。每种配置代表现有的设计，需要进行一些重新设计和额外开发以便与新系统的要求兼容。评估标准包括各种参数，如性能、可操作性、有效性、设计特征、时间表和成本。评估过程中包括定性和定量考虑因素。

C.6.2　分析过程

分析师从开发评估参数列表开始，如表 C.5 所示。在这种情况下，没有单一的参数（或品质因数）本身是合适的，但有 11 个因素必须在综合的基础上考虑。给定评估参数，下一步是确定每个参数的重要程度。根据重要程度为每个参数分配从 0~100 的定量加权因子。德尔菲方法或等效评估技术可用于建立加权因子。所有加权因子的总和为 100。

对于表 C.5 中确定的 11 个参数中的每一个，分析人员可能希望制定一个特殊检查表，其中包括评估三种提议配置的标准。例如，参数"性能"可以根据需要程度来描述，即"非常需要""理想的"或"不太理想的"。尽管每种配置都必须符合最低要求，但在考虑提出的性能特征时，前者可能比后者更令人满意。即，分析师应该将每个评估参数分解为"良好水平"。

子系统 XYZ 的三个建议配置，每一个都使用特殊检查标准独立评估。根据与期望目标的兼容程度，应用 0~10 的基本评级值。如果实现"非常期望的"评估，则分配等级 10。

基本速率值乘以加权因子以获得分数。然后通过添加每个配置的分数来确定总分。由于在每种情况下都需要进行重新设计，因此为了满足给定条件，应用特殊的降额因子来弥补失败风险。评估的结果值总结在表 C.5 中。

C.6.3　分析结果

在表 C.5 中，配置 B 代表首选方法，最高总分为 730 分。建议根据其与性能、可操作性、有效性、设计特性、设计数据等相关的固有特性来配置此配置。

C.7　生命周期成本分析

C.7.1　问题描述

大都市区需要新的通信系统网络功能（即系统 XYZ）来实现每个节点和所有以下节点之间的日常活动通信：①位于城市中心的集中运营终端在市中

心；②位于城市郊区的三个偏远地区运营设施；③50 个地面车辆在城市内巡逻，30 英里范围内；④五架直升机在低空飞行，在 50 英里范围内飞行；⑤三架低空飞行器，射程 200 英里；⑥位于市郊的集中维修设施。网络需要启用"实时"双向语音和数据通信，每天 24 小时，并且在其所有分支中以及所请求的任何一个所述节点。

为响应这一新的系统要求，已完成需求和可行性分析，已启动征求建议书，两个潜在供应商已作出回应，每个供应商都采用不同的设计方法。目标是基于系统生命周期成本（LCC）评估两个供应商提案并选择优选方法（即配置 A 或配置 B）。

表 C.5 评估总结（三个备选方案）

项目	评估参数	权重	配置 A		配置 B		配置 C	
			基准值	分数	基准值	分数	基准值	分数
1	性能——输入、输出、精确度、范围、兼容性	14	6	84	9	126	3	42
2	可操作性——操作简单、容易	4	10	40	7	28	4	16
3	有效性——运营可用性、平均维护时间、平均校正维护时间、平均预防性维护时间、平均停机时间、平均维护工时/运行时间	12	5	60	8	96	7	84
4	设计特征——可靠、可维修、人为因素、可支持、可生产、可替换	9	8	72	6	54	3	27
5	设计数据——设计图纸、说明书、物流数据、操作及维护步骤	2	6	12	8	16	5	10
6	测试辅助工具——常见及标准测试设备、校准标准、维护及诊断的计算机程序	3	5	15	8	24	3	9
7	设备及公共设施——空间、重量、体积、环境、功率、供暖、供水、空调	5	7	35	8	40	4	20

456

项目	评估参数	权重	配置 A		配置 B		配置 C	
			基准值	分数	基准值	分数	基准值	分数
8	备用/维修部件——部件类型和数量、标准件、采购时间	6	9	54	7	42	5	30
9	机动性/增长潜力——部件类型和数量、标准件、采购时间	3	4	12	8	24	6	18
10	进度表——研发、生产	17	7	119	8	136	9	153
11	成本——生命周期（研发、投资、运行与维护）	25	10	250	9	225	5	125
小计				753		811		534
减免因素（发展风险）				113		81		197
				15%		10%		20%
总计		100		640		730		427

C.7.2 分析过程

附录 B 中详细讨论了生命周期成本分析（LCCA）过程。这里的目的是进一步说明该过程，涵盖不同的系统。

完成 LCCA 的第一个主要步骤是建立关于系统操作要求、维护概念、主要 TPM 要求和顶层功能分析的良好基线描述，并在生命周期的框架下提出这些要求（见附录 B 的 B.1.1 节）。所提出的通信网络生命周期计划（即系统 XYZ）如图 C.15 所示。

根据计划的项目阶段，下一步是描述系统生命周期每个阶段的基本活动，制定成本分解结构（CBS），估算每个计划活动的成本，并对每年的活动成本进行分类。CBS 的适用类别（见附录 B 的 B.1.3~B.1.4 节）。通信网络适用的 CBS 如图 C.16 所示。

然后结合年度通货膨胀的影响开发配置 A 和配置 B 的成本概况（见附录 B 的 B.1.6 节）。同时，计算现值成本，以便在经济等效的基础上评估可比替代方案。此 LCCA 工作假定资本成本为 6%。等效配置文件如图 C.17 所示。

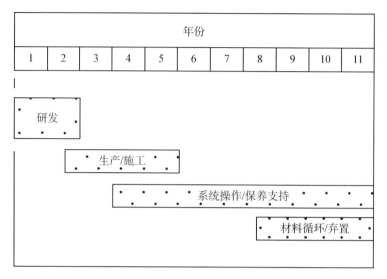

图 C. 15　系统 XYZ 的生命周期计划

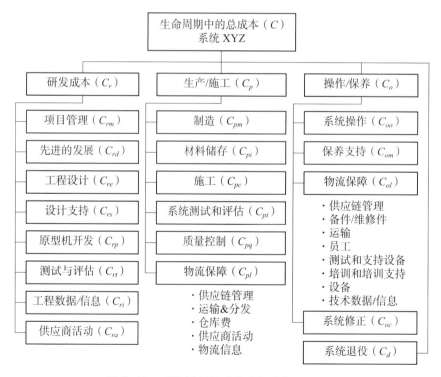

图 C. 16　系统 XYZ 的成本分解结构（CBS）

项目生命周期/年	生命周期/年											总计/美元
	1	2	3	4	5	6	7	8	9	10	11	
配置A												
研发（C_r）	615 725											1 236 837
生产/施工（C_p）		364 871	935 441	985 911	986 211	448 248	465 660	483,945	503 122	523 297	544 466	3 272 434
操作/保养（C_o）				179 203	207 098			27 121	41 234	45 786		3 355 039
系统退役（C_d）												114 141
总计/美元	615 725	985 983	935 441	1 165 114	1 193 309	448 248	465 660	483 945	530 243	564 531	590 252	7 978 451
现值成本/美元 −6%	580 875	877 525	785 396	922 887	891 760	316 015	309 770	303 627	313 851	315 234	310 945	5 927 885
配置B												
研发（C_r）	545 040											1 106 263
生产/施工（C_p）		561 223	961 226	982 817	987 979	456 648	472 236	592 717	613 005	625 428	650 342	3 311 141
操作/保养（C_o）				192 199	225 268			20 145	35 336	45 455	50 816	3 827 843
系统退役（C_d）												151 752
总计/美元	545 040	940 342	961 226	1 175 016	1 213 247	456 648	472 236	612 862	648 341	670 883	701 158	8 396 999
当前价值成本−6%/美元	514 191	836 904	807 045	930 730	906 659	321 937	314 089	384 510	383 621	374 621	369 370	6 143 809

图 C.17　系统 XYZ 的生命周期成本概况

　　根据图 C.17 所示的结果，配置 A 似乎是首选方法，因为 9 927 885 美元的现值成本低于其他配置的成本。问题是配置可以好到什么程度？这个配置在什么时间点假设一个优先点合适？应该指出的是，如果只考虑购置成本（即 C_r 和 C_p 类别），似乎应该优先选择配置 B（B 为 4 417 404 美元，A 为 4 509 271 美元）。但是，从整体 LCC 来看，配置 A 是最好的。

　　相对于偏好时间（即，当 A 假定为偏好点时，见附录 B 的 B.1.11 和图 B.15），分析师进行了盈亏平衡分析，如图 C.18 所示。从图中可以看出，配置 A 在预计生命周期的大约 7 年 7 个月点处占据有利位置。在这种情况下做出决定对于选择配置 A 来说足够早了。

　　选择配置 A 作为替代方案的首选之后，下一步是进一步评估构成此配置的 7 970 451 美元的成本，确定高成本贡献者、因果关系以及评估系统 XYZ 设计，从而确定是否可以实施改进使 LCC 整体减少。图 C.19 显示了此配置的成本突破。

　　例如，参考图 C.18，注意与后勤支持活动相关的成本（即 C_{pl} 和 C_{ol}）占总数的 21.38%。在此范围内，备件/维修部件和运输的类别代表 C_{ol} 类别下的高成本贡献者（分别为 4.57% 和 3.73%）。此外，C_{pl} 类别内的运输和分销成本也相对较高（2.75%）。通过重新评估基本设计配置，改进某种形式的可靠性可以减少对备件/维修部件的广泛要求，特别是对于具有相对高故障率的关

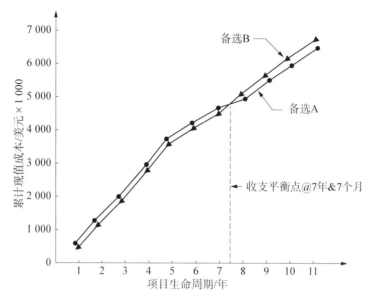

图 C.18　系统 XYZ 的盈亏平衡分析

键物品。对于运输，可以重新包装系统的元素来改进设计中的内部运输属性，或者选择仍将满足指定 TPM 整体系统的要求，但总体成本较低的替代运输模式。

C.7.3　分析结果

通过迭代实施该过程，经验表明通常可以实现重大的系统设计改进。应该指出的是，通过改善一个关注领域可能会改善另一个领域。例如，如果可以在备件/维修部件区域（在类别 C_{ol} 内）进行改进，也可能导致维护支持成本（类别 C_{om}）的总体降低。在整个分析过程中可能会发生许多相互作用，必须确保任何特定区域的改进不会导致其他区域的显著退化。

对于系统 XYZ，最初选择配置 A，然后通过迭代的分析过程进行设计改进，从而进一步降低与所选配置相关的预计生命周期成本。

费用类别	费用/美元（未打折）	百分比 /%
1. 研发（C_r）	1 236 660	15.50
a. 项目管理（C_{rm}）	79 785	1.00
b. 先进的发展（C_{rd}）	99 731	1.25
c. 工程设计（C_{re}）	276 852	3.47
d. 设计支持（C_{rs}）	193 876	2.43
e. 原型机开发（C_{rp}）	89 359	1.12
f. 测试与评估（C_{rt}）	116 485	1.46
g. 工程数据 / 信息（C_{ri}）	75 795	0.95
h. 供应商活动（C_{ra}）	304 777	3.82
2. 生产 / 施工（C_p）	3 272 762	41.02
a. 制造（C_{pm}）	1 716 166	21.51
b. 材料储存（C_{pi}）	453 176	5.68
c. 施工（C_{pc}）	95 741	1.20
d. 系统测试和评估（C_{pt}）	228 184	2.86
e. 质量控制（C_{pq}）	76 593	0.96
f. 物流保障（C_{pl}）	702 902	8.81
（1）供应链管理	39 892	0.50
（2）运输和分发	219 408	2.75
（3）仓库费	168 345	2.11
（4）供应商活动	263 289	3.30
（5）物流信息	11 968	0.15
3. 操作 / 保养（C_o）	3 354 939	42.05
a. 系统操作（C_{oo}）	1 458 461	18.28
b. 保养支持（C_{om}）	768 325	9.63
c. 物流保障（C_{ol}）	1 002 891	12.57
（1）供应链管理	79 785	1.00
（2）备件 / 维修件	364 615	4.57
（3）运输	297596	3.73
（4）员工	153 984	1.93
（5）测试和支持设备	46 275	0.58
（6）培训和培训支持	24 733	0.31
（7）设备	20 744	0.26
（8）技术数据 / 信息	15 159	0.19
d. 系统修正（C_{oc}）	125 262	1.57
4. 系统退役（C_d）	114 092	1.43
累计	7 978 451	100.00

图 C.19 成本分解结构摘要

C.8 组织结构对发展的影响

C.8.1 问题描述

GHI 公司正在响应 RFP，开发一种商用、坚固耐用且由便携式电池或着陆期间部署的太阳能电池阵列供电的无人机。无人机必须包含带有"Home"选项的集成 GPS 传感器。此外，它必须接受来自地面遥控单元和嵌入式车载计算机的指令，这些指令是对无人机传感器刺激的响应。为了获得最佳图像，无人机必须使用陀螺仪、磁力计和加速度计在三个轴上稳定。无人机将包括一个内置的视频和图片相机。无人机上携带的传感器和摄像机需要将操作控制命令传输到仪器。

公司必须从技术和组织的角度确定三种候选设计架构的优势和劣势。架构之间的主要区别在于热机械和数据通信功能的分配。该公司的部门组织结构如图 C.20 所示。为了成功响应 RFP，公司必须选择三种架构方法之一或变体，并演示该选择如何与其组织结构良好契合。

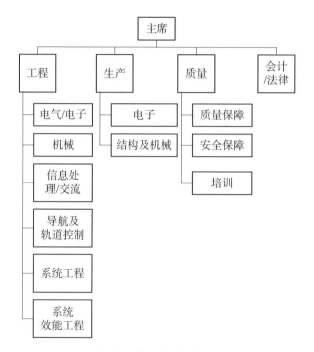

图 C.20　典型线路结构组织

C.8.2　分析过程

公司必须分析三种架构中的每一种来确定哪种架构在其线结构组织结构中最具技术可行性。线组织由公司中不同级别之间的直接垂直关系组成。这种结构简化了权限、责任和问责制，有助于快速做出决策。缺点是这种方法会导致关键人物承受过大压力。生产线组织最适合小公司，但随着公司规模扩大可能会失效。

该公司的建议基于以前的遥控商用无人机上的丰富经验。但是，公司缺乏一些新领域的专业知识。此外，必须支持仪器和无人机支持组件（来自第三方供应商的"黑盒子"）并保护其免受环境条件的影响。

在对 RFP 附带的操作概念进行一些分析之后，GHI 公司的工程师创建了表 C.6 来描述无人机的功能特性。图 C.21 是 RFP 中提供的功能流程图的补充。

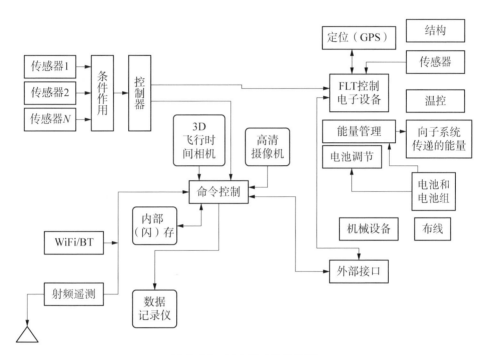

图 C.21 无人机功能流程图

表 C.6 无人机功能的描述

功能类别	目标/要求/实施
仪表支持	支持六种仪器，包括足够的能量、调节和数据速率。 物理支持：为电子设备和天线提供机械支持
信息传递	通过实时和机载存储记录将数据传输到地面。 接收来自地面的指令用于实时或延迟执行。 支持通过发送和接收编码信号定位无人机
海拔	控制无人机位置保持在地面站的遥控信号内
飞机控制机械	主传感器和摄像机方向。 调整无人机速度和方向。 提供基本结构以支持所有组件，包括照相机和天线。

(续表)

功能类别	目标/要求/实施
	提供附件、电缆运行和其他子系统组件支持能力。
	为折叠元件提供展开装置。
	在集成、测试和启动过程中，提供对所有组件的组装/拆卸的访问权限。
	提供控制头分布、维持电气和机械元件所需温度的功能
动力	为电子元器件和子系统提供电源。
	在瞬态的限制范围内，将输出功率调节到所需的电压和电流范围。
	需要时提供电池电量以及通过太阳能电池板或能量收集器为电池充电

经过冗长的内部公司讨论、咨询各种外部专家，GHI 公司确定了三种候选架构作为实施无人机项目的最佳方式。不同的体系结构反映了实现相同功能的不同方式，举例如下：

（1）传感器集线器可以连接到飞行控制和命令控制子系统。另外，每个子系统可以具有自己的传感器。

（2）飞行控制可以是可编程 SoC 或处理器。FC 子系统可能包括单芯片 IMU：3 轴加速度计，3 轴陀螺仪，3 轴磁力计。可能有压力/温度传感器充当高度计并连接到 GPS 芯片。

（3）命令控制子系统可能是嵌入式处理器，其 GPU 充当视频流的协处理器。命令控制子系统控制 WiFi/BT 以及 RF 遥测。

（4）机械设备包括风扇和其他结构的伺服系统。

以下是每个候选架构的功能流程图，基于 RFP 提供的原始图表（见图 C.21）。

架构一，如图 C.22 所示，在系统级提供更多的子系统可见性，并提供更集成和一致的电气设计控制的潜力。但是这种方法可能需要过多的管理人员和对大多数子系统的监督。

架构二（未示出）在大多数方面类似于架构一，除了两个功能分组。在架构二中，"数据记录器"功能与"命令和数据存储"子系统（#1）分开，而"布线"已成为"电子电源和电缆"子系统（#4）的一部分。

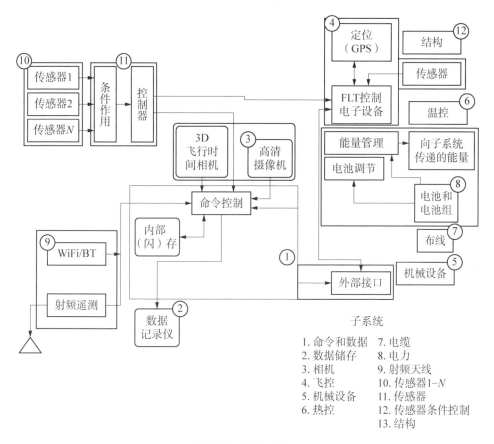

图 C.22　候选结构一

子系统

1. 命令和数据　　7. 电缆
2. 数据储存　　　8. 电力
3. 相机　　　　　9. 射频天线
4. 飞控　　　　　10. 传感器1–N
5. 机械设备　　　11. 传感器
6. 热控　　　　　12. 传感器条件控制
　　　　　　　　　13. 结构

架构二提供了更垂直的结构，子系统更少，从而提供了比架构一更多的功能可见性。但是，只有在功能实现是"现成的"或经过验证的先前已经过一起测试的传统了系统时，架构二中的方法才有效。

架构三，如图 C.23 所示，提供了与公司组织结构的良好一致性，即电气、机械、飞行（或指导）控制和信息处理（数据采集）。遗憾的是，对功能系统的可见性很小。这使得它成为搭载新功能的复杂系统的架构选择中的一个糟糕选项。

C.8.3　分析结果

经过仔细研究，公司 GHI 决定采用图 C.24 的修改版本二，它分离了命令

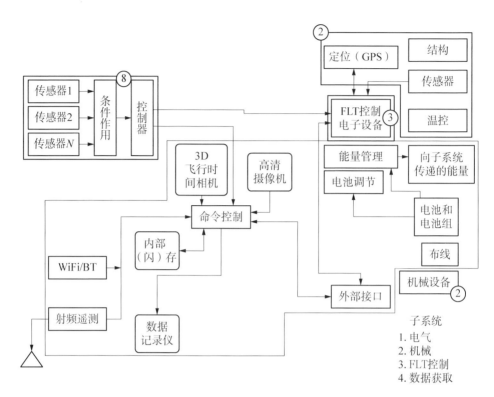

图 C.23　候选结构三

和数据记录功能，并重组了传感器调节控制功能。为了充分了解公司以前未实施的新功能和设计，这种分离是有必要的。这些新功能包括如下几个：

（1）将部分数据收集到板载数据记录器上，但将大部分数据移至云端。

（2）增加太阳能电池阵列的能源收获。

（3）在硬件中实现一些"外部接口"而不是软件（如附录 C 中的硬件-软件 UART 实现示例）。必须仔细考虑功耗和重量。

从与公司的生产线结构保持一致这个方面来看，架构二的修改版本与公司设计工作的方式相匹配。主要区别在于结合了云（通过 WiFi/BT 和遥测接口与基本电信）连接和能量采集器，使用云连接是为了添加更多软件（与 UART 一样，但也增加了 API 和实时操作系统的使用），使用新的传感器集线器（单个单元）。所有这些元素都可以在现有的组织结构内进行处理，例如，如果将软件交由电气集团完成并进行一部分外包工作。

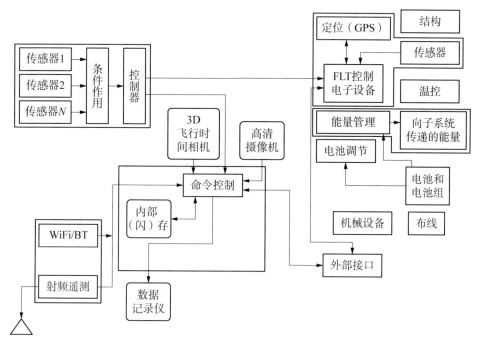

图 C. 24 架构二的修改版本

C. 9 硬件实施对比软件实施

C. 9. 1 问题描述

嵌入式电子领域的初创公司需要决定是使用硬件还是软件来实现子系统设备之间的接口。一个设备是模拟传感器集线器，用于收集环境数据。该器件由一系列低带宽传感器、模数转换器和多路复用器组成，可将所有单个数据组合到一个通道中，如图 C. 25 所示。主要的设计问题是应用程序使用非常少的功率，因为传感器在现场并使用电池电源和能量采集器运行。

另一个设备是连接到网络的简单数字微控制器。相对较低的带宽数据必须从传感器集线器传递到微控制器。问题是微控制器设备上唯一剩余的输入是一般端口。必须保持整体系统性能并且在已建立的功率预算和区域限制内解决这个接口问题。此接口的成本必须最小，并且对最终产品的交付计划的影响可以

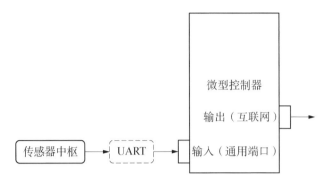

图 C.25 "传感器集线器"到"微控制器"接口的框图

忽略不计。

系统工程师和项目经理都认为，最佳技术和程序化解决方案是使用微控制器和微处理器之间的简单串行协议实现接口，即利用通用异步接收器/发送器（UART）。该接口规范好懂、价格低廉且容易获得。此外，UART 是两个数字系统进行通信的最简单方式，无需匹配其系统时钟速率。

要做出的关键决定是在软件还是硬件中实现这种接口功能。在做出决定之前，将考虑每种方法的利弊。

C.9.2 分析过程

从系统工程师的角度来看，必须根据功率、性能和面积等关键技术参数来确定接口设计。同时，项目经理将更关注这个附加功能对过度系统的成本和交付时间表的影响。

乍一看，系统工程师想知道为什么需要新的接口，为什么不简单地使用许多微控制器芯片上提供的 UART 端口？与首席设计师的讨论表明，所有其他端口已经在使用中。设计人员指出，即使 UART 端口可用，也可能在位数、奇偶校验功能或输入和输出缓冲器上，不符合传感器集线器的输出规格。建议设计人员编写一个程序将微控制器的通用输入端口更改为 UART 特定接口，这是确保解决任何特定串行协议的更灵活方式。

将微控制器编程写入微控制器的另一种方法是在传感器集线器和微控制器之间插入一个小型专用 UART 芯片（见图 C.25）。系统工程师必须决定是使用软件还是硬件方法来添加必要的 UART 接口。他首先列出了两种替代解决方案之间的一般优缺点，如表 C.7 所示。

表 C.7　硬件或软件应用于简单数据接口的常见优/缺点

	（专用）硬件	软件
优点	（1）通常比软件拥有更快的速度和带宽。 （2）从串行协议的低级细节中释放微控制器，如位采样、时隙计数以及输入和输出位位移	（1）适用于低性能应用，其中系统 ROM 大小和带宽不消耗关键微控制器的时间和资源。 （2）更灵活及更强的适应性，即，可以更新协议的任何方面以跟上其他设备的变化或不断发展的标准。 （3）只要不需要更多内存，就无须额外的区域
缺点	（1）灵活性较软件差。 （2）可能需从系统中获取更多的能源	（1）不适合高性能应用。 （2）通常较硬件更慢

权衡分析必须解决电力消耗、接口数据速率性能和印刷电路板面积三个关键技术领域，以及成本和任何进度影响。通常，微控制器在尽可能低的功耗下进行了优化以实现高性能。单独的专用 UART 芯片可以使其免于运行额外的串行通信，从而有助于提高微控制器的性能。但是，单独的芯片会占用额外的电路板空间并增加功耗。如图 C.26 所示，功率和尺寸的增加值得吗？

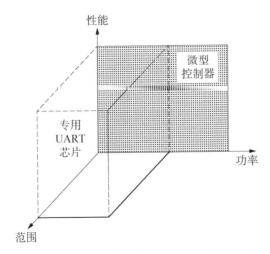

图 C.26　性能功率区轴微控制器与专用串联接口芯片

在功率方面，比较软件和硬件实现中 UART 功能所需的处理能力是有必要的。与任何集成电路一样，功率取决于执行软件代码所需的时钟周期。典型的 UART 程序在每个接收/发送周期总共包含少于 500 行代码（LoC）。对于低数据（或低波特率）速率应用，只要 UART 软件具有"睡眠模式"，就可以实现极少的额外功耗，因此例程不会连续运行，而是仅在需要时运行。

让我们考虑一下基于微控制器的软件 UART 的一些性能问题。微控制器是一款价格低廉的 16 位器件，工作电压为 5 伏，包含 15 个端口引脚，但没有内置 UART。该器件还包含一个周期定时器，它是生成接口发送和接收状态机所需的中断所必需的。不幸的是，只有一个定时器，它将软件 UART 限制为半双工实现；即接口数据只能在不同时间发送或接收，而不是同时发送或接收。不过这应该不是问题，因为我们的 UART 应用程序是以相对较低的带宽运行的传感器数据。

最坏的情况是，适用于连续发送或接收字符的中断软件代码路径是 19 个指令周期。对于 UART 使用的带宽，根据波特率，较差情况带宽估计值从 5%（9600 波特）到 31%（57600 波特）不等。一旦字符完成传输，UART 程序将关闭，从而允许微控制器在不中断的情况下运行其他程序，直到下一个字符传输开始。

如表 C.2 所示，软件 UART 接口将消耗硬件资源。为了确定硬件对性能的影响，系统工程师必须确定微控制器所需的计算时间百分比。计算时间取决于代码的大小和复杂性，系统只读存储器大小和设备带宽。但低性能 UART 应用对整个微机性能的影响可以忽略不计。

独立的外部 UART 芯片最适合高性能应用。将额外的芯片添加到印刷电路板需要额外的空间、功率和设计时间。它通常是一种昂贵的添加，增加了比通常所需更多的功能。尽管如此，专用 UART 芯片可能仍然是针对高性能应用的最佳方法，尤其是在那些会消耗微控制器主处理器大量计算周期的应用中。此外，UART 软件的高功耗意味着在微控制器上运行的其他更重要的程序可能会受到负面影响。在独立的专用 UART 芯片中使用任何接口是为了将微控制器从串行协议的低级细节中解放出来。

C.9.3 分析结果

权衡研究的任务是权衡每个实现的优缺点与项目特定的应用程序，如表 C.8 所示。在这种情况下，应用程序是来自传感器集线器的低数据速率接口，必须输入到微控制器。

表 C.8 硬件和软件 UART 应用于简单数据接口在性能、功率、区域、程序的成本及预定计划方面的优/缺点

项目	（专用）硬件 UART	（微型控制器上的）软件 UART
性能	用于握手的微控制器的接口代码很短，通常为 50 字节	通常，运行 UART 软件需要 200~500 个字节的代码。这超过了较小微控制器的存储器（ROM）的大小
能量	由于传输之间的"休眠"，UART/微控制器的组合可能比微控制器消耗更少的能量	如没有"睡眠"模式，则可能会导致系统能耗过高
领域	从较旧的大的型号到较新的微型版本，UART 各不相同	无须额外硬件（假设定时器可用）
费用	（1）大型 BOM，以每个单位计算成本。 （2）典型的硬件成本。 （3）如使用微型版，则可能会更贵。 （4）可能需重做 CAD 板图	取决于 UART 接口（最终应用）的复杂性，程序员的经验，知识产权的使用和测试
进程	取决于成本问题和设计师/测试人员的可用性	取决于可用的程序员以及 UART 软件的开发是外包还是作为第三方 IP 获得

虽然可以像在 C.6 节（替代品的设计评价）中那样构建简单的权衡评估摘要，但这不是必需的。现有的微控制器硬件可以与其他软件结合使用处理来自传感器的低速数据。由于它是低性能应用，因此微控制器的功耗会小于或等于专用 UART 芯片的功耗。此外，软件使用不需要额外的板空间。最后，开发 UART 程序不需要额外的编程技能，因为经过充分测试，通常已经可用。

附录 D 设计审查清单

第 5 章详细介绍了"设计审查"的主题。本章罗列了在整个系统设计和开发过程中指定阶段进行非正式的日常审查和正式的设计审查的主要指导原则。目的是确保设计在系统生命周期的任何阶段都与最初规定的要求完全一致。

通过开发一个或多个定制的"清单",通常可以促进任何给定设计评审的进行。这些清单通常包括与系统配置"内置"（固有的）特征相关的问题。例如，在系统开发的早期阶段，是否已经完成了可行性分析或功能分析？之后，在审查设计的详细特征时，是否可能会提出在设计中纳入可访问性规定或标准化要求的问题？或者，是否已核实所有软件要求？等等。

本附录的目的是提供一些可能与您的特定设计相关的典型问题。内容包括（见下面的指定网站）359 个具体问题，分为 43 个不同类别。虽然可能存在许多与您的特定系统设计相关的不同问题，但建议您在网站上查看这些问题，内容包括（http：//mccadedesign. com/bsb/SEM-AppendixD/）359 个具体问题，然后开发自己的检查清单，"量身定制"适用于需要设计审查的相关系统。

附录 E 供应商评估清单

第6章（见6.3节）对"外包"要求的确定和系统"供应商"的识别作出了详细介绍。作为供应商选择过程的一部分，制定一份清单（以类似于附录4的设计审查清单）以便于评估工作是有必要的，尤其是当两个或更多供应商正在考虑具体项目活动时。问题的关键是确保将供应商的正确数量和（或）质量作为"组织"团队的一部分。

本附录的目的是提供一些可能对您的特定组织有用的典型问题。内容包括（参见下面的指定网站）30个组合问题，分为4个主要类别。目的是酌情应用各项问题，帮助评估潜在供应商的背景、经验和能力，从而进行最终选择。虽然可能有许多与您的特定计划相关的不同问题，但建议您在网站上查看内容包括（http：//mccadedesign. com/bsb/SEM-Append ixE/）30个组合问题，然后根据相关计划（及其要求）"量身定制"自己的清单。

附录 F　精选参考文献

在研究系统工程时，我们不仅应熟悉该领域的现有文献，还应熟悉与之直接相关的一些主题领域。从本质上讲，系统工程是高度跨学科的，如想在这一领域有所突破并实现本书提出的目标，就必须在与之密切相关的其他领域深入学习。鉴于此，本书精选了以下各领域的参考文献：

（1）系统、系统分析和系统工程。

（2）并行和同步工程。

（3）软件和计算机辅助系统。

（4）可靠性工程。

（5）维修性工程与维护。

（6）人为因素、安全和安保工程。

（7）后勤、供应链管理和可支持性。

（8）生产、制造和质量控制与保证。

（9）运筹学与运营管理。

（10）工程经济与全寿命周期成本分析。

（11）管理和支持领域。

需要说明的是，在编写书目时，我们常常因遗漏一些内容而感到内疚。尽管如此，我们仍试图在该领域提供一些额外的引导。

1）系统、系统分析和系统工程

[1] Ackoff, R. L., S. Gupta, and J. Minas, *Scientific Method: Optimizing Applied Research Decisions*, John Wiley & Sons, Hoboken, NJ, 1962.

[2] ANSI/GEIAEIA‐632. *Processes for Engineering a System*. Electronic Industries Alliance (EIA). Arlington, VA, September 2003.

[3] Blanchard, B. S. *System Engineering Management*, 5th ed. John Wiley & Sons, Hoboken,

NJ, 2016.

[4] Blanchard, B. S. , and W. J. Fabrycky. *Systems Engineering and Analysis*, 5th ed. Prentice Hall, Upper Saddle River, NJ, 2011.

[5] Boyd, D. W. *Systems Analysis and Modeling: A Macro-Micro Approach with Multidisciplinary Applications.* Academic Press, San Diego, CA, 2000.

[6] Buede. D. M. *The Engineering Design of Systems: Models and Methods*, 2nd ed. John Wiley & Sons, Hoboken, NJ, 2009.

[7] Eisner, H. *Essentials of Project and Systems Engineering Management*, 3rded. John Wiley & Sons, Hoboken, NJ, 2008.

[8] GEIAEIA – 731 – 1. *Systems Engineering Capability Maturity Model (SECM).* Electronic Industries Alliance (EIA), Arlington, VA, August 2002.

[9] GEIAEIA – 731 – 2. *Systems Engineering Capability Model Appraisal Method.* Electronic Industries Alliance (EIA), Arlington, VA, August 2002.

[10] Grady, J. O. *System Integration (Systems Engineering).* CRC Press, Boca Raton, FL, 1994.

[11] Hitchins, D. K. , *Systems Engineering: A 21st Century System*, John Wiley & Sons, Hoboken, NJ, 2007.

[12] INCOSE-The International Councilon Systems Engineering. *Systems Engineering.* Quarterly Journal, published by John Wiley & Sons, Hoboken, NJ.

[13] INCOSE-The International Councilon Systems Engineering, *INSIGHT.* Quarterly Newsletter, INCOSE, 7670 Opportunity Rd, Ste 220, San Diego, CA92111.

[14] INCOSE – TP – 2003 – 002 – 03. 1. *Systems Engineering Handbook.* International Councilon Systems Engineering, Version 3, (INCOSE), 7670 Opportunity Rd, Ste220, San Diego, CA92111.

[15] ISO/IEC – 15288. *Systems Engineering Systems Life-Cycle Processes.* ISO, Geneva, Switzerland, 2002.

[16] ISO/IEC – 19760. *A Guide for the Application of ISO/IEC*-15288 *System Life-Cycle Processes.* 2004.

[17] Kossiak F. A. , W. Sweet, and S. Seymour, *Systems Engineering: Principles and Practice*, 2nd ed. , John Wiley & Sons, Hoboken, NJ, 2011.

[18] Maier, M. W. , and E. Rechtin. *The Art of Systems Architecting*, 3rd ed. CRC Press, Boca Raton, FL, 2009.

[19] Martin, J. N. *Systems Engineering Guidebook: A Process for Developing Systems and Products.* CRC Press, Boca Raton, FL, 1996.

[20] Pugh, S. *Total Design: Integrated Methods for Successful Product Engineering.* Addison-Wesley Publishing, Reading, MA, 1991 (ISBN100201416395).

[21] Sage, A. P. *Systems Engineering.* John Wiley & Sons, Hoboken, NJ, 1992.

[22] Sage, A. P. , and W. B. Rouse (eds.) . *Handbook of Systems Engineering and Management*, 2nd ed. John Wiley & Sons, Hoboken, NJ, 2014.

[23] Sage, A. P. , and J. E. Armstrong. *Introduction to Systems Engineering.* John Wiley & Sons, Hoboken, NJ, 2000.

[24] Sandquist, G. M. *Introduction to System Science*. Prentice Hall, Upper Saddle River, NJ, 1985.

[25] Warfield, J. N., *An Introduction to Systems Science*, World Scientific Publishing Co., 2006.

[26] Wasson, C. S. *System Analysis, Design, and Development: Concepts, Principles, and Practice*. John Wiley & Sons, Hoboken, NJ, 2005.

2）并行和同步工程

[1] Anderson, D. M. *Design for Manufacturability: How to Use Concurrent Engineering for Rapidly Develop Low-Cost, High-Quality Products for Lean Production*, CRC Press, 2014.

[2] Hartley, J. R. *Concurrent Engineering: Shortening Lead Times, Raising Quality, and Lowering Costs*, Productivity Press, Portland, OR, 1998.

[3] Prasad, B. *Concurrent Engineering Fundamentals: Integrated Product Development*. Pearson Prentice Hall, Upper Saddle River, NJ, 1997.

[4] Shina, S. G. (ed.). *Successful Implementation of Concurrent Engineering Products and Processes*. John Wiley & Sons, Hoboken, NJ, 1993.

3）软件和计算机辅助系统

[1] Boehm, B. W. *Software Engineering Economics*. Prentice Hall, Upper Saddle River, NJ, 1981.

[2] Braude, E. J. and M. E. Bernstein, *Software Engineering, Modern Approaches*, 2nd ed., John Wiley & Sons, Hoboken, NJ, 2010.

[3] IEEE/ElA‐12207. *Information Technology—Software Life-Cycle Processes*. Defense Automated Printing Services, Building4/ D, 700 Robins Ave., Philadelphia, PA.

[4] ISO/IEC15939. *Software Engineering—Software Measurement Process*. 2002.

[5] Jones, C. *Software Assessments, Benchmarks, and Best Practices*. Addison Wesley Longman, Reading, MA, 2000.

[6] Jones, C., *Applied Software Measurement: Global Analysis of Productivity and Quality*, 3rd ed., Mc Graw-Hill, NY, 2008.

[7] Leach, R. *Introduction to Software Engineering*. CRC Press, Boca Raton, FL, 1999.

[8] Mc Connell, S. *Software Project Survival Guide*. Microsoft Press, Redmond, WA, 1998.

[9] Moore, J. W. *The Roadmap to Software Engineering: A Standards-Based Guide*. Wiley IEEE Computer Society Press, Los Alamitos, CA, 2006.

[10] Pressman, R. S. *Software Engineering: A Practitioner's Approach*, 7th ed. Mc Graw-Hill, New York, NY, 2009.

[11] Sage, A. P., and J. D. Palmer. *Software Systems Engineering*. John Wiley & Sons, Hoboken, NJ, 1990.

[12] Schwaber, K. and M. Beedle, *Agile Software Development With Scrum*, Pearson, 2001.

[13] Wiegers, K. E. *Software Requirements*, 2nd ed. Microsoft Press, Redmond, WA, 2003.

4）可靠性工程

[1] *Annual Reliability and Maintainability Symposium (RAMS)*. Proceedings, Sponsored by 10

Technical Societies, Scien-Tech Associates, Inc., P. O. Box 2097, Banner Elk, NC 28604 – 2097.

[2] Dhillon, B. S. *Reliability, Quality, and Safety for Engineers*. CRC Press, P. O. Box 409267, Atlanta, GA, 2005.

[3] IEEE1332 – 1998. *IEEE Standard Reliability Program for Development and Production of Electronic Systems and Equipment*. Institute of Electrical and Electronics Engineers (IEEE), New York, NY, 1998.

[4] IEEE*1413 – 1998*. *IEEE Standard Methodology for Reliability Predictions and Assessment for Electronic Systems and Equipment*. Institute of Electrical and Electronics Engineers (IEEE), New York, NY, 1998.

[5] Ireson, W. G. (ed.). *Handbook of Reliability Engineering and Management*, 2nd ed. Mc Graw-Hill, New York, 1995.

[6] Musa, J. D. *Software Reliability Engineering: More Reliable Software, Faster Development and Testing*. Mc Graw-Hill, New York, 1998.

[7] Nikolaidis, E., D. M. Ghiocel, and S. Singhal. *Engineering Design Reliability Handbook*. CRC Press, Atlanta, GA, 2004.

[8] O' Connor, P. D. T. and A. Kleynar. *Practical Reliability Engineering*, 5th ed. John Wiley & Sons, Hoboken, NJ, 2002.

5）维修性工程与维护

[1] Blanchard, B. S., D. Verma, and E. L. Peterson. *Maintainability: A Key to Effective Service Ability and Maintenance Management*. John Wiley & Sons, Hoboken, NJ, 1995.

[2] Dhillon, B. S. *Engineering Maintenance*. CRC Press, Atlanta, GA, 2002.

[3] Dhillon, B. S. *Maintainability, Maintenance, and Reliability for Engineering*. CRC Press, Atlanta, GA, 2006.

[4] Knezevic, J. *System Maintainability: Analysis, Engineering, and Management*. Chapman and Hall, London, 1997.

[5] Moubray, J. *Reliability-Centered Maintenance*, 2nd ed. Industrial Press, Boca Raton, FL, 1997.

[6] Nakajima, S. *Introduction to TPM: Total Productive Maintenance*. Productivity Press, Portland, OR, 1994.

[7] Borris, S. *Total Productive Maintenance: Proven Strategies and Techniques to Keep Equipment Running at Maximum Efficiencies*, Mc Graw-Hill, NY, 2005.

[8] Wireman, T. *Total Productive Maintenance*, 2nd ed. Industrial Press, Boca Raton, FL, 2003.

6）人为因素、安全和安保工程

[1] Anderson, R. J., *Security Engineering: A Guide to Building Distributed Systems*, 2nd ed., John Wiley & Sons, 2008.

[2] Chapanis, A. *Human Factorsin Systems Engineering*. John Wiley & Sons, Hoboken, NJ, 1996.

[3] Roland, H. E., and B. Moriarity. *System Safety Engineering and Management*, 2nd ed.

John Wiley & Sons, Hoboken, NJ, 1990.

[4] Salvendy, G. (ed.). *Handbook of Human Factors and Ergonomics*, 4th ed. John Wiley & Sons, Hoboken, NJ, 2012.

[5] Sanders, M. S., and E. J. Mc Cormick. *Human Factors in Engineering and Design*, 7th ed. Mc Graw-Hill, New York, 1993.

[6] Tillman, B., P. Tillmin, and R. R. Rose, *Human Factors and Ergonomics Design Handbook*, 3rd ed., Mc Graw-Hill, NY, 2016.

[7] Wickens, C. D., J. Lee, Y. D. Liu, and S. Gordon-Becker. *An Introduction to Human Factors Engineering*, 2nd ed., Pearson Prentice Hall, Upper Saddler River, NJ, 2003.

7）后勤、供应链管理和可支持性

[1] Ballou, R. H. *Business Logistics Management: Planning, Organizing, and Controlling the Supply Chain*, 5th ed. Pearson Prentice Hall, Upper Saddle River, NJ, 2003.

[2] Blanchard, B. S. *Logistics Engineering and Management*, 6th ed. Pearson Prentice Hall, Upper Saddle River, NJ, 2004.

[3] Bowersox, D. J. *Supply Chain Logistical Management*, 3rd ed. Mc Graw-Hill, New York, NY, 2009.

[4] Chopra, S., and P. Meindl. *Supply Chain Management*, 2nd ed. Pearson Prentice Hall, Upper Saddle River, NJ, 2003.

[5] Council of Logistics Engineering Professionals (CLEP), 2521 Trophy Lane, Reston, VA 20191.

[6] Council of Supply Chain Management Professionals (CSCMP). *Logistics Comment*. CSCMP Newsletter, 2805 Butterfield Rd., Suite 200, Oak Brook, IL60523.

[7] Council of Supply Chain Management Professionals (CSCMP). *Annual Conference Proceedings*. CSCML, 2805 Butterfield Rd., Suite 200, Oak Brook, IL60523.

[8] Council of Supply Chain Management Professionals (CSCMP). *Journal of Business Logistics*. CSCMP, 805 Butterfield Rd., Suite 200, Oak Brook, IL60523.

[9] Coyle, J. J., E. J. Bardi, and C. J. Langley. *The Management of Business Logistics*, 7th ed. South-Western Publisher, Mason, OH, 2002.

[10] Frazelle, E. H. *Supply Chain Strategy: The Logistics of Supply Chain Management*. Mc Graw-Hill, New York, 2001.

[11] Jones, J. V. *Integrated Logistics support Handbook*, 3rd ed. Mc Graw-Hill Professional and SOLE Press, New York, 2006.

[12] Jones, J. V. *Support Ability Engineering Handbook: Implementation, Measurement, and Management*. Mc Graw-Hill, New York, NY, 2006.

[13] Reliability Information Analysis Center (RIAC). *Support Ability Toolkit*. Prepared by B. S. Blanchard and J. W. Langford for RIAC, 6000 Flanagan Rd., Suite3, Utica NY 13502 − 1348, 2005.

[14] SOLE— The International Society of Logistics. *Annual Symposium Proceedings*. SOLE, 8100 Profe-ssional Place, Suite111, Hyattsville, MD20785.

[15] Taylor, G. D. (ed.). *Logistics Engineering Handbook*. CRC Press/ Taylor Francis Group, Boca Raton, FL, 2008.

8）生产、制造、质量控制与保证

[1] Breyfogle, F. W. , J. M. Cupello, and B. Meadows. *Managing Six Sigma: A Practical Guide to Understanding, Assessing, and Implementing the Strategy that Yields Bottom-Line Success.* John Wiley & Sons, Hoboken, NJ, 2000.

[2] Cohen, L. *Quality Function Deployment: How to Make QFD Work for You.* Addison-Wesley, Reading, MA, 2001.

[3] Ficalora, J. and L. Cohen, *Quality Function Deployment and Six Sigma*, 2nd ed. Pearson Prentice Hall, 2009.

[4] Fiegenbaum, A. V. , *Total Quality Control*, 4th ed. , Mc Graw-Hill, NY, 2004.

[5] George, M. , D. Rowlands, and W. Kastle, *What is Lean Six* Sigma. Mc Graw-Hill, New York, 2004.

[6] Gryna, F. , *Quality Planning and Analysis: From Product Development Through Use*, Mc Graw-Hill, NY, 2001.

[7] Gryna, F. , R. Chuo, and J. Defeo, *Juran's Quality Planning and Analysis for Enterprise Quality*, 5th ed, Mc Graw-Hill, NY, 2005.

[8] Montgomery, D. C. , *Introduction to Statistical Quality Control*, 7th ed, . John Wiley & Sons, Hoboken, NJ, 2005.

[9] Revelle, J. B, *Manufacturing Handbook of Best Practices: An Innovation, Productivity, and Quality Focus*, St. Lucie Press, Boca Raton, FL, 2001.

[10] Smith, G. M. , *Statistical Process Control and Quality Improvement*, 4th ed. Pearson Prentice Hall, Upper Saddle River, NJ, 2001.

9）运筹学与运营管理

[1] Hillier, F. S. , *Introduction to Operations Research*, 10th ed. Mc Graw-Hill, New York, NY, 2014.

[2] Russell, R. S. , and B. W. Taylor. *Operations Management; Creating Value Along the Supply Chain*, 7th ed. John Wiley & Sons, Hoboken, NJ, 2010.

[3] Stevenson, W. J. *Operations Management*, 11th ed. Mc Graw-Hill, NY, 2011.

[4] Taha, H. A. *Operations Research: An Introduction*, 9th ed. Pearson Prentice Hall, Upper Saddle River, NJ, 2010.

10）工程经济与全寿命周期成本分析

[1] Blank, L. , and A. Tarquin. *Engineering Economy*, 7th ed. Mc Graw-Hill, New York, 2011.

[2] Conkins, G. *Activity-Based Cost Management: An Executive's Guide*, John Wiley & Sons, Hoboken, NJ, 2001.

[3] Dhillon, B. *Life Cycle Costing for Engineers*, CRC Press, 2009.

[4] Hicks, D. T. , *Activity-Based Costing: Making It Work For Small and Mid-Sized Companies*, 2nd ed. , John Wiley & Sons, NJ, 1999.

[5] Sullivan, W. G. , E. M. Wicks, and C. Koelling, *Engineering Economy*, 15th ed. Pearson Prentice Hall, Upper Saddle River, NJ, 2011.

[6] Thuesen, G. J. , and W. J. Fabrycky. *Engineering Economy*, 9th ed. Pearson Prentice

479

Hall, Upper Saddle River, NJ, 2001.

11）管理和支持领域

[1] Camp, R. C. *Business Process Benchmarking: Finding and Implementing Best Practices.* Vision Books, 2007.

[2] Chaffey, D. *E-Business and E-Commerce Management*, 3rd ed. Pearson Prentice Hall, Upper Saddle River, NJ, 2006.

[3] Chapman, C. and S. Ward. *Project Risk Management: Processes, Techniques, and Insights.* John Wiley & Sons, Hoboken, NJ, 2003.

[4] Cleland, D. I. and L. Ireland, *Project Management: Strategic Design and Implementation*, 3rd ed. Mc Graw-Hill, New York, 2002.

[5] Gibson, J. L. , J. H. Donnelly, J. M. Ivancevich, and R. Konopaske. *Organizations: Behavior, Structure, and Processes*, 12th ed. Mc Graw-Hill/ Irwin, New York, 2005.

[6] Haimes, Y. Y. *Risk Modeling, Assessment, and Management*, 2nd ed. John Wiley & Sons, Hoboken, NJ, 2004.

[7] Kerzner, H. *Proiect Management: A Systems Approach to Planning, Scheduling, and Controlling*, 9th ed. John Wiley & Sons, Hoboken, NJ, 2005.

[8] O' Brien, J. and G. Marakas, *Management Information Systems*, 10th ed, Mc Graw-Hill, NY, 2010.

[9] Salvato, N. Nemerow, and F. Agardy, *Environmental Engineering*, 5th ed. , John Wiley & Sons, NJ, 2003.

[10] Schwaber, K. , *Agile Project Management With Scrum*, Microsoft Press 2004.

[11] Whitten, J. and L. Bentley, *Systems Analysis and Design Methods*, 7th ed. , Mc Graw-Hill, NY, 2005.

缩略语

ABC	activity-based costing	基于活动的成本计算方法
ADT	administrative delay time	管理延迟时间
BIM	building information model	建筑信息模型
CAD	computer-aided design	计算机辅助设计
CAM	computer-aided manufacturing	计算机辅助制造
CAS	computer-aided support	计算机辅助支持
CASA	cost analysis strategy assessment	成本分析战略评估
CBS	cost breakdown structure	成本分解结构
CCB	charge contral board	更改控制委员会
CER	cost-estimating relationship	成本估算关系
CI	configuration identification	构型识别
CIM	computer-integrated manufacturing	计算机集成制造
CIMM	computer-integerated maintence mangement	计算机集成维修管理
CM	configuration management	构型管理
CMMI	capability maturity model integration	能力成熟度模型集成
COP	concept of operations	经营理念
COTS	commercial off-the-shelf	货架产品
CPIF	cost plus fixed fee	成本加固定费用
CPIF	cost-plus-incentive-fee	成本加激励费用
CPM	critical path method	关键路径方法
CSA	configuration status accounting	构型状态核算
CSCI	computer software configuration item	计算机软件配置项
CSCMP	council of supply chain management professional	供应链管理专业协会
CSU	computer software unit	计算机软件单元
CWBS	contract work breakdown structure	合同工作分解结构
DFE	design for the environment	环境设计
DOD	Department of Defense	美国国防部

DRB	design review board	设计评审委员会
DSM	design structure matrix	设计结构矩阵
DT&E	development test and evaluation	开发测试与评估
EC	electronic commerce	电子商务
ECP	engineering change proposal	工程变更请求
EDCAS	equipment designer's cost analysis system	设备设计师的成本分析系统
EDI	electronic data interchange	电子数据交换
EIA	electronic industries alliance	电子工业联盟
EOQ	economic order quantity	经济订货量
EPIC	enterprise process improvement collaboration	企业流程改进协助
ERP	enterprise resource planning	企业资源计划
ESS	environmental stress screening	环境应力筛选
FFBD	functional-flow block diagrams	功能流程图
FFP	firm-fixed-price	固定价格
FMEA	failure mode and effects analysis	失效模式和影响分析
FMECA	failure mode, effect and criticality analysis	失效模式、影响和危害性分析
FOM	figures of merit	价值数据
FPGA	field programmable gate array	可编程门阵列
FRACAS	failure reporting, analysis and corrective-action system	故障报告、分析和纠正措施系统
FRB	failure review board	故障审查委员会
FTA	fault-tree analysis	故障树分析
GPS	global positioning system	全球定位系统
HOQ	house of quality	质量屋
ICD	interface control document	引用界面控制文件
IFB	invitation for bid	投标邀请书
ILS	integrated logistic support	综合后勤保障
ILSP	integrated logistic support plan	综合后勤保障计划
IMMP	integrated maintenance management plan	综合维护管理计划
INCOSE	international council on systems engineering	国际系统工程协会
IP	intellectual property	知识产权
IPPD	integrated product and process development	集成产品和过程开发
IPT	integrated product teams	集成产品团队
IT	information technology	信息技术
KPP	key performance parameters	关键性能参数
KSA	key system attributes	关键系统属性

LCC	life-cycle cost	生命周期成本
LCCA	life-cycle cost analysis	生命周期成本分析
LDT	logistics delay time	后勤延迟时间
LMI	logistics management information	物流管理信息
LOB	line of balance	平衡线
LORA	level-of-repair analysis	修理级别分析
LSA	logistic support analysis	后勤保障分析
MAIS	major automated information system	重大自动化信息系统
MBSE	model based system engineering	基于模型的系统工程
MCBF	mean cycles between failure	平均故障间隔周期
$\overline{Mct}$	mean corrective maintenance time	平均纠正性维修时间
MDAP	major defense acquisition programs	重大防务采办项目
MDT	maintenance downtime	维修停机时间
MES	manufacturing execution system	制造执行系统
MI	maintainability improvement	可维护性改进
MIS	management information system	管理信息系统
MLH/MA	maintenance labor hours per maintenance action	每次维护措施维修工时
MLH/M	maintenance labor hours per month	每月维修工时
MLH/OH	maintenance labor hours per operating hour	每工作小时维修工时
MLHC	corrective maintenance labor hours	平均纠正性维护工时
MOE	measure of effectiveness	有效性度量
MP	maintenance prevention	维护预防
$\overline{Mpt}$	mean preventive maintenance time	平均预防性维修时间
MTA	maintenance task analysis	维护任务分析
MTBF	mean time between failure	平均故障间隔时间
MTBM	mean time between maintenance	平均维修间隔时间
MTBR	mean time between replacement	平均更换间隔时间
MTTF	mean time to failure	修复前平均时间
MTTR	mean time to repair	平均修复时间
NASA	National Aeronautics and Space Administration	美国国家航空航天局
NC	numerical control	数控
OEE	overall equipment effectiveness	设备整体有效率
OSD	operational sequence diagrams	操作序列图
OT&E	operational test and evaluation	操作测试与评估
OTA	operator task analysis	操作人员任务分析
PBL	performance-based logistics	基于性能的后勤保障

PERT	program evaluation and review technique	项目评估和评审技术
PLM	product life-cycle management	产品生命周期管理
PM	project management	项目管理
PMP	program management plan	项目管理计划
QFD	quality function deployment	质量功能展开
R&D	research and development	研发
RAS	requirements allocation sheets	需求分配表
RCM	reliability-centered maintenance	以可靠性为中心的维护
RFP	request for proposal	需求建议书
RIAC	reliability information analysis center	可靠性信息分析中心
RPN	risk priority number	风险优先级数
SA	supportability analysis	可保障性分析
SC	supply chain	供应链
SCA	sneak circuit analysis	潜在电路分析
SCM	supply-chain management	供应链管理
SDP	software development plan	软件开发计划
SECAM	systems engineering capability assessment model	系统工程能力评估模型
SECM	systems engineering capability model	系统工程能力模型
SE-CMM	system engineering capability maturity model	系统工程能力成熟度模型
SEI	software engineering institute	软件工程研究所
SEMP	system engineering management plan	系统工程管理计划
SEMS	system engineering master schedule	系统工程主进度表
SEP	system engineering plan	系统工程计划
SoC	systems-on-chip	芯片系统
SoS	system of system	系统之系统
SPC	statistical process control	统计过程控制
SWBS	summary work breakdown structure	总体工作分解结构
SW-CMM	software capability maturity model	软件能力成熟度模型
TAA	test, analyze and fix	测试、分析和修复
TAT	item turnaround time	项目周转时间
TCP	transmission control protocol	传输控制协议
TEMP	test and evaluation master plan	测试和评估总体计划
TPM	technical performance measurement	技术性能测度
TQM	total quality management	全面质量管理
WBS	work breakdown structure	工作分解结构

索　引

PERT/CPM　215

Scrum　127

A

安全分析　79

安全工程　34

安全危险　195

案例研究生命周期成本分析　94

案例研究失效模式、影响和危害性分析　79

案例研究维护任务分析　79

案例研究维修级别分析　79

案例研究以可靠性为中心的维护　79

案例研究组织结构对发展的影响　430

B

包装搬运、储存和运输　122

包装功能　155

保障　1

备选方案　25

闭环系统　1

变化设计变更　45

并行工程　33

不确定性　94

C

CPM 调度　285

材料回收/处置流程　57

采办后勤　39

仓储　36

操作概况　94

操作功能　112

操作人员培训　163

操作人员人员要求　345

操作人员任务分析　79

操作需求　62

操作序列图　79

操作要求、系统　256

测量和评估　45

测试规划　102

测试和评估报告　259

测试和评估总体计划　45

测试类别　99

测试性能　104

层级需求（马斯洛）　369

产品基线　40

产品生命周期管理　42

产品线/项目组织　341

常规设计实践　203

常用功能　87

成本分解结构　188

成本分配　400

成本工程　126

成本估计　242

成本估计关系　92

成本过程和模型　396

成本基于活动　188

成本可见性　12

成本类别　152

成本模型和目标函数　416

成本配置文件　422

成本生命周期 10

成本影响 13

成熟度 132

承诺 50

持续维护支持 52

冲击和振动（测试） 55

初步系统设计 114

处理 1

传统 11

存储 35

措施有效性度量 54

D

当前环境 9

地理分布 78

地面公共交通系统 124

电子商务 10

电子数据交换 35

定制流程 353

动态系统 1

短期/长期记忆 144

多个系统 80

F

反馈 5

非正式的日常设计审查 231

分配 4

分配基线 40

分配运输和仓储 105

分区 82

分析错误 163

分析方法 25

分析风险 78

分析功能 213

分析故障树 437

分析后勤保障 139

分析可保障性分析 154

分析可维护性 79

分析灵敏度 410

分析人为因素 34

分析生命周期成本 93

分析危险 214

分析系统 210

分析修理级别 153

分析需求 16

分析以可靠性为中心的维护 178

风格 366

付款时间表（合同） 306

复杂性，系统 470

G

改善 30

概念的设计审查 139

概念的系统 248

个人需要 99

工程 16

工程变更建议 242

工程可处置性 35

工程设计学科 18

工程系统（参考系统工程） 2

工程与技术认证委员会 372

工程制造/生产 170

工业基础 10

工作分解结构（WBS） 188

工作分类 289

工作量分析 163

工作流 207

工作说明 253

工作说明书 255

功能操作 100

功能分析 16

功能基线 40

功能架构 24

功能接口 4

功能流程图（FFBD） 70

功能维护和支持 72

功能系统 465

功能需求 27

供应链管理（SCM） 36

供应商分层 313

供应商监控 319

供应商评估清单 195

供应商项目活动　312
供应商要求（检查表）　128
供应商组织和职能　360
供应支持　59
构型　2
构型管理（CM）　40
构型管理计划　318
构型基线　19
构型继续教育　375
构型控制委员会　242
构型施工/生产　11
构型识别（CI）　240
固体废物　35
固有可用性　152
故障树分析　79
关键设计审查　139
关键系统属性　54
关键性能参数（KPP）　54
管理　2
管理延迟时间　481
规格树　271
规格系统　47
国际标准化组织（ISO）　270
过程材料回收/处理　109
过程处置　35
过程分析　188
过程改进　14
过程设计　318
过程设计审查和评估　194
过程系统工程　2
过程系统工程反馈　144

H

合成　91
合同工作分解结构（CWBS）　264
合同类型　306
合同谈判　264
后勤程序任务　223
后勤工程　57
后勤管理信息（LMI）　117
后勤和维护支持　39

后勤基础设施　2
后勤商业（商业）　38
后勤延迟时间（LDT）　146
后勤支持分析　312
后勤综合保障　38
互操作性　81
环境当前的　13
环境工程　35
环境鉴定　144
环境设计　183
环境数据　467
环境需求　115
回收/处置　180
伙伴关系　10
货币的时间价值　423
货架产品（COTS）　10

I

INCOSE 国际系统工程协会　3

J

机器人　220
机制　6
基础设施、维护和支持　4
基线　19
基线管理　40
基于模型的工程　202
基于模型的系统工程（MBSE）　25
基于性能的后勤保障（PBL）　175
激励/惩罚计划（合同）　308
集成　1
集成产品和过程开发（IPPD）　345
集成产品团队（IPT）　346
集成人/硬件/软件生命周期　26
集成设计　217
集成设计活动　17
集成设计需求　52
集成设计专业计划　314
集成系统　19
计划　3
计算机辅助工程（CAE）　213

计算机辅助设计（CAD） 96

计算机辅助系统工程（CASE） 218

计算机辅助支持（CAS） 96

计算机辅助制造（CAM） 96

计算机软件配置项（CSCI） 101

技术，集团 218

技术和工具 208

技术审查和审计 128

技术生命周期 10

技术数据 37

技术性能测度（TPM） 18

价值工程 78

架构供应商评估 243

架构开放 74

架构设计 41

检查清单 78

简图功能流程图 67

简图帕累托 188

简图运行和维护流程 32

降低风险管理计划 94

降低风险和不确定性 94

降低风险评估 168

接口：CAD/CAM/CAS 122

接口：系统 55

接口管理 18

结构 1

结构组织 462

经济分析 353

经济因素 41

精益生产 171

竞争 10

静态系统 1

矩阵组织结构 343

K

开发规范 118

开发组织 251

开放式架构设计 83

开环系统 1

科学 17

可操作性 232

可持续性 17

可靠性定义 131

可靠性分析 208

可靠性工程 23

可靠性故障模式 211

可靠性故障树分析 167

可靠性和可维护性工具 157

可靠性计划任务 144

可生产性 17

可维护性分布 148

可维护性分配 153

可维护性工程 33

可维护性型号项目任务 258

可行性分析 44

可用性 17

客户的声音 64

客户组织 262

空气污染 35

恐怖主义 34

控制/约束 80

控制概念和技术 206

快速成型 130

框图功能 70

框图可靠性 137

L

里程碑 43

里程碑图 253

流程图操作和维护 172

流程图后勤支持 34

流程图维护 391

绿地开发 355

螺旋模型 27

M

蒙特卡洛 91

敏感性分析 93

敏捷工程 27

敏捷制造 171

模拟 3

模型成本 420

模型分析 78

模型风险评估 323

模型计算机 202

模型系统 25

模型应用程序 322

目标树 63

N

能力成熟度模型（SECAM、SE‐CMM、
　CMMI） 383

P

帕累托分析 294

排队论与分析 206

培训 2

片上系统 4

平衡线（LOB、计划） 287

平均故障间隔时间 33

平均纠正性维修时间 147

平均维修间隔时间 293

平均修复时间 147

评估参数权重 456

评估风险 317

评估系统 91

评价备选方案 25

评价程序 90

评价供应商数量 81

评价技术 91

评价系统测试 351

瀑布模型 26

Q

全面质量管理（TQM） 41

全面质量管理计划 318

全球化 10

全体人员测试和评估 101

全体人员发展（培训） 364

全体人员个人需求 102

全体人员和培训 60

全体人员资格 100

缺陷 78

R

人类动机 367

人类感官因素 160

人类信息处理 6

人力和人员 41

人力资源 1

人体测量因素 158

人体工程学 157

人为因素定义 198

人为因素分析 79

人为因素工程 169

人造系统 1

任务分析 162

任务概要 53

软件编码 130

软件测试和评估 130

软件单元（CSU） 101

软件工程 29

软件兼容性测试 100

软件能力成熟度模型（SW‐CMM） 383

软件生命周期 33

软件维护 59

软件系统 3

S

商用飞机系统 123

设计备选方案 78

设计标准 18

设计概念 52

设计更改 95

设计工程学科 23

设计过程 18

设计计划 238

设计技术/工具 25

设计检查表 51

设计结构矩阵 363

设计软件 117

设计审查 139

设计通信网络 97

设计团队 10

设计要求 87

设计优化 19

设计质量 183

设计属性 194

设施保障 403

设施测试 319

设施维护 6

社会因素 184

射频识别（RFID）标签 35

审查程序技术 254

审查供应商建议书 296

审查设计 196

生产/制造 362

生产者组织 237

生理因素（人为因素） 160

生命周期成本（LCC） 41

生命周期成本分析（LCCA） 186

生命周期成本模型 221

生命周期成本应用 189

生命周期活动 31

生命周期阶段 19

失效报告、分析和纠正措施系统（FRACAS） 139

失效成功概率 33

失效模式、影响和关键性 430

时间线分析 77

实体模型 214

使用要求产品生命周期 30

使用要求方法/工具 19

使用要求供应链 6

使用要求后勤保障 5

输入输出 74

数据管理 42

数据管理计划 317

数据环境 97

数据库 92

数据收集、分析和评估 30

数控（NC） 220

水污染 35

T

谈判 306

挑战 9

条形图 213

通过/不通过决定 445

通货膨胀 189

同步工程 474

投标邀请函（IFB） 263

图表 276

W

外包 10

网络调度 206

网络设计沟通 209

危害分析 142

维护 4

维护等级 57

维修操作流程 391

维修概念 60

维修计划外 107

维修纠正（计划外） 150

维修频率 57

维修任务分析 447

维修数据 450

维修停机时间（MDT） 34

维修以可靠性为中心 441

维修预防性（计划） 143

维修政策 57

维修支持基础设施 34

委员会设计审查委员会（DRB） 242

文档设计 229

文档树 120

文档所需资源 66

问题定义 50

无人机 461

物理架构 24

物理系统 1

X

系统 1

系统采购过程 300

系统操作要求 327

系统测试和评估 40

系统层次结构　41

系统定义　2

系统分类　5

系统分析　4

系统工程（时间表）　51

系统工程程序评估　280

系统工程定义　16

系统工程反馈回路　30

系统工程管理（SEM）　43

系统工程管理计划（SEMP）　44

系统工程活动和里程碑　225

系统工程基于模型　273

系统工程计划任务　89

系统工程技术　43

系统工程流程　19

系统工程目标　33

系统工程能力评估模型　383

系统工程评估　388

系统工程人员配置　364

系统工程设计要求（集成）　57

系统工程师　53

系统工程需要　355

系统工程应用程序　80

系统工程在生命周期中　34

系统工程主进度表（SEMS）　276

系统工程组织　56

系统功能分析　137

系统规范　44

系统后勤和维护　117

系统回收/处置阶段　113

系统技术性能测度（TPM）　256

系统架构　5

系统可行性分析　52

系统类别　5

系统评估　30

系统评估阶段　281

系统设计审查　139

系统生产和/或施工　14

系统生命周期　10

系统特性　25

系统退役和材料　14

系统之系统　46

系统修改　109

系统需求分配　83

系统验证　63

系统要求（需要）　101

系统有效性　151

系统元素　4

系统运行和维持支持　233

详细设计和开发　46

项目组织结构工程变更请求　240

项目组织结构需求建议书　263

心理因素（人为因素）　160

信息：处理模型　161

信息：管理　40

信息：技术（IT）　35

型号项目报告要求　293

型号项目调度　285

型号项目管理计划（PMP）　44

型号项目管理评审　276

型号项目规划　246

型号项目里程碑　276

型号项目任务　139

型号项目要求　244

修复级别分析（LORA）　60

修改过程　96

需求 SoS 构型　87

需求分配　4

需求分析　17

需求后勤和维护支持　221

需求互操作性　55

需求基于模型　273

需求可追溯性　85

需求人力资源　332

需求设计　356

需求审查和评估　156

需求文档　16

需求系统　8

需求系统工程　40

需求系统工程计划　195

需求优先级　49

需要层次结构（马斯洛）　15

需要分析　56
需要个人的　369
学习曲线　291

Y

盐雾（测试）　100
一次性工程　254
医疗保健系统　203
因素人体测量　34
因素生理学　160
因素有效性　12
盈亏平衡分析　188
营销计划　317
硬件-软件接口　466
优化方法　206
优化决策　420
优化设计　208
有效维护时间　146
有效性需求　54
有效性整体设备（OEE）　34
与其他活动　18
元素维护支持　60
原型　30
运筹学　25
运输　1
运行和维护成本　41
运营可用性　54

Z

噪声（人为因素）　55
噪声污染　35
征求建议书　298
正常运行时间　145
正式设计审查　175
支持工程　103
支持设备　41
支持支持性分析　174
知识产权（IP）　10
职能组织结构　338

职位描述　373
职责　57
制造业执行系统（MES）　42
质量保证　120
质量工程　181
质量功能部署　64
质量规划　182
质量控制　59
质量设计　182
质量屋（HOQ）　64
中级维护　59
属性　54
自然系统　1
总结工作分解结构（SWBS）　263
综合测试计划　317
综合后勤保障（ILS）　36
综合后勤保障计划（ILSP）　174
综合维护管理　318
组织标杆管理　45
组织产品线/项目结构　341
组织功能结构　348
组织供应商职能　296
组织关系　296
组织环境　43
组织级别　58
组织接口（用户/生产商/供应商）　253
组织结构对发展的影响　461
组织矩阵结构　333
组织开发　365
组织评估　383
组织人员配置　372
组织维护　37
组织文化　365
组织系统工程任务　120
组织映射和系统结构　363
组织责任（维护）　276
组织责任和权力　252
作业操作　162